博碩文化

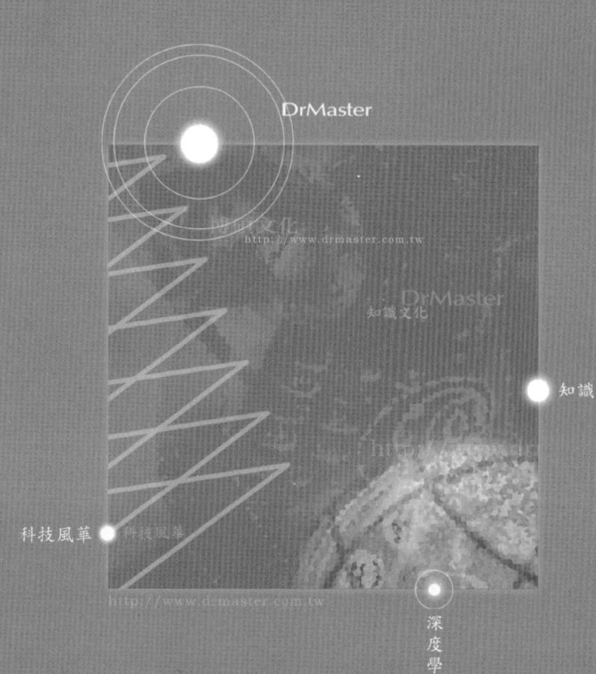
DrMaster
博碩文化
http://www.drmaster.com.tw
DrMaster
知識文化
知識文化
科技風革
科技風革
http://www.drmaster.com.tw
深度學習資訊新領域

DrMaster

深度學習資訊新領域

用Excel學商業預測

終身受用的原理與實作

葉怡成 著

- 利用 Excel 預測股市、房市，方便又實用
- 深入淺出了解「迴歸分析原理」、「因果關係模型」、「時間分解模型」等主題

用 Excel 做商業預測─終身受用的原理與實作

作　　者：葉怡成
審　　校：葉怡成
責任編輯：Lesley

董 事 長：蔡金崑
總 經 理：古成泉
總 編 輯：陳錦輝

出　　版：博碩文化股份有限公司
地　　址：221 新北市汐止區新台五路一段 112 號 10 樓 A 棟
電話 (02) 2696-2869　傳真 (02) 2696-2867

發　　行：博碩文化股份有限公司
郵撥帳號：17484299　戶名：博碩文化股份有限公司
博碩網站：http://www.drmaster.com.tw
讀者服務信箱：DrService@drmaster.com.tw
讀者服務專線：(02) 2696-2869 分機 216、238
（周一至周五 09:30 ～ 12:00；13:30 ～ 17:00）

版　　次：2017 年 8 月初版一刷

建議零售價：新台幣 500 元
I S B N：978-986-434-241-9（平裝）
律師顧問：鳴權法律事務所 陳曉鳴律師

本書如有破損或裝訂錯誤，請寄回本公司更換

國家圖書館出版品預行編目資料

用 Excel 做商業預測─終身受用的原理與實作
/ 葉怡成著 . -- 初版 . -- 新北市：博碩文化，
2017.08

面；　公分

ISBN 978-986-434-241-9(平裝)

1.企業預測 2.EXCEL(電腦程式)

494.18　　106014073

Printed in Taiwan

目錄

Chapter 01 導論

Chapter 02 變數特性的統計

Chapter 03 變數關係的分析

Chapter 04 迴歸分析原理（一）：單變數迴歸

Chapter 05 迴歸分析原理（二）：多變數迴歸

Chapter 06 因果關係模型

Chapter 07 時間分解模型

Chapter 08 時間數列模型（一）：簡易預測法

Chapter 09 時間數列模型（二）：ARIMA 法

Chapter 10 無時序因果關係模型個案研究

Chapter 11 時序因果關係模型個案研究

Chapter 12 時間分解模型個案研究

Chapter 13 時間數列模型個案研究

本書附有大量精彩的 Excel 範例原始檔（可到博碩官網下載 http://www.drmaster.com.tw，直接搜尋本書簡介即可）

CHAPTER 01

導論

- 1.1 簡介
- 1.2 預測的應用
- 1.3 預測的方法
- 1.4 預測的步驟
- 1.5 預測的評估
- 1.6 預測的軟體
- 1.7 幾個有趣的預測實例
- 1.8 結論

1.1 簡介

預測是人們對客觀事物未來發展的預料、估計、分析、判斷和推測。對於現代管理來說，準確預測是提高管理應變能力的基礎。預測是決策的前提，而科學化預測是正確決策的依據。

本書的預測問題是指廣義的預測問題，包括無時序與有時序二類。前者如房地產的特徵與房地產單價之間的因果關係模型，後者如遊樂場每天遊客數的時間數列模型。本書的特色是提供使用 Excel 進行實作的範例，讀者可以用這些範例當做參考或「模板」，來分析自己的數據，建立預測模型，並進行預測。

1.2 預測的應用

一 因果關係模型

現實的世界中有許多因果關係無法用理論得到解答，而是用以往得到的資料，歸納出經驗公式，以供應用。例如：

- **身高與體重的關係**

  領域：健康管理（推估合理的體重範圍）

  輸入變數：身高、性別、年齡

  輸出變數：體重

- **房地產估價**

  領域：房地產買賣

  輸入變數：代表運輸功能的影響之「最近捷運站的距離」，代表生活功能的影響之「徒步生活圈內的超商數」，代表房子室內居住品質的影響之

「屋齡」，代表市場趨勢的影響之「交屋年月」，以及表示空間位置的影響之「地理位置」（縱座標、橫座標）。

輸出變數：房地產單價（萬元 / 坪）

- **股票報酬率預測**

領域：股票選股

輸入變數：衡量公司是否賺錢的股東權益報酬率（ROE），衡量股票是否便宜的本益比（P/E）、股價淨值比（PB），衡量個股的股價波動程度的系統風險 β，衡量公司規模大小的總市值，衡量公司成長力道的營收成長率，衡量報酬率慣性的本季報酬率。

輸出變數：下一季報酬率。

- **化工製程變數預測**

領域：石化工廠間歇式聚縮反應爐

輸入變數：電壓、電流、電網頻率、投料量、溫度、轉數、攪拌功率

輸出變數：出料黏度值

- **生產製程變數預測**

領域：半導體製程

輸入變數：接收電流、蝕刻後電流

輸出變數：半導體蝕刻時間

這些問題由於缺乏數理模式，因此很難用理論得到解答，而須用以往收集之記錄，或試驗之數據等資料，歸納出經驗公式，以供應用。統計學中的「迴歸分析」可以用來建立這些經驗公式。

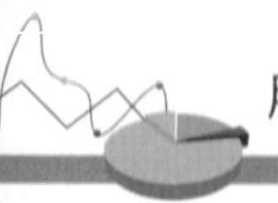

二 時間數列模型

在進行商業決策時，常需對未來的狀況作預測，以作為未來決策時的依據，例如：

- 遊樂場為了人員排班，必須對未來 7 天的每天遊客數進行預測。
- 啤酒商為了進貨與庫存管理，必須對未來一年的每月銷售量進行預測。
- 大樓為了節能，必須對未來 24 小時的每小時用電量進行預測。
- 水庫為了水資源管理，必須對未來 30 天的每天進水量進行預測。

這些連續產生的數據稱為時間數列。許多時間數列具有傾向性、季節性，或者其他特性，因此可以用過去的數列去預測未來的數列。統計學中有許多專門的方法可以用來建立這些時間數列的預測模型。

1.3 預測的方法

根據預測的性質，可以把預測分為二大類：

一 定性預測方法

定性預測方法往往使用在長期預測上，尤其是那些要預測的物件的變化不是漸進式的，而是突變式的，它們經常無法只從過去歷史統計得到的時間序列來進行預測。例如「下個世代的電腦將具備什麼樣的功能？」。做為決策方法而提出的「頭腦風暴法」、「德爾菲法」也是經常被使用的定性預測方法。

二 定量預測方法

定量預測方法往往使用在短期預測上，尤其是那些要預測的物件的變化是漸進式的，它們經常可以從歷史統計的時間序列來進行預測。例如「下個月的電腦銷售量將達到多少？」。幾種最為常見的定量預測方法有：因果關係模式、時間分解模式、時間數列模式。

本書以短期預測為主，因此只介紹定量預測方法。今日有許多被使用的定量預測方法早在十九世紀已發明，例如：迴歸分析，但也有些是最近所發展出，例如：Box-Jenkins 方法和類神經網路方法。在統計理論中，從迴歸分析到自我迴歸移動平均整合模式（ARIMA），提供一系列的預測理論基礎。

傳統上常用統計學的原理作為預測的基礎，發展出各種模式：

- 因果關係模式 (Regression Method) y=f(x), 其中 x 是自變數。
- 時間分解模式 (Decomposition method) y=f(t), 其中 t 是時間。
- 時間數列模式 (Time series method)y(t+1)=f(y(t), y(t-1),...), 其中 y(t), y(t-1)... 是前期的時間數列。

這些模式經過多年的研究已頗具成效。然而在面對許多複雜的問題時，這些方法仍有所不足，最主要的問題是傳統統計學方法對非線性系統以及變數間之交互作用的關係較難適用。

迴歸分析方法基本上是用在線性關係的模型化，為了將迴歸分析應用於非線性關係中，必須先將非線性關係轉換成線性關係，這些非線性關係包括了多項式、指數、對數…等等。此外，使用迴歸分析時經常會遇到一些問題：

- 誤差變異不均問題
- 誤差序列相關問題
- 自變數共線性問題
- 模型過度配適問題

這些都將在本書中討論，並介紹解決這些問題的方法。

1.4 預測的步驟

預測的基本步驟可分成五個：

一 策略規劃

預測是對某一事項的未來情勢發展與變動所做的一種猜測。在進行預測之前必須考慮的因素包括：

- 預測的目的為何？（Why）
- 預測的使用者是誰？預測的使用者是否了解預測，並願意在實務中使用預測？（Who）
- 被預測的變數（因變數）為何？用以預測的變數（自變數）為何？（What）
- 預測的數據在何處？（Where）
- 預測的時效性如何？是否能及時完成預測，以提供使用者參考？（When）
- 預測的成本為何？預測的預期精度為何？是否有一個用來評估預測的準確性及調整預測的模型的回饋程序？（How）

二 資料收集

尋找重要、適合的資料，並確定資料是正確且具代表性的資料是預測過程中最重要的步驟，也是預測成敗的關鍵所在。選擇預測用的資料的基本準則有：

- **正確性**：資料必須是可靠的、精確的。資料中存有合理的隨機誤差是可以接受的，但非隨機性的系統偏差是不能接受的。例如要建立身高與體重的關係，以便由身高推估合理的體重範圍時，如果資料中身高的資料

有 -1 cm ～ 1 cm 左右的隨機誤差是可以接受的。但如果誤差不是正負對稱的，例如身高的資料有 0 cm ～ 2 cm 左右的誤差，是不可以接受的。例外值必須加以檢查，判斷是例外，還是錯誤。少量的錯誤數據可以被視為「雜訊」，大部份的統計方法都容許少量雜訊的存在；但大量的雜訊將扭曲資料的樣式，導致產生偏差的預測模型。「垃圾進，垃圾出」是不變的真理。

- **代表性**：資料必須是具有代表性的。例如要建立身高與體重的關係時，如果資料中身高最大值只到 180 cm，最小值只到 140 cm，建立的模型對身高 180 cm 以上、140 cm 以下的人就很難適用。此外，男女性的身高與體重的關係差異甚大，應該分別收集資料，分別建立模型。
- **充分性**：資料的數量要足夠。例如要建立身高與體重的關係時，如果只有 10 筆資料，資料中少數高且瘦、矮但胖的人，會對建立準確的關係產生很不利的影響。如果有數百筆資料，資料中含有合理數量的高且瘦、矮但胖的人，仍可以建立相當準確的關係。
- **一致性**：資料必須是一致的。例如在預測物價指數時，物價指數必須是同一個單位，用一個固定的基準編列的物價指數。
- **相關性**：資料必須是相關的。輸入變數（自變數）應與模型輸出變數（因變數）相關，才能對提升模型準確度有貢獻。如果模型包含與模型輸出變數無關的輸入變數，不但增加系統處理的負擔，還可能會降低模型的準確度。例如用應徵者的八字預測他們進入公司後的表現或離職率是有點荒謬的。
- **獨立性**：自變數應與其它自變數獨立，否則即使與因變數相關，也只需在這群彼此相關的自變數中擇一做為模型的輸入變數。如果模型包含一群彼此相關的自變數，雖然可能不會降低模型的準確度，但可能會扭曲自變數與因變數的因果關係。

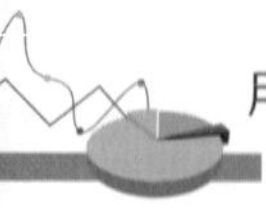

- **適時性**：資料必須是適時的。如果資料是在作預測前無法取得的資料，在實務上沒有意義。例如要根據上市公司的財報資料預測股票的報酬率，報酬率的時間點必須在財報資料公布之後。但財報公布與財報表達的時間是有差距的，例如在台灣股市，第一季財報必須於 5 月 15 日以前公布，而非 4 月 1 日。第二季財報為 8 月 14 日，而非 7 月 1 日。因此要根據上市公司的第一季財報資料預測股票的報酬率，此報酬率必須是指 5 月 16 日以後的報酬率，例如 5 月 16 日～ 8 月 14 日之間的報酬率。
- **可用性**：資料必須是易於取得的。有些變數對預測很有幫助，但如果實務上取得的成本很高，也不適宜。

三 模型建構

用收集的資料建構使預測誤差達到最小的預測模型。

四 模型優化

為使預測達到最佳，並降低預測的成本，有時必須優化模型。例如將現有的變數做非線性轉換或組合成新變數，以及排除一些不必要的自變數。

五 模型應用

利用已完成的預測模型對未來作預測，即用自變數來預測因變數，或用前期的時間數列來預測未來的時間數列。並定期評估預測的準確性，以適時調整預測模型。

1.5 預測的評估

衡量預測誤差的方法有下幾種：

■ 誤差均方根（Root of Mean Squares of Error，RMSE）

$$RMSE = \sqrt{\frac{\sum_{t=1}^{n}(Y_t - \hat{Y}_t)^2}{n}} \qquad (1\text{-}1)$$

■ 平均絕對誤差（Mean Absolute Error，MAE）

$$MAE = \frac{\sum_{t=1}^{n}|Y_t - \hat{Y}_t|}{n} \qquad (1\text{-}2)$$

■ 平均絕對百分比誤差（Mean Absolute Percentage Error，MAPE）

$$MAPE = \frac{\sum_{t=1}^{n}\frac{|Y_t - \hat{Y}_t|}{Y_t}}{n} \qquad (1\text{-}3)$$

其中 Y_t = 實際值；$\hat{Y}_t$ = 預測值；n= 觀察的數目。

通常預測者可用下列準則來評估預測模型是否已經充分：

- 模型的殘差（實際值減去預測值）是否夠小？
- 模型的殘差是否近於常態分佈？
- 模型的參數（例如迴歸係數）是否有顯著性？
- 模型的架構是否簡明易懂？

1.6 預測的軟體

已經有許多預測的專業軟體被開發出來，此外，多數的統計套裝軟體都包含預測的方法，例如 Minitab。本書採用 Excel 做為預測軟體，進行教學與自修。Excel 雖不是專業預測軟體，但普及性高，具備一些基本的統計功能，適合學生或初學者使用。使用 Excel 軟體的優點有

(1) 幾乎所有電腦都有 Excel，不需另行購買軟體，方便學生課後寫作業或練習。

(2) 演算過程具透明度，讀者可以徹底了解原理。

缺點有

(1) 不適合處理大型問題，例如超過數萬筆數據，超過 30 個變數的問題。

(2) 使用者介面不夠友善。Excel 不是專業預測軟體，因此在處理預測問題時，特別是時間數列問題時，容易因輸入公式錯誤而產生錯誤的結果。

但這兩個缺點對一本以教學為目的大學教科書而言，不算甚麼嚴重缺點。

雖然 Excel 並非專為預測而設計的軟體，但其強大的數字處理能力，以及幾乎無所不在的方便性，是一套不錯的商業預測的教學與入門軟體。本書利用 Excel 實作了許多範例，讀者可以用這些範例當做「模板」來分析自己的數據，建立預測模型，並進行預測。

1.7 幾個有趣的預測實例

例題 1-1 迴歸分析與刻卜勒定律

行星運動第三定律：行星距太陽之距離之三次方正比於公轉周期之平方 $T^2 \propto R^3$，可由迴歸分析發現。利用表 1-1 的數據，可得圖 1-2 的迴歸公式：

$$R=149.64T^{0.6667} \quad (1\text{-}4)$$

可知行星距太陽之距離與公轉周期的 0.6667 次方成正比，而 0.6667=2/3，故得行星距太陽之距離之三次方正比於公轉周期之平方。

表 1-1　迴歸分析與刻卜勒定律

行星	距太陽距離 *R*（百萬公里）	公轉周期 *T*（地球年）	R^3/T^2
水星	58	0.241	3359309
金星	108	0.616	3319784
地球	150	1	3375000
火星	228	1.88	3353427
木星	778	11.86	3347876
土星	1427	29.46	3348162
天王星	2871	84	3353830
海王星	4504	164.8	3364192
冥王星	5900	247.7	3347372

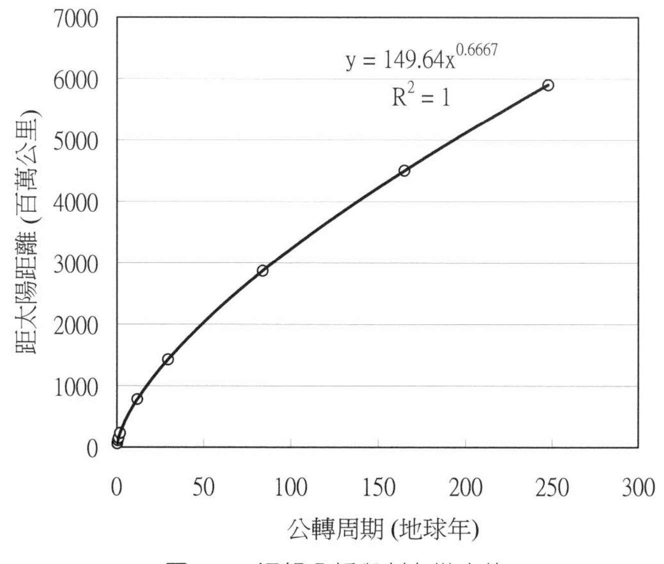

圖 1-2　迴歸分析與刻卜勒定律

《例題 1-2》西洋文明興衰史

「西方世界偉大著作」(Great Books of the Western World)是由美國不列顛百科全書公司於 1952 年出版的一套西方經典著作叢書，分成文學、哲學、社會科學、自然科學四大類，共 54 卷。這套書目前已達第 2 版，共含 60 卷。圖 1-3 顯示過去 30 個世紀中，被收錄在這套書的作者人數。從圖可以看出西方文明的第一次高峰在希臘文明，第二次高峰在羅馬文明，第三次高峰在文藝復興迄今。第二次文明高峰結束、第三次文明高峰開始之間，長達八百年的時間裡，整個西方文明連一部堪稱偉大的作品都沒有，難怪史家稱之為「黑暗時期」。此數列資料簡單明瞭地量化敘述了西方文明興衰歷史。

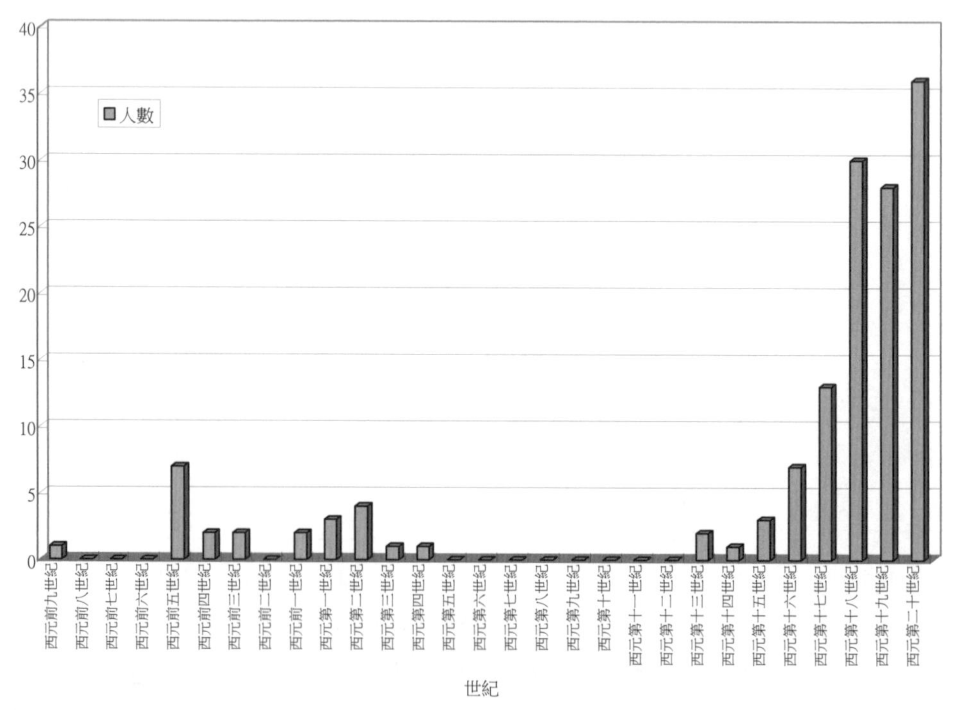

圖 1-3 西洋文明興衰史

1.8 結論

本書第一篇是導論篇，除本章外，包括為讀者複習統計學基礎而寫的變數特性的統計與變數關係的分析這二章。

第二篇是統計分析方法篇，分成以下六章：

第四章　迴歸分析原理（一）：單變數迴歸

第五章　迴歸分析原理（二）：多變數迴歸

第六章　因果關係模型

第七章　時間分解模型

第八章　時間數列模型（一）：簡易預測法

第九章　時間數列模型（二）：ARIMA 法

第三篇是個案研究篇，分成以下四章：

第十章　無時序因果關係模型個案研究

第十一章　時序因果關係模型個案研究

第十二章　時間分解模型個案研究

第十三章　時間數列模型個案研究

本書各章都有許多例題與習題，可用 Excel 來解題，讀者可以建立起解決實務問題的能力。

Excel 複習

本書假設讀者對 Excel 有一定程度的瞭解。但為了讓讀者暖身，本書提供了一組練習檔案，涵蓋了本書用得到的一些 Excel 功能的練習。操作說明已經寫在檔案中：

- Excel-1-1 資料
- Excel-1-2 公式
- Excel-1-3 九九乘法表
- Excel-1-4 函數
- Excel-2-1 繪圖
- Excel-3-1 排序
- Excel-3-2 篩選
- Excel-4-1 規劃求解 1：無限制最佳化
- Excel-4-2 規劃求解 2：限制最佳化
- Excel-5-1 統計函數
- Excel-5-2 機率函數
- Excel-5-3 資料分析工具箱

CHAPTER 02

變數特性的統計

- 2.1 簡介
- 2.2 單變數敘述統計
- 2.3 機率分佈型態之性質
- 2.4 機率分佈參數之估計
- 2.5 機率分佈參數之測試
- 2.6 機率分佈型態之測試
- 2.7 實例
- 2.8 結論

2.1 簡介

本章將複習基礎的單變數統計觀念，包括：

- 單變數敘述統計
- 機率分佈型態之性質
- 機率分佈參數之估計
- 機率分佈參數之測試
- 機率分佈型態之測試

2.2 單變數敘述統計

變數的中央特性與散佈特性可用下列數值來描述：

- **平均值（mean）**：變數值的總和除以變數值的數目之值，對例外值較敏感。
- **中位值（median）**：變數值大於、小於此值的頻率相等，對例外值較不敏感。
- **最小值、最大值**：變數的值域，可描述散佈特性，對例外值較敏感。
- **標準差**：變數值對平均值的偏差之均方根，可描述散佈特性。

平均值與標準差是隨機變數的基本統計量，如果數據取自全體樣本者，稱母體平均值與母體標準差；取自部份樣本者，稱樣本平均值與母體標準差：

母體平均值：$$\mu = \frac{\sum X}{N} \tag{2-1}$$

母體標準差：$$\sigma = \sqrt{\frac{\sum (X-\mu)^2}{N}} \tag{2-2}$$

樣本平均值：$\overline{X} = \frac{\sum X}{n}$ （2-3）

樣本標準差：$s = \sqrt{\frac{\sum (X - \overline{X})^2}{n-1}}$ （2-4）

2.3 機率分佈型態之性質

變數經常具有隨機的性質。常態分佈函數（如圖 2-1）是隨機變數的一種分佈函數，也是最重要的分佈型態。對常態分佈函數而言，有二個參數：平均值與標準差。當這二個參數知道時，要計算此隨機變數 X 小於某值 x 的機率可用下式：

$$P(X < x) = \Phi(Z) \quad (2\text{-}5)$$

其中 $Z = \frac{x - \mu}{\sigma}$

當 Z 值越大時，此隨機變數小於 x 值的機率越大，如表 2-1 所示。例如 Z=-3 時，有 0.135% 的機率，Z=0 時，有 50% 的機率，Z=3 時，有 99.865% 的機率。

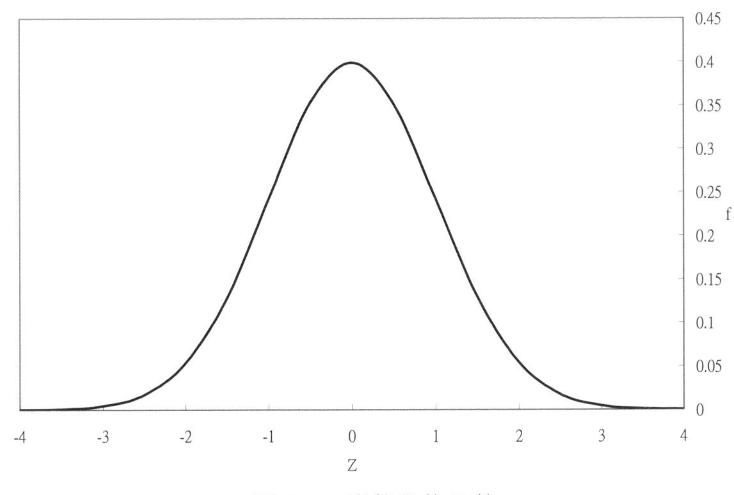

圖 2-1　常態分佈函數

表 2-1　常態分佈函數累積機率

Z	-3	-1.96	-1.65	-1	0	1	1.65	1.96	3
機率 (%)	0.135	2.5	5	15.9	50	84.1	95	97.5	99.865

2.4 機率分佈參數之估計

各種隨機變數的分佈函數有其獨特的參數用以描述其分佈，對常態分佈函數而言有二個參數：平均值與標準差。理論上，我們永遠不知道一個隨機變數的參數值，因為母體的樣本數有無限多個，但我們可以估計其參數值。由於一個隨機變數的平均值之估計值本身也是個隨機變數，因此可以只估其最可能值，稱為點估計；或估其可能範圍，稱為區間估計。常態分佈函數的參數估計公式如下：

一 點估計

平均值的點估計公式：$\overline{X} = \frac{\sum X}{n}$　（2-6）

標準差的點估計公式：$s = \sqrt{\frac{\sum (X - \overline{X})^2}{n-1}}$　（2-7）

二 區間估計

一個隨機變數的平均值之估計值本身也是個隨機變數，其平均值即前述之點估計公式，標準差為：

$$s_{\overline{X}} = \frac{s}{\sqrt{n}} \quad (2\text{-}8)$$

因此平均值的區間估計即平均值之平均值加減 Z 倍的標準差：

$$(\overline{X} - Z \cdot s_{\overline{X}}, \overline{X} + Z \cdot s_{\overline{X}}) \tag{2-9}$$

Z 越大則越有把握平均值會落在區間內，例如 Z=1.65 將有 90% 的機率平均值會落在估計的範圍，Z=1.96 將有 95% 的機率平均值會落在估計的範圍。

2.5 機率分佈參數之測試

與前節相反的問題是：判斷一個隨機變數的參數值大於或小於某一值的機率，或落在某區間的機率。例如要判斷一個常態分佈的隨機變數的平均值小於某值的機率可用區間估計的逆觀念，即計算 Z 值：

$$Z = \frac{x - \overline{X}}{s_{\overline{X}}} \tag{2-10}$$

當 Z 值越大時，此隨機變數的平均值小於 x 值的機率越大，例如 Z=1.65 時，有 95% 的機率；Z=1.96 時，有 97.5% 的機率。

如要判斷一個常態分佈的隨機變數的平均值落在某區間的機率可用 Z 的絕對值，此值越大則越有把握平均值會落在區間內，例如 Z=1.65 時，有 90% 的機率 ; Z=1.96 時，有 95% 的機率。

2.6 機率分佈型態之測試

要判斷某隨機分佈是否屬於某分佈函數可使用奇方適合度試驗（chi-square goodness-of-fit test），公式為

$$\sum_{i=1}^{k} \frac{(n_i - e_i)^2}{e_i} < \chi^2_{1-\alpha,k-1} \tag{2-11}$$

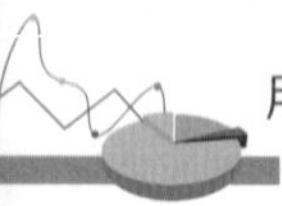

其中 n_i= 第 i 個區間中的實際出現次數，e_i= 第 i 個區間中的理論出現次數。左式的值越小，則待判斷的隨機分佈越有可能屬於該理論分佈函數，當值為 0 時，代表待判斷的隨機分佈等同該理論分佈函數。右式之值可查 $\chi^2_{1-\alpha,k-1}$ 分佈表。

例如在圖 2-2 中，白色是常態分佈的理論頻率值，暗色是某隨機變數的實際頻率值，當二種分佈的（2-11）式的值越小，代表二種分佈越可能是同一種分佈。

上述方法適用於任何隨機分佈是否屬於某分佈函數的檢定。由於常態分佈函數是最重要的分佈型態，有一些方法專門用來檢定隨機分佈是否屬於常態分佈函數，例如常態機率圖，將在後面章節介紹。

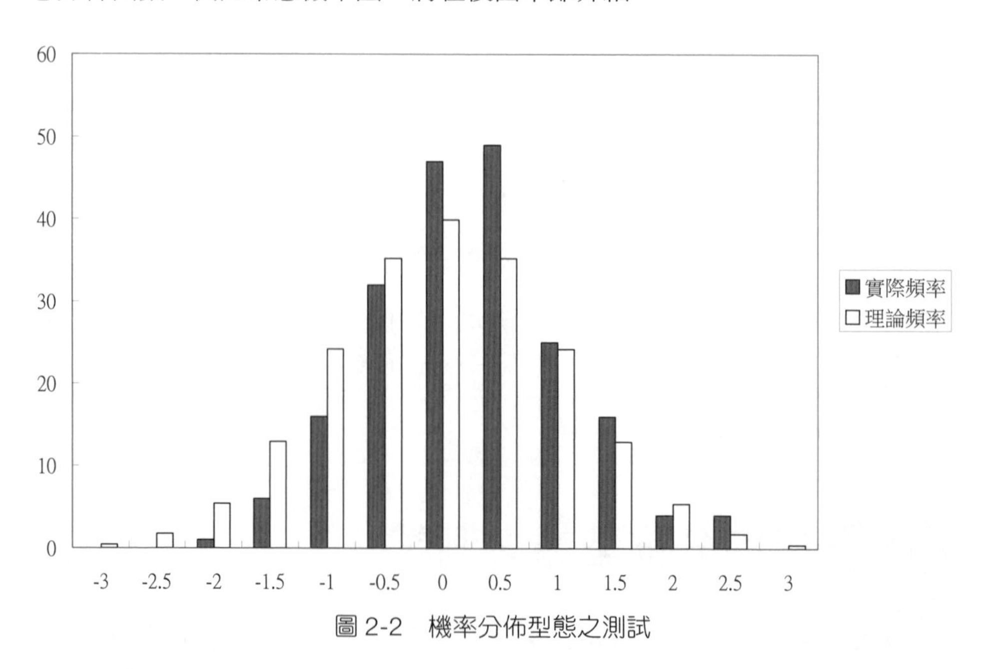

圖 2-2　機率分佈型態之測試

2.7 實例

《例題 2-1》世界各國國民平均壽命之統計

圖 2-3 是世界 190 個國家的國民平均壽命之統計直方圖。一些基本的統計結果如下：

樣本數 =190

樣本最小值 =36.5 歲

樣本最大值 =77.8 歲

樣本平均值 $\overline{X}=\dfrac{\sum X}{n}$ =63.78 歲

樣本標準差 $s=\sqrt{\dfrac{\sum(X-\overline{X})^2}{n-1}}$ =11.06 歲

樣本值 95% 區間估計

$\overline{X}\pm Z\cdot s$ =[63.78-1.96(11.06)，63.78+1.96(11.06)]=[42.1，85.5]

樣本值小於 65 歲的機率

$Z=\dfrac{X-\overline{X}}{s}=\dfrac{65-63.78}{11.06}=0.11$，查表得 0.544，即有 54.4% 的機率會小於 65 歲

樣本平均值之期望值 $\overline{X}=\dfrac{\sum X}{n}$ =63.78 歲

樣本平均值之標準差 $s_{\overline{X}}=\dfrac{s}{\sqrt{n}}=\dfrac{11.06}{\sqrt{190}}=0.80$

樣本平均值 95% 區間估計

$\overline{X}\pm Z\cdot s_{\overline{X}}$ =[63.78-1.96(0.80)，63.78+1.96(0.80)]=[62.21，65.35]

樣本平均值小於 65 歲的機率：

$Z=\dfrac{X-\overline{X}}{s_{\overline{X}}}=\dfrac{65-63.78}{0.80}=1.53$，查表得 0.937，即有 93.7% 的機率會小於 65 歲

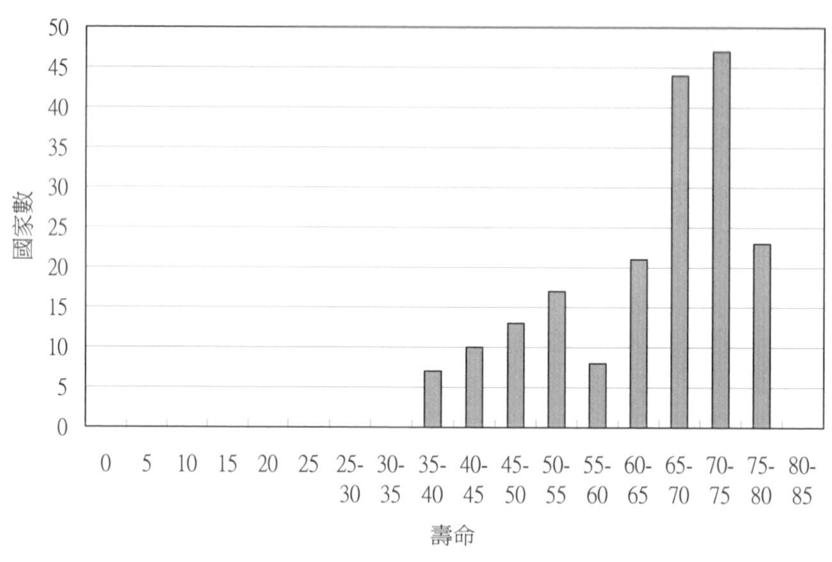

圖 2-3　世界各國國民平均壽命之統計

Excel 實作

步驟 1　開啟「例題 2-1 世界各國國民平均壽命之統計」檔案。

步驟 2　本例題有 190 個數據，因此已填入「B1:B190」儲存格，如圖 2-4。

步驟 3　在 B191:B196 分別填入公式「=AVERAGE(B1:B190)」、「=STDEV(B1:B190)」、「=MIN(B1:B190)」、「=MAX(B1:B190)」、「=NORMDIST((65-63.78)/11.06,0,1,1)」、「=NORMDIST((65-63.78)/(B192/SQRT(190)),0,1,1)」，結果如圖 2-5。

步驟 4　開啟「資料」標籤的「資料分析」視窗，如圖 2-6。選「敘述統計」，並輸入參數如圖 2-7，結果如圖 2-8。

步驟 5　因為資料最小與最大值約在 30~85 之間，因此組距採用 30, 35, 40, ..., 85。在 D1:D12 填入組距。開啟「資料」標籤的「資料分析」視窗。選「直方圖」，並輸入參數如圖 2-9，結果如圖 2-10。

	A	B	C	D	E
1	Hong Kong SAR	77.3		30	
2	Macao SAR	76.9		35	
3	Afghanistan	43		40	
4	Albania	70.9		45	
5	Algeria	68.7		50	
6	Angola	44.5		55	
7	Argentina	70.6		60	
8	Armenia	70.3		65	
9	Australia	76.4		70	
10	Austria	75.4		75	
11	Azerbaijan	68.7		80	
12	Bahamas	65.2		85	
13	Bahrain	72.1			
14	Bangladesh	60.6			

圖 2-4　輸入資料

	A	B	C	D	E
188	Yugoslavia	70.9			
189	Zambia	42.6			
190	Zimbabwe	43.3			
191	樣本平均值	63.78			
192	樣本標準差	11.06			
193	樣本最小值	36.5			
194	樣本最大值	77.8			
195	樣本值小於65歲的機率	0.544			
196	樣本平均值小於65歲的	0.936			
197					

圖 2-5　輸入統計函數

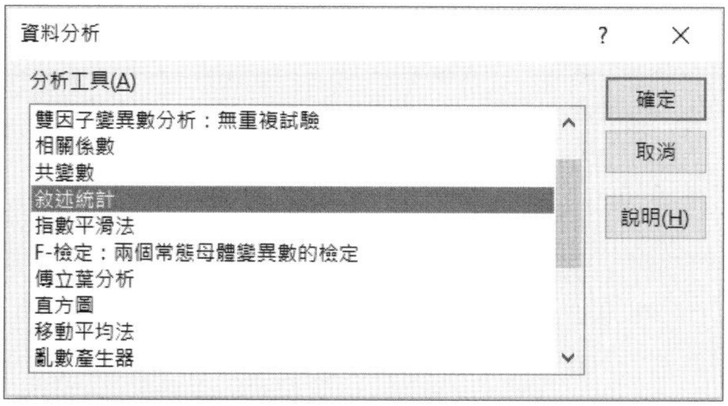

圖 2-6　開啟「資料」標籤的「資料分析」視窗

圖 2-7　在「敘述統計」視窗輸入參數

	A	B	C	D	E
1	欄1				
2					
3	平均數	63.43629			
4	標準誤	0.846487			
5	中間值	67.75			
6	眾數	70.6			
7	標準差	11.7902			
8	變異數	139.0087			
9	峰度	1.077924			
10	偏態	-1.12544			
11	範圍	66.73699			
12	最小值	11.06301			
13	最大值	77.8			
14	總和	12306.64			
15	個數	194			

圖 2-8　「敘述統計」結果工作表

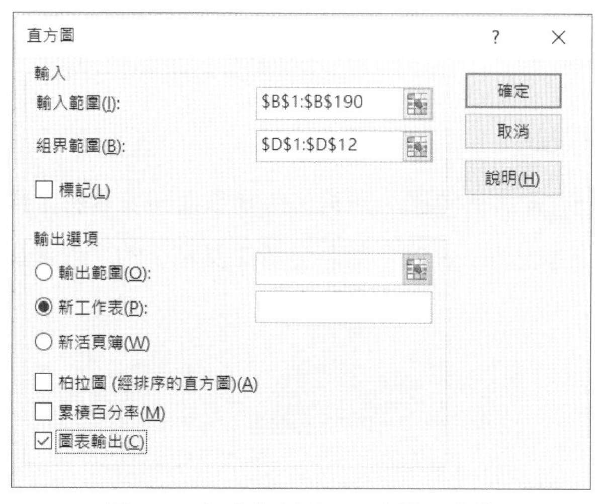

圖 2-9　在「直方圖」視窗輸入參數

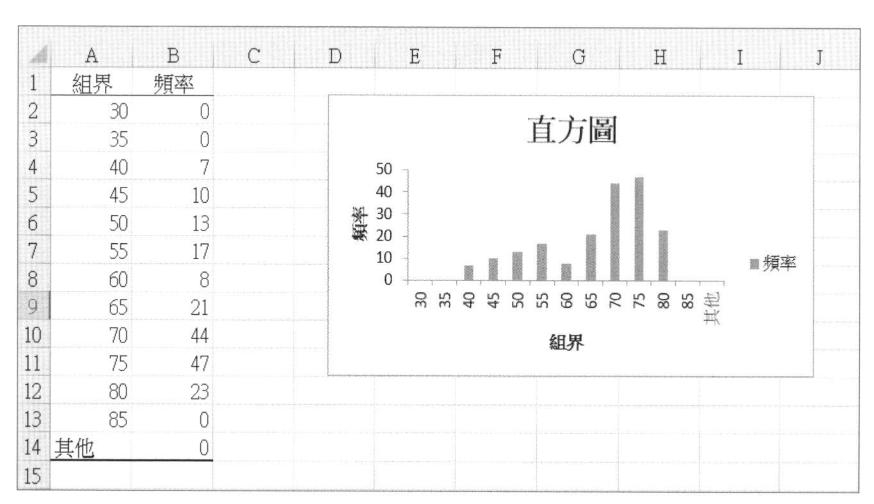

組界	頻率
30	0
35	0
40	7
45	10
50	13
55	17
60	8
65	21
70	44
75	47
80	23
85	0
其他	0

圖 2-10 「直方圖」結果工作表

2.8 結論

本章複習了基礎的單變數統計觀念，這些是深入本書的基礎。下一章將複習與二變數關係之統計有關的觀念，例如相關係數等。

個案習題

個案 1：陽光旅行社

陽光旅行社有顧客的年齡、所得、每年旅遊預算資料。檔案中有 100 筆記錄（圖 2-11）。試以 Excel 的「資料分析工具箱」的「敘述統計」與「直方圖」進行分析。

	A	B	C	D	E	F
1	No	Age	Income	旅遊支出		
2	1	58	9	10		
3	2	30	6	4.8		
4	3	37	12	12.8		
5	4	70	12	5.1		
6	5	40	5	5.3		

圖 2-11　個案 1 陽光旅行社 Excel 資料檔

個案 2：新店區房價估價

房地產的每坪單價與許多因子有關（圖 2-12），包括：

- 代表運輸功能的影響之最近捷運站的距離
- 代表生活功能的影響之徒步生活圈內的超商數
- 代表房子室內居住品質的影響之屋齡
- 代表市場趨勢的影響之交屋年月，以及
- 表示空間位置的影響之地理位置（縱座標、橫座標）

研究樣本取自新北市的新店區，共有 414 筆數據（圖 2-13），新店區的房價等高線圖如圖 2-14。試以 Excel 的「資料分析工具箱」的「敘述統計」與「直方圖」進行分析。

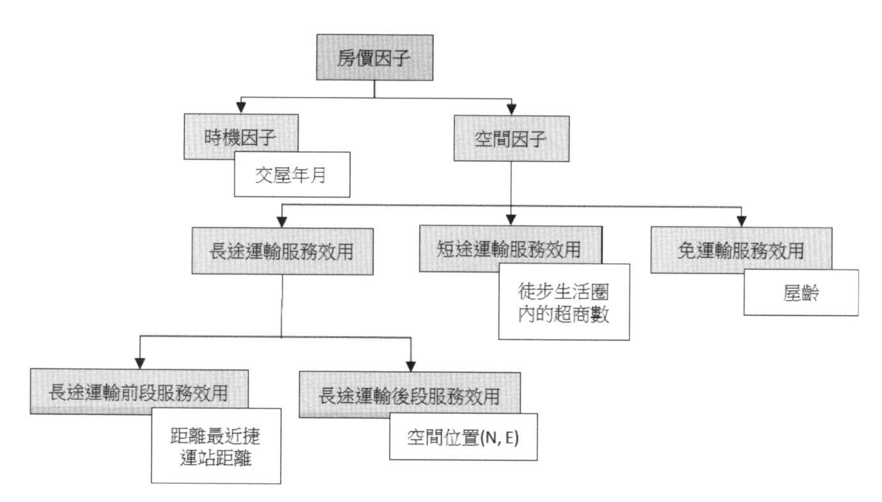

圖 2-12　房價因子的意義之架構

	A	B	C	D	E	F	G	H	I
1	No	Time	Age	N	E	MRT	Market	Price	
2	1	101.92	32	24.983	121.54	84.879	10	37.9	
3	2	101.92	19.5	24.98	121.54	306.59	9	42.2	
4	3	102.58	13.3	24.987	121.54	561.98	5	47.3	
5	4	102.5	13.3	24.987	121.54	561.98	5	54.8	
6	5	101.83	5	24.979	121.54	390.57	5	43.1	
7	6	101.67	7.1	24.963	121.51	2175	3	32.1	

圖 2-13　個案 2 新店區房價估價 Excel 資料檔

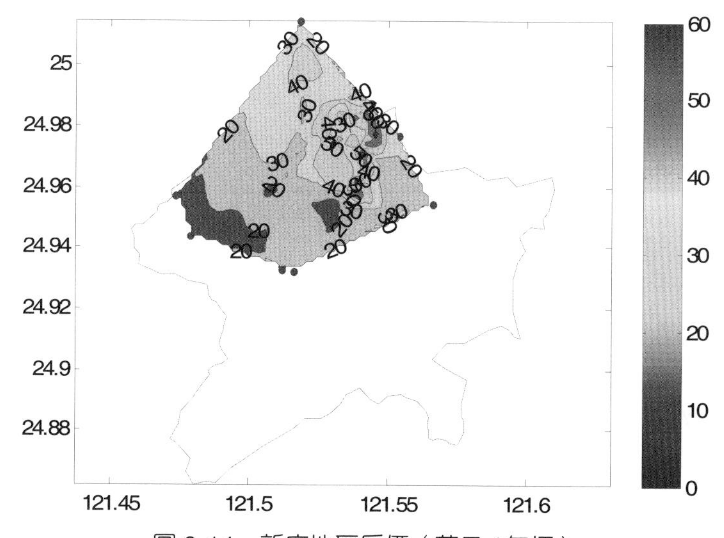

圖 2-14　新店地區房價（萬元 / 每坪）

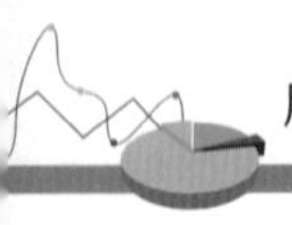

個案 3：台灣股票月報酬率預測

效率市場假說指出，股票價格的漲跌是即時性的，隨著市場中所有可能影響股價的因素而異動。因此，在一般的狀況下效率市場中，不該有除了風險溢酬以外的溢酬存在。但是在近幾年的研究中卻發現了，股票市場在不同期間中並未達到半強式或弱式效率市場，因此可以透過適當的選股因子來提高投資組合的投資報酬率。例如規模效應、動能效應、價值效應等。除了上述這些股票市場中常見的效應之外，近年來也有許多文獻研究如何透過結合各種不同效應的方式，來建構多因子選股模型以提高報酬率。為了尋找更有效率的方法來建構最佳的多因子模型，許多學者嘗試用統計或 AI 方法來建構模型。

檔案中包含台灣股市上市櫃公司 2016 年 1~5 月的每月資料（刪掉部分資料不全者），共有 3039 筆記錄（圖 2-15）。表 2-3 為各變數定義。因為財報發布的時間有落差，因此所有數據都以每個月的月初已經發佈的財報為基準。試以 Excel 的「資料分析工具箱」的「敘述統計」與「直方圖」進行分析。

	A	B	C	D	E	F	G	H	I	J	K	L	M	N	O
1	年	月	股票代	股票名稱	產業分類	PBR	ROE	年營收成	系統風險	總市值	收盤價	本月報酬	下1個月報	下2個月報	下3個月報
2	2016	1	1101	台泥	傳產-水泥	0.92	0.61	-21.77	0.893	1008	27.3	-9.34	-2.56	12.66	2.85
3	2016	1	1102	亞泥	傳產-水泥	0.65	0.04	-14.05	0.767	921	27.4	-4.68	-4.93	10.96	5.63
4	2016	1	1210	大成	傳產-食品	1.11	1.76	-16.49	0.587	152.4	20.7	3.07	-3.38	15.25	-4.75
5	2016	1	1215	卜蜂	傳產-食品	1.23	3.75	-5.86	0.66	61.6	23	-5.2	-3.93	8.77	8.29
6	2016	1	1216	統一	傳產-食品	3.22	2.53	-1.61	0.76	3119.4	54.9	0.18	1.09	3.42	-1.22
7	2016	1	1227	佳格	傳產-食品	5.05	6.71	15.24	0.977	650.8	82.1	4.31	-3.17	2.25	-8.89

圖 2-15　個案 3 台灣股票月報酬率預測 Excel 資料檔

表 2-3　個案 3 台灣股票月報酬率預測各變數定義

股價淨值比（PBR）	價值因子：便宜股票的報酬率常高於昂貴股票的報酬率。本益比（PER=P/E）、股價淨值比（PBR=P/B）常被用來衡量一間公司的股票是否便宜。這些比值越小，代表股票越便宜。
股東權益報酬率（ROE）	成長因子：賺錢公司的股票報酬率常高於不賺錢公司的股票報酬率。股東權益報酬率（ROE）可用來衡量公司是否賺錢。ROE 值越大，代表公司越賺錢。

年營收成長率	成長因子：年營收成長率可用來衡量公司經營規模的成長。年營收成長越大，代表公司成長力道越強。
系統風險	風險因子：古典理論認為系統風險越大的股票報酬率越高。個股的系統風險（β 值）是指個股的股價波動程度與整體股票市場的波動程度之間的相對大小。如果個股的股價波動程度與整體股票市場的波動程度一致，那麼其 β 係數等於 1.0；如果個股的股價波動程度大於（小於）整體股票市場的波動程度，則 β 係數大於（小於）1.0。
總市值	規模因子：有學者認為規模與報酬呈負向關係，即小型公司的股票報酬率常高於大型公司的股票報酬率。總市值可衡量公司規模大小。
收盤價	月底收盤價。
本月報酬率	慣性因子：慣性現象是指股票目前的報酬率越高，未來的報酬率越高的現象。本個案資料要預測的是下 1 個月報酬率、下 2 個月報酬率、下 3 個月報酬率的報酬率，因此採用「本月報酬率」衡量慣性。

個案 4：台灣股票季報酬率預測

本資料集與「個案習題 3」類似，但以季為單位。檔案中包含台灣股市上市櫃公司 1996 年 Q1~2008 年 Q2 的每月資料（刪掉部分資料不全者），共有 19,990 筆記錄（圖 2-16）。表 2-4 為各變數定義。本個案的因變數取第 t+2 季的季報酬率，由於本資料庫涵蓋 12.5 年，股票的報酬率受市場多空的影響很大。在多頭市場時，即使財報表現不佳，都可能有很高的季報酬率；反之，在空頭市場時，即使財報表現甚佳，都可能有負的季報酬率。但市場仍可能維持不論在多、空頭市場，財報表現相對於同一季的其他公司較佳的股票，報酬率也相對較高。因此本書除了「原值」數據，也將每一季的數據依照相對大小排序轉為「Rank 值」，即一個股票的某一變數在同一季中是所有股票的最低值、最高值者，其 Rank 值分別為 0 與 1，其餘內插。例如某一變數比 85% 同一季的股票高者，其 Rank 值為 0.85。

例如，由於經濟景氣的榮枯，全體企業的 ROE 會有波動；股市的氛圍多空，全體股票的 P/B 也會有起伏。在股市的氛圍趨向多頭時，即使市場評價不高的公司其股價淨值比仍可達到 1.5 倍；但在空頭時，因為 P/B 普遍偏低，只有市場評價高的公司其股價淨值比才可達到 1.5 倍。因此在多頭市場與空頭市場 P/B 為 1.5 倍其隱含的意義不同。例如，股價淨值比 1.5 的股票在股市的氛圍趨向多頭時，因為全體股票的 P/B 普遍偏高，這個數字可能比市場多數個股來得低；但在空頭時，因為 P/B 普遍偏低，這個數字可能比市場多數個股來得高。為了消除這些影響，本文除了以股東權益報酬率、股價淨值比的實際值之外，也用當季排序值（rank value）。當季排序值是指股票的特徵（股東權益報酬率、股價淨值比）在當季所有股票中為最小者與最大者，其當季排序值分別為 0.0 與 1.0，其餘內插，例如中位數者為 0.5。因此一個市場評價中等的公司，無論在多頭市場或空頭市場，其 P/B 的排序值都會在 0.5 左右。

試以 Excel 的「資料分析工具箱」的「敘述統計」與「直方圖」對「原值」數據進行分析。

	A	B	C	D	E	F	G	H
1	name	date	X1 報酬率	X2 風險be	X3 負債/	X4 淨值	X5 成交	X6 週轉
2	1101 台泥	1996/3/1	90.3551	1.0659	68.83	1.1	780	18.13
3	1102 亞泥	1996/3/1	29.5949	0.5411	54.71	2.69	246	7.56
4	1103 嘉泥	1996/3/1	21.5861	1.2857	96.48	1.24	322	19.08
5	1104 環泥	1996/3/1	7.9077	1.0612	47.92	1.01	150	10.34
6	1108 幸福	1996/3/1	-7.8434	1.0405	75.02	1.25	41	5.05
7	1109 信大	1996/3/1	7.1293	0.6231	21.68	1.79	40	2.82

圖 2-16　個案 4 台灣股票季報酬率預測 Excel 資料檔

表 2-4　個案 4 台灣股票季報酬率預測各變數定義

X1	報酬率	慣性因子：股票的第 t 季報酬率。
X2	風險 beta 值	風險因子：以 250 日計算之 β 值。
X3	負債 / 淨值比	公司的負債除以淨值的比率。
X4	淨值報酬率（ROE）	成長因子：股東權益報酬率（ROE）

X5	成交量（百萬股）	流動性因子：過於熱門的股票，股價可能高估，報酬率常低於較冷門的股票。
X6	週轉率	流動性因子：過於熱門的股票，股價可能高估，報酬率常低於較冷門的股票。
X7	市值（季底）	規模因子：流通在外股數乘以股價。
X8	收盤價（季底）	股票的季底收盤價。
X9	淨值股價比	價值因子：淨值股價比（BPR）=B/P，是股價淨值比（PBR=P/B）的倒數。
X10	E/P	價值因子：益本比（EPR=E/P），是本益比（PER=P/E）的倒數。
X11	每股淨值	股票的每一股的淨值。
X12	每股盈餘（EPS）	股票的每一股的盈餘。
X13	税後淨利	公司的税後淨利總值。
X14	新淨值股價比	價值因子：淨值股價比（BPR=B/P）。與 X9 的差別是股價採用最新的股價，由於因變數是「第 t+2 季報酬率（Return）」，因此採用第 t+1 季的季底股價。
X15	新益本比	價值因子：益本比（EPR=E/P）。股價採用最新的股價。
X16	GVI（0.02）	GVI 是「成長價值指標」（Growth Value Index）。公式 $GVI=(B/P)^{\theta}*(1+ROE)$ 其中 B/P= 淨值股價比，採用 X14 的值 ROE= 季股東權益報酬率，採用 X4 的值。因為 ROE 以 % 為單位，計算時要先除 100。 θ= 參數，共有 0.02, 0.04, ..., 0.30 等八種。
X17	GVI（0.04）	
X18	GVI（0.06）	
X19	GVI（0.08）	
X20	GVI（0.10）	
X21	GVI（0.15）	
X22	GVI（0.20）	
X23	GVI（0.30）	
Y1	第 t+2 季報酬率（Return）	因為財報發布的時間有落差，因此以股票的第 t+2 季的季報酬率為因變數。本書採用此變數為因變數。
Y2	第 t+3 季報酬率（Return）	也可以用股票的第 t+3 季的季報酬率為因變數。但預測效果應該會更差。本書不採用此變數為因變數，但讀者可以自行嘗試。

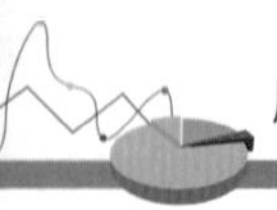

個案 5：台灣上市公司的財務因子的統計特性

本資料集包含許多台灣上市公司的財務因子的數據，例如股東權益報酬率（ROE）、淨值股價比（B/P）、股價淨值比（P/B）、益本比（E/P）、本益比（P/E）、beta 係數、總市值、營收成長率（%）、成交量、季報酬率。試以 Excel 的「資料分析工具箱」的「敘述統計」與「直方圖」進行分析。並說明從直方圖的結果發現哪些有趣的特性。

【範例】

股東權益報酬率的直方圖如圖 2-17。可以發現一個有趣的現象：整個股東權益報酬率的分佈很像常態分佈，但在接近 0 而偏正的地方很奇特，出現的頻率似乎突然高上去了。一個可能的原因是所謂的「盈餘管理」，公司的經營階層很不喜歡股東看到負值的股東權益報酬率，有時會利用會計上的彈性操縱一下盈餘，使實際上微負的股東權益報酬率調整到微正的值，讓財報不要太難看。

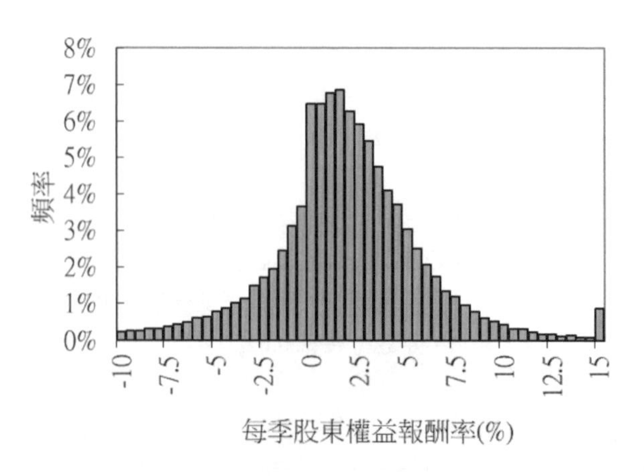

圖 2-17　股東權益報酬率的直方圖

CHAPTER 03

變數關係的分析

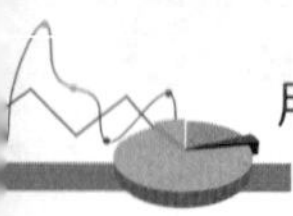

3.1 簡介

前章複習了基礎的單變數統計觀念，本章將複習與二變數關係之統計有關的觀念，主要包括：

- 非時間數列資料的分析：相關分析
- 時間數列資料的分析：自相關分析

3.2 資料的型態

資料的型態可分成二種：

一 非時間數列

非時間數列由因變數與自變數構成。

二 時間數列

時間數列經常由下列成份構成：

1. **傾向**：在自然界中，傾向的發生主要是因為人口的成長、經濟的發展所導致。如圖 3-1 之台灣地區每年平均每人國內生產毛額（美元）有明顯的二次傾向。
2. **季節**：季節性發生最主要的原因有：
   (1) **地球的公轉**：地球的公轉會造成氣候的差別，因此造成春夏秋冬四季的年循環，或者以十二個月為週期的年循環。例如：氣溫、雨量、河川流量、用電量、燃料的消耗量均有很明顯的年循環。如圖 3-2 之每月用電量有明顯的「年」季節性成份。

(2) **月球的繞地**：月球繞地球公轉會造成潮汐的漲落，有明顯的以陰曆月為週期的月循環。

(3) **星期的例假**：人類大部分的活動大都以週為單位，例如：上班、上學…等，因此交通流量、用電量經常有明顯的以七日為週期的週循環。如圖 3-3 之每日用電量有明顯的「週」季節性成份。

(4) **地球的自轉**：地球自轉會造成晝夜的差別，因此造成了許多人類經濟活動的差異，例如：用電量、交通流量…等，都有明顯的以二十四小時為週期的日循環。如圖 3-4 之每小時用電量有明顯的「日」季節性成份。

3. **循環**：人類通常有在順境時過度樂觀，在逆境時又過度悲觀的心理特性，這造成了人類的經濟活動常有大幅波動，例如景氣循環。如圖 3-5 之台灣地區每年經濟成長率有明顯的循環。

4. **隨機**：其它無法解釋的成份統稱隨機成份。

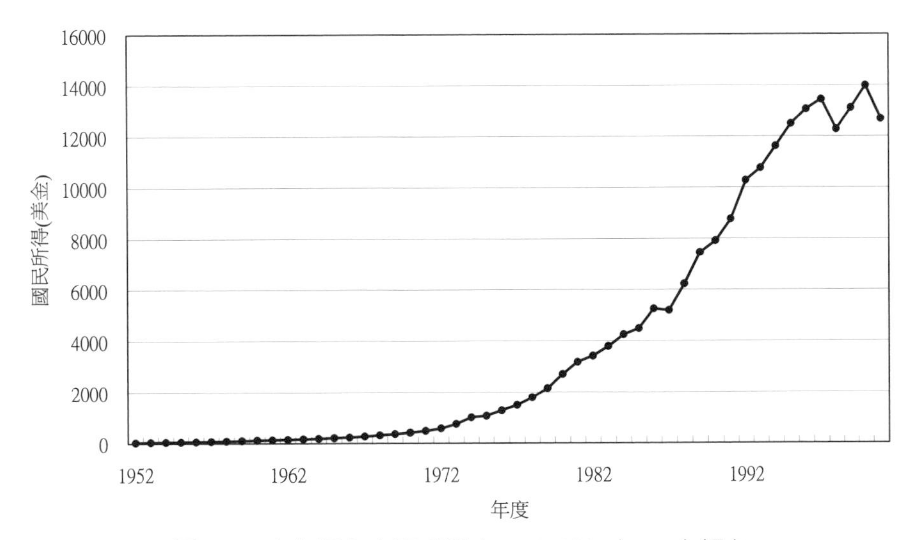

圖 3-1　人均國內生產毛額（1952-2001）：二次傾向

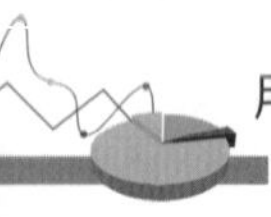

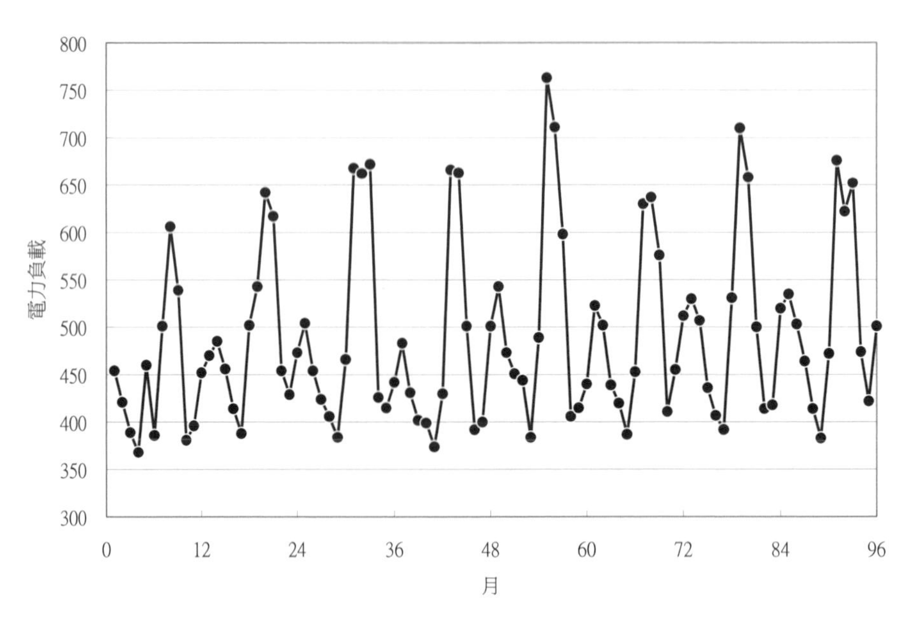

圖 3-2　每月用電量：年季節性（12 個月一週期）

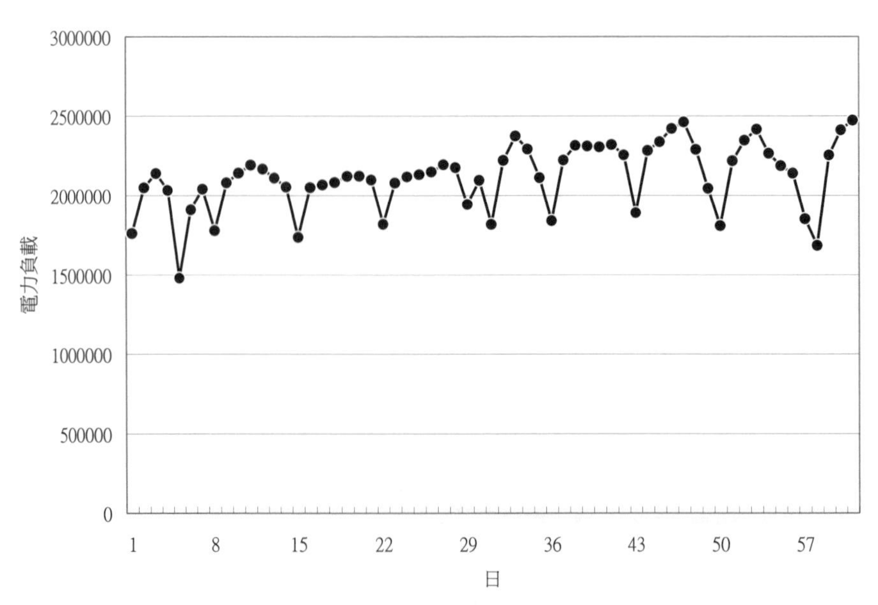

圖 3-3　每日用電量：週季節性（7 天一週期）

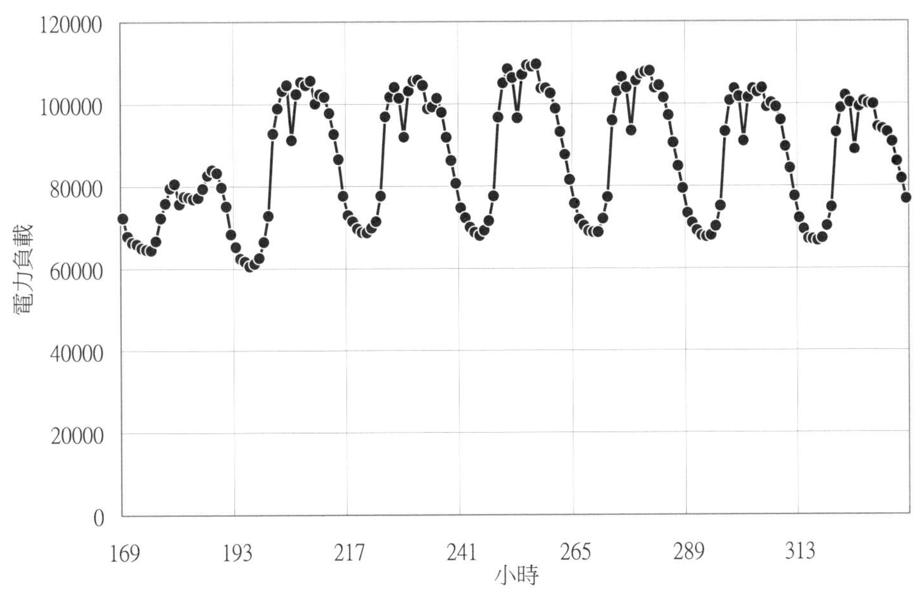

圖 3-4 每小時用電量：日季節性（24 小時一週期）

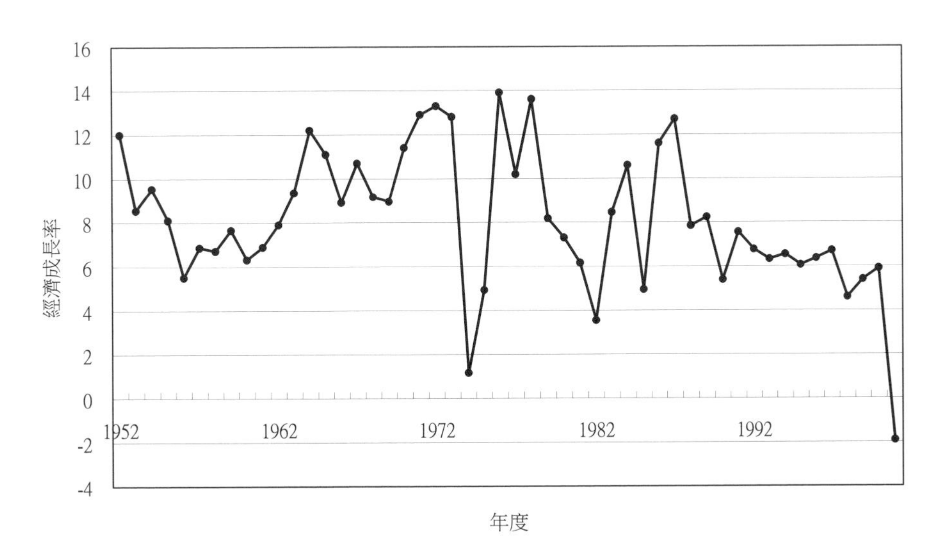

圖 3-5 台灣經濟成長率（1952-2001）：景氣循環

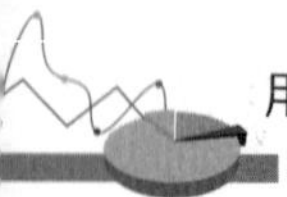

3.3 非時間數列資料的分析：相關分析

要判斷二個隨機變數間是否線性相關可用相關係數：

母體相關係數：

$$\rho = \frac{\sum (X - \mu_X)(Y - \mu_Y)}{n\sigma_X \sigma_Y} \tag{3-1}$$

樣本相關係數：

$$r = \frac{\sum (x_i - \overline{X})(y_i - \overline{Y})}{(n-1)s_X s_Y} \tag{3-2}$$

相關係數在 -1~+1 之間，相關係數為正則為正相關，為負則為負相關，絕對值越大則線性相關性越強。圖 3-6 表示了相關係數為 0.9，0.5，0，-0.5，-0.9 等幾種情況。但要注意相關係數的絕對值小並不代表二變數之間不相關，只是沒有線性相關，但仍可能有曲線相關的可能性，例如圖 3-6(f)。

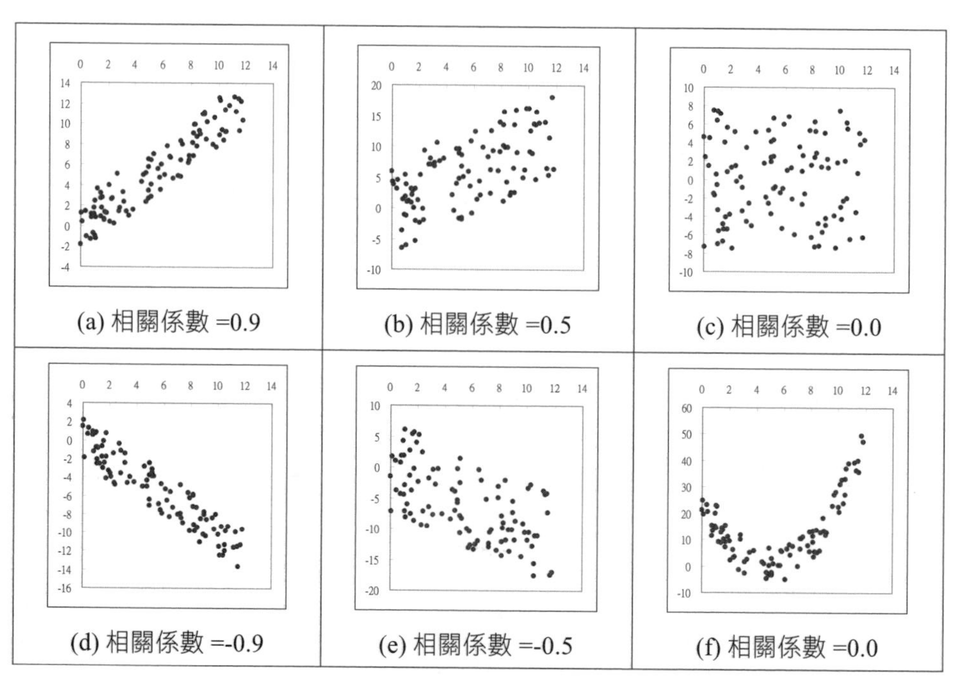

圖 3-6　相關係數

《例題 3-1》世界各國每人 GDP 與國民平均壽命關係

世界各國每人 GDP 與國民平均壽命之關係如圖 3-7(a)，相關係數 =0.7495。GDP 之對數值與壽命關係如圖 3-7(b)，相關係數 =0.863。

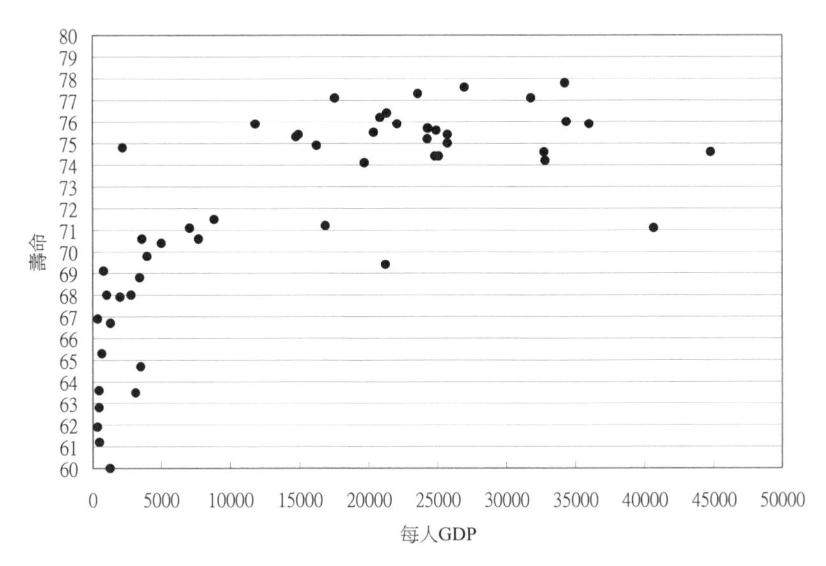

圖 3-7(a) 世界各國每人 GDP 與國民平均壽命關係

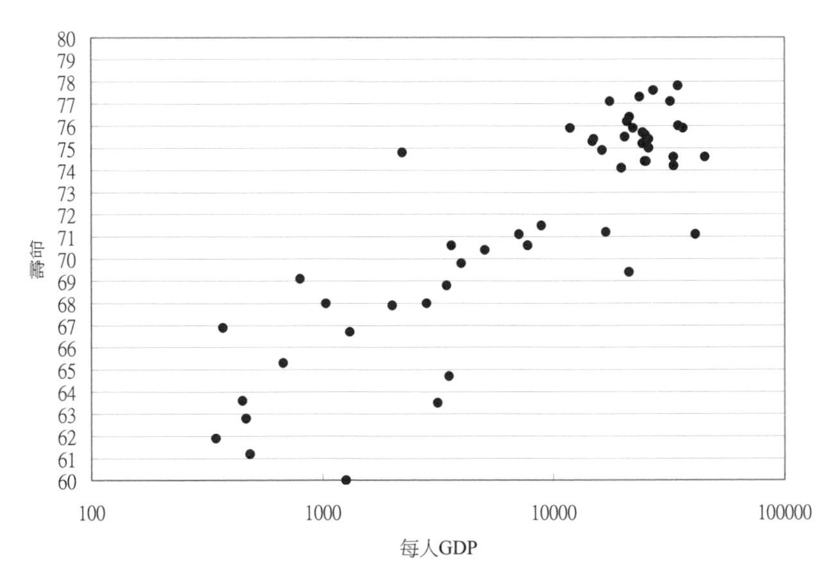

圖 3-7(b) 世界各國每人 GDP 與國民平均壽命關係：ln（GDP）

Excel 實作

步驟 1 開啟「例題 3-1 世界各國每人 GDP 與國民平均壽命關係」檔案。

步驟 2 本例題有 52 個數據，因此已填入「B2:C53」儲存格，B 欄為國每人 GDP，C 欄為國民平均壽命，在 D2 填入公式「=LN(B2)/LN(10)」表示以 10 為底數取對數，並向下複製此公式到 D3:D53，如圖 3-8。

步驟 3 在 D54 與 D55 分別填入公式「=CORREL(C2:C53,B2:B53)」、「=CORREL(C2:C53，D2:D53)」，得到每人 GDP 與國民平均壽命、每人 GDP 對數與國民平均壽命的相關係數為 0.75 與 0.86。

步驟 4 選取 B1:C53 範圍，選擇插入散佈圖，結果如圖 3-9。因為國民平均壽命最小值約 60，因此點選縱座標，並將最小值改為 60，結果如圖 3-10。

步驟 5 複製上述散佈圖，並貼上。然後點選圖中任意散佈點，會在公式輸入窗格出現「=SERIES(data!$C$1,data!$B$2:$B$53,data!$C$2:$C$53,1)」。將它修改成「=SERIES(data!$C$1,data!$D$2:$D$53,data!$C$2:$C$53,1)，即可產生橫軸為每人 GDP 對數的散佈圖。

	A	B	C	D	E
1	國家	GDP	壽命	log10(GDP)	
2	Argentina	7735	70.6	3.88846	
3	Australia	21319	76.4	4.328767	
4	Austria	25748	75.4	4.410744	
5	Belgium	24277	75.7	4.385195	
6	Bermuda	40664	71.1	4.60921	

圖 3-8　輸入資料

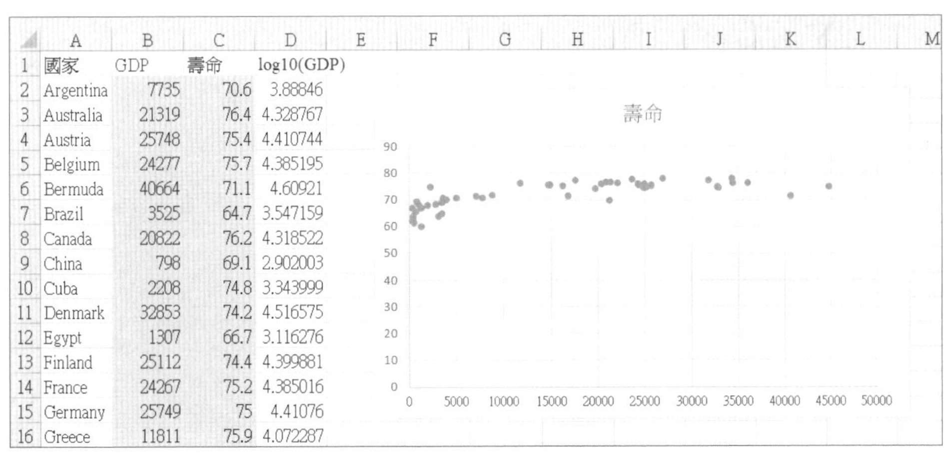

	A	B	C	D
1	國家	GDP	壽命	log10(GDP)
2	Argentina	7735	70.6	3.88846
3	Australia	21319	76.4	4.328767
4	Austria	25748	75.4	4.410744
5	Belgium	24277	75.7	4.385195
6	Bermuda	40664	71.1	4.60921
7	Brazil	3525	64.7	3.547159
8	Canada	20822	76.2	4.318522
9	China	798	69.1	2.902003
10	Cuba	2208	74.8	3.343999
11	Denmark	32853	74.2	4.516575
12	Egypt	1307	66.7	3.116276
13	Finland	25112	74.4	4.399881
14	France	24267	75.2	4.385016
15	Germany	25749	75	4.41076
16	Greece	11811	75.9	4.072287

圖 3-9　插入散佈圖（每人 GDP 與國民平均壽命）

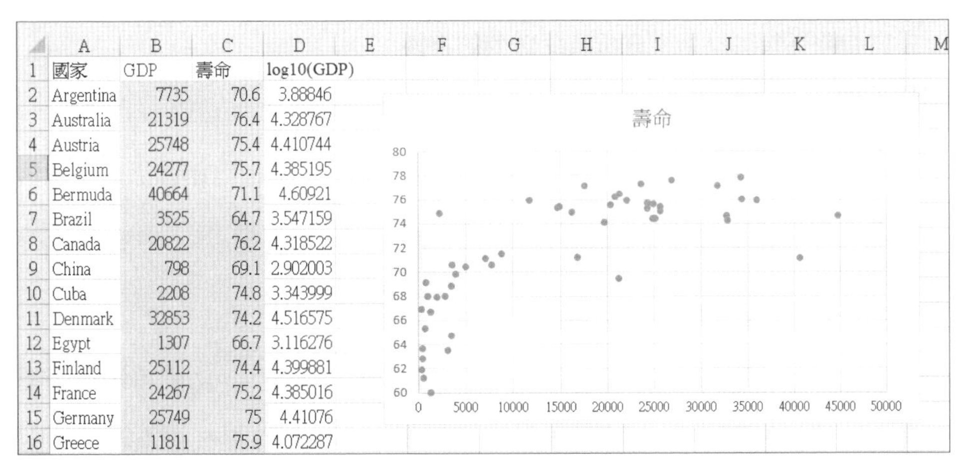

	A	B	C	D
1	國家	GDP	壽命	log10(GDP)
2	Argentina	7735	70.6	3.88846
3	Australia	21319	76.4	4.328767
4	Austria	25748	75.4	4.410744
5	Belgium	24277	75.7	4.385195
6	Bermuda	40664	71.1	4.60921
7	Brazil	3525	64.7	3.547159
8	Canada	20822	76.2	4.318522
9	China	798	69.1	2.902003
10	Cuba	2208	74.8	3.343999
11	Denmark	32853	74.2	4.516575
12	Egypt	1307	66.7	3.116276
13	Finland	25112	74.4	4.399881
14	France	24267	75.2	4.385016
15	Germany	25749	75	4.41076
16	Greece	11811	75.9	4.072287

圖 3-10　複製與修改散佈圖

3.4 時間數列資料的分析：自相關分析

時間數列資料可使用自相關係數圖加以分析，自相關係數圖是由自相關係數組成之桿狀圖。自相關係數之定義與相關係數相似，但改成是序號相距 k 的數列值之相關係數：

$$r_k = \frac{\sum (Y_t - \overline{Y})(Y_{t-k} - \overline{Y})}{\sum (Y_t - \overline{Y})^2} \quad (3\text{-}3)$$

自相關係數是否顯著可用下式測試：

$$SEr(k) = \sqrt{\frac{1 + 2\sum_{i=1}^{k-1} (r_k)^2}{n}} \quad (3\text{-}4)$$

$$t = \frac{r_k}{SEr(k)} \quad (3\text{-}5)$$

當 $t>2.2$ 或 $t<-2.2$ 時自相關係數滿足 5% 的顯著水準。

自相關係數可以用來分析時間數列的特性：

- **具有傾向成份**：r_1 顯著異於 0 的正值，然後逐漸衰減。
- **具有季節成份**：每隔固定週期有一個顯著大於 0 的正值自相關係數出現。
- **具有循環成份**：不固定週期有大於 0 的自相關係數出現。

《例題 3-2》具有傾向成份的時間數列：二次傾向

圖 3-1 的台灣地區每年平均每人國內生產毛額（美元），由圖可知有明顯的二次傾向成份。圖 3-11(a) 為其自相關係數圖，由圖可知 r_1 顯著異於 0 的正值，然後逐漸衰減，顯示此數列有傾向性。經一次差分（相鄰兩期原始數據相減）後之自相關係數圖如圖 3-11(b)，由圖可知仍有明顯的傾向，但已降低。經二次差分（相鄰兩期一次差分相減）後之自相關係數圖如圖 3-11(c)，由圖可知已無明顯的傾向。

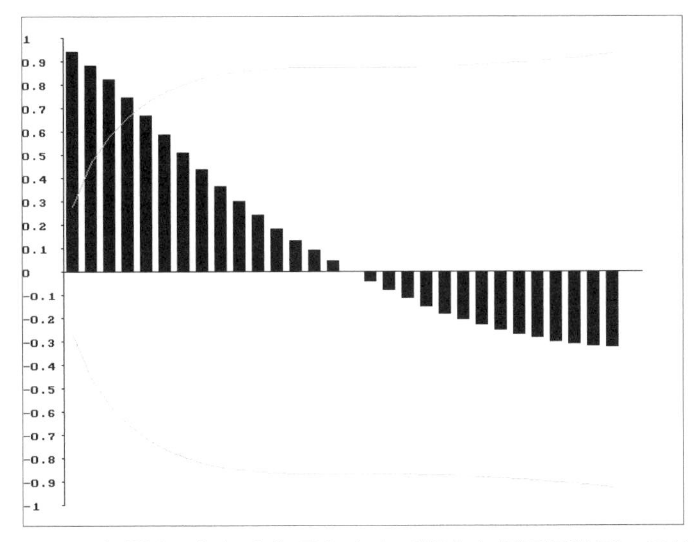

圖 3-11(a)　台灣地區每年人均國內生產毛額之自相關係數圖：原始數據

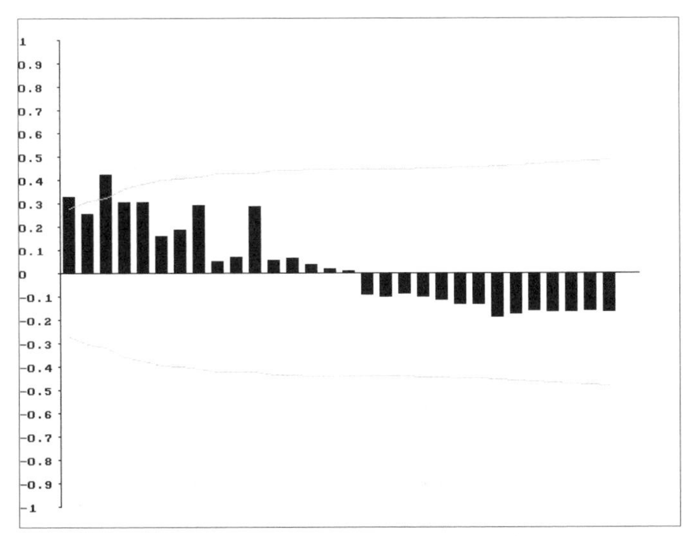

圖 3-11(b)　台灣地區每年人均國內生產毛額之自相關係數圖：一次差分數據

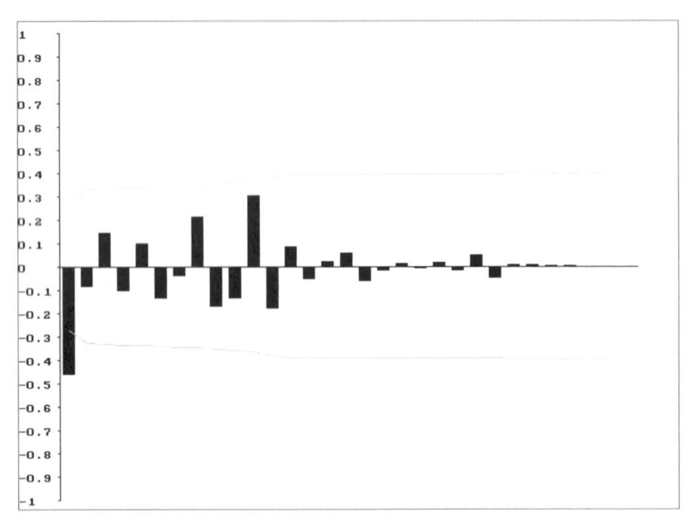

圖 3-11(c)　台灣地區每年人均國內生產毛額之自相關係數圖：二次差分數據

《例題 3-3》具有季節成份的時間數列：電力負載年循環

圖 3-2 是某地每月用電量，由圖可知有明顯的季節成份與傾向成份。圖 3-12(a) 為其自相關係數圖，由圖可知每隔 12 期有一個顯著大於 0 的正值自相關係數出現，顯示此數列有季節成份。經二次差分後，自相關係數圖如圖 3-12(b)，因為傾向成份已被消除，季節性更加明顯。

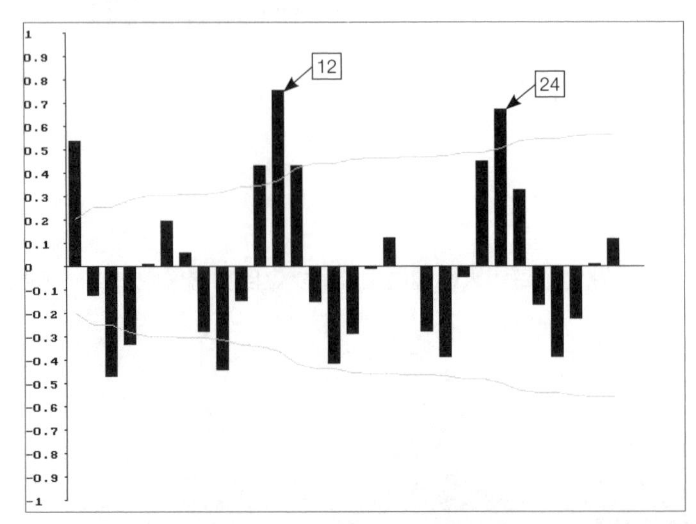

圖 3-12(a)　每月用電量之自相關係數圖：原始數據（12 個月一週期）

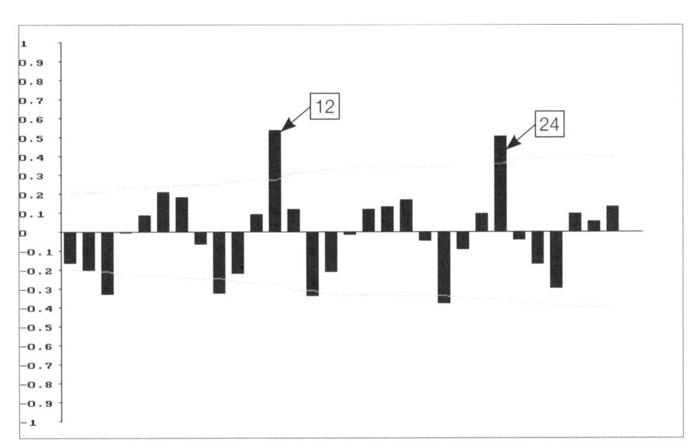

圖 3-12(b) 每月用電量之自相關係數圖：二次差分數據（12 個月一週期）

Excel 實作

步驟 1 開啟「例題 3-3 具有季節成份的時間數列：電力負載年循環」檔案。

步驟 2 本例題有 96 個數據，因此已填入「B2:B97」儲存格，在 C2 填入公式「=B3-B2」表示一次差分，在 D2 填入公式「=C3-C2」表示一次差分的一次差分，即二次差分，並向下複製此公式到 C3:C96 與 D3:D95，如圖 3-13。

步驟 3 第 k 個自相關係數可用下公式「=Correl(1:N, 1+k：N+k)」計算，則因為最後一個自相關係數的計算範圍不能超過數據的總量，故 N+k=96。假設我們想計算 30 個自相關係數，即 k 最大為 30，則 N+30=96，可以推得 N=66。故在 E2 填入公式「=CORREL($B$2:$B$67,B3:B68)」。同理在 F2、G2 分別填入公式「=CORREL($C$2:$C$67,C3:C68)」、「=CORREL($D$2:$D$67,D3:D68)」，並向下複製 E2，F2，G2 公式到 E3:E31，F3:F30，G3:G29，可產生原始數據、一次差分、二次差分的自相關係數，並繪其柱狀圖，如圖 3-14。

	A	B	C	D	E	F	G	H
1		data	一次差分d	二次差分d	ACF(相關	ACF(相關	ACF(相關係數)	
2	1	4.54E+02	-3.30E+01	1.00E+00	0.524141	0.19588	-0.1597	
3	2	4.21E+02	-3.20E+01	1.10E+01	-0.11836	-0.35142	-0.23535	
4	3	3.89E+02	-2.10E+01	1.13E+02	-0.44099	-0.50529	-0.31197	
5	4	3.68E+02	9.20E+01	-1.66E+02	-0.32263	-0.15854	0.03534	
6	5	4.60E+02	-7.40E+01	1.89E+02	-0.03323	0.124598	0.054121	
7	6	3.86E+02	1.15E+02	-1.00E+01	0.14843	0.338838	0.22048	

圖 3-13　輸入與分析資料

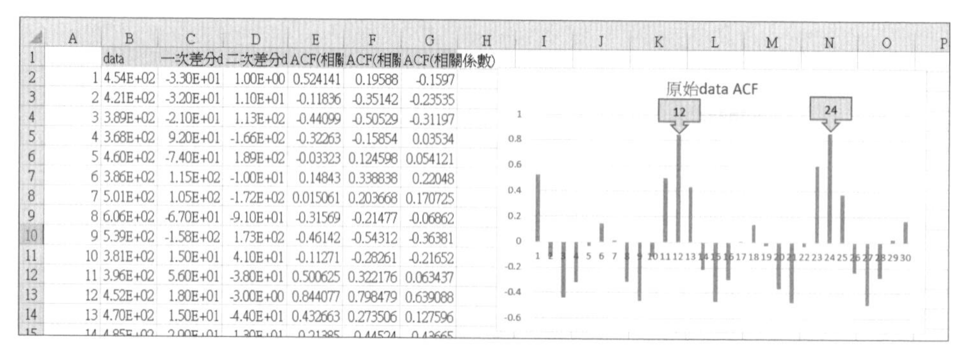

	A	B	C	D	E	F	G	H
1		data	一次差分d	二次差分d	ACF(相關	ACF(相關	ACF(相關係數)	
2	1	4.54E+02	-3.30E+01	1.00E+00	0.524141	0.19588	-0.1597	
3	2	4.21E+02	-3.20E+01	1.10E+01	-0.11836	-0.35142	-0.23535	
4	3	3.89E+02	-2.10E+01	1.13E+02	-0.44099	-0.50529	-0.31197	
5	4	3.68E+02	9.20E+01	-1.66E+02	-0.32263	-0.15854	0.03534	
6	5	4.60E+02	-7.40E+01	1.89E+02	-0.03323	0.124598	0.054121	
7	6	3.86E+02	1.15E+02	-1.00E+01	0.14843	0.338838	0.22048	
8	7	5.01E+02	1.05E+02	-1.72E+02	0.015061	0.203668	0.170725	
9	8	6.06E+02	-6.70E+01	-9.10E+01	-0.31569	-0.21477	-0.06862	
10	9	5.39E+02	-1.58E+02	1.73E+02	-0.46142	-0.54312	-0.36381	
11	10	3.81E+02	1.50E+01	4.10E+01	-0.11271	-0.28261	-0.21652	
12	11	3.96E+02	5.60E+01	-3.80E+01	0.500625	0.322176	0.063437	
13	12	4.52E+02	1.80E+01	-3.00E+00	0.844077	0.798479	0.639088	
14	13	4.70E+02	1.50E+01	-4.40E+01	0.432663	0.273506	0.127596	
15	14	4.85E+02	2.00E+01	1.30E+01	0.21385	0.44524	0.43665	

圖 3-14　產生結果

〈例題 3-4〉具有季節成份的時間數列：電力負載週循環

圖 3-3 為某地每日用電量，由圖可知有明顯的季節成份與傾向成份。圖 3-15(a) 為其自相關係數圖，由圖可知每隔 7 期有一個顯著大於 0 的正值自相關係數出現，顯示此數列有季節成份。經一次差分後，自相關係數圖如圖 3-15(b)。因為傾向成份已被消除，季節性更加明顯。

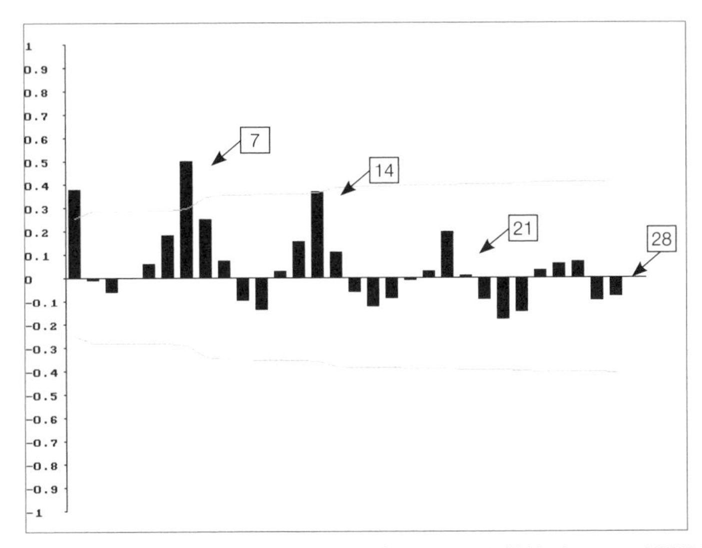

圖 3-15(a)　每日用電量之自相關係數圖：原始數據（7 天一週期）

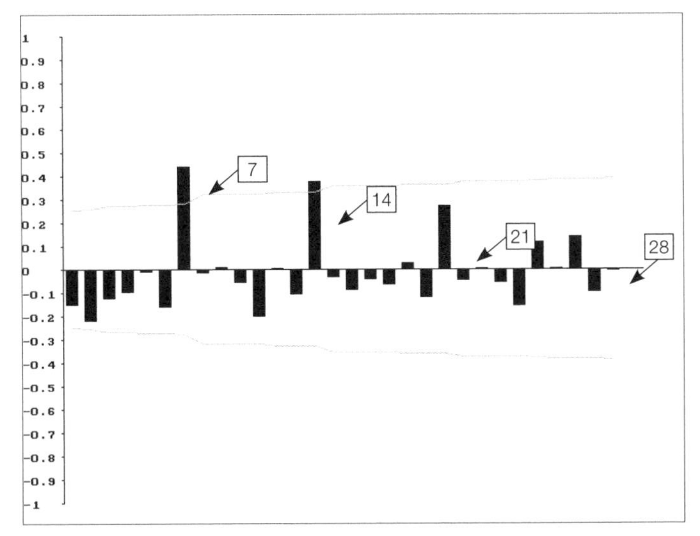

圖 3-15(b)　每日用電量之自相關係數圖：一次差分數據（7 天一週期）

Excel 實作

步驟 1　開啟「例題 3-4 具有季節成份的時間數列：電力負載週循環」檔案。

步驟 2　本例題有 61 個數據，因此已填入「B2:B62」儲存格，在 C2 填入公式「=B3-B2」表示一次差分，在 D2 填入公式「=C3-C2」表示一次差分的一次差分，即二次差分，並向下複製此公式到 C3:C61 與 D3:D60，如圖 3-16。

步驟 3　第 k 個自相關係數可用下公式「=Correl(1:N, 1+k：N+k)」計算，則因為最後一個自相關係數的計算範圍不能超過數據的總量，故 N+k=61。假設要計算 30 個自相關係數，即 k 最大為 30，可以推得 N=31。故在 E2 填入公式「=CORREL($B$2:$B$32,B3:B33)」。同理在 F2、G2 分別填入公式「=CORREL($C$2:$C$32,C3:C33)」、「=CORREL($D$2:$D$32,D3: D33)」，並向下複製 E2，F2，G2 公式到 E3:E31，F3:F30，G3:G29，可產生原始數據、一次差分、二次差分的自相關係數，並繪其柱狀圖，如圖 3-16。

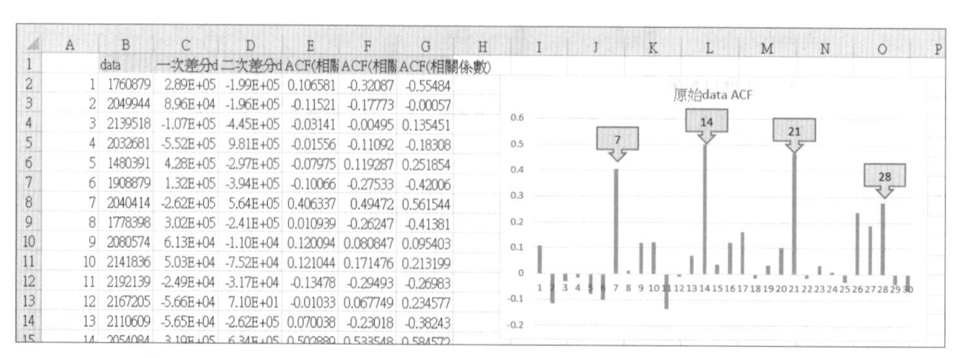

	A	B	C	D	E	F	G
1		data	一次差分d	二次差分d	ACF(相關	ACF(相關	ACF(相關係數)
2	1	1760879	2.89E+05	-1.99E+05	0.106581	-0.32087	-0.55484
3	2	2049944	8.96E+04	-1.96E+05	-0.11521	-0.17773	-0.00057
4	3	2139518	-1.07E+05	-4.45E+05	-0.03141	-0.00495	0.135451
5	4	2032681	-5.52E+05	9.81E+05	-0.01556	-0.11092	-0.18308
6	5	1480391	4.28E+05	-2.97E+05	-0.07975	0.119287	0.251854
7	6	1908879	1.32E+05	-3.94E+05	-0.10066	-0.27533	-0.42006
8	7	2040414	-2.62E+05	5.64E+05	0.406337	0.49472	0.561544
9	8	1778398	3.02E+05	-2.41E+05	0.010939	-0.26247	-0.41381
10	9	2080574	6.13E+04	-1.10E+04	0.120094	0.080847	0.095403
11	10	2141836	5.03E+04	-7.52E+04	0.121044	0.171476	0.213199
12	11	2192139	-2.49E+04	-3.17E+04	-0.13478	-0.29493	-0.26983
13	12	2167205	-5.66E+04	7.10E+01	-0.01033	0.067749	0.234577
14	13	2110609	-5.65E+04	-2.62E+05	0.070038	-0.23018	-0.38243
15	14	2054084	3.19E+05	6.34E+05	0.502889	0.533548	0.584572

圖 3-16　例題 3-4 具有季節成份的時間數列：電力負載週循環

《例題 3-5》具有季節成份的時間數列：電力負載日循環

圖 3-4 為某地每小時用電量，由圖可知有明顯的間隔 24 小時的日季節性。 圖 3-17(a) 為其自相關係數圖，由圖可知每隔 24 期有一個顯著大於 0 的

正值自相關係數出現，顯示此數列有季節成份。經一次差分後，自相關係數圖如圖 3-17(b)。因為傾向成份已被消除，季節性更加明顯。

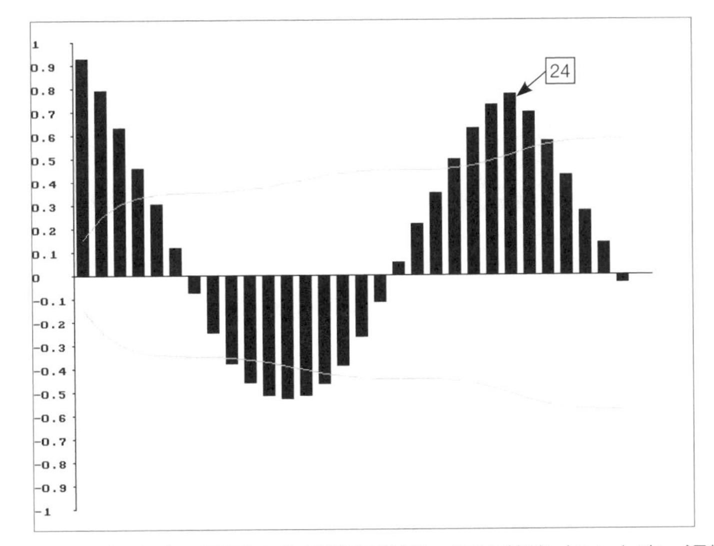

圖 3-17(a) 每小時用電量之自相關係數圖：原始數據（24 小時一週期）

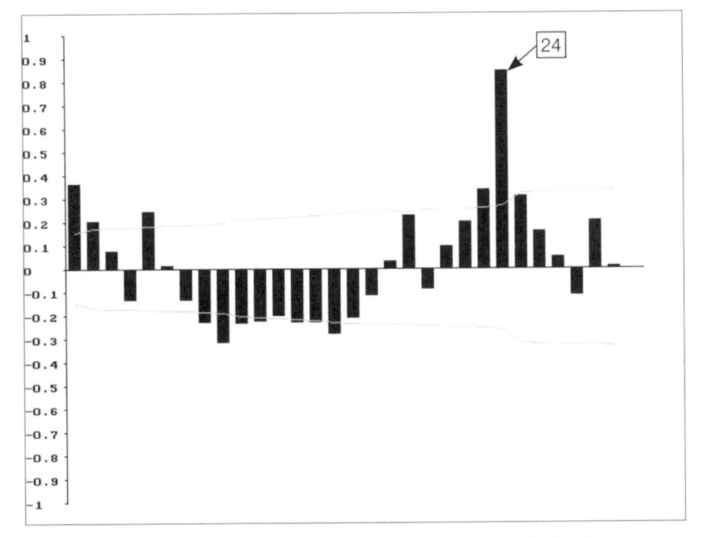

圖 3-17(b) 每小時用電量之自相關係數圖：一次差分數據（24 小時一週期）

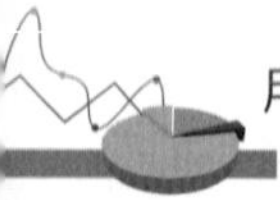

Excel 實作

步驟 1 開啟「例題 3-5 具有季節成份的時間數列：電力負載日循環」檔案。

步驟 2 本例題有 1464 個數據，因此已填入「B2:B1465」儲存格，在 C2 填入公式「=B3-B2」表示一次差分，在 D2 填入公式「=C3-C2」表示二次差分，並向下複製此公式到 C3:C61 與 D3:D60，如圖 3-18。

步驟 3 假設需計算 30 個自相關係數，即 k 最大為 30，則 N+30=1464，可以推得 N=1434。故在 E2 填入公式「=CORREL($B$2:$B$1435,B3:B1436)」。同理在 F2、G2 分別填入公式「=CORREL($C$2:$C$1435,C3:C1436)」、「=CORREL($D$2:$D$32,D3:D33)」，並向下複製 E2，F2，G2 公式到 E3:E31，F3:F30，G3:G29，可產生原始數據、一次差分、二次差分的自相關係數，並繪其柱狀圖，如圖 3-18。

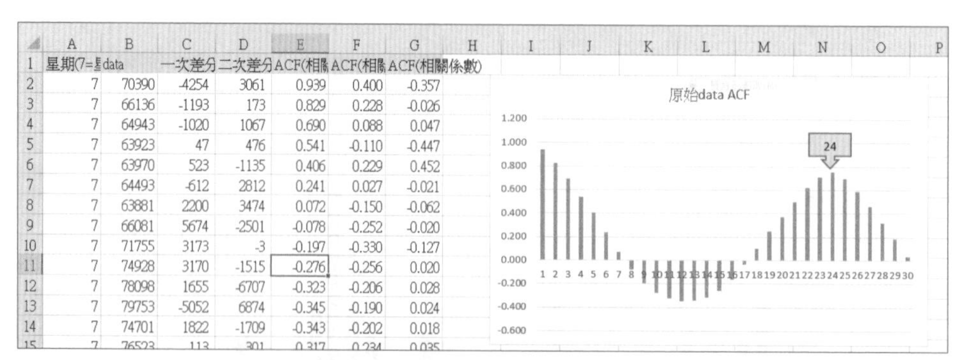

	A	B	C	D	E	F	G
1	星期(7=星	data	一次差分	二次差分	ACF(相關	ACF(相關	ACF(相關係數)
2	7	70390	-4254	3061	0.939	0.400	-0.357
3	7	66136	-1193	173	0.829	0.228	-0.026
4	7	64943	-1020	1067	0.690	0.088	0.047
5	7	63923	47	476	0.541	-0.110	-0.447
6	7	63970	523	-1135	0.406	0.229	0.452
7	7	64493	-612	2812	0.241	0.027	-0.021
8	7	63881	2200	3474	0.072	-0.150	-0.062
9	7	66081	5674	-2501	-0.078	-0.252	-0.020
10	7	71755	3173	-3	-0.197	-0.330	-0.127
11	7	74928	3170	-1515	-0.276	-0.256	0.020
12	7	78098	1655	-6707	-0.323	-0.206	0.028
13	7	79753	-5052	6874	-0.345	-0.190	0.024
14	7	74701	1822	-1709	-0.343	-0.202	0.018
15	7	76523	113	301	0.317	0.234	0.035

圖 3-18　例題 3-5 具有季節成份的時間數列：電力負載日循環

《例題 3-6》具有循環成份的時間數列：景氣循環

圖 3-5 為台灣地區每年經濟成長率。圖 3-19 為其自相關係數圖，由圖可知有連續多個正值出現，顯示有大約 5-8 年一個景氣循環的特性。

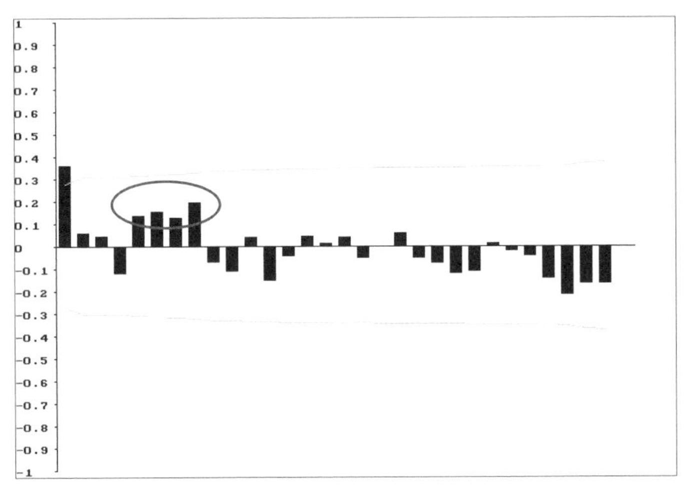

圖 3-19　台灣地區每年經濟成長率之自相關係數圖

3.5 實例

例題 3-7 共同基金投資

107 個共同基金之風險與報酬之統計如圖 3-20，相關係數高達 0.76，可見風險與報酬具有正比關係。此外由圖 3-21 可知相關係數只達 0.20，可見基金過去之績效不保證未來的收益這句話是有道理的。

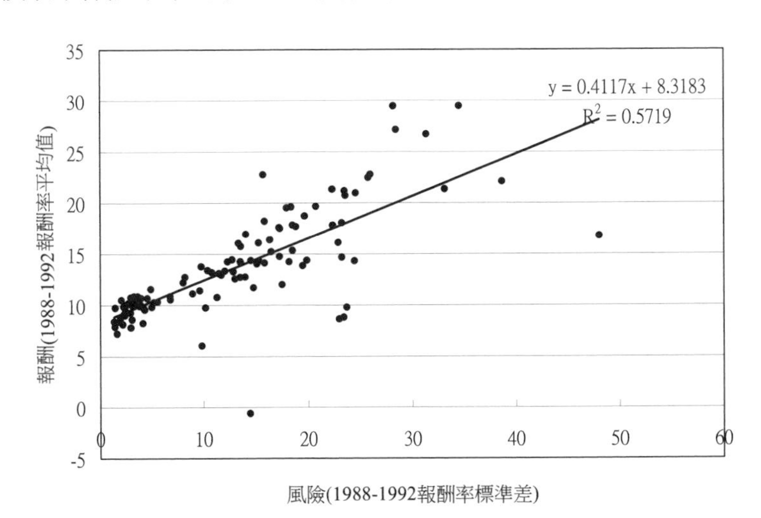

圖 3-20　共同基金之風險與報酬之散佈圖：相關係數 =0.76

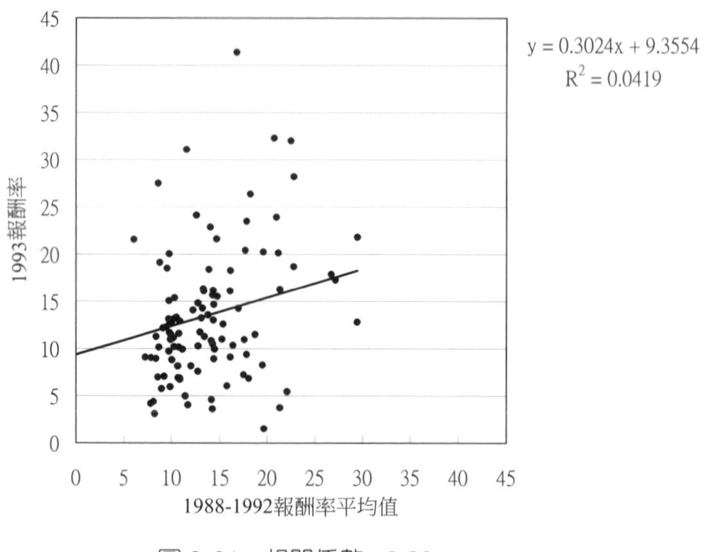

圖 3-21　相關係數 =0.20

Excel 實作

步驟 1　開啟「例題 3-7 共同基金投資」檔案（圖 3-22）。

步驟 2　本例題原始數據為 107 個共同基金的連續 6 年的年報酬率，因此已填入「A2:F108」儲存格。在 G2、H2 填入公式「=STDEV(B2:F2)」、「=AVERAGE(B2:F2)」表示一個基金在 88-92 年這 5 年的報酬率的標準差、平均值，並向下複製此公式到 G107、H107。

步驟 3　在 I2、I3 分別填入公式「=CORREL(A2:A108,H2:H108)」、「=CORREL(G2:G108,H2:H108)」，得到基金過去之績效與未來的收益之相關係數、共同基金之風險與報酬之相關係數。

步驟 4　選取 G、H 欄相關範圍，選擇插入散佈圖，得到基金過去之績效與未來的收益之散佈圖。選取 H、A 欄相關範圍，選擇插入散佈圖，得到共同基金之風險與報酬之散佈圖。

	A	B	C	D	E	F	G	H	I
1	Return 93	Return 92	Return 91	Return 90	Return 89	Return 88	92-88標準	92-88平均	
2	3.76	-4.29	69.02	-3.85	43.13	2.72	33.11466	21.346	0.205
3	20.42	10.14	35.98	-9.16	35.06	16.43	18.81325	17.69	0.756
4	10.2	5.59	17.5	6.04	13.97	8.34	5.23167	10.288	
5	14.67	-4.43	31.58	-0.41	39.51	5.61	19.85466	14.372	
6	9.08	7.17	10.05	6.28	6.66	6.01	1.63338	7.234	
7	12.17	7.61	12.01	6.05	9.66	10.37	2.340363	9.14	
8	4.2	4.39	11.64	7.53	9.99	5.64	2.995875	7.838	
9	21.81	1.27	86.45	9.36	36.94	13.32	34.50723	29.468	
10	5.45	-2.13	73.69	-15.73	52.2	2.44	38.64018	22.094	
11	26.37	18.18	25.65	-8.61	23.53	32.33	15.8299	18.216	

圖 3-22　例題 3-7 共同基金投資

《例題 3-8》房貸利率與營建業

連續 82 個月的房貸利率 (I) 與營建合約數 (C) 關係如圖 3-23。營建合約數 (C) 與開工率 (S) 關係如圖 3-24。房貸利率 (I) 與開工率 (S) 關係如圖 3-25。由此例可知，雖然房貸利率 (I) 反比於營建合約數 (C)（相關係數 = -0.55），營建合約數 (C) 正比於開工率 (S)（相關係數 = 0.56），但不能據此推得「房貸利率反比於與開工率 (S)」。實際上兩者相關係數 = 0.18。這是因為上述二個已知事實是近似關係，因此不能據以推論。

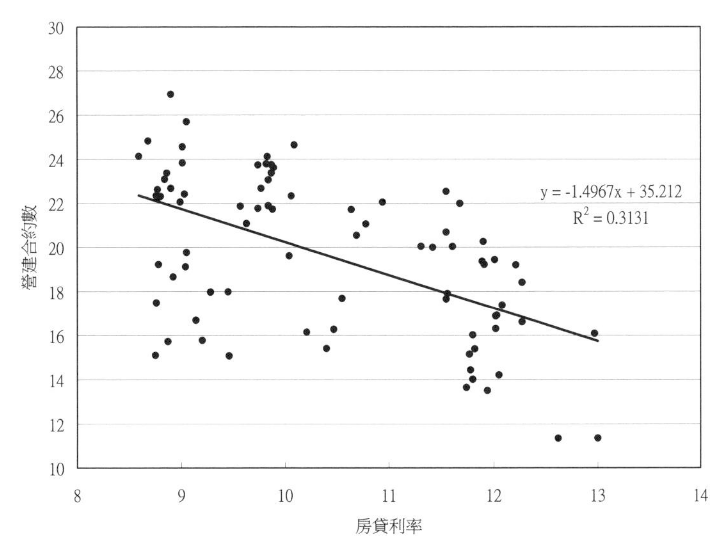

圖 3-23　房貸利率 (I) 反比於營建合約數 (C)：相關係數 =-0.56

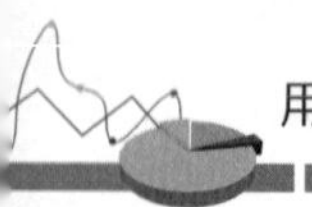

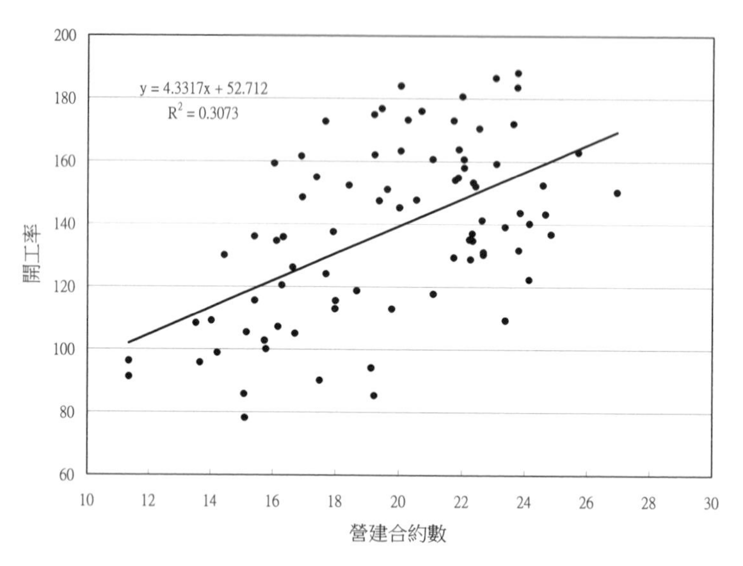

圖 3-24　營建合約數 (C) 正比於開工率 (S)：相關係數 =0.55

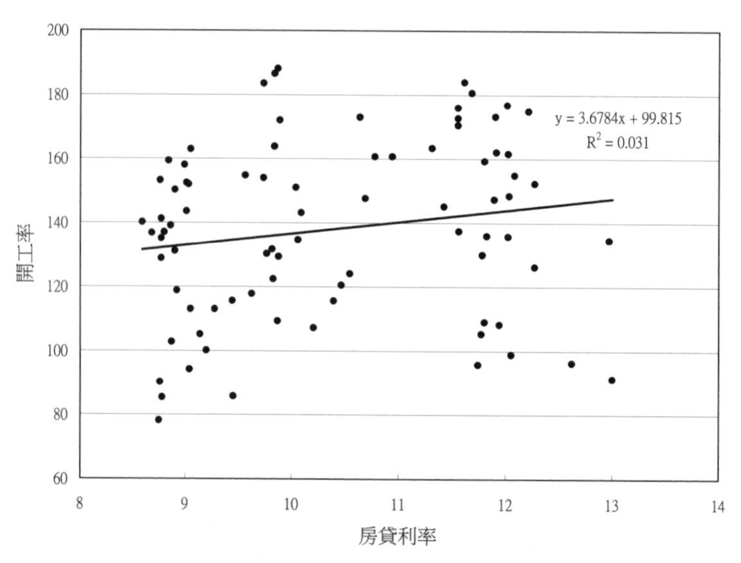

圖 3-25　房貸利率無關於與開工率 (S)：相關係數 =0.18

Excel 實作

步驟 1 開啟「例題 3-8 房貸利率與營建業」檔案。

步驟 2 本例題原始數據為 82 個月的開工率、營建合約數、房貸利率，因此已填入「A1:C83」儲存格。

步驟 3 開啟「資料」標籤的「資料分析」視窗如圖 3-26。選「相關係數」，並輸入參數如圖 3-27，結果如圖 3-28。

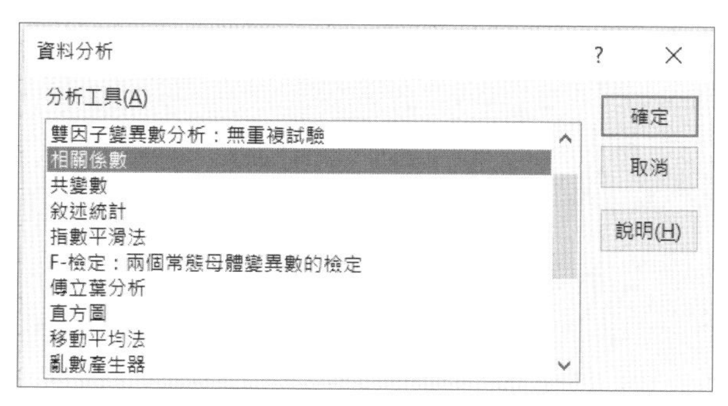

圖 3-26 開啟「資料」標籤的「資料分析」視窗，選「相關係數」。

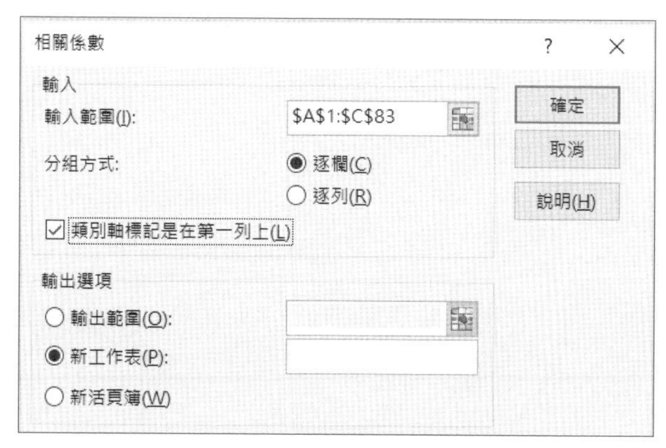

圖 3-27 在「相關係數」視窗輸入參數。

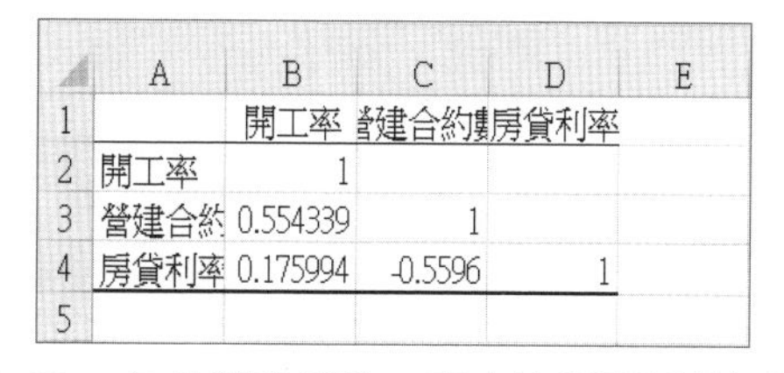

	A	B	C	D	E
1		開工率	營建合約數	房貸利率	
2	開工率	1			
3	營建合約	0.554339	1		
4	房貸利率	0.175994	-0.5596	1	
5					

圖 3-28 在「相關係數」產生的相關係數矩陣。

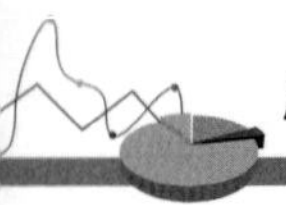

3.6 結論

本章複習了與二變數關係之統計有關的觀念。其中

- 相關分析是因果關係模式的基礎。
- 自相關分析是時間數列模式的基礎。

這些模式將在後面幾章中介紹。

個案習題

個案 1：陽光旅行社

試以 Excel 的「資料分析工具箱」的「相關係數」進行分析。並判斷 (1) 是否有共線性現象（自變數之間相關係數絕對值偏高）？ (2) 那些自變數可能對預測自變數較有貢獻？

個案 2：新店區房價估價

試以 Excel 的「資料分析工具箱」的「相關係數」進行分析。並判斷 (1) 是否有共線性現象（自變數之間相關係數絕對值偏高）？ (2) 那些自變數可能對預測自變數較有貢獻？

個案 3：台灣股票月報酬率預測

試以 Excel 的「資料分析工具箱」的「相關係數」進行分析。並判斷 (1) 是否有共線性現象（自變數之間相關係數絕對值偏高）？ (2) 那些自變數可能對預測自變數較有貢獻？

個案 4：台灣股票季報酬率預測

試以 Excel 的「資料分析工具箱」的「相關係數」分別對「原值」數據、「Rank 值」數據進行分析。並判斷 (1) 是否有共線性現象（自變數之間相關係數絕對值偏高）？ (2) 那些自變數可能對預測自變數較有貢獻？ (3) 試比較「原值」數據、「Rank 值」數據的結果有何異同？

個案 5：股東權益報酬率（ROE）與股價淨值比（PBR）的關係

本資料庫有一組台灣上市公司的股東權益報酬率（ROE）與股價淨值比（PBR）數據。

(1) 試以 Excel 的繪圖功能繪製以 ROE 為橫軸、PBR 為縱軸的散佈圖，並為橫軸、縱軸設定適當的範圍，以發現兩者的關係。

(2) 試將上圖的縱軸改用對數尺度（直接修改座標軸格式），以發現兩者的關係。

(3) 同 (1)(2)，但樣本限制股票代號 23XX 與 24XX 的股票（電子股），以發現兩者的關係。

(4) 將股價淨值比（PBR）改用其倒數，即淨值股價比（BPR）。重作 (1)(2)(3)，試評估採用股價淨值比（PBR）、淨值股價比（BPR）來觀察有何差異？

CHAPTER 04

迴歸分析原理(一)：單變數迴歸

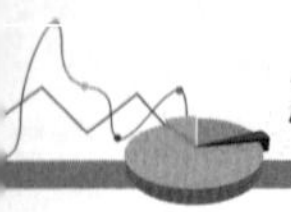

4.1 簡介

許多變數之間常存在著一定的因果關係，例如用電量與溫度、河川流量與雨量、銷售量與廣告…等均有一定的因果關係，因果分析法即為收集以往的資料，來建立起自變數與因變數之間的關係式，進行預測。迴歸分析的基本原理為最小化誤差平方和。

迴歸分析法可分成兩大類：單變數迴歸分析、多變數迴歸分析。在單變數迴歸分析中有四個重要的假設：

1. 因變數沿著迴歸線的變異是常態分佈。
2. 因變數沿著迴歸線的變異是固定常數。
3. 因變數沿著時間軸的變異是序列獨立。
4. 自變數與因變數間的關係是線性關係。

如果為多變數迴歸分析需多加一個假設，即自變數之間互為獨立的假設。

迴歸分析可依照其函數的關係分為線性和非線性兩種。當問題為單變數時可利用變數轉換的方式，將因變數與自變數之間原本為非線性關係轉為線性關係，或者以多項式的方式來建立迴歸分析的關係。但是當變數不只一個時，上述兩種方法均變得較為困難。

4.2 迴歸模型之建構：迴歸係數

當有一條配適樣本點極佳的直線，使實際值與配適值之間的垂直距離平方和極小化時，稱此直線為迴歸線，而方程式稱為迴歸方程式。迴歸方程式如下：

$$y=b_0+b\cdot x \qquad (4\text{-}1)$$

其中 b_o,b= 迴歸係數

4.2.1 迴歸模型係數之估計

設一因變數 y，具有自變數 x，已收集 n 組數據：

第 1 組：x_1　y_1

第 2 組：x_2　y_2

　：　　：　：

第 n 組：x_n　y_n

要建立下列迴歸公式：

$$y = \beta_0 + \beta x + \varepsilon \tag{4-2}$$

試求使殘差之平方和最小之迴歸係數，即

$$\text{Min } L = \sum_{i=1}^{n} \varepsilon_i^2 \tag{4-3}$$

【推導】

(1) 將所有數據代入迴歸公式（4-2）式得

$$y_i = \beta_0 + \beta x_i + \varepsilon_i \qquad i=1，2，...，n \tag{4-3}$$

得殘差

$$\varepsilon_i = y_i - \beta_0 - \beta x_i \tag{4-4}$$

(2) 計算殘差之平方和

$$L = \sum \varepsilon_i^2 = \sum (y_i - \beta_0 - \beta x_i)^2 \tag{4-5}$$

(3) 由上式可知，殘差之平方和為迴歸係數的函數。依據極值定理，一函數在極值處之微分為 0，並以估計係數 b 取代模型係數 $\boldsymbol{\beta}$ 得

$$\frac{\partial L}{\partial \beta_0} = \sum 2(y_i - b_0 - bx_i)(-1) = 0 \tag{4-6}$$

故

$$\sum (y_i - b_0 - bx_i) = 0 \qquad (4\text{-}7)$$

將上式分解得

$$\sum y_i - \sum b_0 - \sum bx_i = 0$$

因 b_0 與 b 為常數，故得

$$\sum y_i - nb_0 - b\sum x_i = 0 \qquad (4\text{-}8)$$

另一偏微分為

$$\frac{\partial L}{\partial \beta} = \sum 2(y_i - b_0 - bx_i)(-x_i) = 0 \qquad (4\text{-}9)$$

故

$$\sum (x_i y_i - b_0 x_i - bx_i^2) = 0 \qquad (4\text{-}10)$$

將上式分解得

$$\sum x_i y_i - \sum b_0 x_i - \sum bx_i^2 = 0$$

因 b_0 與 b 為常數，故得

$$\sum x_i y_i - b_0 \sum x_i - b\sum x_i^2 = 0 \qquad (4\text{-}11)$$

聯立（4-8）與（4-11）可解得 b_0 與 b。為求得解，先由（4-8）得

$$b_0 = \frac{\sum y_i - b\sum x_i}{n} = \frac{\sum y_i}{n} - b\frac{\sum x_i}{n} = \bar{y} - b\bar{x} \qquad (4\text{-}12)$$

代入（4-11）消除 b_0，並令（4-11）中的 $\sum x_i = n\bar{x}$ ，得

$$\sum x_i y_i - (\bar{y} - b\bar{x})n\bar{x} - b\sum x_i^2 = 0$$

將上式第二項分解，得

$$\sum x_i y_i - n \cdot \bar{x} \cdot \bar{y} + bn\bar{x}^2 - b\sum x_i^2 = 0$$

將上式第三與四項移到等號右側，並提出 b 得

$$\sum x_i y_i - n \cdot \bar{x} \cdot \bar{y} = b(\sum x_i^2 - n\bar{x}^2)$$

由上式解得 b 為

$$b = \frac{\sum x_i y_i - n \cdot \bar{x} \cdot \bar{y}}{\sum x_i^2 - n\bar{x}^2} \tag{4-13}$$

4.2.2 迴歸模型係數之隨機性

估計標準差為對任意的 X 值，Y 值在對應預測值上下附近之分散程度的評估。公式如下：

$$S_{yx} = \sqrt{\frac{\sum (Y_i - \hat{Y}_i)^2}{n-2}} \tag{4-14}$$

其中 Y_i= 觀察值；$\hat{Y}_i$ = 預測值；n= 觀察數目。

4.2.3 迴歸模型係數之顯著性檢定：t 檢定

t 統計量的主要用途是作為母體平均數推論的工具，公式如下：

$$t = \frac{\bar{b}}{S_b} \tag{4-15}$$

其中

$\bar{b}$= 迴歸係數值期望值。

$$S_b = \frac{S_{yx}}{\sqrt{\sum (X_i - \overline{X})^2}}$$ = 迴歸係數值標準差。

4.2.4 迴歸模型係數之信賴區間

迴歸模型係數之信賴區間

$$b = \bar{b} \pm t \cdot S_b \tag{4-16}$$

4.3 迴歸模型之檢定：變異分析

在使用預測模型前必須先知道此模型是否顯著，即這個預測模型是否是一個有價值的模型，亦只是無用的廢物？因為即使是拿隨機產生的數據也可以建立一個預測模型，但這樣的模型顯然沒有意義。在介紹顯著性檢定前，需先了解變異分析。

有了觀測值即可用上節方法建立預測模型，再由預測模型產生預測值，觀測值與預測值免不了有誤差。誤差的大小可用方差和來表達。對方差的來源作分析稱變異分析。

首先定義（參考圖 4-1）

- 總方差和 : 觀測值之平均值與觀測值相較的方差和。

總方差和 $S_{yy} = \sum_{i=1}^{n} (y_i - \bar{y})^2$ （4-17）

- **未解釋方差和（殘差方差和）**：預測模型產生的預測值與觀測值相較的方差和。

未解釋方差和 $SS_E = \sum_{i=1}^{n} (y_i - \hat{y}_i)^2$ （4-18）

- **解釋方差和（迴歸方差和）**：預測模型產生的預測值與觀測值之平均值相較的方差和。

解釋方差和 $SS_R = \sum_{i=1}^{n} (\hat{y}_i - \bar{y})^2$ （4-19）

其中 y_i= 反應觀測值　$\bar{y}$= 反應觀測值之平均值　$\hat{y}_i$= 反應預測值

這三種方差和間的關係式如下：

$S_{yy} = SS_R + SS_E$ （4-20）

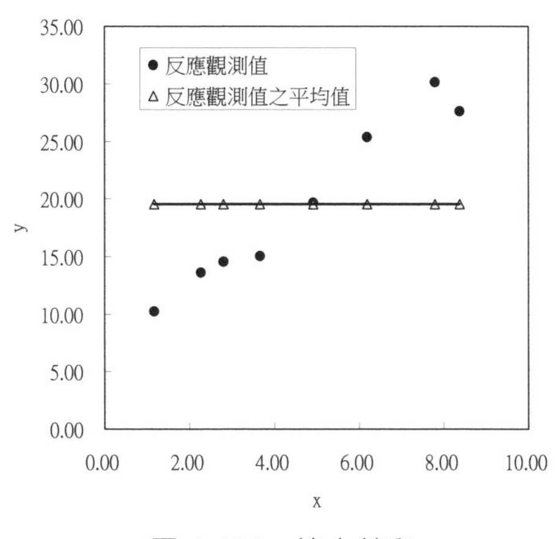

圖 4-1(a)　總方差和

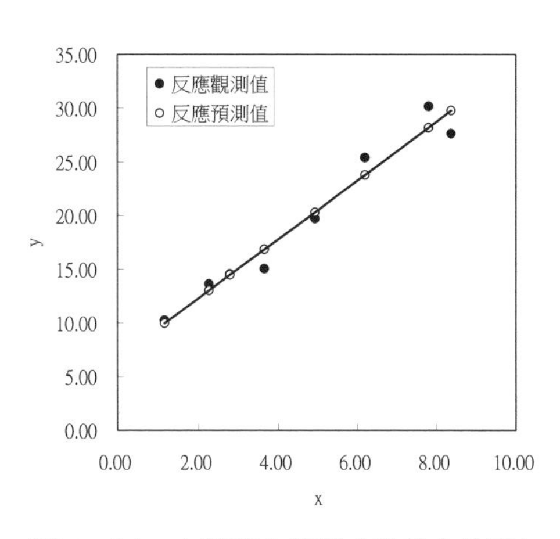

圖 4-1(b)　未解釋方差和（殘差方差和）

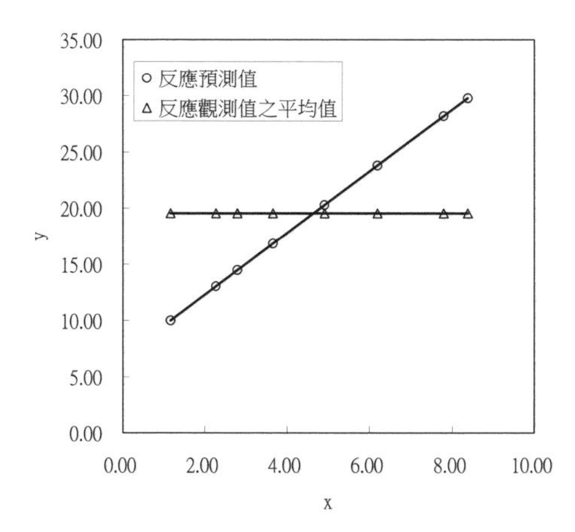

圖 4-1(c)　解釋方差和（迴歸方差和）

判定係數

判定係數為解釋的變異數與總變異數的比例，判定係數介於 0 到 1 之間，其值越高，迴歸模型的解釋變異的能力越高。公式如下：

$$R^2 = 1 - \frac{\text{未解釋的變異數}}{\text{總變異數}} = 1 - \frac{\sum (Y_i - \hat{Y}_i)^2}{\sum (Y_i - \overline{Y})^2} \qquad (4\text{-}21)$$

調整後判定係數

由於判定係數總是隨著模型的複雜度的增加而增加，因此複雜度高的模型會有高估模型對變異的解釋能力之傾向，因此有調整判定係數的提出

$$R_{adj}^2 = 1 - \frac{SS_E/(n-p)}{S_{yy}/(n-1)} = 1 - \left(\frac{n-1}{n-p}\right)(1 - R^2) \qquad (4\text{-}22)$$

其中 n= 樣本數；p= 自由度（對單變數迴歸分析而言，p=2）。

F 統計量檢定

F 統計量為平均迴歸方差和（MSR）與平均殘差方差和（MSE）的比例，其值越高，迴歸模型越顯著。公式如下：

$$F = \frac{\sum (\hat{Y}_i - \overline{Y})^2 / k}{\sum (Y_i - \hat{Y}_i)^2 / (n-k-1)} = \frac{\mathrm{SS_R}/k}{\mathrm{SS_E}/(n-k-1)} = \frac{\mathrm{MS_R}}{\mathrm{MS_E}} \qquad (4\text{-}23)$$

其中 n= 樣本數；k= 獨立變數數目（對單變數迴歸分析而言，k=1）。

$\sum (\hat{Y}_i - \overline{Y})^2 / k$ = 平均迴歸方差和；

$\sum (Y_i - \hat{Y}_i) / (n-k-1)$ = 平均殘差方差和。

4.4 迴歸模型之診斷：殘差分析

在迴歸分析中有四個重要的假設：

1. 因變數沿著迴歸線的變異是常態分佈。
2. 因變數沿著迴歸線的變異是固定常數。
3. 因變數沿著時間軸的變異是序列獨立。
4. 自變數與因變數間的關係是線性關係。

這四項可以透過殘差分析加以診斷，無論單變數或多變數迴歸分析其原理相同，因此留待下一章多變數迴歸分析時再詳加介紹。

4.5 迴歸模型之應用：反應信賴區間

預測區間是利用樣本統計量去估計一個可信的區間，並決定估計此一預測的精確度。公式如下：

- 當樣本相當大時（n ≧ 30）

預測區間 = $(\hat{Y}-ZS_f, \hat{Y}+ZS_f)$ （4-24）

- 當樣本相當小時（n<30）

預測區間 = $(\hat{Y}-tS_f, \hat{Y}+tS_f)$ （4-25）

其中

Z= 標準常態分佈之 Z 統計量。例如信賴度 5% 時，Z=1.645。

t = 統計量。例如 n=10，信賴度 5% 時，t=1.812。

S_f= 預測標準差，為對特定的 X 值，Y 值在對應預測值上下附近之分散程度的評估。公式如下：

$$S_f = S_{yx}\sqrt{1+\frac{1}{n}+\frac{(X-\overline{X})^2}{\sum(X-\overline{X})^2}} \quad (4\text{-}26)$$

由上式可知，當觀察數目 n 大，且 X 接近於平均值 $\overline{X}$ 時，預測標準差 S_f 近似於估計標準差 S_{yx}。

《例題 4-1》線性迴歸

假設數據如下表，試作迴歸分析。

x	1.16	6.19	7.79	2.8	3.66	2.27	4.91	8.37
y	10.26	25.41	30.17	14.56	15.05	13.62	19.69	27.65

1. 迴歸模型之建構：迴歸係數

	係數	標準誤	t 統計	P- 值	下限 95%	上限 95%
截距	6.806	1.199	5.676	0.001287	3.872	9.740
x	2.743	0.228	12.026	2.01E-05	2.185	3.301

迴歸直線如圖 4-2。

2. 迴歸模型之檢定：變異分析

	自由度	SS	MS	F	顯著值
迴歸	1	364.305	364.305	144.62	2.01E-05
殘差	6	15.113	2.518		
總和	7	379.418			

R 的倍數	0.980
R 平方	0.960
調整的 R 平方	0.954
標準誤	1.59
觀察值個數	8

3. 迴歸模型之診斷：殘差分析

觀察值	預測值	殘差	標準化殘差
1	9.997	0.258	0.175
2	23.793	1.612	1.097
3	28.179	1.993	1.356
4	14.487	0.071	0.048
5	16.839	-1.794	-1.221
6	13.033	0.588	0.400
7	20.287	-0.598	-0.406
8	29.777	-2.131	-1.450

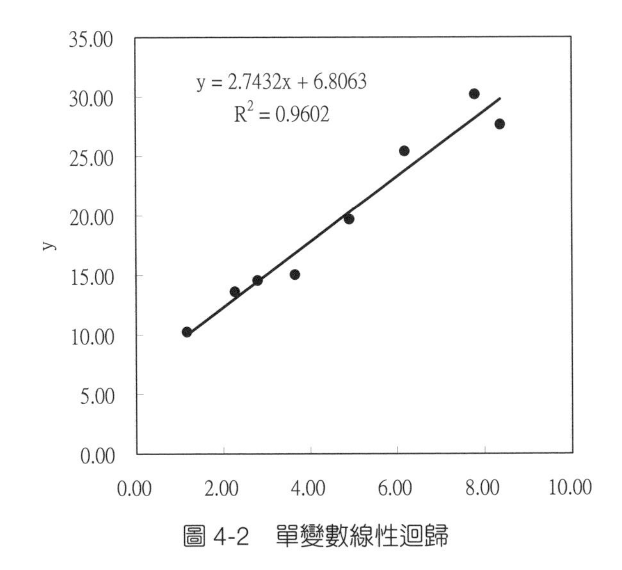

圖 4-2 單變數線性迴歸

Excel 實作

步驟 1 開啟「例題 4-1 線性迴歸」檔案。

步驟 2 本例題有 8 個數據，因此已填入「data」工作表的「A2:B9」儲存格，如圖 4-3。

步驟 3 開啟「資料」標籤的「資料分析」視窗。選「迴歸」如圖 4-4，並輸入參數如圖 4-5，結果如圖 4-6。

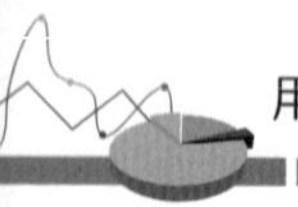

步驟 4　拷貝 B25:B32 貼到「data」工作表的「C2:C9」儲存格。用 B、C 欄繪出觀測值相對於預測值的散佈圖，如圖 4-7。

	A	B	C	D
1	x	y反應觀測值	反應預測值	
2	1.16	10.26	10.00	
3	6.19	25.41	23.79	
4	7.79	30.17	28.18	
5	2.80	14.56	14.49	
6	3.66	15.05	16.84	
7	2.27	13.62	13.03	
8	4.91	19.69	20.29	
9	8.37	27.65	29.78	
10				

圖 4-3　輸入資料

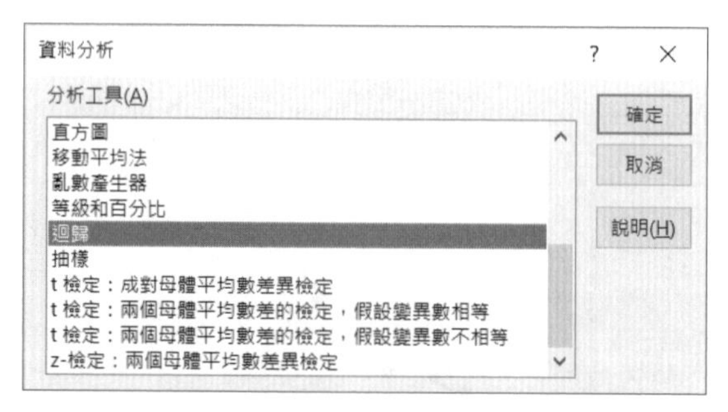

圖 4-4　開啟「資料」標籤的「迴歸」視窗

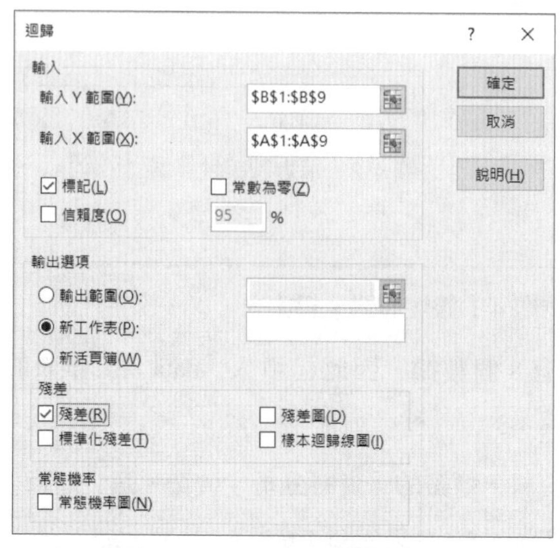

圖 4-5　在「迴歸」視窗輸入參數

	A	B	C	D	E	F	G
1	摘要輸出						
2							
3	迴歸統計						
4	R 的倍數	0.97988					
5	R 平方	0.96017					
6	調整的 R	0.95353					
7	標準誤	1.5871					
8	觀察值個	8					
9							
10	ANOVA						
11		自由度	SS	MS	F	顯著值	
12	迴歸	1	364.305	364.305	144.629	2E-05	
13	殘差	6	15.1134	2.5189			
14	總和	7	379.418				
15							
16		係數	標準誤	t 統計	P-值	下限 95%	上限 95%
17	截距	6.80628	1.19903	5.6765	0.00129	3.87236	9.74019
18	x	2.74317	0.2281	12.0262	2E-05	2.18503	3.30131
19							
20							
21							
22	殘差輸出						
23							
24	觀察值	為 反應觀	殘差				
25	1	9.99784	0.25807				
26	2	23.7931	1.61266				
27	3	28.1791	1.99343				
28	4	14.4872	0.0716				
29	5	16.8399	-1.79412				
30	6	13.0333	0.58822				
31	7	20.2879	-0.59801				
32	8	29.7778	-2.13185				
33							

圖 4-6 「迴歸」結果工作表

	A	B	C	D
1	x	y反應觀測值	反應預測值	
2	1.16	10.26	10.00	
3	6.19	25.41	23.79	
4	7.79	30.17	28.18	
5	2.80	14.56	14.49	
6	3.66	15.05	16.84	
7	2.27	13.62	13.03	
8	4.91	19.69	20.29	
9	8.37	27.65	29.78	

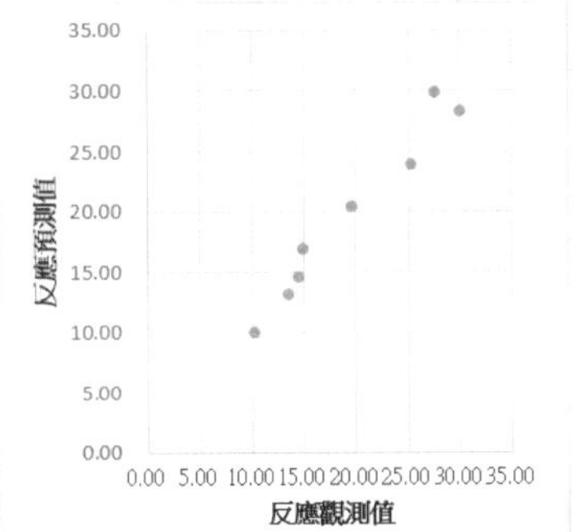

反應預測值
35.00
30.00
25.00
20.00
15.00
10.00
5.00
0.00
0.00 5.00 10.00 15.00 20.00 25.00 30.00 35.00
反應觀測值

圖 4-7 繪出觀測值相對於預測值的散佈圖

4.6 非線性函數之迴歸分析

當問題為單變數時可利用變數轉換的方式，例如將自變數取倒數或對數作為新的自變數，而將因變數與自變數之間原本為非線性關係轉為線性關係，或者以多項式的方式來建立迴歸分析的關係。

《例題 4-2》世界各國每人 GDP 與國民平均壽命關係

延續例題 3-1，各種迴歸公式的判定係數如表 4-1，圖形如圖 4-8。雖然二次多項式迴歸與五次多項式迴歸都有很高的判定係數，但都不如乘冪迴歸與對數迴歸來得簡單易懂。

表 4-1　世界各國每人 GDP 與國民平均壽命關係

	公式	判定係數	S_{yx}
線性迴歸	$y=ax+b$	0.562	3.25
二次多項式迴歸	$y=ax^2+bx+c$	0.744	2.48
五次多項式迴歸	$y=a_5x^5+a_4x^4+a_3x^3+a_2x^2+a_1x+a_0$	0.768	2.36
指數迴歸	$y=ae^{bx}$	0.553	3.28
乘冪迴歸	$y=ax^b$	0.743	2.49
對數迴歸	$y=a\ln x+b$	0.745	2.48

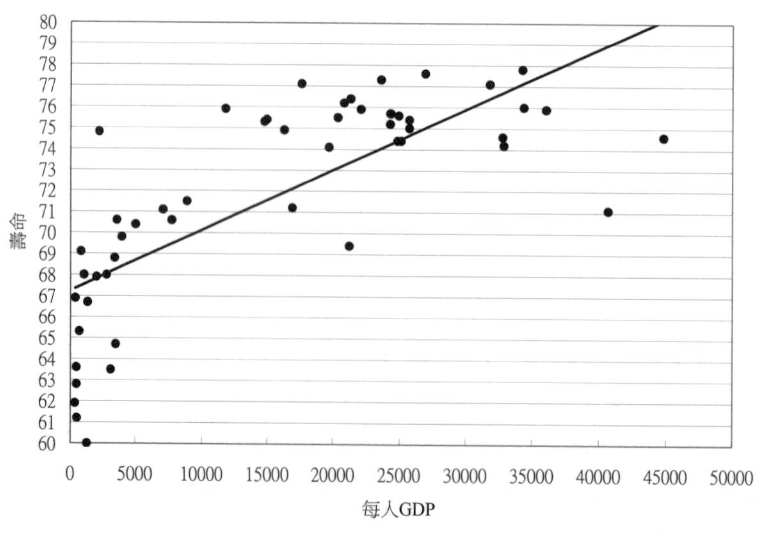

圖 4-8(a)　世界各國每人 GDP 與國民平均壽命關係：線性迴歸

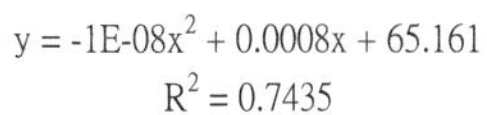

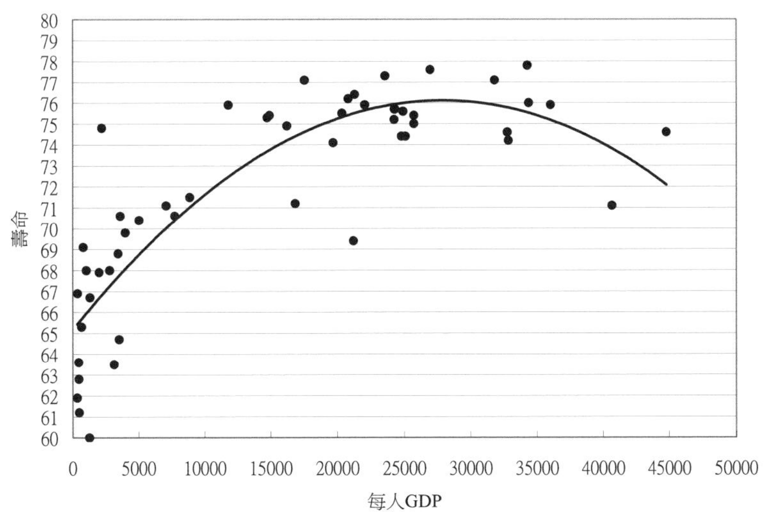

圖 4-8(b)　世界各國每人 GDP 與國民平均壽命關係：二次多項式迴歸

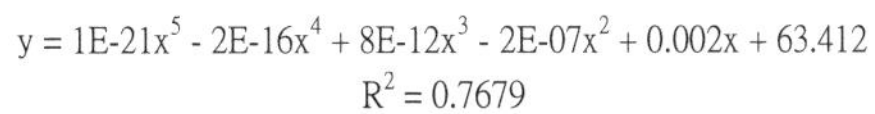

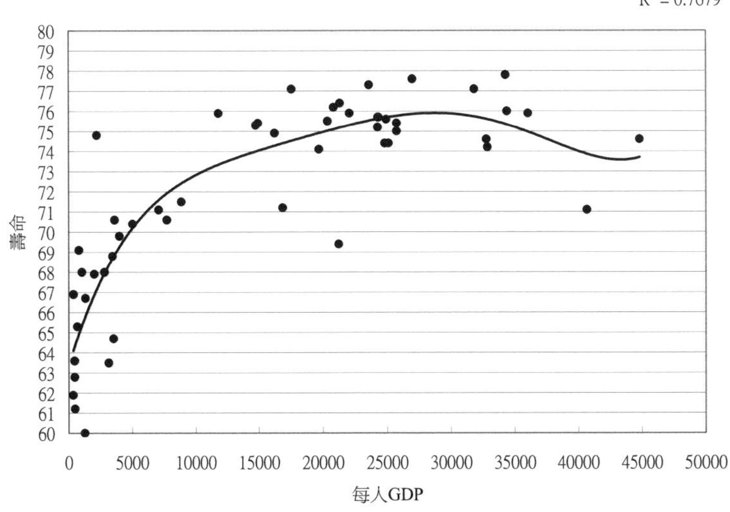

圖 4-8(c)　世界各國每人 GDP 與國民平均壽命關係：五次多項式迴歸

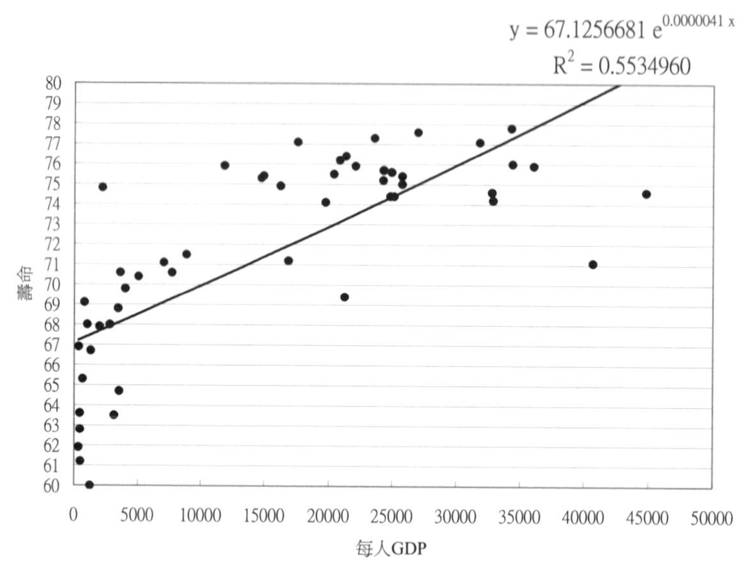

圖 4-8(d) 世界各國每人 GDP 與國民平均壽命關係：指數迴歸

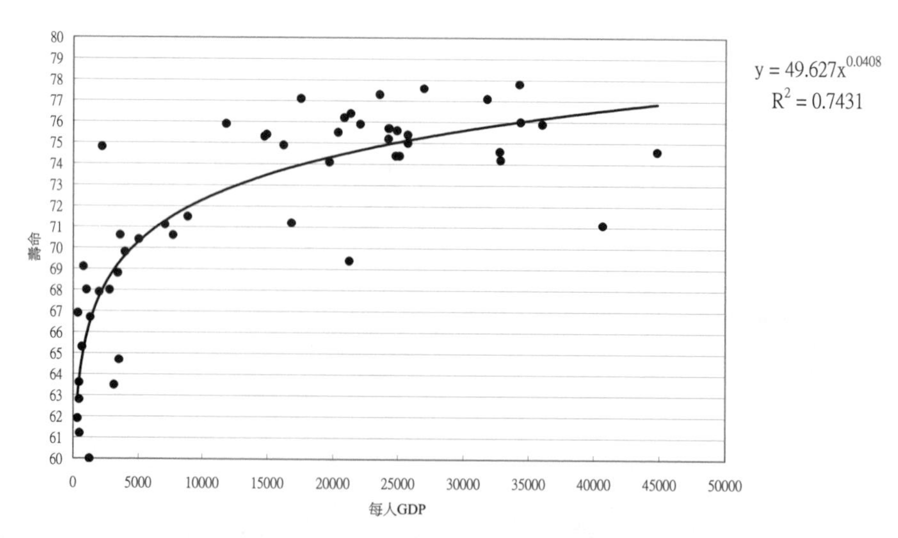

圖 4-8(e) 世界各國每人 GDP 與國民平均壽命關係：乘冪迴歸

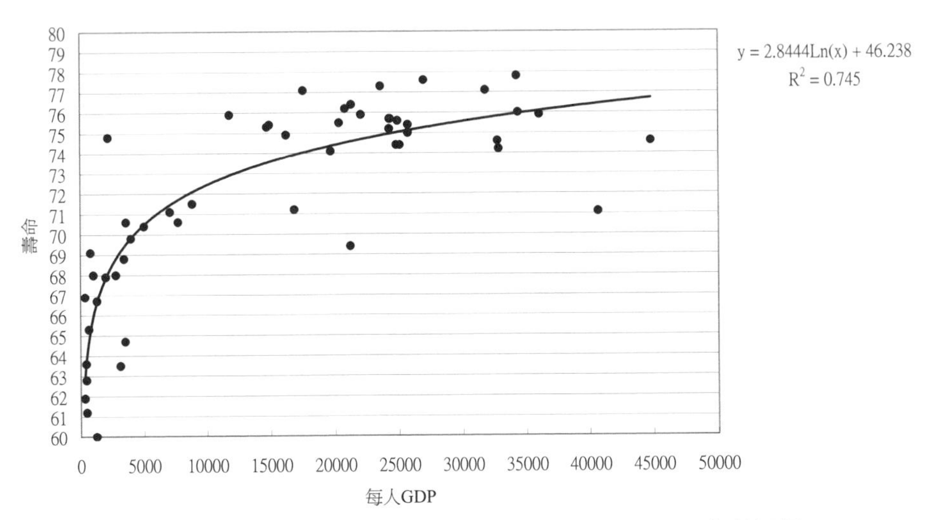

圖 4-8(f) 世界各國每人 GDP 與國民平均壽命關係：對數迴歸

Excel 實作

步驟 1 開啟「例題 4-2 世界各國每人 GDP 與國民平均壽命關係」檔案。

步驟 2 本例題有 52 個數據，因此已填入「data」工作表的「B2:C53」儲存格，B 欄為國每人 GDP，C 欄為國民平均壽命，在 D2 填入公式「=LN（B2）」表示取自然對數，並向下複製此公式到 D3:D53，如圖 4-9。

步驟 3 開啟「資料」標籤的「資料分析」視窗。選「迴歸」，並輸入參數如圖 4-10。

步驟 4 開啟「資料」標籤的「資料分析」視窗。選「迴歸」，將「輸入 X 範圍」改為「$D$1:$D$53」。

步驟 5 選取 B1:C53 範圍，選擇插入散佈圖。因為國民平均壽命最小值約 60，因此點選縱座標，並將最小值改為 60，結果如圖 4-11。

步驟 6 點選圖中任意散佈點，按滑鼠右鍵開啟選項，選「加上趨勢線」，並輸入參數如圖 4-12，結果如圖 4-13。

步驟 7 接著可以修改「加上趨勢線」的參數，產生二次多項式迴歸、五次多項式迴歸、指數迴歸、乘冪迴歸、對數迴歸。

	A	B	C	D	E
1	國家	GDP	壽命	ln(GDP)	
2	Argentina	7735.0	70.6	8.953511	
3	Australia	21319.0	76.4	9.967354	
4	Austria	25748.0	75.4	10.15611	
5	Belgium	24277.0	75.7	10.09728	
6	Bermuda	40664.0	71.1	10.6131	

圖 4-9　輸入資料

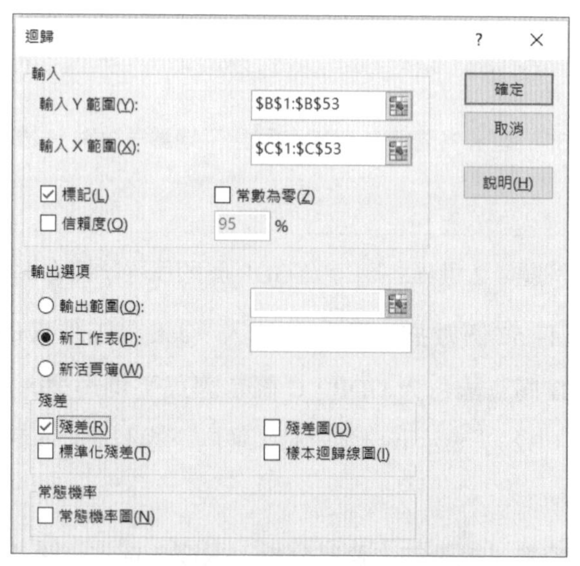

圖 4-10　在「迴歸」視窗輸入參數

	A	B	C	D
1	國家	GDP	壽命	ln(GDP)
2	Argentina	7735.0	70.6	8.953511
3	Australia	21319.0	76.4	9.967354
4	Austria	25748.0	75.4	10.15611
5	Belgium	24277.0	75.7	10.09728
6	Bermuda	40664.0	71.1	10.6131
7	Brazil	3525.0	64.7	8.167636
8	Canada	20822.0	76.2	9.943765
9	China	798.0	69.1	6.682109
10	Cuba	2208.0	74.8	7.699842
11	Denmark	32853.0	74.2	10.3998
12	Egypt	1307.0	66.7	7.17549
13	Finland	25112.0	74.4	10.1311
14	France	24267.0	75.2	10.09687
15	Germany	25749.0	75.0	10.15615
16	Greece	11811.0	75.9	9.376787

壽命
80.0
78.0
76.0
74.0
72.0
70.0
68.0
66.0
64.0
62.0
60.0
0
10000
20000
填滿
外框
數列 "壽命"
刪除(D)
重設以符合樣式(A)
變更數列圖表類型(Y)...
選取資料(E)...
立體旋轉(R)...
新增資料標籤(B)
加上趨勢線(R)...
資料數列格式(F)...

圖 4-11　點選圖中任意散佈點，按滑鼠右鍵開啟選項，選「加上趨勢線」

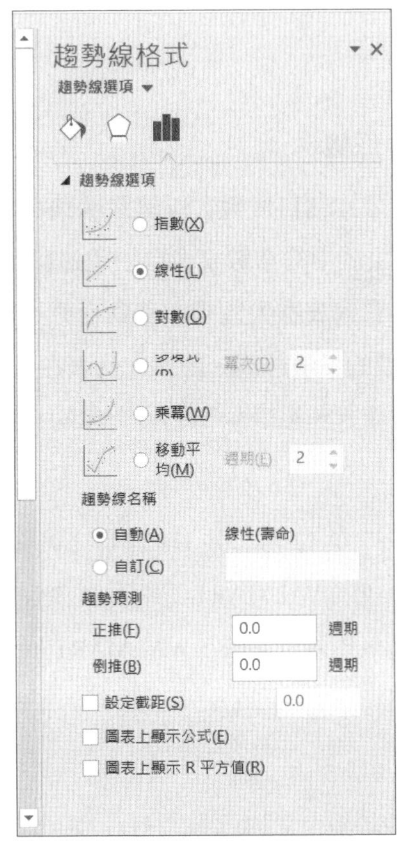

圖 4-12 「加上趨勢線」輸入參數

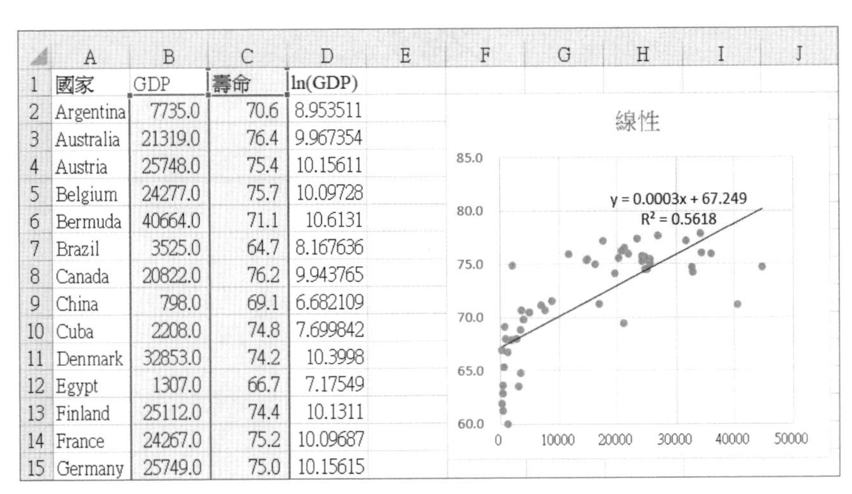

	A	B	C	D
1	國家	GDP	壽命	ln(GDP)
2	Argentina	7735.0	70.6	8.953511
3	Australia	21319.0	76.4	9.967354
4	Austria	25748.0	75.4	10.15611
5	Belgium	24277.0	75.7	10.09728
6	Bermuda	40664.0	71.1	10.6131
7	Brazil	3525.0	64.7	8.167636
8	Canada	20822.0	76.2	9.943765
9	China	798.0	69.1	6.682109
10	Cuba	2208.0	74.8	7.699842
11	Denmark	32853.0	74.2	10.3998
12	Egypt	1307.0	66.7	7.17549
13	Finland	25112.0	74.4	10.1311
14	France	24267.0	75.2	10.09687
15	Germany	25749.0	75.0	10.15615

圖 4-13 「加上趨勢線」的結果

4.7 實例

《例題 4-3》股價的 α,β 係數

以大盤指數漲跌百分比為自變數，以個股漲跌百分比為因變數，以線性迴歸分析可得線性迴歸公式中的常數 α 與自變數迴歸係數 β。α 係數越大代表股票報酬率越高，因為它代表在大盤指數漲跌百分比為 0 時的個股漲跌百分比，β 係數越大代表股票的風險越高，因為它代表在大盤指數每漲跌 1% 時的個股漲跌百分比。一般而言，風險越高的投資標的必須有越高的報酬率才值得投資。

以 1978 年 2 月 ~1987 年 12 月，共 119 個月之美國股市的 S&P500 為大盤指數，分析 IBM，PACGE，WALMART 三個具代表性的個股為例，其結果如圖 4-14。其中 IBM 展現低風險低報酬，WALMART 展現高風險高報酬。

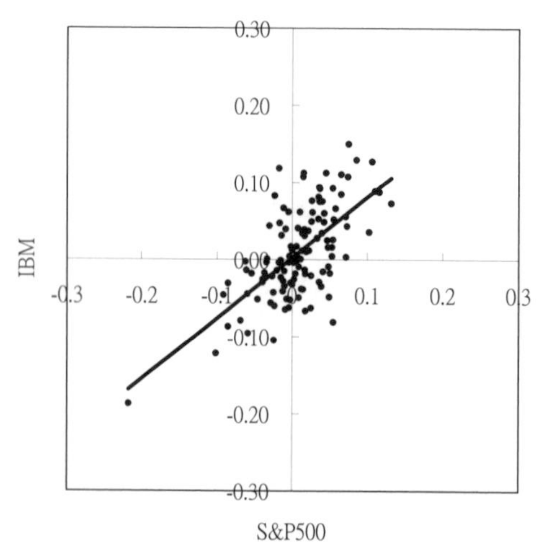

圖 4-14(a)　IBM 股價的 α,β 係數

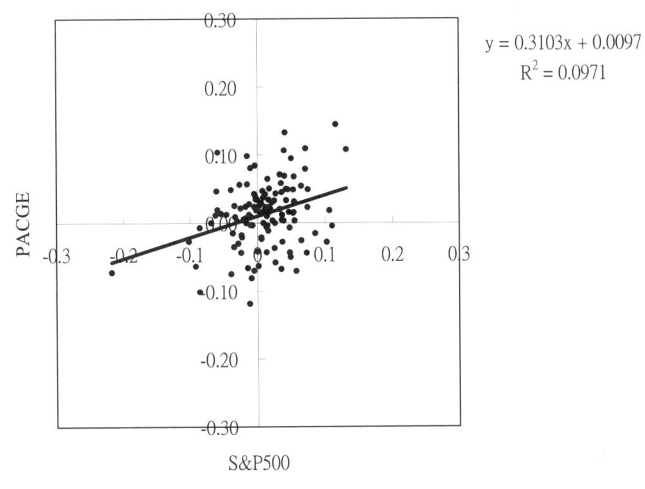

圖 4-14(b)　PACGE 股價的 α,β 係數

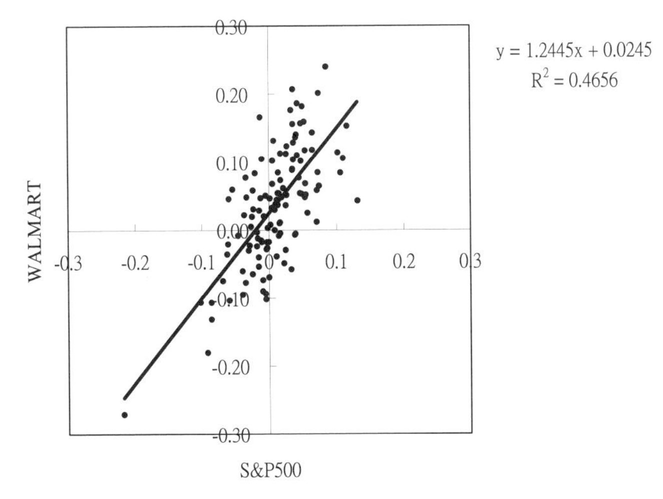

圖 4-14(c)　WALMART 股價的 α,β 係數

Excel 實作

步驟 1　開啟「例題 4-3 股價的 α,β 係數」檔案。

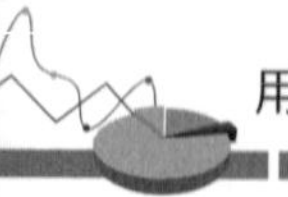

步驟 2 本例題有 119 個月數據，因此已填入「data」工作表的「A2:F120」儲存格，A 欄為日期、B~C 欄為 VW 指數、SP500 指數的月報酬率、D~F 欄為 IBM 公司、PACGE 公司、WALMART 公司的股票的月報酬率，如圖 4-15。

步驟 3 選取 C1:D120 範圍，選擇插入散佈圖，並參考例題 4-2 的方法插入趨勢線，得到 IBM 股價的 α,β 係數，結果如圖 4-15。

步驟 4 接著參考例題 3-1 的方法，複製上述散佈圖，並修改數據的範圍為 E 欄、F 欄，可產生另外兩家公司的散佈圖與 α,β 係數。

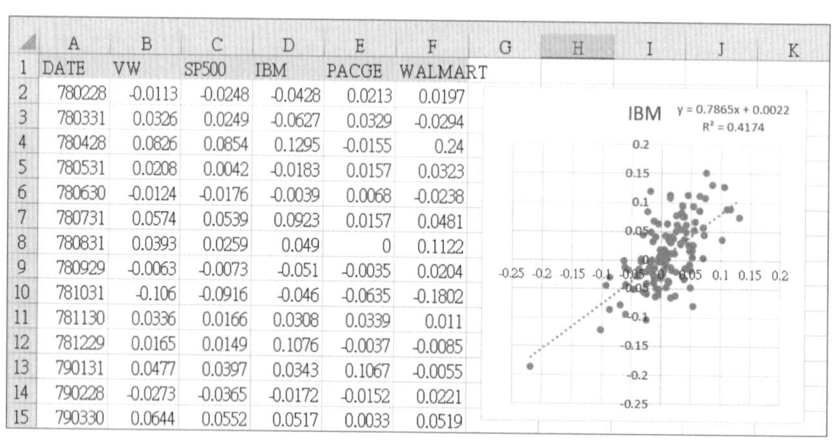

	A	B	C	D	E	F
1	DATE	VW	SP500	IBM	PACGE	WALMART
2	780228	-0.0113	-0.0248	-0.0428	0.0213	0.0197
3	780331	0.0326	0.0249	-0.0627	0.0329	-0.0294
4	780428	0.0826	0.0854	0.1295	-0.0155	0.24
5	780531	0.0208	0.0042	-0.0183	0.0157	0.0323
6	780630	-0.0124	-0.0176	-0.0039	0.0068	-0.0238
7	780731	0.0574	0.0539	0.0923	0.0157	0.0481
8	780831	0.0393	0.0259	0.049	0	0.1122
9	780929	-0.0063	-0.0073	-0.051	-0.0035	0.0204
10	781031	-0.106	-0.0916	-0.046	-0.0635	-0.1802
11	781130	0.0336	0.0166	0.0308	0.0339	0.011
12	781229	0.0165	0.0149	0.1076	-0.0037	-0.0085
13	790131	0.0477	0.0397	0.0343	0.1067	-0.0055
14	790228	-0.0273	-0.0365	-0.0172	-0.0152	0.0221
15	790330	0.0644	0.0552	0.0517	0.0033	0.0519

圖 4-15　例題 4-3 股價的 α,β 係數

《例題 4-4》抽菸與癌症

以美國 44 州的每人抽菸量為自變數，以每十萬人肺癌死亡數為因變數，以線性迴歸分可得線性迴歸公式如圖 4-5(a)。很明顯地，抽菸量為肺癌死亡數的重要因素。相反地，血癌的結果如圖 4-5(b)，很明顯地，抽菸量不是血癌死亡數的因素。

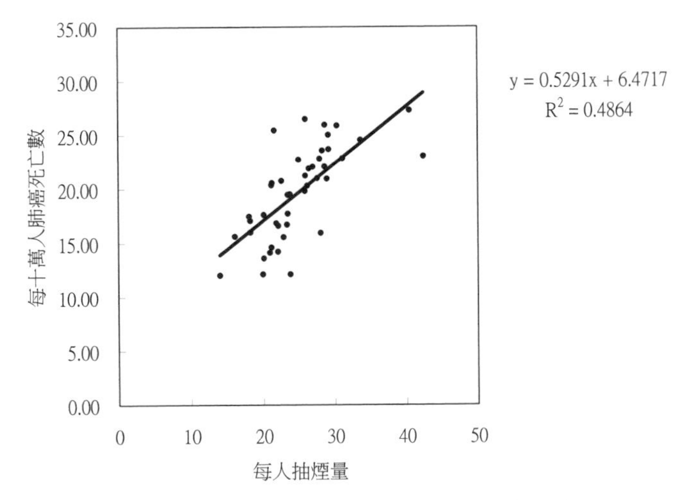

圖 4-16(a) 抽菸量與每十萬人肺癌死亡數之迴歸分析

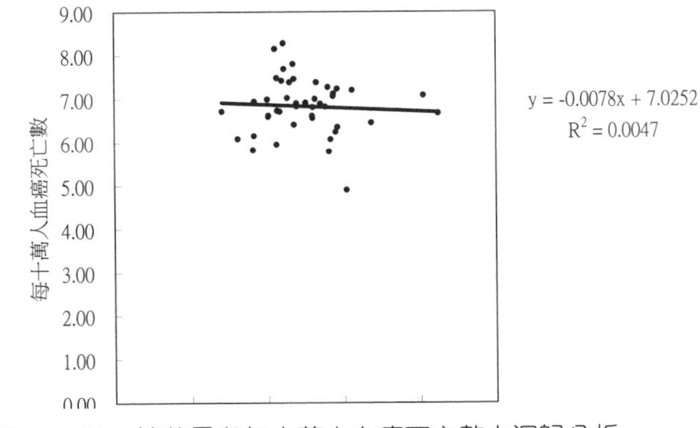

圖 4-16(b) 抽菸量與每十萬人血癌死亡數之迴歸分析

Excel 實作

步驟 1 開啟「例題 4-4 抽菸與癌症」檔案。

步驟 2 本例題有 44 個州的數據，因此已填入「data」工作表的「A1:F45」儲存格（圖 4-17），A 欄為州的縮寫、B 欄為人均抽菸數，C~F 欄為每 10 萬人死於膀胱癌、肺癌、腎臟癌、血癌人數。

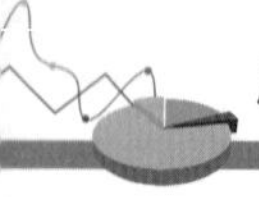

步驟 3　參考例題 4-3 的方法產生上述散佈圖與趨勢線。

	A	B	C	D	E	F	G
1	STATE	人均抽菸	膀胱癌	肺癌	腎臟癌	血癌	
2	AL	18.2	2.9	17.05	1.59	6.15	
3	AZ	25.82	3.52	19.8	2.75	6.61	
4	AR	18.24	2.99	15.98	2.02	6.94	
5	CA	28.6	4.46	22.07	2.66	7.06	
6	CT	31.1	5.11	22.83	3.35	7.2	

圖 4-17　例題 4-4 抽菸與癌症

《例題 4-5》廣告支出與銷售數量

廣告支出 (x) 對銷售數量 (y) 是有幫助的，但幫助有多大，還需定量分析。一家廠商在收集了 14 筆數據後，以線性迴歸分析得

$$y = 753.5 + 19.4x$$

發現並不是很準（圖 4-18(a)），但改用「1/x」當自變數作非線性迴歸分析得

$$y = 4285.9 - 127131.6(1/x)$$

準確性就高多了（圖 4-18(b)）。其它模式見表 4-2，可見倒數模式確實是最佳模式。

表 4-2　廣告支出與銷售數量

迴歸模式	公式	S_{yx}
線性迴歸分析	$y = ax + b$	460.8
非線性迴歸分析	$y = a \ln x + b$	282.1
非線性迴歸分析	$\ln y = ax + b$	755.8
非線性迴歸分析	$\ln y = a \ln x + b$	591.9
非線性迴歸分析	$y = a(1/x) + b$	134.2

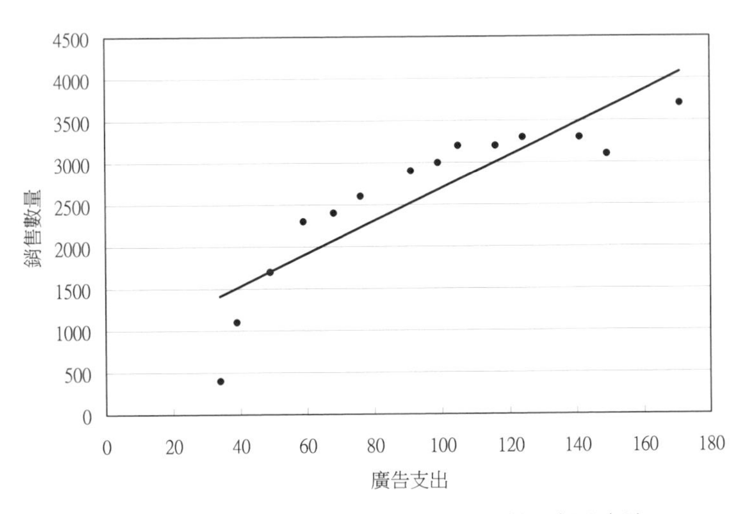

圖 4-18(a)　廣告支出與銷售數量（線性迴歸分析）

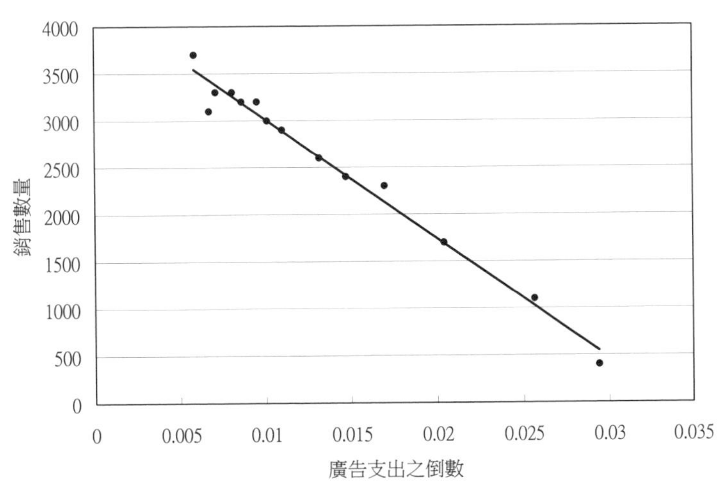

圖 4-18(b)　廣告支出與銷售數量（非線性迴歸分析）

Excel 實作

步驟 1　開啟「例題 4-5 廣告支出與銷售數量」檔案。

步驟 2　本例題有 14 個數據，因此已填入「data」工作表的「A1:B15」儲存格。在 C~E 欄分別製作 lnX，lnY，1/X，如圖 4-19。

步驟 3 參考例題 4-1 的方法進行迴歸分析，可以產生表 4-2 的結果。

	A	B	C	D	E	F
1	廣告支出(自變數X)	ln X	1/X	銷售收入(因變數Y)	ln Y	
2	39	3.663562	0.025641	1100	7.003065	
3	49	3.89182	0.020408	1700	7.438384	
4	76	4.330733	0.013158	2600	7.863267	
5	68	4.219508	0.014706	2400	7.783224	

圖 4-19　例題 4-5 廣告支出與銷售數量

《例題 4-6》混凝土水膠比與其抗壓強度

抗壓強度是混凝土最重要的品質參數，它是水膠比的函數。以不同的單變數迴歸分析得如表 4-3 的結果，其中以乘冪型迴歸分析最佳。

表 4-3(a)　混凝土水膠比與其抗壓強度（使用 Excel 的迴歸）

迴歸模式	公式	S_{yx}	判定係數 R^2
線性迴歸分析	$y=ax+b$	2001.9	0.673
非線性迴歸分析	$y=a\ln x+b$	1770.2	0.744
非線性迴歸分析	$\ln y=ax+b$	NA	0.808
非線性迴歸分析	$\ln y=a\ln x+b$	NA	0.836

表 4-3　(b) 混凝土水膠比與其抗壓強度（使用插入趨勢線）

迴歸模式	公式	判定係數 R^2
線性迴歸分析	$y=ax+b$	0.6739
對數型迴歸分析	$y=a\ln x+b$	0.7451
指數型迴歸分析	$y=ae^{bx}$	0.8087
二次式迴歸分析	$y=ax^2+bx+c$	0.7731
乘冪型迴歸分析	$y=ax^b$	0.8362

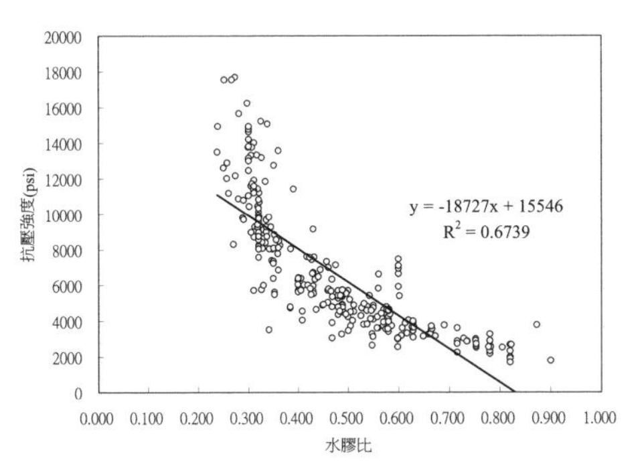

圖 4-20(a) 混凝土水膠比與其抗壓強度：線性迴歸分析

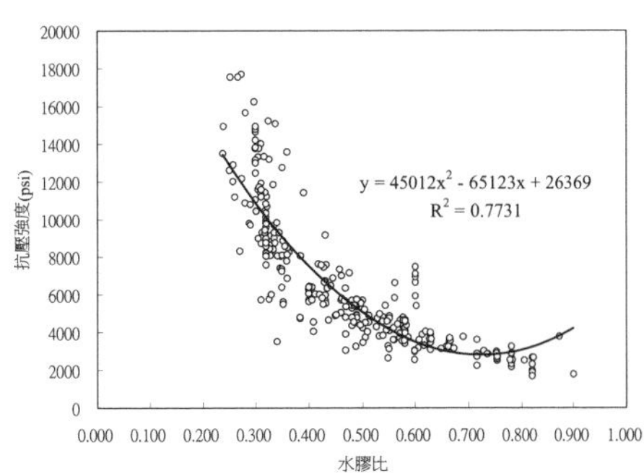

圖 4-20(b) 混凝土水膠比與其抗壓強度：二次式迴歸分析

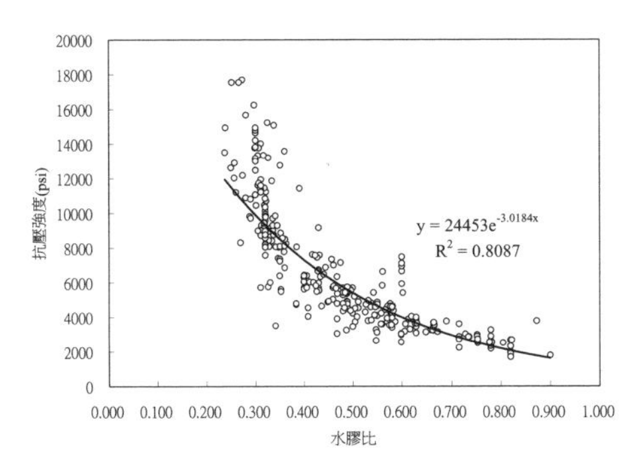

圖 4-20(c) 混凝土水膠比與其抗壓強度：指數型迴歸分析

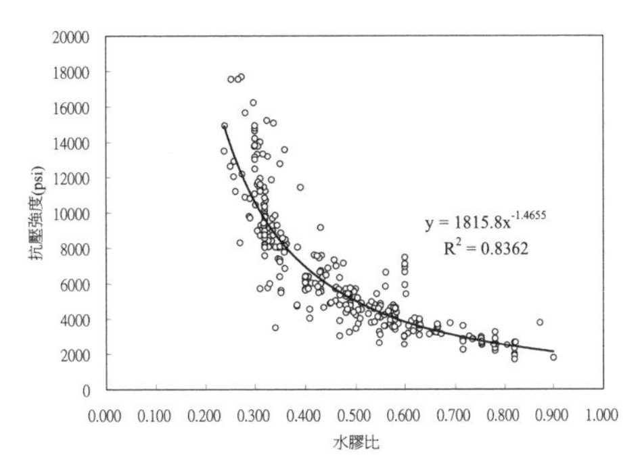

圖 4-20(d) 混凝土水膠比與其抗壓強度：乘冪型迴歸分析

Excel 實作

步驟 1 開啟「例題 4-6 混凝土水膠比與其抗壓強度」檔案。

步驟 2 本例題有 313 個數據，因此已填入「data」工作表的「A1:B314」儲存格。在 C~D 欄分別製作 lnX，lnY，如圖 4-21。

步驟 3 參考例題 4-1 的方法進行迴歸分析，可以產生表 4-3(a) 的結果。

步驟 3 參考例題 4-2 的方法進行插入趨勢線，可以產生表 4-3(b) 的結果，如圖 4-21。

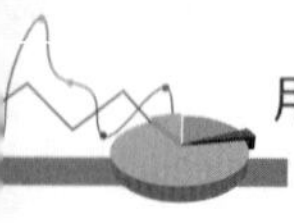

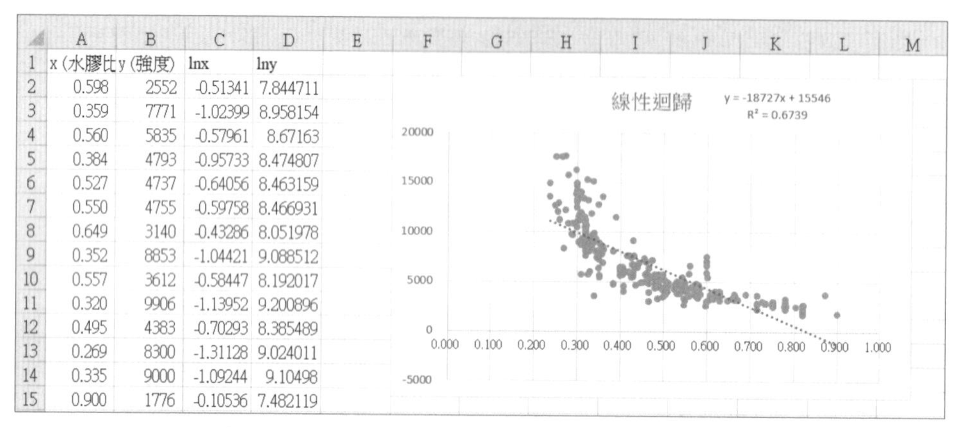

	A	B	C	D
1	x (水膠比	y (強度)	lnx	lny
2	0.598	2552	-0.51341	7.844711
3	0.359	7771	-1.02399	8.958154
4	0.560	5835	-0.57961	8.67163
5	0.384	4793	-0.95733	8.474807
6	0.527	4737	-0.64056	8.463159
7	0.550	4755	-0.59758	8.466931
8	0.649	3140	-0.43286	8.051978
9	0.352	8853	-1.04421	9.088512
10	0.557	3612	-0.58447	8.192017
11	0.320	9906	-1.13952	9.200896
12	0.495	4383	-0.70293	8.385489
13	0.269	8300	-1.31128	9.024011
14	0.335	9000	-1.09244	9.10498
15	0.900	1776	-0.10536	7.482119

圖 4-21　例題 4-6 混凝土水膠比與其抗壓強度

4.8 結論

雖然單變數迴歸分析所能解決的問題有限，但它簡單易懂，又是下章多變數迴歸分析的基礎，因此有必要詳加研讀，這對了解下章有很大的幫助。

個案習題

個案 1：陽光旅行社

(1) 試以 Excel 的繪圖功能繪製自變數 vs 因變數的「散佈圖」，並加各種趨勢線，找出最佳的模型。

(2) 試以「資料分析工具箱」的「迴歸」進行單變數迴歸分析，即每次只用一個自變數建立因變數的模型。

個案 2：新店區房價估價

(1) 試以 Excel 的繪圖功能繪製自變數 vs 因變數的「散佈圖」，並加各種趨勢線，找出最佳的模型。

(2) 試以「資料分析工具箱」的「迴歸」進行單變數迴歸分析，即每次只用一個自變數建立因變數的模型。

個案 3：台灣股票月報酬率預測

(1) 試以 Excel 的繪圖功能繪製自變數 vs 因變數的「散佈圖」，並加各種趨勢線，找出最佳的模型。

(2) 試以「資料分析工具箱」的「迴歸」進行單變數迴歸分析，即每次只用一個自變數建立因變數的模型。

個案 4：台灣股票季報酬率預測

本資料庫的自變數與因變數的關係極不明顯，散佈圖或單變數迴歸分析都無法發現自變數與因變數的關係。但在大量數據下仍可發現各自變數對因變數的影響力。方法是（圖 4-22）：

(1) 將資料依照某自變數由小而大排序

(2) 統計各十等分資料的因變數平均值

(3) 將各十等分資料的因變數平均值繪成柱狀圖

(4) 如果柱狀圖的高度整齊明顯地由低而高，或者由高而低，就可以知道自變數對因變數的關係是正向或反向。

試以上述方法分析「原值」數據、「Rank 值」數據，並比較其結果有何異同？

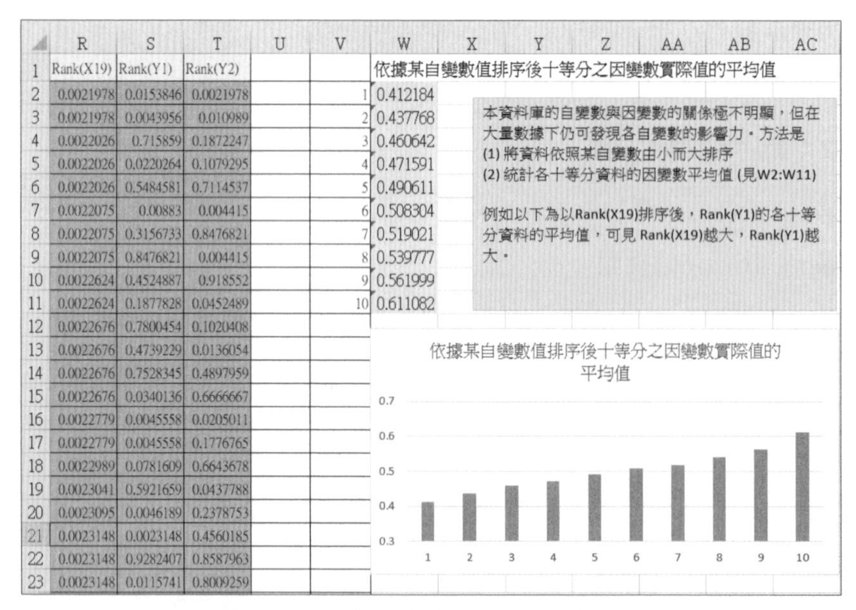

	R	S	T	U	V	W
1	Rank(X19)	Rank(Y1)	Rank(Y2)			依據某自變數值排序後十等分之因變數實際值的平均值
2	0.0021978	0.0153846	0.0021978		1	0.412184
3	0.0021978	0.0043956	0.010989		2	0.437768
4	0.0022026	0.715859	0.1872247		3	0.460642
5	0.0022026	0.0220264	0.1079295		4	0.471591
6	0.0022026	0.5484581	0.7114537		5	0.490611
7	0.0022075	0.00883	0.004415		6	0.508304
8	0.0022075	0.3156733	0.8476821		7	0.519021
9	0.0022075	0.8476821	0.004415		8	0.539777
10	0.0022624	0.4524887	0.918552		9	0.561999
11	0.0022624	0.1877828	0.0452489		10	0.611082
12	0.0022676	0.7800454	0.1020408			
13	0.0022676	0.4739229	0.0136054			
14	0.0022676	0.7528345	0.4897959			
15	0.0022676	0.0340136	0.6666667			
16	0.0022779	0.0045558	0.0205011			
17	0.0022779	0.0045558	0.1776765			
18	0.0022989	0.0781609	0.6643678			
19	0.0023041	0.5921659	0.0437788			
20	0.0023095	0.0046189	0.2378753			
21	0.0023148	0.0023148	0.4560185			
22	0.0023148	0.9282407	0.8587963			
23	0.0023148	0.0115741	0.8009259			

圖 4-22 個案 4 台灣股票季報酬率預測

個案 5：股東權益報酬率（ROE）與股價淨值比（PBR）的關係

本資料庫有一組台灣上市公司的股東權益報酬率（ROE）與股價淨值比（PBR）數據。前一章已經以 Excel 的繪圖功能繪製以 ROE 為橫軸、PBR 為縱軸的各種散佈圖。

(1) 為了能用趨勢線中的「乘冪」迴歸公式，ROE 要改用 1+ROE 為自變數。注意季 ROE 要乘 4 倍以估計年 ROE，且季 ROE 取下限值 -5%。並除以 100 是因為 ROE 的單位是 %（圖 4-23）。重繪以 1+ROE 為橫軸、PBR 為縱軸的各種散佈圖，並以 Excel 的插入趨勢線功能作乘冪迴歸。試說迴歸線有匹配數據的分佈嗎？有何有趣的發現？

(2) 事實上，乘冪迴歸有偏斜，並未匹配數據的分佈，此現象需用高等統計學中的 Deming 迴歸處理，但也可用下面的方法，以手動調整迴歸係數來改善。股東權益報酬率（ROE）與股價淨值比（PBR）有一個理論公式

$$P/B = k \cdot (1 + ROE)^m$$

此理論公式為一種乘冪公式，可增設一欄理論公式 PBR，公式內引用兩個放置在儲存格的 k ,m 係數，以允許讀者以手動調整 k，m 值，產生出無偏斜的迴歸曲線（圖 4-23）。k 值約 0.6~1，m 值約 6~10。為了能用理論公式來迴歸，要改用 1+ROE 為自變數。注意季 ROE 要乘 4 倍以估計年 ROE，且季 ROE 取下限值 -5%。除以 100 是因為 ROE 的單位是 %。

	A	B	C	D	E	F	G	H	I
1	name	date	季ROE(%)	PBR	1+年ROE	理論公式PBR			
2	1101 台泥	1996/3/1	1.1	2.72	1.044	1.1290001	k=	0.8	
3	1101 台泥	1996/6/1	1.79	4.71	1.0716	1.3910785	m=	8	
4	1101 台泥	1996/9/1	0.86	3.87	1.0344	1.0485716			全體
5	1101 台泥	1996/12/1	0.57	4.22	1.0228	0.9581108			
6	1101 台泥	1997/3/1	0.5	4.19	1.02	0.9373275			
7	1101 台泥	1997/6/1	2.35	3.27	1.094	1.6414534			
8	1101 台泥	1997/9/1	0.63	2.96	1.0252	0.9762449			
9	1101 台泥	1997/12/1	-1.82	1.96	0.9272	0.4369959			
10	1101 台泥	1998/3/1	0.37	1.93	1.0148	0.8997744			
11	1101 台泥	1998/6/1	1.28	1.55	1.0512	1.1928142			
12	1101 台泥	1998/9/1	2.35	1.56	1.094	1.6414534			
13	1101 台泥	1998/12/1	-0.4	1.52	0.984	0.7031545			
14	1101 台泥	1999/3/1	0.55	1.38	1.022	0.952132			
15	1101 台泥	1999/6/1	0.99	1.32	1.0396	1.091491			
16	1101 台泥	1999/9/1	0.32	1.45	1.0128	0.8856855			
17	1101 台泥	1999/12/1	1.74	1.82	1.0696	1.3704435			
18	1101 台泥	2000/3/1	1.36	1.93	1.0544	1.2221744			
19	1101 台泥	2000/6/1	0.73	1.32	1.0292	1.0071362			

理論公式
P/B=k*(1+ROE)^m

為了能用理論公式來迴歸，要改用1+ROE為自變數。注意季ROE要乘4倍估計年ROE，且季ROE取下限值-5%。除以100是因為ROE的單位是%

注意：理論公式為一種乘冪公式，手動k, m值，可以調整出無偏斜的迴歸曲線 (粗紅線)。k值約0.6~1，m值約6~10。

圖 4-24　個案 5 股東權益報酬率（ROE）與股價淨值比（PBR）的關係

memo

CHAPTER 05

迴歸分析原理（二）：多變數迴歸

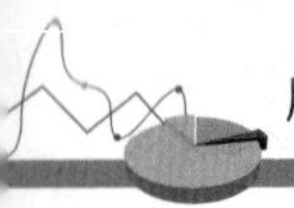

5.1 迴歸分析簡介

認識真實世界的方法有二種：數理模式與經驗模式（empirical model），前者是建立在演繹法的基礎上；後者則是建立在歸納法的基礎上。建構經驗模式的最主要工具是迴歸分析。迴歸分析的基本原理為最小化誤差平方和。本章首先將迴歸分析依其分析過程分成四節來介紹：

1. 迴歸模型之建構：介紹以最小平方法建構迴歸模型，即估計迴歸係數。
2. 迴歸模型之檢定：介紹以變異分析作迴歸模型之顯著性檢定。
3. 迴歸模型之診斷：介紹以殘差分析作迴歸模型之診斷。
4. 迴歸模型之應用：介紹以信賴區間來表達預測值。

本章最後三節介紹特殊型態的迴歸分析，包括：

1. 多項式函數之迴歸分析：包括一階模型、具交互作用之一階模型、二階模型。
2. 非線性函數之迴歸分析：包括因變數轉換、自變數轉換。
3. 定性變數之迴歸分析。

5.2 迴歸模型之建構：迴歸係數

5.2.1 迴歸模型係數之估計

設一因變數 y，具有 k 個自變數 x_1，x_2，...x_k，已收集 n 組數據：

第 1 組：x_{11}，x_{12}，...，x_{1k}　y_1

第 2 組：x_{21}，x_{22}，...，x_{2k}　y_2

　：　　：　：　...　：　：　　　（5-1）

第 n 組：x_{n1}，x_{n2}，...，x_{nk}　y_n

要建立下列迴歸公式：

$$y = \beta_0 + \beta_1 x_1 + \beta_2 x_2 + ... + \beta_k x_k + \varepsilon \tag{5-2}$$

試求使殘差之平方和最小之迴歸係數，即

$$\text{Min } L = \sum_{i=1}^{n} \varepsilon_i^2 \tag{5-3}$$

【推導】

(1) 將所有數據代入迴歸公式（5-2）式得

$$y_i = \beta_0 + \beta_1 x_{i1} + \beta_2 x_{i2} + ... + \beta_k x_{ik} + \varepsilon_i$$

$$= \beta_0 + \sum_{j=1}^{k} \beta_j x_{ij} + \varepsilon_i, \qquad i=1，2，...，n \tag{5-4}$$

得殘差

$$\varepsilon_i = y_i - \beta_0 - \sum_{j=1}^{k} \beta_i x_{ij} \tag{5-5}$$

(2) 計算殘差之平方和

$$L = \sum_{i=1}^{n} \varepsilon_i^2 \tag{5-6}$$

$$= \sum_{i=1}^{n} \left(y_i - \beta_0 - \sum_{j=1}^{k} \beta_j x_{ij} \right)^2 \tag{5-7}$$

(3) 由上式可知，殘差之平方和為迴歸係數的函數。依據極值定理，一函數在極值處之微分為 0，並以估計係數 b 取代模型係數 $\boldsymbol{\beta}$ 得

$$\left. \frac{\partial L}{\partial \beta_0} \right|_{b_0, b_1, ...b_k} = -2 \sum_{i=1}^{n} \left(y_i - b_0 - \sum_{j=1}^{k} b_j x_{ij} \right) = 0 \tag{5-8}$$

與

$$\left.\frac{\partial L}{\partial \beta_j}\right|_{b_0, b_1, \ldots, b_k} = -2\sum_{i=1}^{n}\left(y_i - b_0 - \sum_{j=1}^{k} b_j x_{ij}\right)x_{ij} = 0 \qquad j=1，2，3 \ldots，k \qquad (5\text{-}9)$$

(4) 將上二式展開得下列聯立方程式：

$$\begin{aligned} b_0\sum_{i=1}^{n} x_{i1} + b_1\sum_{i=1}^{n} x_{i1}^2 + b_2\sum_{i=1}^{n} x_{i1}x_{i2} + \ldots + b_k\sum_{i=1}^{n} x_{i1}x_{ik} &= \sum_{i=1}^{n} x_{i1}y_i \\ \vdots \qquad \vdots \qquad \vdots \qquad \qquad \vdots \qquad &\quad \vdots \\ \vdots \qquad \vdots \qquad \vdots \qquad \qquad \vdots \qquad &\quad \vdots \\ b_0\sum_{i=1}^{n} x_{ik} + b_1\sum_{i=1}^{n} x_{ik}x_{i1} + b_2\sum_{i=1}^{n} x_{ik}x_{i2} + \ldots + b_k\sum_{i=1}^{n} x_{ik}^2 &= \sum_{i=1}^{n} x_{ik}y_i \end{aligned} \qquad (5\text{-}10)$$

解上述聯立方程式即可得使殘差之平方和最小之迴歸係數。

上述推導過程如改為矩陣形式則更為簡潔：

(1) 將迴歸公式寫成矩陣形式

$$\mathbf{y} = \mathbf{X}\boldsymbol{\beta} + \boldsymbol{\varepsilon} \qquad (5\text{-}11)$$

其中

$$\mathbf{y} = \begin{bmatrix} y_1 \\ y_2 \\ \vdots \\ y_n \end{bmatrix}, \qquad \mathbf{X} = \begin{bmatrix} 1 & x_{11} & x_{12} & \cdots & x_{1k} \\ 1 & x_{21} & x_{22} & \cdots & x_{2k} \\ \vdots & \vdots & \vdots & & \vdots \\ 1 & x_{n1} & x_{n2} & \cdots & x_{nk} \end{bmatrix}, \qquad (5\text{-}12)$$

$$\boldsymbol{\beta} = \begin{bmatrix} \beta_0 \\ \beta_1 \\ \vdots \\ \beta_k \end{bmatrix}, \quad \text{and} \quad \boldsymbol{\varepsilon} = \begin{bmatrix} \varepsilon_1 \\ \varepsilon_2 \\ \vdots \\ \varepsilon_n \end{bmatrix} \qquad (5\text{-}13)$$

故

$$\boldsymbol{\varepsilon} = \mathbf{y} - \mathbf{X}\boldsymbol{\beta} \qquad (5\text{-}14)$$

(3) 計算殘差之平方和

$$L=\sum_{i=1}^{n}\varepsilon_i^2=\boldsymbol{\varepsilon}'\boldsymbol{\varepsilon}=(\mathbf{y}-\mathbf{X}\boldsymbol{\beta})'(\mathbf{y}-\mathbf{X}\boldsymbol{\beta}) \quad (5\text{-}15)$$

將上式展開得

$$L=\mathbf{y}'\mathbf{y}-\boldsymbol{\beta}'\mathbf{X}'\mathbf{y}-\mathbf{y}'\mathbf{X}\boldsymbol{\beta}+\boldsymbol{\beta}'\mathbf{X}'\mathbf{X}\boldsymbol{\beta} \quad (5\text{-}16)$$

上式第三項 $\mathbf{y}'\mathbf{X}\boldsymbol{\beta}$ 是一個 1×1 矩陣，即純量，其轉置亦為純量，故

$$\mathbf{y}'\mathbf{X}\boldsymbol{\beta}=(\mathbf{y}'\mathbf{X}\boldsymbol{\beta})'=\boldsymbol{\beta}'\mathbf{X}'\mathbf{y} \quad (5\text{-}17)$$

故（5-16）式第二項與第三項可合併，得

$$L=\mathbf{y}'\mathbf{y}-2\boldsymbol{\beta}'\mathbf{X}'\mathbf{y}+\boldsymbol{\beta}'\mathbf{X}'\mathbf{X}\boldsymbol{\beta} \quad (5\text{-}18)$$

(4) 由上式可知，殘差之平方和為迴歸係數的函數。依據極值定理，一函數在極值處之微分為 0，並以估計係數 b 取代模型係數 $\boldsymbol{\beta}$ 得

$$-2\mathbf{X}'\mathbf{y}+2\mathbf{X}'\mathbf{X}\mathbf{b}=0$$

$$\mathbf{X}'\mathbf{X}\mathbf{b}=\mathbf{X}'\mathbf{y} \quad (5\text{-}19)$$

(5) 解上述聯立方程式即可得使殘差之平方和最小之迴歸係數。

$$\mathbf{b}=(\mathbf{X}'\mathbf{X})^{-1}\mathbf{X}'\mathbf{y} \quad (5\text{-}20)$$

5.2.2 迴歸模型係數之隨機性

由於數據具隨機性，因此從數據估計得到的迴歸係數也是隨機變數。首先定義 $\boldsymbol{\beta}$ 為模型之係數，**b** 為估計之係數。估計之迴歸係數 **b** 之期望值如下：

$$E(b)=\boldsymbol{\beta} \quad (5\text{-}21)$$

估計之係數 **b** 之期望值恰為模型係數 $\boldsymbol{\beta}$，故上節所推導之迴歸係數為不偏估計。

至於估計之係數之協方差 Cov(**b**) 為

$$\mathrm{Cov}(\mathbf{b})=\boldsymbol{\sigma}^2(\mathbf{X'X})^{-1} \quad (5\text{-}22)$$

其中 σ^2 為殘差之變異數，即

$$\mathrm{Var}(\varepsilon)=\sigma^2$$

σ^2 代表模型誤差，此一誤差稱為模型相依誤差（model-dependent），因其值與選用的模型有關。至於模型獨立誤差（model-independent）只能靠重複實驗才能得到。

殘差之變異數的估計值如下：

$$\hat{\sigma}^2=\frac{SS_E}{n-p} \quad (5\text{-}23)$$

其中 n= 數據數目；p= 模型係數之數目；SS_E= 殘差之平方和。

$$SS_E=\sum_{i=1}^{n}(y_i-\hat{y}_i)^2 \quad (5\text{-}24)$$

其中 y_i= 因變數實際值 $\hat{y}_i$= 因變數估計

5.2.3 迴歸模型係數之顯著性檢定：t 檢定

線性迴歸係數顯著性檢定是指對個別迴歸係數 β_j 是否顯著的測試，即虛無假說與對立假說如下：

$$H_0:\beta_j=0$$
$$H_1:\beta_j\neq 0$$

迴歸係數顯著性檢定可用 **t** 統計量判定

$$t_0=\frac{b_j}{se(b_j)} \quad (5\text{-}25)$$

其中 $se(b_j)$ 為 b_j 的標準差

因為

$$se(b_j) = \sqrt{\hat{\sigma}^2 C_{jj}} \tag{5-26}$$

其中 C_{jj} 為 $(\mathbf{X'X})^{-1}$ 的對角元素

故

$$t_0 = \frac{b_j}{\sqrt{\hat{\sigma}^2 C_{jj}}} \tag{5-27}$$

當上式的絕對值大於 t 統計量臨界值 $t_{\alpha/2，n\text{-}p}$ 時，迴歸係數顯著，其中 n 為數據數目，p 為模型係數之數目（含常數項）。此臨界值為自由度 n-p 與顯著水準 α 的函數，其計算可用 Excel 之函數。

5.2.4 迴歸模型係數之信賴區間

個別迴歸係數值 β_j 的信賴區間公式如下：

$$b_j - t_{\alpha/2，n-p} se(b_j) \le \beta_j \le b_j + t_{\alpha/2，n-p} se(b_j)$$

因 $se(b_j) = \sqrt{\hat{\sigma}^2 C_{jj}}$ 故

$$b_j - t_{\alpha/2，n-p} se(b_j) \le \beta_j \le b_j + t_{\alpha/2，n-p} se(b_j) \tag{5-28}$$

例題 5-1 迴歸模型之建構

一生化製藥的一種新產品其最重要的品質特性為活性 (Y)，影響此一品質特性的二個品質因子為二種成份的含量百分比（x_1，x_2），其實驗結果如下表，試計算

(1) 線性迴歸模型係數之估計

(2) 線性迴歸模型係數之隨機性

(3) 線性迴歸模型係數之顯著性檢定（$\alpha=0.05$）

(4) 線性迴歸模型係數之信賴區間

	x_1	x_2	y
1	1.496	4.549	-44.337
2	6.553	3.418	31.358
3	5.354	2.809	26.307
4	0.083	4.957	-72.780
5	4.338	0.247	27.005
6	5.696	1.474	33.931
7	5.570	2.335	31.048

	x1	x2	y
8	4.790	3.706	9.886
9	2.795	2.240	9.680
10	2.917	2.864	4.099
11	6.855	3.105	37.394
12	1.207	4.014	-33.909
13	1.653	2.559	-4.283
14	9.684	1.036	53.517

【解】

(1) 線性迴歸模型係數之估計

已知

$$\mathbf{X}=\begin{bmatrix}1 & 1.496 & 4.549\\ 1 & 6.553 & 3.418\\ \vdots & \vdots & \vdots\\ 1 & 9.684 & 1.036\end{bmatrix}\qquad \mathbf{y}=\begin{bmatrix}-44.337\\ 31.358\\ \vdots\\ 53.517\end{bmatrix}$$

故得

$$\mathbf{X'X}=\begin{bmatrix}14.00 & 58.99 & 39.31\\ 58.99 & 340.36 & 139.89\\ 39.31 & 139.89 & 132.85\end{bmatrix}\quad (\mathbf{X'X})^{-1}=\begin{bmatrix}1.3107 & -0.1195 & -0.2621\\ -0.1195 & 0.0161 & 0.0184\\ -0.2621 & 0.0184 & 0.0657\end{bmatrix}$$

$$\mathbf{X'y}=\begin{Bmatrix}108.91\\ 1570.28\\ -157.62\end{Bmatrix}$$

由（5-20）式得 $\mathbf{b}=(\mathbf{X'X})^{-1}\mathbf{X'y}=\begin{Bmatrix}-3.51\\9.31\\-9.95\end{Bmatrix}$

線性迴歸模型為

$$\hat{y}=-3.51+9.31x_1-9.95x_2 \tag{5-29}$$

(2) 線性迴歸模型係數之隨機性

$$SS_E=\sum_{i=1}^{n}(y_i-\hat{y}_i)^2 \quad =1610.93 \tag{5-30}$$

$$\hat{\sigma}^2=\frac{SS_E}{n-p}=1610.929/(14\text{-}3)=146.45 \tag{5-31}$$

$$\hat{\sigma}=12.10$$

$$\text{Cov}(\mathbf{b})=\sigma^2(\mathbf{X'X})^{-1}=146.45\begin{bmatrix}1.3107 & -0.1195 & -0.2621\\-0.1195 & 0.0161 & 0.0184\\-0.2621 & 0.0184 & 0.0657\end{bmatrix}$$

(3) 線性迴歸模型係數之顯著性檢定：t 檢定

	係數 bj	C_{jj} 為 $(\mathbf{X'X})^{-1}$ 的對角元素	標準差 $se(b_j)=\sqrt{\hat{\sigma}^2C_{jj}}$	$t_0=\frac{b_j}{se(b_j)}$
截距	-3.51	1.3107	13.85	-0.253
x_1	9.31	0.0161	1.53	6.071
x_2	-9.95	0.0657	3.10	-3.209

$t_{\alpha/2,\,n\text{-}p}=t_{0.05/2,\,14\text{-}3}=t_{0.025,\,11}=2.201$

常數項 t 統計量絕對值 0.253<2.201，故不顯著；

b_1 係數 t 統計量絕對值 6.071>2.201，故顯著；

b_2 係數 t 統計量絕對值 3.209>2.201，故顯著。

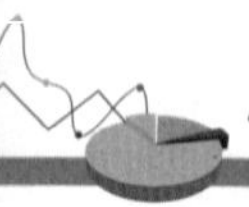

(4) 線性迴歸模型係數之信賴區間

$$b_j - t_{\alpha/2, n-p}\sqrt{\hat{\sigma}^2 C_j} \le \beta_j \le b_j + t_{\alpha/2, n-p}\sqrt{\hat{\sigma}^2 C_j} \quad (5\text{-}32)$$

$t_{\alpha/2,n-p} = t_{0.05/2,14-3} = t_{0.025,11} = 2.201$

	係數 bj	標準誤 $se(b_j)=\sqrt{\hat{\sigma}^2 C_{jj}}$	下限 95% β_j	上限 95% β_j
截距	-3.51	13.85	-34.00	26.98
x_1	9.31	1.53	5.93	12.68
x_2	-9.95	3.10	-16.77	-3.12

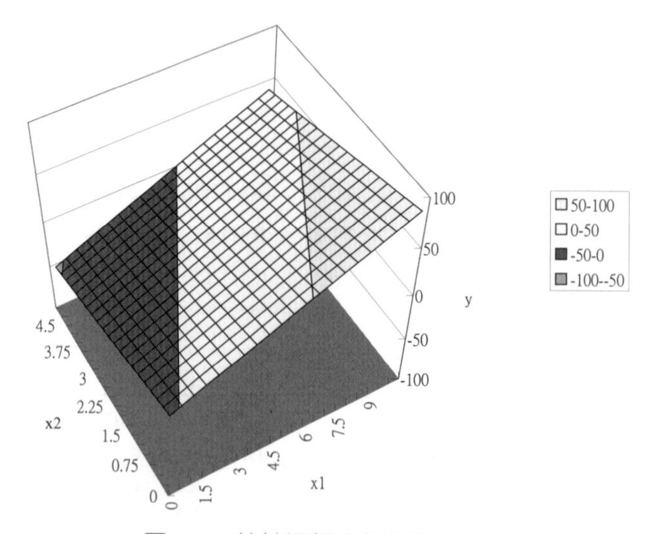

圖 5-1　線性迴歸分析函數示意圖

Excel 實作

步驟 1　開啟「例題 5-1 迴歸模型之建構」檔案。

步驟 2　本例題有 14 個數據，已填入「data」工作表的「B2:D15」儲存格，如圖 5-2。

步驟 3 開啟「資料」標籤的「資料分析」視窗。選「迴歸」，並輸入參數如圖 5-3，迴歸係數以及 t 統計的結果如圖 5-4 最下方的表格。

	A	B	C	D	E
1		x_1	x_2	y	
2	1	1.496	4.549	-44.337	
3	2	6.553	3.418	31.358	
4	3	5.354	2.809	26.307	
5	4	0.083	4.957	-72.78	
6	5	4.338	0.247	27.005	
7	6	5.696	1.474	33.931	
8	7	5.57	2.335	31.048	
9	8	4.79	3.706	9.886	
10	9	2.795	2.24	9.68	
11	10	2.917	2.864	4.099	
12	11	6.855	3.105	37.394	
13	12	1.207	4.014	-33.909	
14	13	1.653	2.559	-4.283	
15	14	9.684	1.036	53.517	
16					

圖 5-2　輸入資料

迴歸
輸入
輸入 Y 範圍(Y): $D$1:$D$15
輸入 X 範圍(X): $B$1:$C$15
☑ 標記(L)　☐ 常數為零(Z)
☐ 信賴度(O) 95 %
輸出選項
○ 輸出範圍(O):
◉ 新工作表(P):
○ 新活頁簿(W)
殘差
☑ 殘差(R)　☐ 殘差圖(D)
☐ 標準化殘差(T)　☐ 樣本迴歸線圖(I)
常態機率
☐ 常態機率圖(N)
確定
取消
說明(H)

圖 5-3　在「迴歸」視窗輸入參數

	A	B	C	D	E	F	G	H	I
1	摘要輸出								
2									
3	迴歸統計								
4	R 的倍數	0.950166							
5	R 平方	0.902815							
6	調整的 R	0.885145							
7	標準誤	12.10093							
8	觀察值個	14							
9									
10	ANOVA								
11		自由度	SS	MS	F	顯著值			
12	迴歸	2	14963.33	7481.665	51.0929	2.7E-06			
13	殘差	11	1610.758	146.4326					
14	總和	13	16574.09						
15									
16		係數	標準誤	t 統計	P-值	下限 95%	上限 95%	下限 95.0%	上限 95.0%
17	截距	-3.50945	13.85316	-0.25333	0.804684	-34	26.98114	-34	26.98114
18	x1	9.312739	1.533811	6.071636	8.06E-05	5.936844	12.68863	5.936844	12.68863
19	x2	-9.95395	3.100852	-3.21007	0.008305	-16.7789	-3.12902	-16.7789	-3.12902
20									

圖 5-4 「迴歸」結果工作表

5.3 迴歸模型之檢定：變異分析

判定係數 R^2 定義為解釋方差和佔總方差和之比例：

$$R^2 = \frac{SS_R}{S_{yy}} = \frac{S_{yy} - SS_E}{S_{yy}} = 1 - \frac{SS_E}{S_{yy}} \tag{5-33}$$

判定係數介於 0 到 1 之間，判定係數越大代表模型對變異的解釋能力越大。由於判定係數總是隨著模型的複雜度的增加而增加，因此複雜度高的模型會有高估模型對變異的解釋能力之傾向，因此有調整判定係數的提出

$$R_{adj}^2 = 1 - \frac{SS_E/(n-p)}{S_{yy}/(n-1)} = 1 - \left(\frac{n-1}{n-p}\right)(1 - R^2) \tag{5-34}$$

其中 n= 數據數目；p= 模型係數之數目。

迴歸模型顯著性檢定是指判定因變數 y 與自變數 x 間是否存有線性關係之測試，即虛無假說與對立假說如下：

$$H_0\text{: } \beta_1 = \beta_2 = ... = \beta_k = 0$$

$$H_1\text{: } \beta_j \neq 0 \text{ for at least one j} \quad (5\text{-}35)$$

其中 β_j 為模型之係數

迴歸模型顯著性檢定可用 **F** 統計量判定

$$F_0 = \frac{SS_R / k}{SS_E / (n-k-1)} = \frac{MS_R}{MS_E} \quad (5\text{-}36)$$

其中 n= 數據數目，k= 模型獨立變數之數目，MS_R= 解釋均方差，MS_E= 未解釋均方差。

由上式可知 F 統計量相當於解釋均方差 MS_R 對未解釋均方差 MS_E 之比例。F 統計量越大代表越顯著，即因變數 y 與自變數 x 間越可能存有線性關係。當 F 統計量大於 F 統計量臨界值 $F_{\alpha, v1, v2}$ 時，迴歸模型顯著，此臨界值為分子自由度 v_1，分母自由度 v_2 與顯著水準 α 的函數，其計算可用 Excel 之函數。

上述分析經常以表 5-1 之變異分析表來表達，一般而言，其計算程序為

(1) 總自由度 =n-1，其中 n= 觀測數

(2) 迴歸自由度 k= 模型獨立變數之數目

(3) 殘差自由度 = 總自由度 - 迴歸自由度 =(n-1)-k = n-k-1

(4) 計算總方差和

$$S_{yy} = \sum_{i=1}^{n} (y_i - \bar{y})^2 \quad (5\text{-}37)$$

(5) 計算殘差方差和

$$SS_E = \sum_{i=1}^{n}(y_i - \hat{y}_i)^2 \tag{5-38}$$

(6) 計算迴歸方差和

$$SS_R = \sum_{i=1}^{n}(\hat{y}_i - \overline{y})^2 \tag{5-39}$$

或由（5-32）式 $S_{yy}=SS_R+SS_E$ 得速算公式 $SS_R=S_{yy}-SS_E$ 計算。

(7) 計算迴歸均方差 $MS_R= SS_R/k$ （5-40）

(8) 計算殘差均方差 $MS_E= SS_E/(n-k-1)$ （5-41）

(9) 計算 $F= MS_R/ MS_E$ （5-42）

(10) 以 F 值，F 值分子自由度 k，F 值分母自由度 n-k-1，計算得顯著值 P（此值越低代表越顯著，其計算可用 Excel 之函數）。

表 5-1 變異分析表

	自由度	方差和	均方差	F 統計量	顯著值
迴歸	k	SS_R	MS_R	F	P
殘差	n-k-1	SS_E	MS_E		
總和	n-1	S_{yy}			

《例題 5-2》迴歸模型之檢定：顯著性

延續例題 5-1 的生化製藥問題，試作其顯著性檢定。

預測值 $\hat{y}_i$ 可由例題 5-1 之線性迴歸模型求得

$\hat{y}=-3.51+9.31x_1-9.95x_2$

平均值 $\overline{y} = \dfrac{\sum_{i=1}^{n} y_i}{n} = 7.780$

列表如下：

i	x_1	x_2	觀察值 y_i	預測值 $\hat{y}_i$	平均值 $\bar{y}$
1	1.496	4.549	-44.337	-34.855	7.780
2	6.553	3.418	31.358	23.494	7.780
3	5.354	2.809	26.307	18.392	7.780
4	0.083	4.957	-72.780	-52.076	7.780
5	4.338	0.247	27.005	34.426	7.780
6	5.696	1.474	33.931	34.872	7.780
7	5.570	2.335	31.048	25.120	7.780
8	4.790	3.706	9.886	4.205	7.780
9	2.795	2.240	9.680	0.227	7.780
10	2.917	2.864	4.099	-4.854	7.780
11	6.855	3.105	37.394	29.417	7.780
12	1.207	4.014	-33.909	-32.227	7.780
13	1.653	2.559	-4.283	-13.587	7.780
14	9.684	1.036	53.517	76.363	7.780

(1) 變異分析

總方差和 $S_{yy} = \sum_{i=1}^{n}(y_i - \bar{y})^2 = 16574.1$

未解釋方差和 $SS_E = \sum_{i=1}^{n}(y_i - \hat{y}_i)^2 = 1610.9$

解釋方差和 $SS_R = \sum_{i=1}^{n}(\hat{y}_i - \bar{y})^2 = 14963.2$

（解釋方差和也可計算 S_{yy} 與 SS_E 之差額得到

$SS_R = S_{yy} - SS_E = 16574.1 - 1610.9 = 14963.2$ ）

(2) 判定係數

$$R^2 = \frac{SS_R}{S_{yy}} = 1 - \frac{SS_E}{S_{yy}} = 1-(1610.9/16574.1)=0.9028$$

$$R^2_{adj} = 1 - \frac{SS_E/(n-p)}{S_{yy}/(n-1)} = 1 - \left(\frac{n-1}{n-p}\right)(1-R^2) = 1-[(14-1)/(14-3)](1-0.9028)=0.8851$$

(3) F 統計量

$$F_0 = \frac{SS_R/k}{SS_E/(n-k-1)} = \frac{MS_R}{MS_E} = (14963.17/2)/(1610.929/(14-2-1))=51.09$$

(4) 變異分析表

	自由度	SS	MS	F	顯著值
迴歸	2	14963.2	7481.58	51.09	2.7E-06
殘差	11	1610.9	146.45		
總和	13	16574.1			

Excel 實作

步驟 1 開啟「例題 5-2 迴歸模型之檢定：顯著性」檔案。

步驟 2 本例題有 14 個數據，已填入「data」工作表的「B2:D15」儲存格，如圖 5-2。

步驟 3 開啟「資料」標籤的「資料分析」視窗。選「迴歸」，並輸入參數如圖 5-3，變異分析的結果如圖 5-4 中間的 ANOVA 表格。

5.4 迴歸模型之診斷：殘差分析

5.4.1 迴歸模型殘差之計算

觀測值與迴歸公式配適值間的差值稱為殘差（residual）

$$e_i = y_i - \hat{y}_i \tag{5-43}$$

其中 y_i= 因變數實際值　$\hat{y}_i$= 因變數估計值

殘差之變異數的估計值如下：

$$\hat{\sigma}^2 = \frac{SS_E}{n-p} \tag{5-44}$$

其中 SS_E= 未解釋方差和 $= \sum_{i=1}^{n} e_i^2 = \sum_{i=1}^{n} (y_i - \hat{y}_i)^2$

5.4.2 迴歸模型殘差之正規化

正規化殘差可使殘差的意義更為清楚，常用的正規化殘差為標準化殘差，其定義如下：

$$d_i = \frac{e_i}{\hat{\sigma}},\qquad i=1，2，.....，n \tag{5-45}$$

其中 $\hat{\sigma}$= 殘差標準差，即殘差變異數之開根號值。

標準化殘差的優點是其大小與因變數的標準差大小無關，只要其值在 -3 至 3 之間，則殘差值在合理範圍。標準化殘差可以判別是否有數據偏離模型預測值，是可疑的數據。如果某數據的標準化殘差偏離 0 特別大，例如大於 3 或小於 -3，則屬可疑的數據，可考慮檢查該數據的正確性，如果確定錯誤，應該修正或刪除該數據，但不可只因誤差偏大而任意刪除數據。

5.4.3 迴歸模型殘差之分析

在建立迴歸公式後，除了要檢驗模型的顯著性外，分析殘差是否滿足迴歸分析理論的基本假設也很重要。多變數迴歸分析理論有五項基本假設：

(1) 殘差變異常態假設：殘差變異之分佈為常態分佈。

(2) 殘差變異常數假設：殘差變異之大小與自變數值無關。

(3) 殘差變異獨立假設：殘差變異之大小與數據順序無關。

(4) 因果線性關係假設：因變數與自變數間為線性關係。

(5) 自變數間獨立假設：自變數與自變數間無線性相關。

要驗證假設 1 可用常態機率圖，要驗證假設 2~4 可用殘差圖，要驗證假設 5 可用相關係數矩陣。

一 常態機率圖

常態機率圖是一種縱座標為預期累積機率，橫座標為觀察累積機率的圖表，可以用來判定某數據組是否呈常態分佈。其作法如下：

(1) 排序：數據 X 由小到大排序。

(2) 繪點：將數據依下列座標繪於圖上：

縱座標 = 預期累積機率 $=(j-0.5)/n$ （5-46）

其中 n= 數據數目；j= 數據之排序後之序號，最小值序號 1，最大值序號 n。

橫座標 = 觀察累積機率 $= \Phi(\frac{X-\overline{X}}{s})$ （5-47）

其中 Φ 為標準常態分佈累積機率函數，其計算可用 Excel 之函數。

(3) 繪線：於圖上繪一 45 度對角線。

(4) 判讀：如點均在直線附近則為常態分佈。

常態機率圖可以用來判定某數據組是否呈常態分佈。因此，將殘差數據以常態機率圖分析即可判定是否滿足殘差變異常態假設。

二 殘差圖

殘差圖可以用來判定殘差是否符合迴歸分析之「殘差變異常數假設」、「因果線性關係假設」與「殘差變異獨立假設」。其作法如下：

(1) 繪點：縱軸為殘差，橫軸為自變數 x 值（或因變數 y 值，或數據順序）。如果橫軸為 x 值稱 x 殘差圖，為 y 值稱 y 殘差圖，為數據順序稱時序殘差圖。

(2) 判讀：

(a) 如果 y 殘差圖中點之分佈寬度與橫軸無關，則符合殘差變異常數假設。如果殘差變異不是常數，可利用將 y 值取對數的方式來消減這種現象。

(b) 如果 x 殘差圖是否有特殊型態，可提供改進模型的參考。例如在 x 殘差圖中點之分佈呈曲線散佈，則代表自變數與因變數間不為線性關係，可能要對數據作變數轉換，或加入二次項。

(c) 如果時序殘差圖中點之分佈與橫軸無關，則符合殘差變異獨立假設。如果在時序殘差圖中有特殊型態，則代表殘差變異不是獨立。或用 Durbin-Watson 值來衡量：

$$DW = \frac{\sum_{t=1}^{n}(e_t - e_{t-1})^2}{\sum_{t=1}^{n} e_t^2} \qquad (5\text{-}48)$$

其中 e_t=t 時刻殘差；e_{t-1}=$t-1$ 時刻殘差。DW 值會在 0 和 4 之間變化，DW 偏向 2 表示沒有自我相關，DW 偏向 0 和 4 之值分別表示正和負自我相關。

《例題 5-3》迴歸模型之診斷：殘差分析

延續例題 5-1 的生化製藥問題，試作其殘差分析。

(1) 殘差之計算

預測值 $\hat{y}_i$ 可由例題 5-2 得。標準化殘差可由（5-45）式求得，其中標準差可由例題 5-1 得 $\hat{\sigma}$=12.10。

編號	x_1	x_2	觀察值 y_i	預測值 $\hat{y}_i$	殘差 $e_i=y_i-\hat{y}_i$	標準化殘差
1	1.496	4.549	-44.337	-34.855	-9.481	-0.78
2	6.553	3.418	31.358	23.494	7.863	0.65
3	5.354	2.809	26.307	18.392	7.915	0.65
4	0.083	4.957	-72.780	-52.076	-20.704	-1.71
5	4.338	0.247	27.005	34.426	-7.421	-0.61
6	5.696	1.474	33.931	34.872	-0.942	-0.08
7	5.570	2.335	31.048	25.120	5.927	0.49
8	4.790	3.706	9.886	4.205	5.682	0.47
9	2.795	2.240	9.680	0.227	9.453	0.78
10	2.917	2.864	4.099	-4.854	8.953	0.74
11	6.855	3.105	37.394	29.417	7.977	0.66
12	1.207	4.014	-33.909	-32.227	-1.682	-0.14
13	1.653	2.559	-4.283	-13.587	9.305	0.77
14	9.684	1.036	53.517	76.363	-22.846	-1.89

(2) 殘差常態機率圖

殘差數據共有 n=14 筆，其殘差常態機率圖如圖 5-3。例如編號 14 之殘差值為 -1.89，其之排序後之序號為 1（因為它是最小值），故

縱座標 = 預期累積機率 $=(j-0.5)/n=(1-0.5)/14=0.0357$

橫座標 = 觀察累積機率 $=\Phi(\frac{X-\overline{X}}{s})=\Phi(-1.89)\ =0.0294$

即圖 5-5 中最左下角之點。

於圖上繪一 45 度對角線，發現樣本點並未全在直線附近，顯示殘差有偏態分佈情形，不滿足殘差變異常態假設。

(3) x 殘差圖

如圖 5-6，x_1 殘差圖顯示滿足殘差變異常數假設，但 x_2 殘差圖顯示 x_2 值偏小或偏大時，變異有偏大的情形，不滿足殘差變異常數假設。此外 x_2 殘差圖中點之分佈呈曲線散佈，代表自變數與因變數間不為線性關係，可能要對數據作變數轉換，或加入二次項。

(4) y 殘差圖

如圖 5-7，顯示 y 值偏小或偏大時，變異有偏大的情形，不滿足殘差變異常數假設。

(5) 時序殘差圖

如圖 5-8，顯示殘差之值具有時間上的連續性，不滿足殘差變異獨立假設。

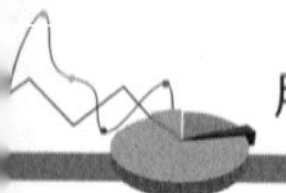

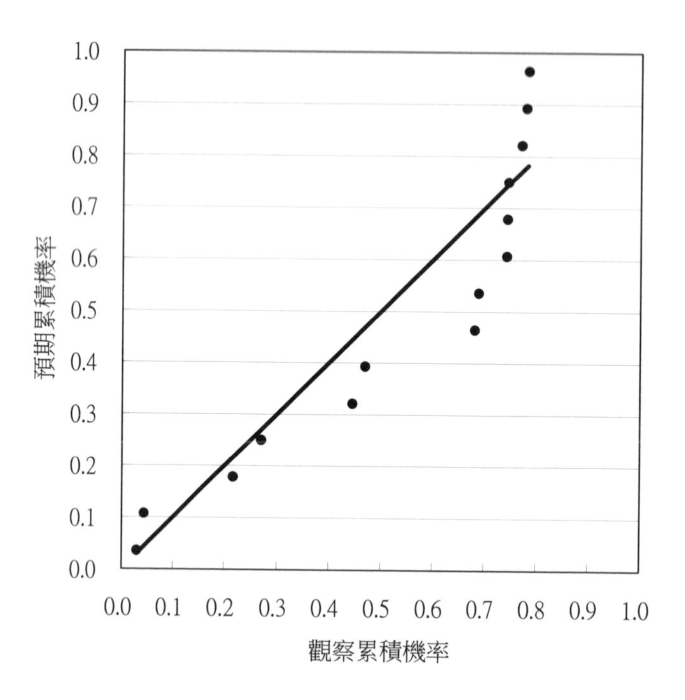

圖 5-5　常態機率圖

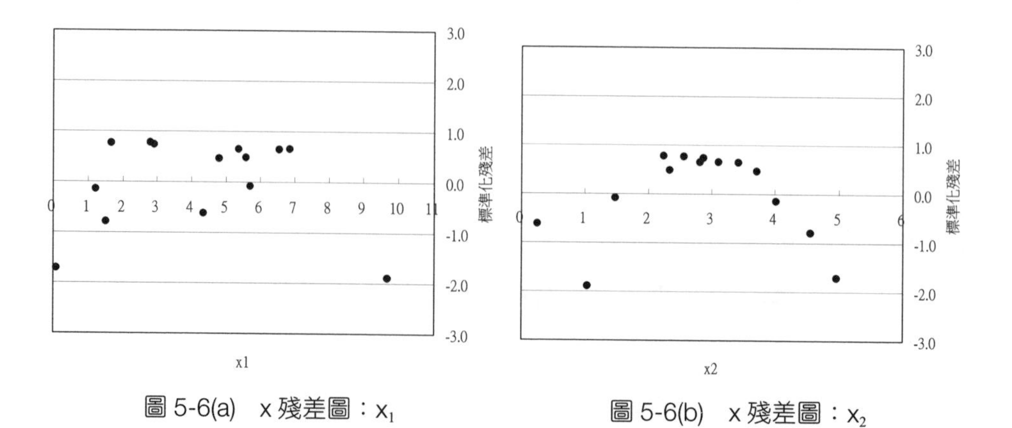

圖 5-6(a)　x 殘差圖：x_1

圖 5-6(b)　x 殘差圖：x_2

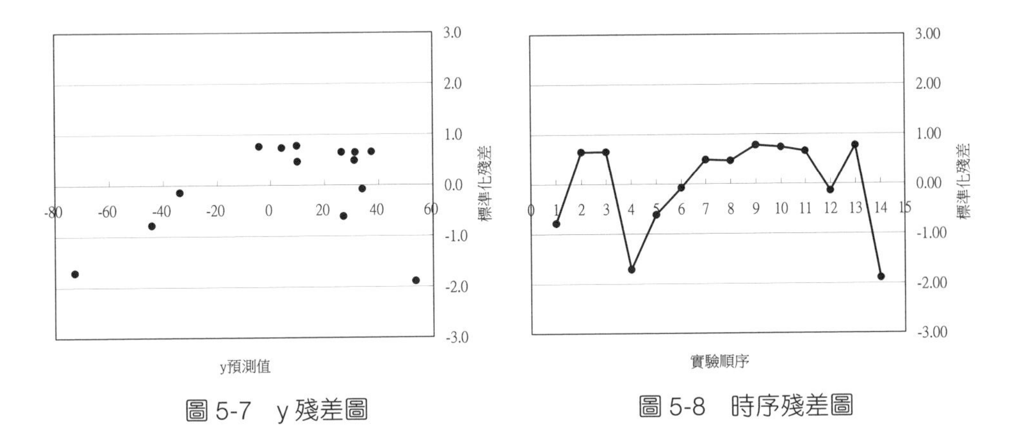

圖 5-7　y 殘差圖　　　　圖 5-8　時序殘差圖

Excel 實作

步驟 1　開啟「例題 5-3 迴歸模型之診斷：殘差分析」檔案。

步驟 2　本例題有 14 個數據，已填入「殘差 data」工作表的「B2:D15」儲存格，如圖 5-9。

步驟 3　開啟「例題 5-1 迴歸模型之建構」檔案。從「迴歸」結果工作表拷貝預測值到 E 欄，並在 F、G 欄輸入殘差、標準化殘差公式。從「迴歸」結果工作表可知標準差 =12.1，因此標準化殘差公式為殘差除以 12.1。

步驟 4　以 D、E 欄繪散佈圖，得到實際值與預測值之散佈圖。以 A~D 欄配合 G 欄繪散佈圖，得到時序殘差圖、x1 殘差圖、x2 殘差圖、y 殘差圖。

步驟 5　切換到「常態機率圖 data」工作表，先在 A 欄貼上「殘差 data」工作表的標準化殘差。再由小而大排序。接著在 B 欄填入序號 1, 2, ..., 14。在 C2，D2 儲存格輸入公式「=NORMDIST(A2,0,1,1)」（即公式（5-47））、「=(B2-0.5)/14」（即公式（5-46）），用以分別計算觀察累積機率、預期累積機率，如圖 5-10。

步驟 6　以 C、D 欄繪散佈圖，得常態機率圖。

	A	B	C	D	E	F	G	H
1	觀察值	x1	x2	y	預測值 y	殘差	標準化殘差	
2	1	1.50	4.55	-44.34	-34.86	-9.48	-0.78	
3	2	6.55	3.42	31.36	23.49	7.86	0.65	
4	3	5.35	2.81	26.31	18.39	7.92	0.65	
5	4	0.08	4.96	-72.78	-52.08	-20.70	-1.71	
6	5	4.34	0.25	27.00	34.43	-7.42	-0.61	

圖 5-9 「殘差 data」工作表

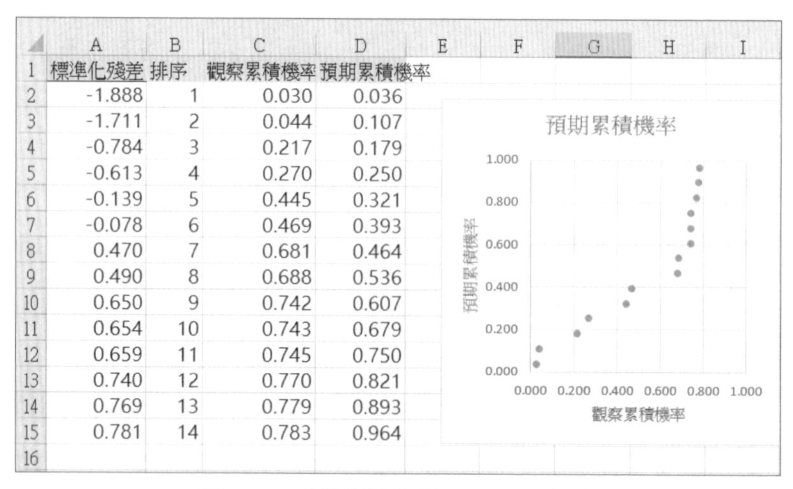

	A	B	C	D
1	標準化殘差	排序	觀察累積機率	預期累積機率
2	-1.888	1	0.030	0.036
3	-1.711	2	0.044	0.107
4	-0.784	3	0.217	0.179
5	-0.613	4	0.270	0.250
6	-0.139	5	0.445	0.321
7	-0.078	6	0.469	0.393
8	0.470	7	0.681	0.464
9	0.490	8	0.688	0.536
10	0.650	9	0.742	0.607
11	0.654	10	0.743	0.679
12	0.659	11	0.745	0.750
13	0.740	12	0.770	0.821
14	0.769	13	0.779	0.893
15	0.781	14	0.783	0.964
16				

圖 5-10 「常態機率圖 data」工作表

5.5 迴歸模型之應用：信賴區間

在建立迴歸公式，並檢驗模型的顯著性，分析殘差後，如果已得到一個顯著又有合理殘差的預測模型後，即可用於實際的預測。但由於模型具有不確定性，因此因變數也有不確定性，故有信賴區間的產生。

5.5.1 因變數平均值之信賴區間

因變數平均值之信賴區間公式如下：

$$\hat{y}(x_0)\text{-}t_{\alpha/2,n-p}\sqrt{\hat{\sigma}^2 x_0'(X'X)^{-1}x_0} \le \mu_{y|x_0} \le \hat{y}(x_0)+t_{\alpha/2,n-p}\sqrt{\hat{\sigma}^2 x_0'(X'X)^{-1}x_0} \quad (5\text{-}47)$$

其中

$\hat{y}\,(x_0)$= 預測值

$\hat{\sigma}^2$= 殘差變異數

x_0= 預測點之自變數向量（第一個元素為 1）$=\{1, x_1, x_2, \ldots, x_x\}$

X= 數據構成之矩陣（參見公式（5-12））

$\mu_{y|x_0}$ = 因變數平均值之預測值

$t_{\alpha/2,n-p}$= 統計量

5.5.2 因變數預測值之信賴區間

因變數預測值的信賴區間公式如下：

$$\hat{y}(x_0)\text{-}t_{\alpha/2,n-p}\sqrt{\hat{\sigma}^2(1+x_0'(X'X)^{-1}x_0)} \le y_0 \le \hat{y}(x_0)+t_{\alpha/2,n-p}\sqrt{\hat{\sigma}^2(1+x_0'(X'X)^{-1}x_0)} \quad (5\text{-}48)$$

因變數預測值的信賴區間與預測之位置有關，在自變數平均值處信賴區間最窄。因變數預測值與前節因變數平均值有些相似，但二者仍有區別：

(1) 因變數平均值 $\mu_{y|x_0}$ 是指在 $x=x_0$ 下，因變數值之平均值。

(2) 因變數預測值 y_0 是指在 $x=x_0$ 下之因變數值。

因此因變數預測值的信賴區間要比因變數平均值的信賴區間來得寬。這可用個例子來說明，如果要您猜一個班級內隨機指定的十個學生之平均身高，您可能答有 95% 把握在 167-173 公分之間；如果要您猜一個班級內隨機指定的一個學生之身高，您可能答有 95% 把握在 160-180 公分之間，後者的範圍比前者大是很自然的。

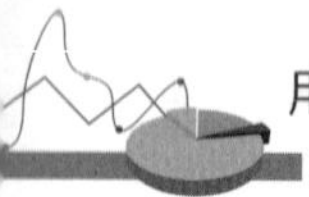

《例題 5-4》迴歸模型之應用：因變數信賴區間

延續例題 5-1 的生化製藥問題，試求在 x_1，x_2 均為其實驗數據平均值時之因變數之 95% 信賴區間。

由例題 5-1 知

$$(X'X)^{-1}=\begin{bmatrix}1.3107 & -0.1195 & -0.2621\\ -0.1195 & 0.0161 & 0.0184\\ -0.2621 & 0.0184 & 0.0657\end{bmatrix}$$

已知實驗數據平均值 $\bar{x}_1=4.213,\bar{x}_2=2.808$，故

$$x_0'=\{1,4.213,2.808\}$$
$$x_0'(X'X)^{-1}=\{0.0714,0.0\ \ ,0.0\ \ \}$$
$$x_0'(X'X)^{-1}x_0=0.0714$$

由例題 5-1 知 $\hat{\sigma}^2=\dfrac{SS_E}{n-p}$=146.448

由例題 5-1 所得之迴歸公式知

$$\hat{y}(x_0)=-3.51+9.31\bar{x}_1-9.95\bar{x}_2=-3.51+9.31(4.213)-9.95(2.808)=7.78$$

由例題 5-1 知

$$t_{\alpha/2,n-p}=t_{0.05/2,14-3}=t_{0.025,11}=2.201$$

因變數平均值之信賴區間

$$\hat{y}(x_0)\text{-}t_{\alpha/2,n-p}\sqrt{\hat{\sigma}^2x_0'(X'X)^{-1}x_0}\le\mu_{y|x_0}\le\hat{y}(x_0)+t_{\alpha/2,n-p}\sqrt{\hat{\sigma}^2x_0'(X'X)^{-1}x_0}$$
$$\hat{y}(x_0)\text{-}2.201\sqrt{(146.448)(0.0714)}\le\mu_{y|x_0}\le\hat{y}(x_0)+2.201\sqrt{(146.448)(0.0714)}$$
$$7.78\text{-}(2.201)(3.23)\le\mu_{y|x_0}\le 7.78+(2.201)(3.23)$$
$$7.78\text{-}7.11\le\mu_{y|x_0}\le 7.78+7.11$$
$$0.66\le\mu_{y|x_0}\le 14.9$$

因變數預測值的信賴區間

$$\hat{y}(x_0)\text{-}t_{\alpha/2,n-p}\sqrt{\hat{\sigma}^2(1+x_0'(X'X)^{-1}x_0)} \le y_0 \le \hat{y}(x_0)+t_{\alpha/2,n-p}\sqrt{\hat{\sigma}^2(1+x_0'(X'X$$

$$\hat{y}(x_0)\text{-}2.201\sqrt{(146.448)(1+0.0714)} \le y_0 \le \hat{y}(x_0)+2.201\sqrt{(146.448)(1+0.0}$$

$$7.78\text{-}(2.201)(12.53) \le y_0 \le 7.78+(2.201)(12.53)$$

$$7.78\text{-}27.6 \le y_0 \le 7.78+27.6$$

$$-19.8 \le y_0 \le 35.4$$

5.6 多項式函數之迴歸分析

當自變數與因變數之間的關係不是線性關係時，可以使用多項式迴歸來解決此問題。多項式迴歸模型可分成：

(1) 一階模型（first-order）（即傳統的線性模型）：

$$y=\beta_0+\sum_{i=1}^{k}\beta_i x_i+\varepsilon=\beta_0+\beta_1 x_1+\beta_2 x_2+\ldots+\beta_k x_k+\varepsilon \quad (5\text{-}49)$$

(2) 具交互作用之一階模型（first-order with interaction）：

$$y=\beta_0+\sum_{i=1}^{k}\beta_i x_i+\sum_{i=1}^{k}\sum_{j>i}^{k}\beta_{ij}x_i x_j+\varepsilon \quad (5\text{-}50)$$

(3) 二階模型（second-order）：

$$y=\beta_0+\sum_{i=1}^{k}\beta_i x_i+\sum_{i=1}^{k}\sum_{j>i}^{k}\beta_{ij}x_i x_j+\sum_{i=1}^{k}\beta_{ii}x_i^2+\varepsilon \quad (5\text{-}51)$$

其中 y= 因變數；x= 自變數；b= 模型係數；ε= 模型殘差。

一般而言，較複雜的模型因為有較多的迴歸係數可以調整以配適數據，故有較低的殘差，但並非較複雜的模型就一定較準確可靠。可用 F 統計量顯著值 P 之大小作為參考，顯著值 P 小者較準確可靠。但如果一個複雜的模型與一個簡單的模型準確性相差不大，亦可採用簡單的模型。

〈例題 5-5〉多項式函數之迴歸分析：生化製藥數據

延續例題 5-1 的生化製藥問題，但實驗數據如下表。試求其最佳化模型。

	x_1	x_2	y
1	1.50	4.55	51.21
2	6.55	3.42	170.64
3	5.35	2.81	145.03
4	0.08	4.96	20.40
5	4.34	0.25	100.07
6	5.70	1.47	131.93
7	2.80	2.24	153.78
8	2.92	2.86	100.58
9	6.86	3.11	186.45
10	1.21	4.01	85.57

	x_1	x_2	y
11	1.65	2.56	82.43
12	9.68	1.04	171.25
13	8.00	4.00	230.29
14	7.50	1.50	152.06
15	9.00	5.00	265.16
16	1.00	3.00	64.85
17	0.10	0.50	92.78
18	0.10	4.00	77.82
19	5.57	2.34	160.06
20	4.79	3.71	173.80

(1) 無交互作用一階模式

	自由度	SS	MS	F	顯著值
迴歸	2	55483.56	27741.78	29.3951	3.03E-06
殘差	17	16043.84	943.7551		
總和	19	71527.39			

	係數	標準誤	t 統計	P- 值
截距	38.88	19.78	1.96	0.065982
x_1	17.52	2.29	7.67	6.5E-07
x_2	6.19	5.09	1.22	0.240153

迴歸公式 $y=38.88+17.523x_1+6.19x_2$

(2) 具交互作用一階模式

	自由度	SS	MS	F	顯著值
迴歸	3	65922.18	21974.06	62.72	4.58E-09
殘差	16	5605.21	350.33		
總和	19	71527.39			

	係數	標準誤	t 統計	P- 值
截距	102.15	16.72	6.11	1.51E-05
x_1	3.09	2.99	1.03	0.316124
x_2	-13.74	4.79	-2.87	0.011166
x_1x_2	4.74	0.87	5.46	5.25E-05

迴歸公式 $y=102.15+3.09x_1-13.74x_2+4.74x_1x_2$

(3) 二階模式

	自由度	SS	MS	F	顯著值
迴歸	5	66806.81	13361.36	39.63	8.88E-08
殘差	14	4720.58	337.18		
總和	19	71527.39			

	係數	標準誤	t 統計	P- 值
截距	91.18	19.45	4.69	0.00035
x_1	-1.66	6.75	-0.25	0.809403
x_2	6.03	13.08	0.46	0.651646
x_1x_2	4.98	0.87	5.71	5.35E-05
x_1^2	0.43	0.62	0.70	0.496846
x_2^2	-3.98	2.47	-1.61	0.129097

迴歸公式 $y=91.18-1.66x_1+6.03x_2+4.98x_1x_2+0.43x_1^2-3.98x_2^2$

(4) 結論：具交互作用一階模式的 F 統計量顯著值遠小於另二個模型，故為最佳模型。

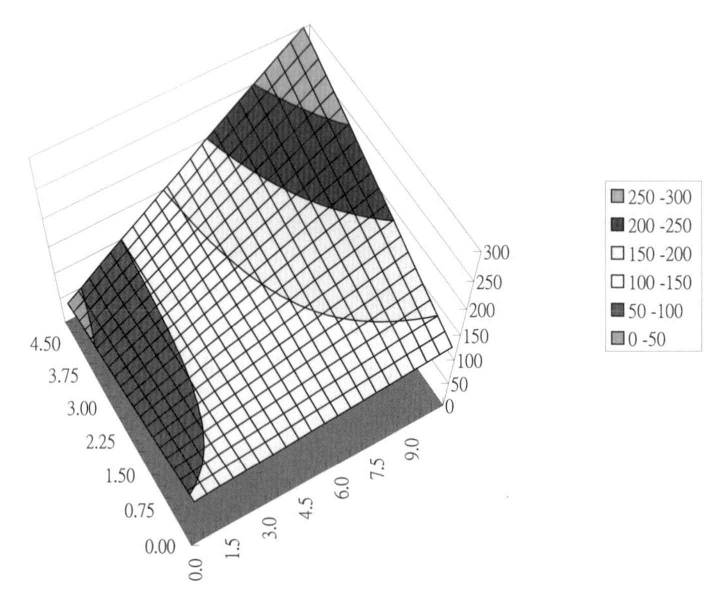

圖 5-11 多項式迴歸分析建模成果：3D 展示圖

Excel 實作

步驟 1 開啟「例題 5-5 多項式函數之迴歸分析」檔案。

步驟 2 本例題有 20 個數據，已填入「data」工作表的 A，B，F 欄，而在 C2，D2，E2 儲存格加入「=A2*B2」、「=A2^2」、「=B2^2」等公式，並複製到下方列，如圖 5-12。

步驟 3 開啟「資料」標籤的「資料分析」視窗。選「迴歸」，並輸入參數如圖 5-13，可得到無交互作用一階模式。

步驟 4 仿照步驟 3，輸入不同參數，可得到具交互作用一階模式、二階模式。

	A	B	C	D	E	F
1	x1	x2	x1x2	x1^2	x2^2	y
2	1.50	4.55	6.81	2.24	20.69	51.21
3	6.55	3.42	22.40	42.94	11.68	170.64
4	5.35	2.81	15.04	28.67	7.89	145.03
5	0.08	4.96	0.41	0.01	24.57	20.40
6	4.34	0.25	1.07	18.82	0.06	100.07
7	5.70	1.47	8.40	32.44	2.17	131.93

圖 5-12　輸入資料

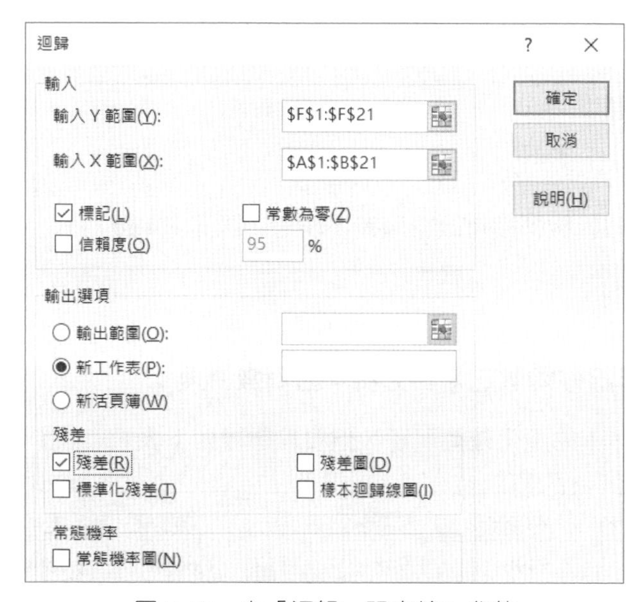

圖 5-13　在「迴歸」視窗輸入參數

5.7 非線性函數之迴歸分析

線性迴歸分析理論有自變數與因變數間為線性關係的假設。當由經驗知識或殘差分析中發現此假設不成立時，除了以前節的多項式迴歸來解決此問題外，另一個方法為利用變數轉換將非線性關係轉成線性關係。變數轉換可分成：

(1) 因變數轉換

(2) 自變數轉換

常用的轉換方式有：

(1) 取次方，例如取平方、根號、倒數

(2) 取對數，可以使乘法關係變為加法關係，例如非線性函數 $y = ax_1^b x_2^c x_3^d$ 取對數後得到線性函數 $\ln y = \ln a + b \ln x_1 + c \ln x_2 + d \ln x_3$，因此可以令 $Y = \ln y$, $A = \ln a$, $X_1 = \ln x_1$, $X_2 = \ln x_2$, $X_3 = \ln x_3$ 以得到線性函數 $Y = A + bX_1 + cX_2 + dX_3$，如此一來，就可以用線性迴歸分析得到 A, b, c, d 迴歸係數。

變數轉換可能可以達成三個目的：

(1) 提高模型精度

(2) 簡化模型

(3) 對因變數取對數轉換可改善殘差不均勻（詳見 6.4 節）。

以下舉二個實例。

《例題 5-6》非線性函數之迴歸分析：因變數轉換

延續例題 5-1 的生化製藥問題，但實驗數據如下表。

	x_1	x_2	y
1	1.4960	4.5490	1.948
2	6.5530	3.4180	14.766
3	5.3540	2.8090	14.325
4	0.0830	4.9570	9.745
5	4.3380	0.2470	28.221
6	5.6960	1.4740	23.340
7	2.7950	2.2400	11.252
8	2.9170	2.8640	10.087
9	6.8550	3.1050	23.930
10	1.2070	4.0140	2.457

	x_1	x_2	y
11	1.6530	2.5590	4.940
12	9.6840	1.0360	90.783
13	8.0000	4.0000	18.140
14	7.5000	1.5000	40.232
15	9.0000	5.0000	15.896
16	1.0000	3.0000	9.782
17	0.1000	0.5000	15.442
18	0.1000	4.0000	5.855
19	5.5700	2.3350	17.716
20	4.7900	3.7060	10.014

(1) 因變數取原值下之迴歸分析

	自由度	SS	MS	F	顯著值
迴歸	2	4345.8	2172.9	13.3	0.000329
殘差	17	2770.1	162.9		
總和	19	7115.9			

(2) 因變數取平方下之迴歸分析

	自由度	SS	MS	F	顯著值
迴歸	2	23029840	11514920	4.948359	0.020248
殘差	17	39559301	2327018		
總和	19	62589141			

(3) 因變數取根號下之迴歸分析

	自由度	SS	MS	F	顯著值
迴歸	2	46.573	23.286	27.422	4.78E-06
殘差	17	14.436	0.849		
總和	19	61.009			

(4) 因變數取倒數下之迴歸分析

	自由度	SS	MS	F	顯著值
迴歸	2	0.1338	0.0669	6.5112	0.007953
殘差	17	0.1747	0.0103		
總和	19	0.3085			

(5) 因變數取對數下之迴歸分析

	自由度	SS	MS	F	顯著值
迴歸	2	11.479	5.739	28.221	3.97E-06
殘差	17	3.457	0.203		
總和	19	14.936			

(6) 結論：因變數取對數下之迴歸分析的 F 統計量顯著值小於另四個模型，故為最佳模型。可見將因變數 y 作適當的轉換可得更準確之模型。

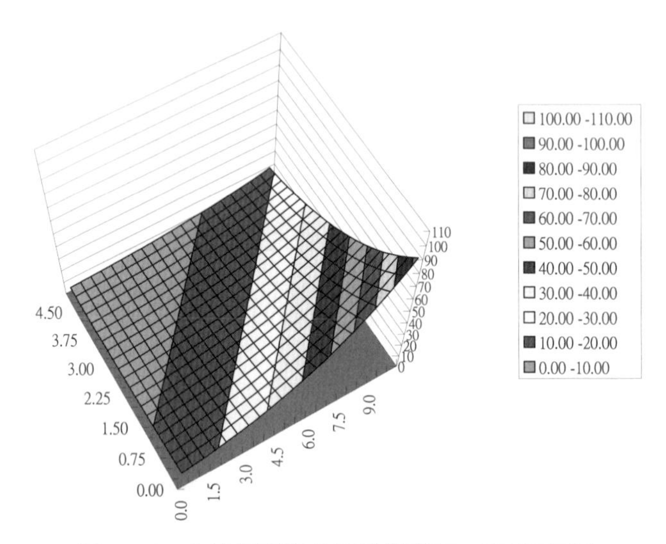

圖 5-14　非線性迴歸分析建模成果：3D 展示圖

Excel 實作

步驟 1　開啟「例題 5-6 非線性函數之迴歸分析：因變數轉換」檔案。

步驟 2　本例題有 20 個數據，已填入「data」工作表的 A~C 欄，而在 D~G 欄加入 1/Y，Y^2，sqrt(Y)，ln(Y) 等公式，並複製到下方列。

步驟 3　開啟「資料」標籤的「資料分析」視窗。選「迴歸」，並輸入適當參數，可得到因變數取原值、倒數、平方、根號、對數下之五種迴歸模式。

	A	B	C	D	E	F	G	H
1	x1	x2	y	1/Y	Y^2	sqrt(Y)	ln(Y)	
2	1.4960	4.5490	1.948	0.513	3.794	1.396	**0.667**	
3	6.5530	3.4180	14.766	0.068	218.032	3.843	**2.692**	
4	5.3540	2.8090	14.325	0.070	205.209	3.785	**2.662**	
5	0.0830	4.9570	9.745	0.103	94.963	3.122	**2.277**	
6	4.3380	0.2470	28.221	0.035	796.433	5.312	**3.340**	

圖 5-15　例題 5-6 非線性函數之迴歸分析：因變數轉換

《例題 5-7》非線性函數之迴歸分析：自變數轉換

延續例題 5-1 的生化製藥問題，但實驗數據如下表。

	x_1	x_2	y
1	1.496	4.549	873.614
2	6.553	3.418	889.180
3	5.354	2.809	897.158
4	0.083	4.957	986.779
5	4.338	0.247	970.458
6	5.696	1.474	928.796
7	2.795	2.240	911.432
8	2.917	2.864	898.300
9	6.855	3.105	890.109
10	1.207	4.014	883.428

	x_1	x_2	y
11	1.653	2.559	909.453
12	9.684	1.036	939.039
13	8.000	4.000	877.000
14	7.500	1.500	926.000
15	9.000	5.000	862.000
16	1.000	3.000	903.000
17	0.100	0.500	1060.000
18	0.100	4.000	979.000
19	5.570	2.335	906.541
20	4.790	3.706	882.168

(1) 一階多項式

	自由度	SS	MS	F	顯著值
迴歸	2	22773.17	11386.58	9.05	0.002102
殘差	17	21378.12	1257.54		
總和	19	44151.28			

	係數	標準誤	t 統計	P- 值
截距	1009.23	22.84	44.19	5.47E-19
x_1	-7.99	2.64	-3.03	0.007578
x_2	-19.79	5.87	-3.37	0.003641

迴歸公式 $y=1009.23-7.99x_1-19.79x_2$

(2) 具交互作用一階多項式

	自由度	SS	MS	F	顯著值
迴歸	3	22780.35	7593.45	5.69	0.007587
殘差	16	21370.93	1335.68		
總和	19	44151.28			

	係數	標準誤	t 統計	P- 值
截距	1007.56	32.65	30.85	1.1E-15
x_1	-7.61	5.83	-1.30	0.210393
x_2	-19.27	9.35	-2.06	0.056015
x_1x_2	-0.12	1.70	-0.07	0.942432

迴歸公式 $y=1007.56-7.61x_1-19.27x_2-0.12x_1x_2$

(3) 二階多項式

	自由度	SS	MS	F	顯著值
迴歸	5	34508.59	6901.72	10.02	0.000307
殘差	14	9642.70	688.76		
總和	19	44151.28			

	係數	標準誤	t 統計	P- 值
截距	1068.50	27.80	38.43	1.35E-15
x_1	-25.22	9.65	-2.61	0.020449
x_2	-56.25	18.69	-3.01	0.009383
x_1x_2	-0.04	1.25	-0.03	0.976219
x_1^2	1.97	0.88	2.23	0.042653
x_2^2	6.48	3.52	1.84	0.087159

迴歸公式 $y=1068.50-25.22x_1-56.25x_2-0.04x_1x_2+1.97x_1^2-6.48x_2^2$

(4) 自變數轉換之一階多項式：將 x_1 作倒數轉換，x_2 作開根號轉換，結果如下

	自由度	SS	MS	F	顯著值
迴歸	2	44125.03	22062.51	14285.18	3.81E-28
殘差	17	26.26	1.54		
總和	19	44151.28			

	係數	標準誤	t 統計	P- 值
截距	1000.911	1.002	998.806	5.6E-42
$1/x_1$	10.350	0.075	138.443	2.16E-27
$\sqrt{x_2}$	-62.544	0.591	-105.753	2.09E-25

迴歸公式 $y = 1000.911 + 10.350\frac{1}{x_1} - 62.544\sqrt{x_2}$

(5) 結論：第四個模式（自變數有轉換之一階多項式）的 F 統計量顯著值遠小於另三個模型，故為最佳模型。可見將自變數作適當的轉換可能得到更準確且更簡化之模型。

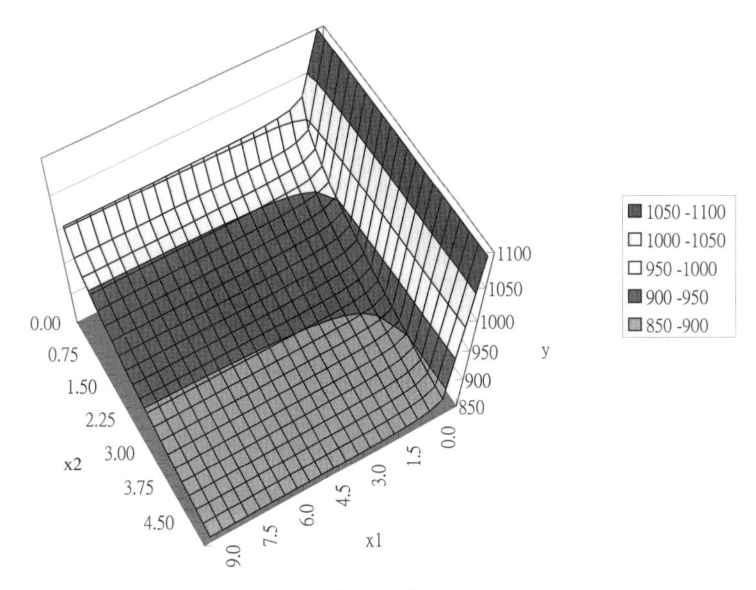

圖 5-16　非線性迴歸分析建模成果：3D 展示圖

Excel 實作

步驟 1 開啟「例題 5-7 非線性函數之迴歸分析：自變數轉換」檔案。

步驟 2 本例題有 20 個數據，已填入「data」工作表的 A，B，H 欄，而在 C~G 欄加入 x1*x2，x1^2，x2^2，1/x1，sqrt(x2) 等公式，並複製到下方列，如圖 5-17。

步驟 3 開啟「資料」標籤的「資料分析」視窗。選「迴歸」，並輸入適當參數，可得到上述以自變數轉換為基礎的各種迴歸模式。

	A	B	C	D	E	F	G	H	I
1	x1	x2	x1x2	x1^2	x2^2	1/x1	sqrt(x2)	y	
2	1.496	4.549	6.805	2.238	20.693	0.6684	2.133	873.614	
3	6.553	3.418	22.398	42.942	11.683	0.1526	1.849	889.180	
4	5.354	2.809	15.039	28.665	7.890	0.1868	1.676	897.158	
5	0.083	4.957	0.411	0.007	24.572	12.0482	2.226	986.779	
6	4.338	0.247	1.071	18.818	0.061	0.2305	0.497	970.458	

圖 5-17　例題 5-7 非線性函數之迴歸分析：自變數轉換

5.8 定性變數

前面提到的均為定量變數，但實務上有些變數是定性的，稱定性變數（qualitative variable）。例如一產品的品質因子可能為催化劑種類、加工方法等只有幾個離散水準可供選擇的離散水準型因子。如果要以這些因子作為迴歸分析的自變數，可使用指標變數（indicator variable）。指標變數以 L-1 個 0/1 變數代表具有 L 個水準之定性變數。例如催化劑有 A 與 B 二種（L=2）時，需一個指標變數：

x_1

0　代表催化劑 A

1　代表催化劑 B

催化劑有 A，B 與 C 三種（L=3）時，需二個指標變數

x_1	x_2	
0	0	代表催化劑 A
1	0	代表催化劑 B
0	1	代表催化劑 C

催化劑有 A，B，C 與 D 四種（L=4）時，需三個指標變數

x_1	x_2	x_3	
0	0	0	代表催化劑 A
1	0	0	代表催化劑 B
0	1	0	代表催化劑 C
0	0	1	代表催化劑 D

例題 5-8 定性變數之迴歸分析

延續例題 5-1 的生化製藥問題，但多出一個二水準之定性變數（L=2），實驗數據如下表。

	x_1	x_2	x_3	y
1	1.496	4.549	1	-47.443
2	6.553	3.418	0	31.674
3	5.354	2.809	1	26.867
4	0.083	4.957	1	-77.609
5	4.338	0.247	0	24.324
6	5.696	1.474	0	33.456
7	5.570	2.335	1	35.964

	x_1	x_2	x_3	y
8	4.790	3.706	0	6.278
9	2.795	2.240	1	15.822
10	2.917	2.864	1	2.237
11	6.855	3.105	0	34.855
12	1.207	4.014	0	-33.416
13	1.653	2.559	1	-1.740
14	9.684	1.036	0	49.737

(1) 無交互作用一階模式

	自由度	SS	MS	F	顯著值
迴歸	3	15187.87	5062.62	23.11	8.14E-05
殘差	10	2189.82	218.98		
總和	13	17377.69			

	係數	標準誤	t 統計	P- 值
截距	-7.293	19.158	-0.380	0.711
x_1	9.766	2.121	4.603	0.001
x_2	-10.829	3.792	-2.855	0.017
x_3	7.536	9.377	0.803	0.440

(2) 具交互作用一階模式

	自由度	SS	MS	F	顯著值
迴歸	6	17316.41	2886.07	329.68	3.2E-08
殘差	7	61.28	8.75		
總和	13	17377.69			

	係數	標準誤	t 統計	P- 值
截距	14.760	6.177	2.389	0.048
x_1	3.171	0.949	3.339	0.012
x_2	-15.795	1.853	-8.521	0.000
x_3	36.103	8.692	4.153	0.004
x_1x_2	2.192	0.329	6.651	0.000
x_1x_3	-0.076	0.973	-0.078	0.939
x_2x_3	-10.290	2.183	-4.711	0.002

(3) 二階模式

	自由度	SS	MS	F	顯著值
迴歸	8	17344.38	2168.04	325.457	2.31E-06
殘差	5	33.30	6.66		
總和	13	17377.69			

	係數	標準誤	t 統計	P- 值
截距	10.950	20.520	0.5336	0.616
x_1	3.199	6.197	0.5162	0.627
x_2	-5.380	5.826	-0.9234	0.398
x_3	13.298	20.265	0.6562	0.540
x_1x_2	1.956	0.853	2.2931	0.070
x_1x_3	0.534	1.533	0.3486	0.741
x_2x_3	-4.291	4.905	-0.8748	0.421
x_1^2	-0.030	0.371	-0.0827	0.937
x_2^2	-2.263	1.179	-1.9195	0.113

註：因為 x_3 為指標變數，只有 0 或 1 二種值，故迴歸分析時無其平方項。

(4) 結論：具交互作用一階模式比二階模式有更小的 F 統計量顯著值，故為最佳模型。可見並非較複雜的模型就一定更準確。

Excel 實作

步驟 1 開啟「例題 5-8 定性變數之迴歸分析」檔案。

步驟 2 本例題有 20 個數據，已填入「data」工作表的 B~D 欄與 J 欄，而在 E~I 欄加入 x1*x2，x1*x3…等公式，並複製到下方列，如圖 5-18。

步驟 3 開啟「資料」標籤的「資料分析」視窗。選「迴歸」，並輸入適當參數，可得到上述各種迴歸模式。

	A	B	C	D	E	F	G	H	I	J	K
1		x_1	x_2	x_3	x1x2	x1x3	x2x3	x1^2	x2^2	y	
2	1	1.496	4.549	1	6.805	1.496	4.549	2.238	20.693	-47.443	
3	2	6.553	3.418	0	22.398	0.000	0.000	42.942	11.683	31.674	
4	3	5.354	2.809	1	15.039	5.354	2.809	28.665	7.890	26.867	
5	4	0.083	4.957	1	0.411	0.083	4.957	0.007	24.572	-77.609	
6	5	4.338	0.247	0	1.071	0.000	0.000	18.818	0.061	24.324	

圖 5-18　例題 5-7 非線性函數之迴歸分析：自變數轉換

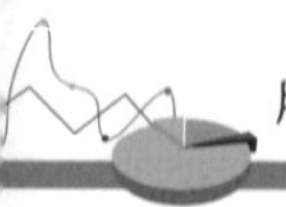

5.9 實例

《例題 5-9》撞球角度

設撞球球半徑 =1（單位 R），瞄準距離 =d（單位 R），球間距離 =L（單位 R），求撞擊後偏角 θ=? 實驗數據如表 5-2。

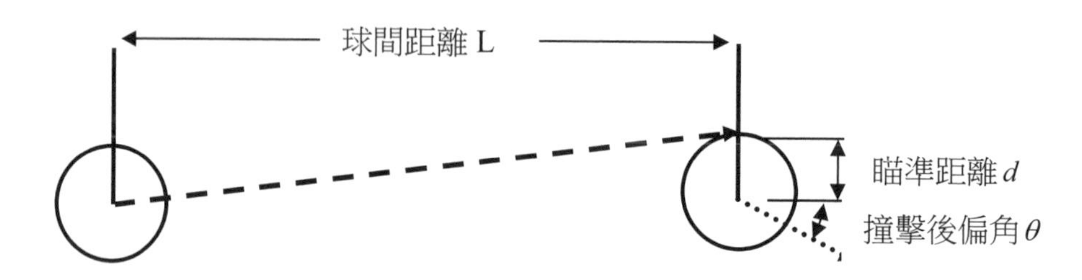

表 5-2　實驗結果

距離	打點	角度
2	0.25	0
2	0.5	0
2	1	0
2	1.5	0
2	2	0
4	0.25	3
4	0.5	1.1
4	1	10.5
4	1.5	17.4
4	2	18.6
6	0.25	3.4
6	0.5	4.5
6	1	16.8
6	1.5	20.7
6	2	35.7

距離	打點	角度
8	0.25	4.2
8	0.5	9.3
8	1	19.2
8	1.5	26.9
8	2	35.9
10	0.25	3.8
10	0.5	10.9
10	1	25.3
10	1.5	38.3
10	2	39.9
20	0.25	8.5
20	0.5	14
20	1	32.7
20	1.5	39.3
20	2	47.3

距離	打點	角度
30	0.25	5
30	0.5	7
30	1	27
30	1.5	34
30	2	50
40	0.25	4
40	0.5	12
40	1	36
40	1.5	35
40	2	47
66	0.25	10
66	0.5	29
66	1	48
66	1.5	54
66	2	65

線性迴歸分析得公式如下（括號內數字為 t 統計量）：

$$\theta = -8.41 + 0.467L + 18.9d \quad (S_{yx} = 8.89)$$

(-2.91) (7.08) (9.15)

其實際值與預測值之比較圖如圖 5-19(a)。

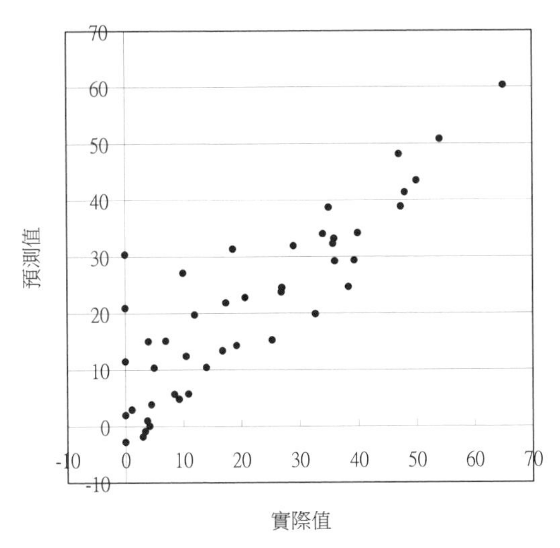

圖 5-19(a) 撞球角度實際值與預測值之比較：線性迴歸分析

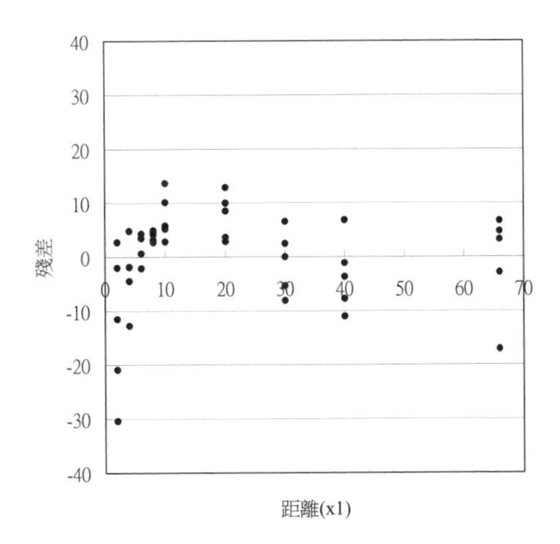

圖 5-19(b) 撞球角度 x1 殘差圖：線性迴歸

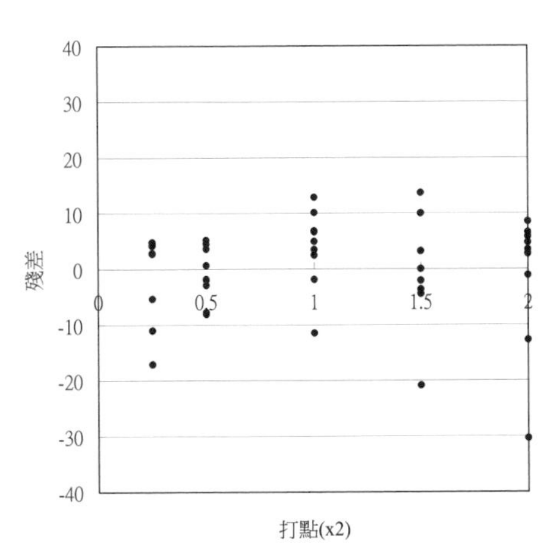

圖 5-19(c) 撞球角度 x2 殘差圖：線性迴歸

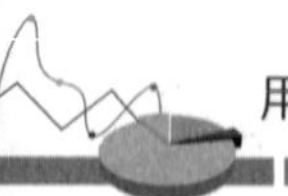

其 x 殘差圖如圖 5-19(b) 與圖 5-19(c)，可以看出二者皆有開口朝下的曲線關係，特別是在 x1 較小的數據。因此應考慮以多項式迴歸來建模。多項式迴歸分析得公式如下：

$$\theta = -8.69 + 0.498L + 23.8d - 0.00544L^2 - 4.99d^2 + 0.304Ld\ (S_{yx} = 7.74)$$

(-1.85)　(2.19)　(2.73)　(-1.76)　(-1.34)　(3.39)

其實際值與預測值之比較圖如圖 5-20(a)。其 x 殘差圖如圖 5-20(b) 與圖 5-20(c)，可以看出 x1 的開口朝下的曲線關係仍然存在，特別是在 x1 較小的數據，而 x2 者已經消除，因此可能有更複雜而不是二階多項式迴歸能夠建模的因果關係存在。

由此公式繪得撞球角度 θ 與瞄準距離 d 與球間距離 L 的關係圖。如圖 5-21：

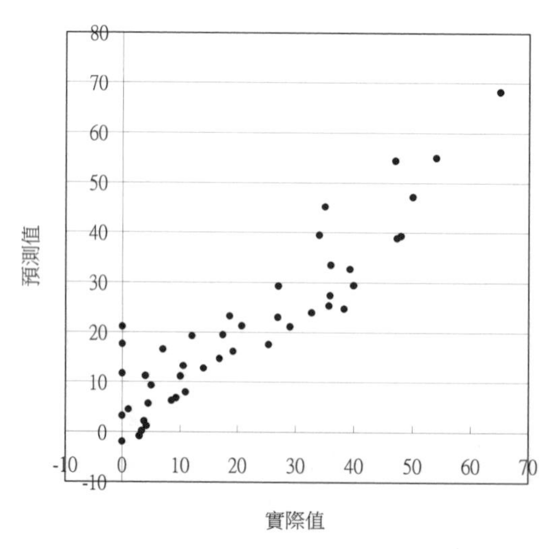

圖 5-20(a)　撞球角度實際值與預測值之比較：多項式迴歸分析

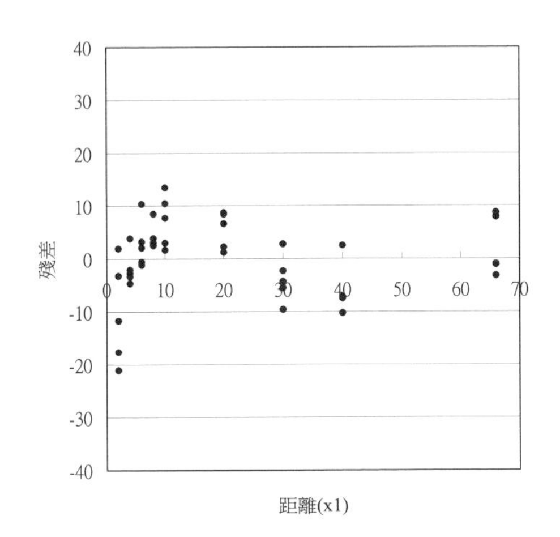

圖 5-20(b) 撞球角度 x1 殘差圖：多項式迴歸分析

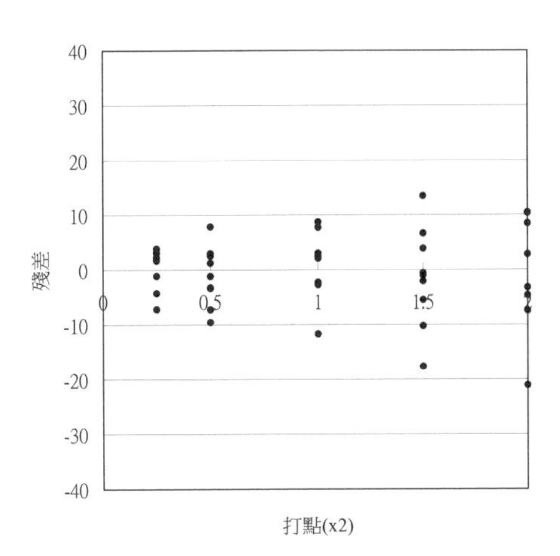

圖 5-20(c) 撞球角度 x2 殘差圖：多項式迴歸分析

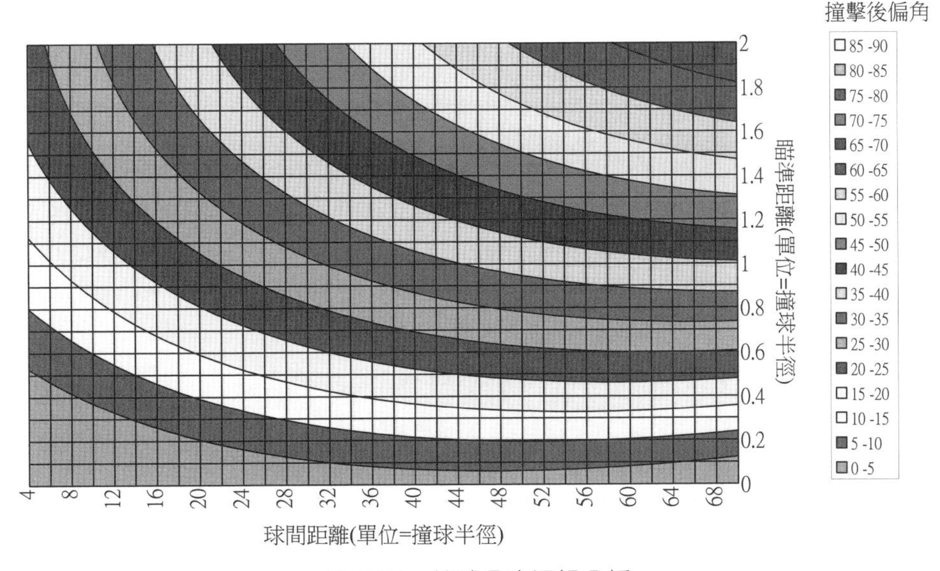

圖 5-21 撞球角度迴歸分析

Excel 實作

步驟 1 開啟「例題 5-9 撞球角度（線性）」檔案。

步驟 2 本例題有 45 個數據，已填入「data」工作表的 A~C 欄。

步驟 3 開啟「資料」標籤的「資料分析」視窗。選「迴歸」，並輸入適當參數，可得到上述線性迴歸模式。

步驟 4 將「迴歸」產生的工作表中的預測值拷貝並貼到「data」工作表的 D 欄，並在 E 欄輸入殘差公式，如圖 5-22。

步驟 5 以 C、D 欄繪散佈圖，得到實際值與預測值之散佈圖。以 A、E 欄繪散佈圖，得到 x1 殘差圖。以 B、E 欄繪散佈圖，得到 x2 殘差圖。

	A	B	C	D	E	F
1	距離	打點	角度	預測角度	殘差	
2	2	0.25	0	-2.75	2.75	
3	2	0.5	0	1.98	-1.98	
4	2	1	0	11.45	-11.45	
5	2	2	0	30.39	-30.39	
6	4	0.25	3	-1.82	4.82	

圖 5-22 例題 5-9 撞球角度（線性）

Excel 實作

步驟 1 開啟「例題 5-9 撞球角度（多項式）」檔案。

步驟 2 本例題有 45 個數據，已填入「data」工作表的 A、B、F 欄。在 C~E 欄加入公式產生「距離 * 打點」、「距離 ^2」、「打點 ^2」等欄，如圖 5-23。

其餘步驟 3~5 參考上述線性迴歸模式。

	A	B	C	D	E	F	G	H	I
1	距離(x1)	打點(x2)	距離*打點	距離^2	打點^2	角度(y)	預測為 角度(y)	殘差	
2	2	0.25	0.5	4	0.0625	0	-1.92	1.92	
3	2	0.5	1	4	0.25	0	3.24	-3.24	
4	2	1	2	4	1	0	11.70	-11.70	
5	2	2	4	4	4	0	21.12	-21.12	
6	4	0.25	1	16	0.0625	3	-0.84	3.84	

圖 5-23 例題 5-9 撞球角度（多項式）

《例題 5-10》道路路基回填夯壓密度推估

道路路基回填夯壓密度是道路施工的重要品質參數，假設影響它的因子有

- 含水量減最佳含水量的差額
- 最大乾密度
- 級配料通過 1" 篩網之過篩率
- 級配料通過 #4 篩網之過篩率
- 級配料通過 #40 篩網之過篩率
- 級配料通過 #200 篩網之過篩率

取得 196 筆數據後，作迴歸分析得如圖 5-24 與表 5-3 之結果。殘差對含水量減最佳含水量的差額的散佈圖如圖 5-25，可知二者具有曲線關係，因此加上第七個影響因子：含水量減最佳含水量的差額的平方項，作迴歸分析得如圖 5-26 與表 5-4 之結果。比較後發現，$\overline{R}^2$ 由 0.204 提升到 0.549，改善很多。

表 5-3　道路路基回填夯壓密度迴歸分析結果

因子	迴歸分析		
	迴歸係數	t 係數	顯著
常數	100.0	16.04	
1. 含水量減最佳含水量的差額	-0.164	-1.27	
2. 最大乾密度	-2.521	-1.08	
3. 級配料通過 1" 篩網之過篩率	-0.026	-0.65	
4. 級配料通過 #4 篩網之過篩率	-0.009	-0.16	
5. 級配料通過 #40 篩網之過篩率	-0.168	-2.26	*
6. 級配料通過 #200 篩網之過篩率	0.735	6.83	*

統計量	
S_{yx}	1.56
$\overline{R}^2$	0.204
R^2	0.228
F	9.33

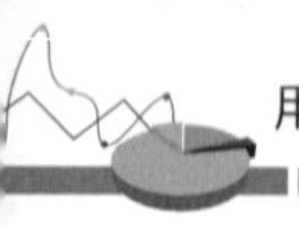

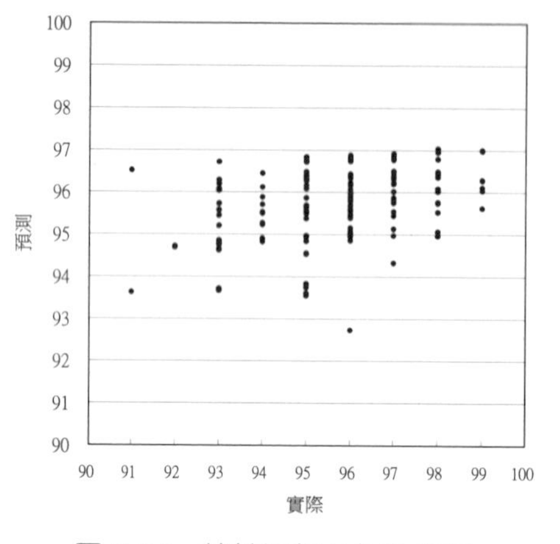

圖 5-24　線性迴歸分析散佈圖
多項式迴歸分析

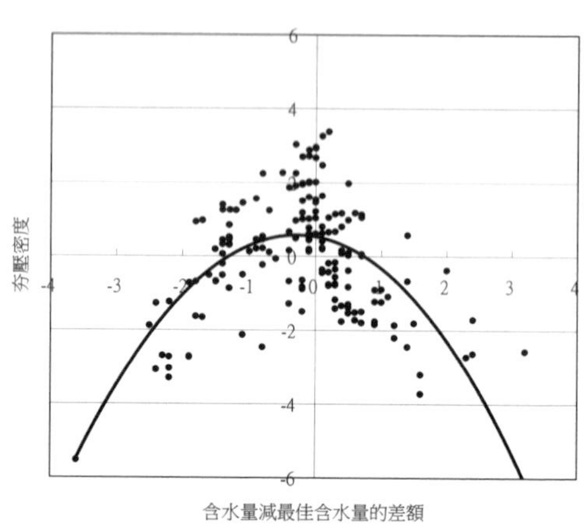

圖 5-25　線性迴歸分析殘差散佈圖
多項式迴歸分析

表 5-4　道路路基回填夯壓密度迴歸分析結果

因子	迴歸分析		
	迴歸係數	t 係數	顯著
常數	96.060	20.43	
1. 含水量減最佳含水量的差額	-0.380	-3.83	*
2. 最大乾密度	-3.552	-2.02	
3. 級配料通過 1" 篩網之過篩率	0.054	1.69	
4. 級配料通過 #4 篩網之過篩率	-0.070	-1.44	
5. 級配料通過 #40 篩網之過篩率	-0.011	-0.18	
6. 級配料通過 #200 篩網之過篩率	0.572	6.96	*
7. 含水量減最佳含水量的差額的平方	-0.648	-12.07	*

統計量	
S_{yx}	1.17
$\overline{R}^2$	0.549
R^2	0.565
F	34.9

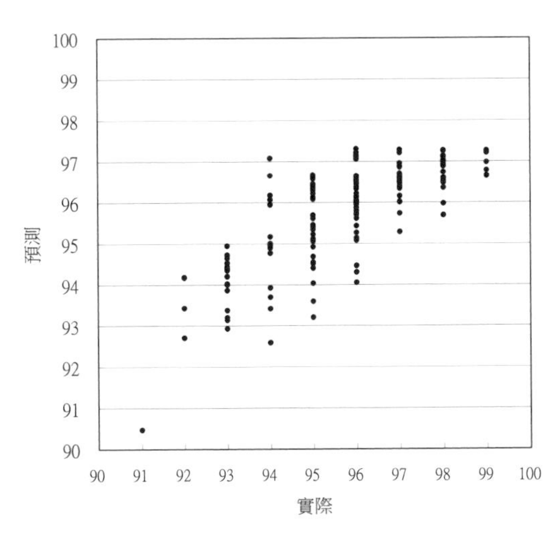

圖 5-26　加上含水量減最佳含水量的差額的平方之因子的線性迴歸分析散佈圖

Excel 實作

步驟 1　開啟「例題 5-10 道路路基回填夯壓密度推估（線性）」檔案。

步驟 2　本例題有 196 個數據，已填入「data」工作表的 A~G 欄。

步驟 3　開啟「資料」標籤的「資料分析」視窗。選「迴歸」，並輸入適當參數，可得到上述線性迴歸模式。

步驟 4　將「迴歸」產生的工作表中的預測值拷貝並貼到「data」工作表的 H 欄，並在 I 欄輸入殘差公式，如圖 5-27。

步驟 5　以 G、H 欄繪散佈圖，得到實際值與預測值之散佈圖。以 A~F 欄分別與 I 欄繪散佈圖，得到 x1~x6 殘差圖。

	A	B	C	D	E	F	G	H	I	J
1	1.含水量	2.最大乾	3.級配料	4.級配料	5.級配料	6.級配料	回填夯壓	預測值	殘差	
2	-0.10	2.11	78	41	27	12	97	96.5	0.5	
3	0.50	2.11	78	41	27	12	95	96.4	-1.4	
4	0.70	2.12	83	43	31	12	94	95.5	-1.5	
5	-0.20	2.12	83	43	31	12	95	95.6	-0.6	
6	0.60	2.12	83	43	31	12	94	95.5	-1.5	

圖 5-27　例題 5-9 撞球角度（線性）

Excel 實作

步驟 1 開啟「例題 5-10 道路路基回填夯壓密度推估（增二次項）」檔案。

步驟 2 本例題有 196 個數據，已填入「data」工作表的 A~F，H 欄。在 G 欄加入公式產生含水量減最佳含水量的差額的平方項「X1^2」，如圖 5-28。

其餘步驟 3~5 參考上述線性迴歸模式。

	A	B	C	D	E	F	G	H	I	J	K
1	1.含水量	2.最大乾	3.級配料	4.級配料	5.級配料	6.級配料	X1^2	回填夯壓	預測值	殘差	
2	-0.10	2.11	78	41	27	12	0.01	97.00	96.51	0.49	
3	0.50	2.11	78	41	27	12	0.25	95.00	96.12	-1.12	
4	0.70	2.12	83	43	31	12	0.49	94.00	95.94	-1.94	
5	-0.20	2.12	83	43	31	12	0.04	95.00	96.58	-1.58	
6	0.60	2.12	83	43	31	12	0.36	94.00	96.06	-2.06	

圖 5-28　例題 5-9 撞球角度（多項式）

5.10 結論

迴歸分析是建構預測模型之基本方法。迴歸分析的理論雖然深奧，但本章盡可能以淺顯但不失深度的方式介紹給讀者。然而使用迴歸分析時經常會遇到一些問題：

- 誤差變異不均問題
- 誤差序列相關問題
- 自變數共線性問題
- 模型過度配適問題

這些都將在下一章中討論，並介紹解決這些問題的方法。

個案習題

個案 1：陽光旅行社

(1) 試以「資料分析工具箱」的「迴歸」進行多變數線性迴歸分析。迴歸係數的正負號、顯著性與之前的相關係數分析、單變數迴歸分析的推測相同嗎？

(2) 試以「資料分析工具箱」的「迴歸」進行多項式迴歸分析。

(3) 試比較以上模式的優劣。

個案 2：新店區房價估價

(1) 試以「資料分析工具箱」的「迴歸」進行多變數線性迴歸分析。迴歸係數的正負號、顯著性與之前的相關係數分析、單變數迴歸分析的推測相同嗎？

(2) 試將 MRT 改取自然對數 ln(MRT) 代替，並增加 N^2，E^2，N*E 三項，再進行線性迴歸分析。

(3) 試比較以上模式的優劣。

個案 3：台灣股票月報酬率預測

試以「資料分析工具箱」的「迴歸」進行多變數線性迴歸分析。迴歸係數的正負號、顯著性與之前的相關係數分析、單變數迴歸分析的推測相同嗎？

個案 4：台灣股票季報酬率預測

(1) 試以「資料分析工具箱」的「迴歸」進行「原值」數據的多變數線性迴歸分析。迴歸係數的正負號、顯著性與之前的相關係數分析、單變數迴歸分析的推測相同嗎？

(2) 改對「Rank 值」數據重複 (1) 的分析。

(3) 試比較以上模式的優劣。

個案 5：股東權益報酬率（ROE）、股價淨值比（PBR）、報酬率

本資料庫整理自上述台灣股票季報酬率資料庫：

(1) 首先將股票依照股東權益報酬率（ROE）分成十等分。

(2) 接著各等分內的股票再依照股價淨值比（PBR）分成十等分。

(3) 最後計算這 100 等分內樣本的股東權益報酬率（ROE)、股價淨值比（PBR)、股票季報酬率 (R(t+2)) 的平均值，構成一組由台灣上市公司的 ROE、PBR、股票季報酬率組成的數據（圖 5-29~ 圖 5-31)。

以 ROE 與 PBR 為自變數，股票季報酬率為因變數。

(1) 試以 Excel 的繪圖功能繪製自變數 vs 因變數的「散佈圖」，並加各種趨勢線，找出最佳的單變數迴歸模型。

(2) 試以「資料分析工具箱」的「迴歸」進行多變數線性迴歸分析。迴歸係數的正負號、顯著性與上述趨勢線吻合嗎？

(3) 試以 Excel 的繪圖功能繪製 ROE vs PBR 的散佈圖，找出 ROE 與 PBR 的一個「例外點」。提示：ROE 很小，PBR 很大的一個離群點。

(4) 刪除例外點樣本，重建多變數線性迴歸分析，迴歸係數的正負號、顯著性有改善嗎？

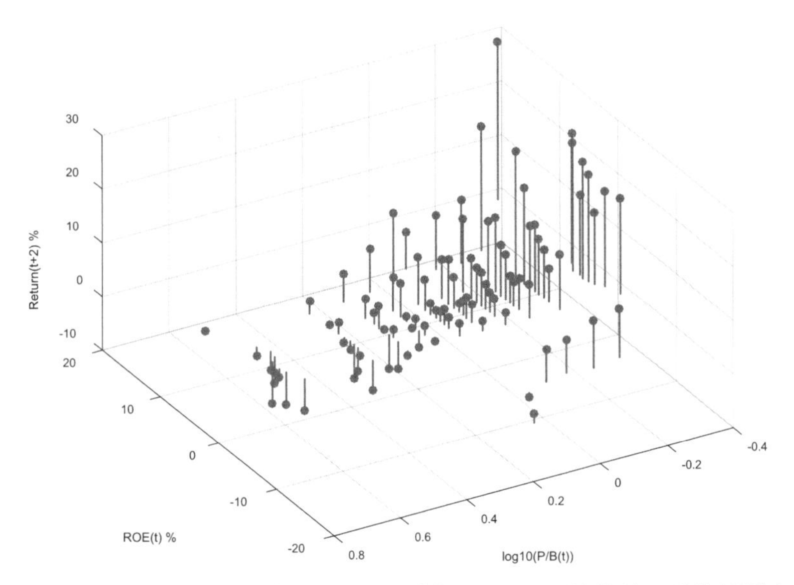

圖 5-29　股東權益報酬率 (X) 與股價淨值比 (Y) 以及隨後第二季的報酬率 (Z) 之三維大頭針圖（注意 Y 軸取以 10 為底的對數）

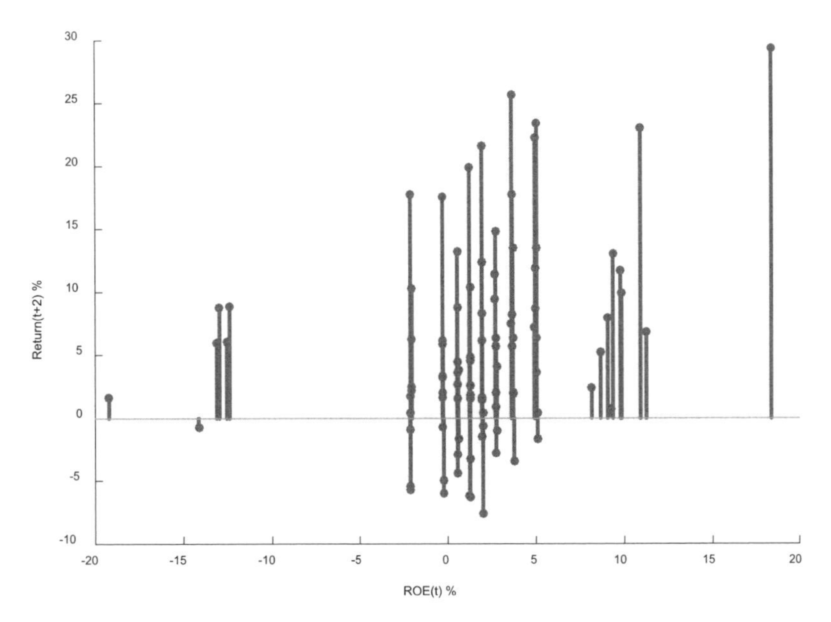

圖 5-30　股東權益報酬率 (X)vs. 隨後第二季的報酬率 (Z)

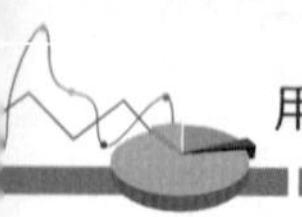

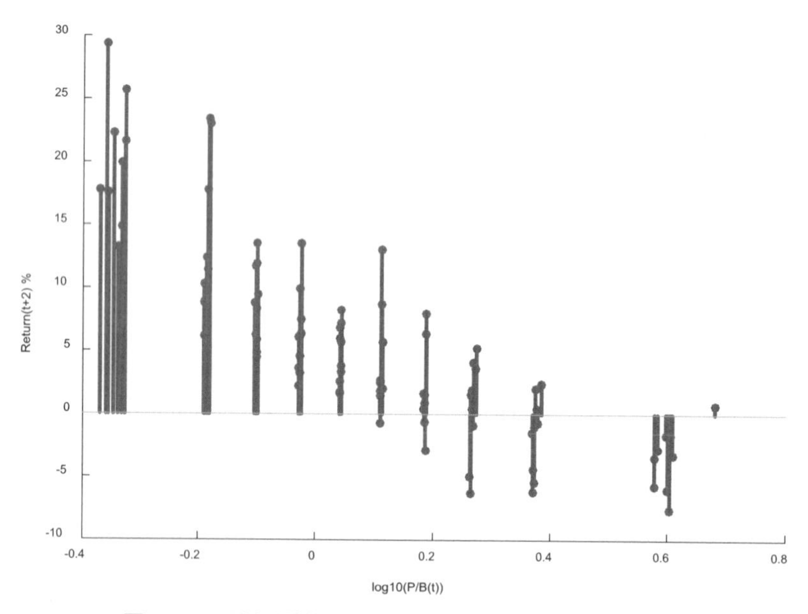

圖 5-31　股價淨值比 (Y) vs. 隨後第二季的報酬率 (Z)
（注意橫軸取以 10 為底的對數）

CHAPTER 06

因果關係模型

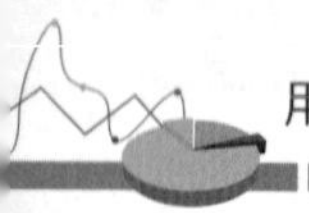

6.1 簡介

使用因果迴歸分析主要問題有：

1. 模型過度配適問題
2. 自變數共線性問題
3. 殘差變異不均問題
4. 殘差序列相關問題

這些問題的成因與解決這些問題的方法分述如下各節。

6.2 模型過度配適問題之處理

當增加模型複雜性只會增加模型的精確度，而不會改善預測精確度時，則發生「過度配適」。在數據少、自變數多時較容易發生過度配適。當過度配適發生時，應終止增加模型的複雜性。

為避免過度配適的發生，需決定適度的模型複雜度，即選擇適當的預測變數組合。選擇自變數作迴歸分析有兩個標準：調整判定係數、F 統計的顯著性。為了滿足上述二個標準，可將所有可能方程式列出，例如三個自變數 x1, x2, x3 時，共有以 {x1},{x2},{x3},{x1,x2},{x1,x3},{x2,x3},{x1,x2,x3} 為自變數的七個迴歸式，可選擇其中調整判定係數最大、F 統計的顯著性最高（即機率最低）者做為預測模型。但這種方法在自變數很多時，因組合過多而不可行。因此當自變數過多時，可使用逐步迴歸來尋找最佳模型。

逐步迴歸的步驟如下：

步驟 1 將各自變數分別作單變數迴歸分析，選擇預測模型最佳之自變數 X_1。

步驟 2 在包含 X_1 下，將各自變數分別嘗試作二變數迴歸分析，選擇預測模型最佳之自變數 X_2。

步驟 3 在包含 X_1 及 X_2 下，將各自變數分別嘗試作三變數迴歸分析，選擇預測模型最佳之自變數 X_3。

步驟 4 仿照步驟三，不斷擴大自變數的數目，直到增加更多的自變數，卻不能明顯改善預測模型為止。

《例題 6-1》模型過度配適問題之處理

假設如下數據，試以逐步迴歸分析之。

	x1	x2	x3	x4	x5	y
1	7.86	1.59	0.68	7.92	6.20	83.54
2	0.73	2.15	4.89	3.70	6.77	77.15
3	3.63	3.77	4.28	8.22	3.29	80.15
4	7.31	2.92	7.06	7.49	6.29	97.53
5	2.11	2.15	3.78	4.40	9.51	82.18
6	8.93	5.72	3.52	3.25	5.53	93.41
7	8.69	1.11	2.21	3.94	2.92	64.28
8	9.29	3.24	2.35	9.04	0.78	62.40
9	6.68	4.20	1.27	0.72	2.81	68.38
10	3.06	1.57	9.87	2.28	8.88	110.36

	x1	x2	x3	x4	x5	y
11	3.36	1.84	0.74	7.00	7.98	88.45
12	9.01	0.86	9.04	1.42	0.64	73.54
13	6.44	7.29	6.02	9.23	7.96	118.94
14	7.84	8.22	7.08	6.32	7.93	125.99
15	7.82	7.57	9.62	0.98	9.40	129.94
16	9.23	5.37	7.24	8.94	3.54	114.37
17	9.49	8.11	5.95	7.34	8.11	125.39
18	8.96	3.75	8.29	9.78	9.25	131.79
19	0.62	0.92	4.95	8.28	5.71	64.07
20	4.75	3.37	5.78	8.70	7.02	106.85

此題相關係數矩陣如圖 6-1，依各自變數對因變數的相關係數可以猜測，在逐步迴歸分析中，自變數被模型採用的次序可能是 x_2, x_5, x_3, x_1, x_4。逐步迴歸分析結果如表 6-1 與圖 6-2，顯示自變數被模型採用的次序是 x_2, x_5, x_3, x_1, x_4，與上述猜測相同。

	x1	x2	x3	x4	x5	y
x1	1.00					
x2	0.44	1.00				
x3	0.11	0.28	1.00			
x4	0.05	0.09	-0.12	1.00		
x5	-0.31	0.31	0.30	0.07	1.00	
y	0.31	0.72	0.64	0.19	0.68	1.00

圖 6-1　例題 6-1 之相關係數矩陣

表 6-1　逐步迴歸分析所得之模式

模式	使用的變數	$\overline{R}^2$	模式	使用的變數	$\overline{R}^2$
1	x_1	0.043	9	x_2, x_5	0.710
2	x_2	0.484	10	x_2, x_5, x_1	0.784
3	x_3	0.370	11	x_2, x_5, x_3	0.839
4	x_4	-0.016	12	x_2, x_5, x_4	0.705
5	x_5	0.426	13	x_2, x_5, x_3, x_1	0.898
6	x_2, x_1	0.454	14	x_2, x_5, x_3, x_4	0.863
7	x_2, x_3	0.684	15	x_2, x_5, x_3, x_1, x_4	0.922
8	x_2, x_4	0.471			

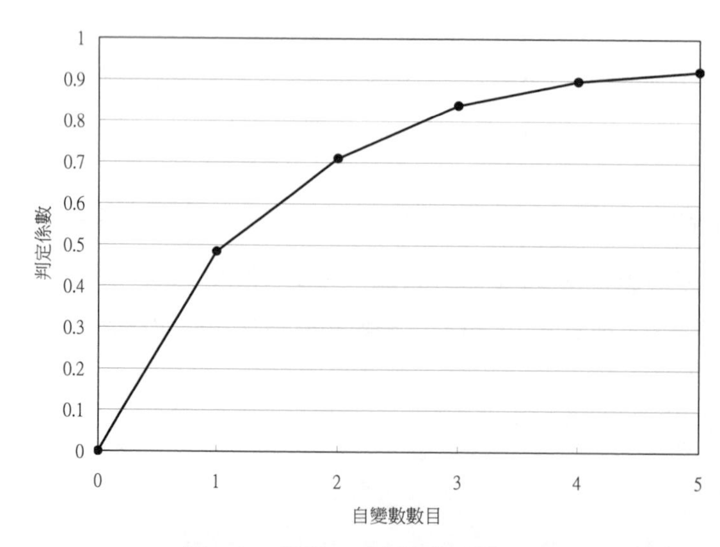

圖 6-2　例題 6-1 之逐步迴歸結果

Excel 實作

步驟 1 開啟「例題 6-1 模型過度配適問題之處理」檔案。

步驟 2 本例題原始數據為 20 個資料，B~G 欄分別為 x1~x5 與 y，如圖 6-3。

步驟 3 開啟「資料」標籤的「資料分析」視窗。選「相關係數」，並輸入適當參數得到相關係數矩陣。

步驟 4 分別建立以 x1，x2，x3，x4，x5 為自變數的五個單變數線性模型，發現 x2 最佳。

步驟 5 分別建立以 x2 為核心的 {x1,x2}，{x2,x3}，{x2,x4}，{x2,x5} 為自變數的 4 個 2 變數線性迴歸模型。發現 {x2,x5} 最佳。因為 Excel 的「迴歸」工具要求自變數必須是連續的欄位，因此發生自變數不是連續欄位的情形時，可以拷貝一份需要的自變數欄位到空白欄位處組成連續欄位。

步驟 6 分別建立以 {x2,x5} 為核心的 {x2,x5,x1}{x2,x5,x3}{x2,x5,x4} 為自變數的 3 個 3 變數線性迴歸模型。發現 {x2,x5,x3} 最佳。

步驟 7 分別建立以 {x2,x5,x3} 為核心的 {x2,x5,x3,x1}{x2,x5,x3,x4} 為自變數的 2 個 4 變數線性迴歸模型。發現 {x2,x5,x3,x1} 最佳。

步驟 8 建立以 {x1,x2,x3,x4,x5} 為自變數的 5 變數線性迴歸模型。

	A	B	C	D	E	F	G	H
1		x1	x2	x3	x4	x5	y	
2	1	7.86	1.59	0.68	7.92	6.20	83.54	
3	2	0.73	2.15	4.89	3.70	6.77	77.15	
4	3	3.63	3.77	4.28	8.22	3.29	80.15	
5	4	7.31	2.92	7.06	7.49	6.29	97.53	
6	5	2.11	2.15	3.78	4.40	9.51	82.18	

圖 6-3　輸入資料

6.3 自變數共線性問題之處理

共線性問題是指自變數之間具有高度相關性之問題。共線性會造成 t 統計量解釋的扭曲，使得因果關係難以判定。例如一個自變數與因變數的相關係數是很高的正係數，其迴歸公式中的迴歸係數之 t 統計量應該是正的值。但如果此自變數與其它自變數有高度正相關，即相關係數接近 1，則其 t 統計量可能出現負的值。解決共線性問題的基本方法有二個：

1. 將兩相關的自變數合成一個新的自變數。
2. 刪除一些不必要的共線性的自變數。這可用嘗試各種自變數組合，進行迴歸分析，以選出最佳組合，但這個方法在自變數很多時，十分耗時。此時可採用上節所介紹的逐步迴歸分析。

《例題 6-2》自變數共線性問題之處理

假定數據如下，試分析是否有自變數共線性問題？

No.	x1	x2	x3	y
1	8.7	2.0	14.3	30.5
2	15.2	3.0	23.0	43.5
3	1.2	4.0	12.3	25.9
4	19.5	3.0	32.7	59.2
5	3.8	4.0	4.9	39.8
6	6.2	2.0	10.9	34.3
7	18.2	3.0	39.0	64.4
8	14.6	2.0	37.3	41.3
9	17.9	4.0	35.7	63.9
10	11.2	3.0	16.2	30.1

No.	x1	x2	x3	y
11	5.6	7.0	5.7	53.2
12	16.2	9.0	27.8	70.4
13	2.5	8.0	15.6	49.8
14	12.8	9.0	29.0	74.8
15	9.3	8.0	20.9	58.2
16	10.5	7.0	22.7	62.2
17	4.2	7.0	14.0	47.7
18	13.2	8.0	34.9	62.2
19	20.1	9.0	43.6	91.3
20	7.1	8.0	25.5	55.8

由圖 6-4 相關係數矩陣可知 x_1, x_3 之間有自變數共線性問題。迴歸結果如表 6-2，迴歸公式如下：

$$8.26+1.64x_1+4.33x_2+0.13x_3 \quad (\bar{R}^2=0.874)$$

由表 6-2 可知，雖然自變數 x_3 與因變數的相關係數是很高的正係數 (0.687)，其迴歸公式中的迴歸係數之 t 統計量只有 0.51，相反地，自變數 x_1 與因變數的相關係數略低 (0.621)，其 t 統計量卻高達 3.36。顯示自變數 x_1 與 x_3 之間可能存在共線性問題。

	x1	x2	x3	y
x1	1			
x2	-0.051	1		
x3	0.864	0.140	1	
y	0.621	0.680	0.687	1

圖 6-4　例題 6-2 之相關係數矩陣

表 6-2　例題 6-2 之結果

	係數	標準誤	t 統計	P- 值
截距	8.26	4.07	2.03	0.059307
x1	1.64	0.49	3.36	0.003946
x2	4.33	0.54	7.95	6.02E-07
x3	0.13	0.25	0.51	0.614304

一 將兩相關的自變數合成一個新的自變數

將 x_1, x_3 合併為一個新變數後的迴歸結果如表 6-3，迴歸公式如下：

$$8.26+1.63(x_1+x_2)+3.92x_2 \quad (\bar{R}^2=0.849)$$

由表 6-3 可以看出，合併變數 (x_1+x_3) 的 t 統計量變大（7.12），可見 (x_1+x_3) 對因變數的迴歸係數極顯著，極可能為正值。

表 6-3　例題 6-2 之結果：將兩相關的自變數合成一個新的自變數

	係數	標準誤	t 統計	P- 值
截距	9.80	4.38	2.23	0.039172
(x_1+x_3)	0.63	0.09	7.12	1.73E-06
x_2	3.92	0.56	7.04	1.98E-06

二 刪除一些不必的自變數

嘗試各種自變數組合，進行迴歸分析，其結果如表 6-4。

(1) 選出的最佳組合為刪除 x_3，即採用 $\{x_1, x_2\}$，其迴歸結果如表 6-5。這是因為 x_1 與 x_3 有高度相關性，二者只要有一個入選迴歸模型即可。其 $\overline{R}^2$ 為 0.879，比三變數迴歸公式者還要高（$\overline{R}^2$=0.874）。

(2) 由表 6-4 可以看出，模型 1 刪除 x_3 後，x_1 的 t 統計量變大（8.23），模型 1 刪除 x_1 後，x_3 的 t 統計量變大（5.79），可見 x_1 與 x_3 對因變數的迴歸係數極顯著，極可能為正值。

(3) 事實上，表中的七個模型中，模型 1 與模型 3 均有共線性問題，因為它們同時包含了 x_1 與 x_3 這二個高度相關的變數，因此雖然模型 1 有很高的 $\overline{R}^2$，但其 x_3 的迴歸係數只有 0.13，即 x_3 每增加 0.13 單位，因變數才增加 1 單位，這與模型 2 的 x_3 的迴歸係數 0.88 相去甚遠。

(4) 此外，拿模型 3 與模型 5 與模型 6 相比，雖然模型 3 多出一個自變數，但 $\overline{R}^2$ 卻無進步，這是因為 x_1 與 x_3 有高度相關性，二者只要有一個入選迴歸模型即可，再加入另一個共線性的自變數對提高模型的解釋能力並無助益。

表 6-4　例題 6-2 之結果：刪除一些不必的自變數（括號內為 t 統計量）

模型	刪除變數	迴歸公式	$\overline{R}^2$
1	無	$8.26+1.64x_1+4.33x_2+0.13x_3$ (3.36)　(7.95)　(0.51)	0.874
2	x_1	$12.1+3.70x_2+0.88x_3$ (5.71)　(5.79)	0.797
3	x_2	$29.5+0.306x_1+0.864x_3$ (0.31)　(1.70)	0.413
4	x_3	$8.33+1.86x_1+4.43x_2$ (8.23)　(8.94)	0.879

模型	刪除變數	迴歸公式	$\overline{R}^2$
5	x_1,x_2	$29.6+1.00x_3$ (4.01)	0.442
6	x_2,x_3	$33.8+1.75x_1$ (3.36)	0.351
7	x_1,x_3	$29.7+4.22x_2$ (3.93)	0.432

表 6-5　例題 6-2 之結果：最佳模式（刪除 x_3 之模式）

	係數	標準誤	t 統計	P- 值
截距	8.33	3.98	2.09	0.051682
x1	1.86	0.23	8.23	2.46E-07
x2	4.43	0.50	8.94	7.83E-08

Excel 實作

步驟 1　開啟「例題 6-2 自變數共線性問題之處理」檔案。

步驟 2　本例題原始數據為 20 個資料，B~E 欄分別為 x1~x3 與 y，如圖 6-5。

步驟 3　開啟「資料」標籤的「資料分析」視窗。選「迴歸」，並輸入適當參數建立以 x1,x2,x3 為自變數的三變數線性模型。雖然模型很準確，但 t 統計顯示 x3 的 P 值 =0.614，明顯不顯著。

步驟 4　開啟「資料」標籤的「資料分析」視窗。選「相關係數」，並輸入適當參數得到相關係數矩陣。發現 x1, x3 之間有自變數共線性問題。

步驟 5 將兩相關的自變數合成一個新的自變數放在 F 欄：x13=x1+x3，建立以 {x2,x13} 為自變數的二變數線性模型。t 統計顯示 x13 的 P 值明顯顯著。因為 Excel 的「迴歸」工具要求自變數必須是連續的欄位，因此發生自變數不是連續欄位的情形時，可以拷貝一份需要的自變數欄位到空白欄位處組成連續欄位。例如將 C、F 欄拷貝一份貼到 G、H 欄，建立以 {x2,x13} 為自變數的二變數線性模型。

步驟 6 另一個方法是刪除一些不必的自變數，因此建立以 x1，x2，x3 為自變數的單變數線性模型，以及以 {x1,x2},{x1,x3},{x2,x3} 為自變數的二變數線性模型。正如預期，{x1,x2},{x2,x3} 遠優於 {x1,x3}，而 {x1,x2} 略優於 {x2,x3}。

	A	B	C	D	E	F	G
1		x1	x2	x3	y	x13	
2	1	8.7	2.0	14.3	30.5	23.0	
3	2	15.2	3.0	23.0	43.5	38.2	
4	3	1.2	4.0	12.3	25.9	13.5	
5	4	19.5	3.0	32.7	59.2	52.2	
6	5	3.8	4.0	4.9	39.8	8.7	

圖 6-5 例題 6-2 自變數共線性問題之處理

〈例題 6-3〉大腦尺寸預測

大腦尺寸預測考慮下列因子：

1. 性別（0= 女性，1= 男性）
2. FSIQ 智商測驗成績
3. VIQ 智商測驗成績
4. PIQ 智商測驗成績
5. 體重（lb）
6. 身高（in）

以 38 筆資料作迴歸分析得如表 6-6 與圖 6-6 之結果，其中 FSIQ 與大腦尺寸成反比（t=-2.02），但由 FSIQ 與大腦尺寸之相關係數達 0.33 來看，顯然不合理。此外，體重與大腦尺寸無關（t=0.18），但由體重與大腦尺寸之相關係數達 0.51 來看，顯然不合理。檢討圖 6-7 相關係數矩陣可知 FSIQ，VIQ，PIQ 三者之間，以及性別、體重與身高之間均有嚴重的自變數共線性問題。

表 6-6　例題 6-3 之結果

	基本模式		
	迴歸係數	t 係數	顯著
常數	164487.0	0.75	
性別	42366.1	1.73	*
FSIQ 智商測驗成績	-9387.5	-2.02	*
VIQ 智商測驗成績	5387.6	1.95	*
PIQ 智商測驗成績	6286.4	2.49	*
體重（lb）	87.2	0.18	
身高（in）	6882.8	2.15	*

統計量	基本模式
S_y	72559
S_{yx}	46757
$\overline{R}^2$	0.58
R^2	0.65
F	9.68

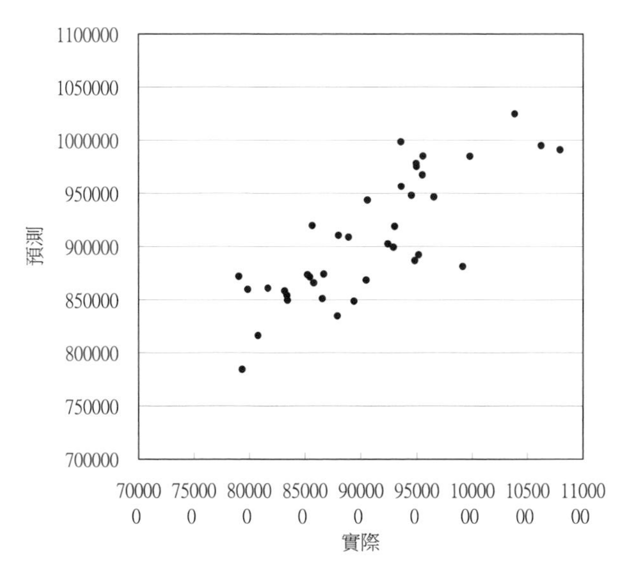

圖 6-6　例題 6-3 大腦尺寸預測之實際值與預測值散佈圖

	性別	FSIQ	VIQ	PIQ	體重	身高	大腦
性別	1.00						
FSIQ	0.07	1.00					
VIQ	0.12	0.95	1.00				
PIQ	0.04	0.93	0.78	1.00			
體重	0.63	-0.05	-0.08	0.00	1.00		
身高	0.71	-0.12	-0.12	-0.09	0.70	1.00	
大腦	0.65	0.33	0.30	0.38	0.51	0.59	1.00

圖 6-7　例題 6-3 大腦尺寸預測之相關係數矩陣

一 將兩相關的自變數合成一個新的自變數

將 FSIQ，VIQ，PIQ 三者取平均值，稱 AVGIQ。可得如表 6-7 之結果，可知 IQ 測驗確實是正相關因子 (t=3.13)。此模式的解釋能力 ($\overline{R}^2$) 略為降低，但顯著性 (F) 則提高。

表 6-7　例題 6-3 之結果：將兩相關的自變數合成一個新的自變數

	基本模式		
	迴歸係數	t 係數	顯著
常數	287770.0	1.34	
性別	46032.5	1.88	*
AVGIQ 智商測驗成績	1192.8	3.13	*
體重（lb）	276.2	0.54	
身高（in）	6160.1	1.83	*

統計量	基本模式
S_y	72559
S_{yx}	49681
$\overline{R}^2$	0.53
R^2	0.58
F	11.48

二 刪除一些不必要的相關的自變數

如果採用逐步迴歸可得表 6-8 之結果，可知只要性別、PIQ、身高等三個因子就夠了，FSIQ、VIQ、體重等三個因子可以視為是多餘的因子。此模式的解釋能力 ($\overline{R}^2$) 略為降低，但顯著性 (F) 則提高。

表 6-8　例題 6-3 之結果：刪除一些不必要的相關的自變數

	基本模式		
	迴歸係數	t 係數	顯著
常數	298634	1.52	
性別	54557.9	2.45	*
PIQ 智商測驗成績	1267.55	3.60	*
身高（in）	6447.48	2.28	*

統計量	基本模式
S_y	72559
S_{yx}	47574.4
$\overline{R}^2$	0.57
R^2	0.60
F	17.35

Excel 實作

步驟 1　開啟「例題 6-3 大腦尺寸預測」檔案。

步驟 2　本例題原始數據為 38 個資料，A~G 欄分別為 x1~x6 與 y，如圖 6-8。

步驟 3　開啟「資料」標籤的「資料分析」視窗。選「迴歸」，並輸入適當參數建立以 x1~x6 為自變數的線性模型。

步驟 4　開啟「資料」標籤的「資料分析」視窗。選「相關係數」，並輸入適當參數得到相關係數矩陣。發現 FSIQ，VIQ，PIQ 三者之間，以及性別、體重與身高之間均有嚴重的自變數共線性問題。

步驟 5　將 FSIQ，VIQ，PIQ 自變數的平均值當成一個新的自變數放在 H 欄（AVGIQ），建立以 { 性別，AVGIQ，體重，身高 } 為自變數的線性模型。因為 Excel 的「迴歸」工具要求自變數必須是連續的欄位，因此發生自變數不是連續欄位的情形時，可以拷貝一份需要的自變數欄位到空白欄位處組成連續欄位。

步驟 6　另一個方法是採用逐步迴歸以刪除一些不必的自變數，發現以 { 性別，PIQ，身高 } 為自變數的線性模型最佳。

	A	B	C	D	E	F	G	H
1	Gender(1:	FSIQ	VIQ	PIQ	Weight	Height	MRI_Count	
2	0	133	132	124	118	64.5	816932	
3	1	139	123	150	143	73.3	1038437	
4	1	133	129	128	172	68.8	965353	
5	0	137	132	134	147	65	951545	
6	0	99	90	110	146	69	928799	

圖 6-8 例題 6-3 大腦尺寸預測

6.4 殘差變異不均問題之處理

變異數不均問題是指沿迴歸線或平面之殘差變異數不為常數的問題。因為信賴區間的估計是在殘差變異數為常數的假設下才成立，變異數不均問題會造成在應用迴歸公式估計因變數值的信賴區間時，估計區間不可靠的困擾。要克服此兩問題有兩個方法：

1. 對因變數取對數。
2. 由於許多經濟上的問題其變異數不均是因為通貨膨脹的影響。因此，為解決此問題可用某一年作為基準年，各年之貨幣金額皆以此基準年為標準，修正通貨膨脹的影響。

《例題 6-4》殘差變異不均問題之處理

假定數據如下，試分析是否有殘差變異不均問題？

x	y
1.2	16.31
2.5	21.17
3.8	28.04
4.2	32.04
5.6	41.04

x	y
6.2	33.30
7.1	43.29
8.7	32.26
9.3	53.34
10.5	36.88

x	y
11.2	62.63
12.8	39.49
13.2	40.94
14.6	84.47
15.2	83.02

x	y
16.2	57.98
17.9	62.33
18.2	114.82
19.5	125.47
20.1	119.12

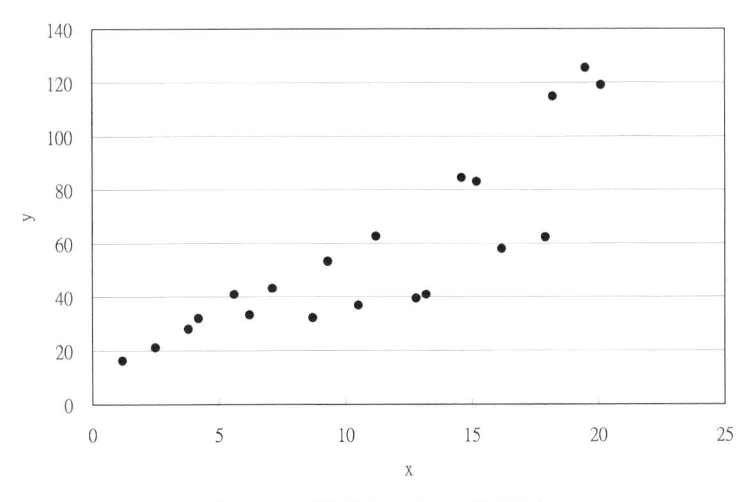

圖 6-9　例題 6-4 之 xy 散佈圖

線性迴歸分析的結果如表 6-9 與圖 6-10 及圖 6-11，隨著因變數的增加，殘差的分佈範圍也跟著增加，顯示有殘差變異不均問題。將因變數取對數後，重作迴歸分析，其結果如表 6-10 與圖 6-12 及圖 6-13，顯然已大幅改善。

表 6-9　例題 6-4 之結果

	自由度	SS	MS	F	顯著值
迴歸	1	15029.17	15029.17	50.59	1.25E-06
殘差	18	5347.32	297.07		
總和	19	20376.48			

	係數	標準誤	t 統計	P- 值
截距	4.47	8.26	0.54	0.594582
x	4.76	0.67	7.11	1.25E-06

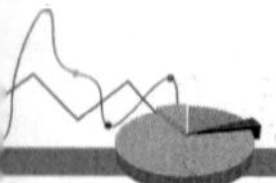

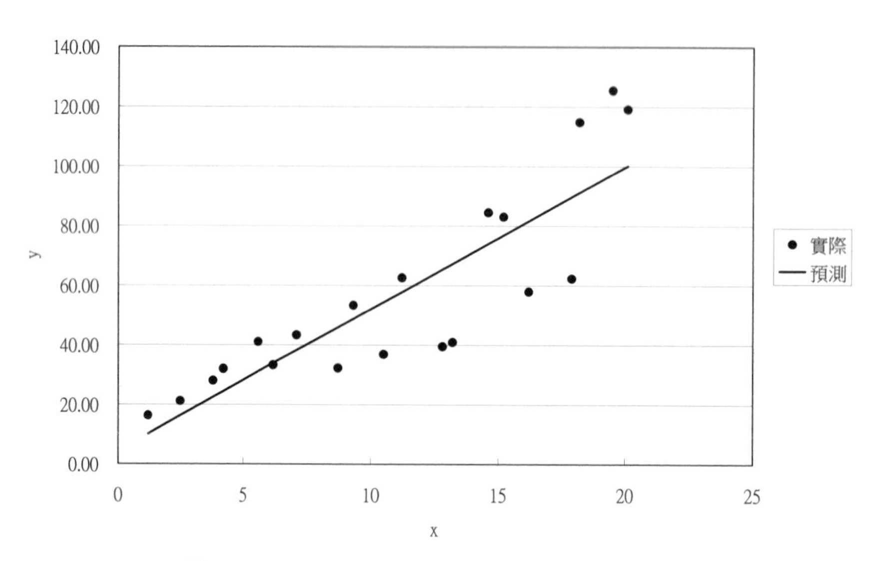

圖 6-10　例題 6-4 之 xy 散佈圖與迴歸直線

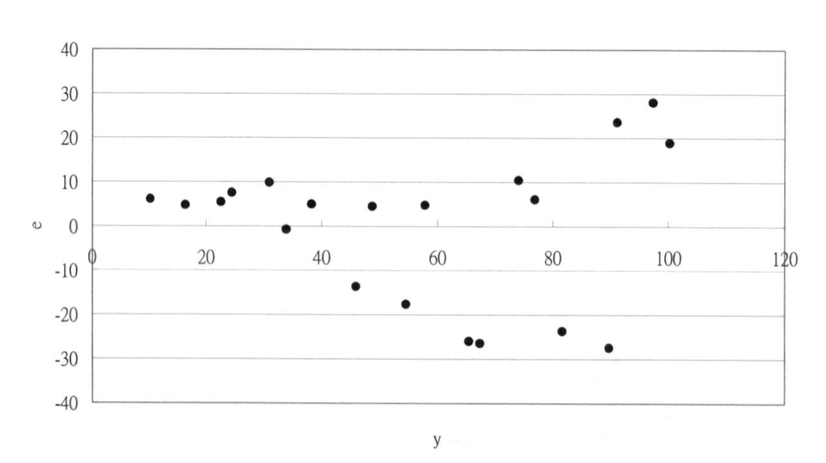

圖 6-11　例題 6-4 之 y 值對殘差之散佈圖

表 6-10　例題 6-4 之將因變數取對數後結果

	自由度	SS	MS	F	顯著值
迴歸	1	4.95	4.95	79.91	4.87E-08
殘差	18	1.11	0.06		
總和	19	6.06			

	係數	標準誤	t 統計	P- 值
截距	2.9390	0.1192	24.664	2.51E-15
x1	0.0864	0.0097	8.939	4.87E-08

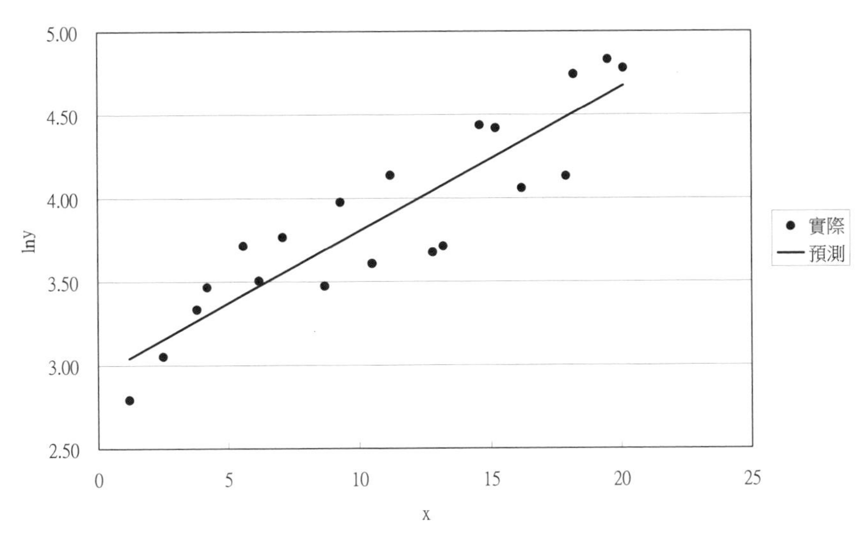

圖 6-12　例題 6-4 之 xy 散佈圖與迴歸直線：ln(Y) 模式

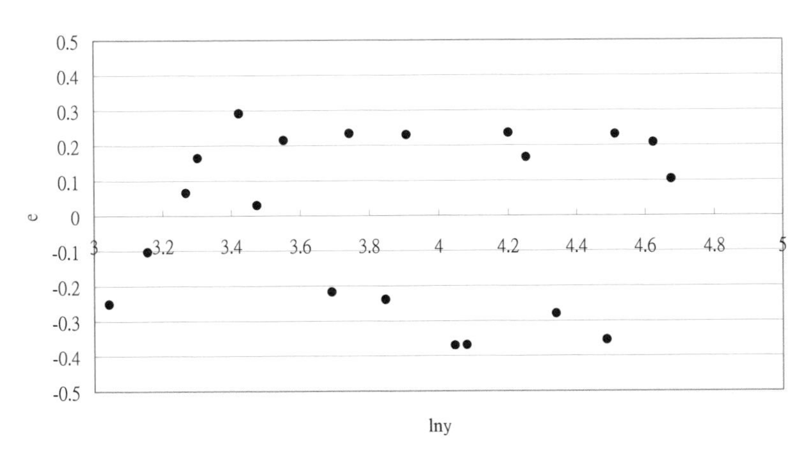

圖 6-13　例題 6-4 之 y 值對殘差之散佈圖：ln(Y) 模式

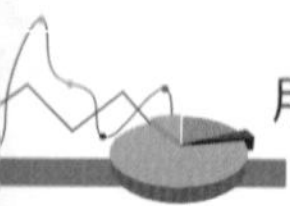

Excel 實作

步驟 1 開啟「例題 6-4 殘差變異不均問題之處理」檔案。

步驟 2 本例題原始數據為 20 個資料，A、B 欄分別為 x 與 y。

步驟 3 開啟「資料」標籤的「資料分析」視窗。選「迴歸」，並輸入適當參數建立以 x 為自變數的線性模型。利用「迴歸」產生的工作表中的預測值、殘差（在 B25:C44）以插入散佈圖的方式建立 y 殘差圖。

步驟 4 在 C 欄以公式建立 ln(Y)。

步驟 5 同步驟 3 建立以 ln(Y) 為因變數的線性模型。利用「迴歸」產生的工作表中的預測值、殘差（在 B25:C44）以插入散佈圖的方式建立 y 殘差圖。

6.5 殘差序列相關問題之處理

傳統迴歸分析假設殘差變異之大小與數據順序無關。當殘差之間不再是完全相互獨立，而是存在某種相關性時，稱發生序列相關。當一模型有殘差序列相關問題時，它會造成下列困擾：

(1) 低估誤差

(2) t 測試與 F 測試不再適用

(3) 低估迴歸係數之變異

通常序列相關都為一階，其公式如下：

$$Y_t = \beta_0 + \beta X_t + \varepsilon_t \tag{6-1}$$

$$\varepsilon_t = \rho\varepsilon_{t-1} + \nu_t \tag{6-2}$$

其中

ε_t= 殘差項；ρ= 殘差序列相關係數；

v_t= 常態分佈獨立殘差項。

決定序列相關是否發生可用 Durbin-Watson 值來衡量：

$$DW = \frac{\sum_{t=1}^{n}(e_t - e_{t-1})^2}{\sum_{t=1}^{n} e_t^2} \quad (6\text{-}3)$$

其中 e_t= 時刻殘差；e_{t-1}=t–1 時刻殘差。

這個實驗是用來決定公式（6-2）中，ρ 是否為零。而 DW 值會在 0 和 4 之間變化，DW 偏向 2 表示沒有自我相關，即 ρ 為零。DW 偏向 0 和 4 之值分別表示正和負自我相關，即 ρ 為正值與負值。

誤差序列相關發生的最主要原因是有重要的預測變數被忽略，而此一變數又與時序有關時。解決誤差序列相關的方法包括：

一 加入忽略自變數

殘差序列相關發生的最主要原因是有重要的預測變數被忽略，因此找出被忽略的預測變數是最有效的方法。但是當預測變數無法被找出，或數據無法取得時，可考慮下列替代方法。

二 使用差分的變數

因為誤差序列相關發生的最主要原因是有重要的預測變數被忽略，而此一變數又與時序有關。因此如果使用差分後的變數：

$$\Delta Y_t = Y_t - Y_{t-1} \quad (6\text{-}4)$$

$$\Delta X_t = X_t - X_{t-1} \quad (6\text{-}5)$$

作迴歸分析，可使此被忽略的變數對差分後的因變數之影響降低，殘差序列相關的情形也就可以獲得改善。

《例題 6-5》殘差序列相關問題之處理

假定數據如下，試分析是否有殘差序列相關問題？假設一開始只獲得 x_1 數據，x_2 數據未知。

No.	x_1	x_2	y
1	8.7	2	54.3
2	15.2	3	47.1
3	1.2	4	18.7
4	19.5	3	67.1
5	3.8	4	23.0
6	6.2	2	41.1
7	18.2	3	58.6
8	14.6	2	73.6
9	17.9	4	72.2
10	11.2	3	53.6

No.	x_1	x_2	y
11	5.6	7	24.5
12	16.2	9	23.1
13	2.5	8	-8.7
14	12.8	9	34.3
15	9.3	8	17.7
16	10.5	7	37.0
17	4.2	7	9.0
18	13.2	8	24.1
19	20.1	9	39.0
20	7.1	8	26.7

線性迴歸分析的結果如下：

$y = 9.06 + 2.54x_1 \quad (\overline{R}^2 = 0.444，\mathrm{DW} = 0.923)$

由圖 6-14 可知，較早的序號之誤差為正，較晚的序號之誤差為負，因此有明顯的正相關之殘差序列相關情形發生。從 DW 值（0.923）偏向 0 的方向，也可看出殘差為正相關序列相關。

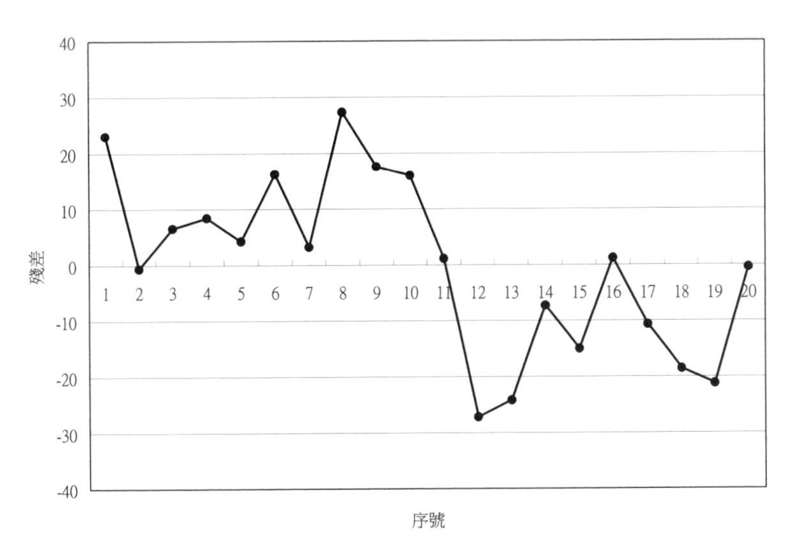

圖 6-14　例題 6-5 之時序殘差圖：原始數據之迴歸分析結果

一 加入忽略自變數

加入原先忽略的自變數 x_2 後，線性迴歸分析的結果如下：

$y=38.4+2.52x_1-5.10x_2$　($\overline{R}^2=0.850$，DW$=2.03$)

由圖 6-15 可知，已無誤差序列相關情形發生，且誤差亦較小。

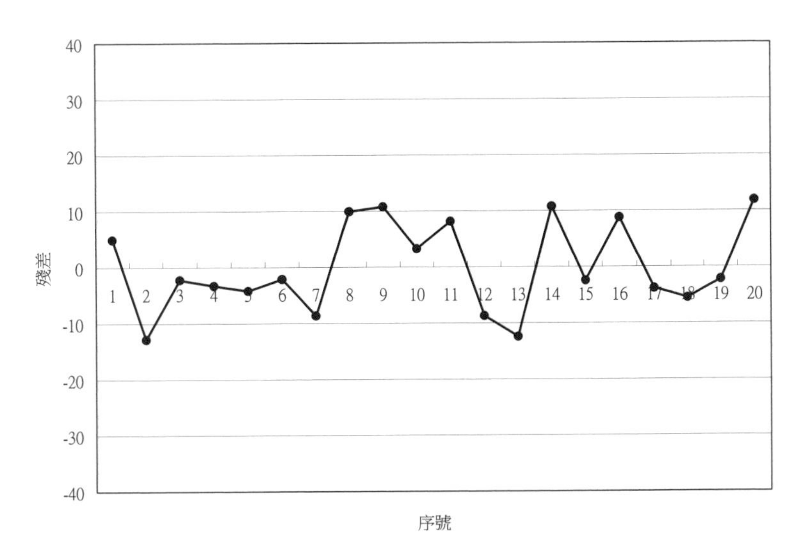

圖 6-15　例題 6-5 之時序殘差圖：加入忽略自變數之迴歸分析結果

二 使用差分的變數

使用差分的變數之線性迴歸分析的結果如下：

$y' = -1.270 + 2.154x'_1$ （$\bar{R}^2 = 0.684$，DW＝2.50）

由圖 6-16 可知，已無明顯的誤差序列相關情形發生，且誤差亦較小。

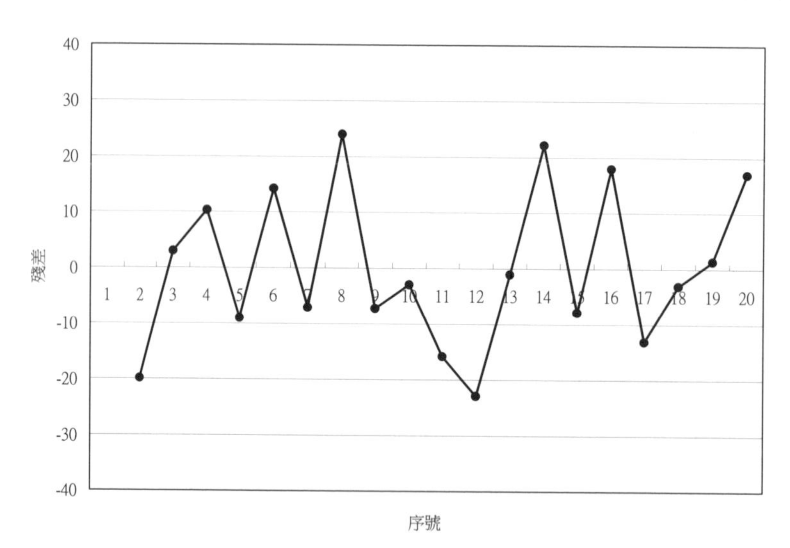

圖 6-16　例題 6-5 之時序殘差圖：使用差分的變數之迴歸分析結果

Excel 實作

步驟 1　開啟「例題 6-5 殘差序列相關問題之處理」檔案。

步驟 2　本例題原始數據為 20 個資料，「原 data」工作表（圖 6-17）的 B、C 欄分別為 x1 與 y。

步驟 3　開啟「資料」標籤的「資料分析」視窗。選「迴歸」，並輸入適當參數建立以 x1 為自變數的線性模型。在產生的工作表（圖 6-18）的 C25:C44 有殘差，在 D26、E26 儲存格輸入公式「=(C26-C25)^2」、

「=C26^2」分別為 DW 公式（6-3）的分子與分母的總和公式中的第一項，複製公式到範圍 D27:D44、E27:E44。在 D45、E45 儲存格輸入公式「=SUM(D26:D44)」、「=SUM(E26:E44)」分別為 DW 公式（6-3）的分子與分母。在 D46 儲存格輸入公式「=D45/E45」計算 DW。

步驟 4 利用「迴歸」產生的工作表中的殘差（在 C25:C44）以插入折線圖的方式建立時序殘差圖。

步驟 5 「一. 加入忽略自變數之 data」工作表（圖 6-19）的 B~D 欄分別為 x1，x2 與 y。參考步驟 3 建立以 {x1，x2} 為自變數的線性模型，並計算 DW。參考步驟 4 建立時序殘差圖。

步驟 6 「二. 使用差分的變數之 data」工作表（圖 6-10）的 E~F 欄分別為 x1 與 y 的差分值。參考步驟 3 建立以 x1 差分值為自變數，y 差分值為因變數的線性模型，並計算 DW。將 y 的差分值的預測值拷貝貼到「二. 使用差分的變數之 data」的 G 欄，並在 H3 輸入「=D2+G2」即將前一期實際值與差分值的預測值相加，得到本期的預測值，並複製公式到全欄。參考步驟 4 建立時序殘差圖。

	A	B	C	D
1		x1	y	
2	1	8.7	54.3	
3	2	15.2	47.1	
4	3	1.2	18.7	
5	4	19.5	67.1	
6	5	3.8	23.0	

圖 6-17 「原 data」工作表

	A	B	C	D	E	F
24	觀察值	預測為 y	殘差	DW分子	DW分母	
25	1	31.20	23.08			
26	2	47.74	-0.60	560.62	0.36	
27	3	12.12	6.55	51.17	42.96	
28	4	58.68	8.43	3.51	71.04	
29	5	18.73	4.29	17.17	18.36	
30	6	24.84	16.27	143.56	264.62	
31	7	55.37	3.23	169.87	10.46	
32	8	46.21	27.35	581.52	747.94	
33	9	54.61	17.59	95.18	309.50	
34	10	37.56	16.02	2.47	256.64	
35	11	23.31	1.14	221.40	1.30	
36	12	50.28	-27.17	801.60	738.32	
37	13	15.42	-24.17	9.01	584.25	
38	14	41.63	-7.29	285.01	53.13	
39	15	32.73	-15.04	60.02	226.10	
40	16	35.78	1.21	263.91	1.46	
41	17	19.75	-10.71	142.15	114.78	
42	18	42.65	-18.56	61.53	344.40	
43	19	60.21	-21.18	6.89	448.74	
44	20	27.13	-0.44	430.48	0.19	
45			SUM	3907.06	4234.55	
46			DW	0.92		
47						

圖 6-18　在「迴歸」工作表計算 DW

	A	B	C	D	E
1		x1	x2	y	
2	1	8.7	2	54.3	
3	2	15.2	3	47.1	
4	3	1.2	4	18.7	
5	4	19.5	3	67.1	
6	5	3.8	4	23.0	

圖 6-19 「一 . 加入忽略自變數之 data」工作表

	A	B	C	D	E	F	G	H	I
1		x1	x2	y	x1'	y'	預測y'	預測y	
2	1	8.7	2	54.3	6.5	-7.1	12.7	54.3	
3	2	15.2	3	47.1	-14.0	-28.5	-31.4	67.0	
4	3	1.2	4	18.7	18.3	48.4	38.1	15.7	
5	4	19.5	3	67.1	-15.7	-44.1	-35.1	56.8	
6	5	3.8	4	23.0	2.4	18.1	3.9	32.0	

圖 6-20 「二 . 使用差分的變數之 data」工作表

《例題 6-6》大學入學人數預測

美國某大學的每年入學人數預測考慮下列因子：該州的失業率、該州的高中畢業人數、該州的國民所得。以 29 年資料作迴歸分析得如表 6-11 與圖 6-21 之結果，可知 DW=0.58，有嚴重的殘差序列相關問題。改採差分方式後得如表 6-11 與圖 6-22 之結果，可知 DW=1.35，殘差序列相關問題已大幅改善，且殘差也較小。

表 6-11 例題 6-6 之結果

	基本模式			差分模式		
	迴歸係數	t 係數	顯著	迴歸係數	t 係數	顯著
常數	-9153.25	-8.69	*	292.11	3.22	*
該州的失業率	450.13	3.81	*	201.87	2.58	*
該州的高中畢業人數	0.41	5.35	*	0.29	3.17	*
該州的國民所得	4.27	8.64	*	0.38	0.31	*

統計量	基本模式	差分模式
S_y	13254.08	1464.76
S_{yx}	670.44	367.28
$\overline{R}^2$	0.96	0.38
R^2	0.96	0.44
F	211.54	6.41
DW	0.58	1.35

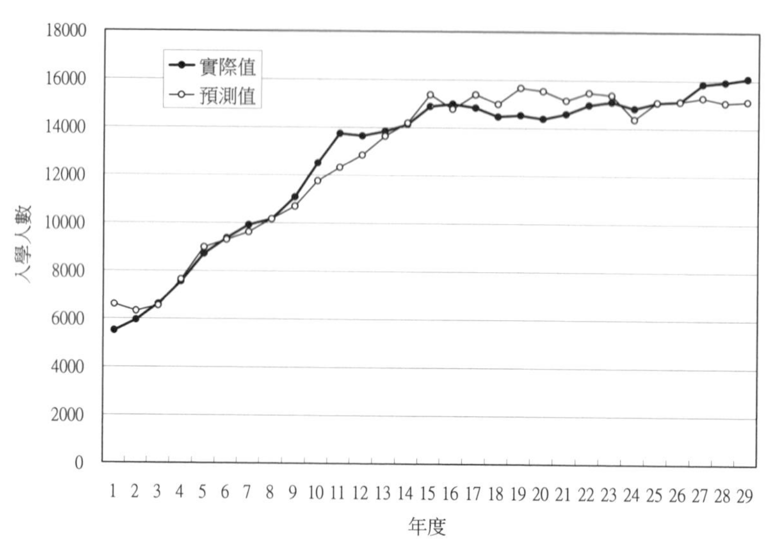

圖 6-21(a)　例題 6-6 之實際值與預測值之時序圖：原始數據之迴歸分析結果

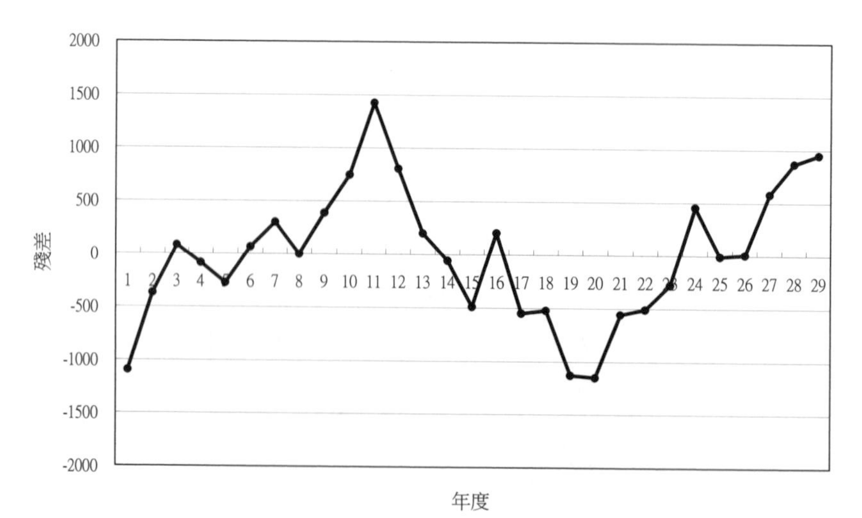

圖 6-21(b)　例題 6-6 之時序殘差圖：原始數據之迴歸分析結果

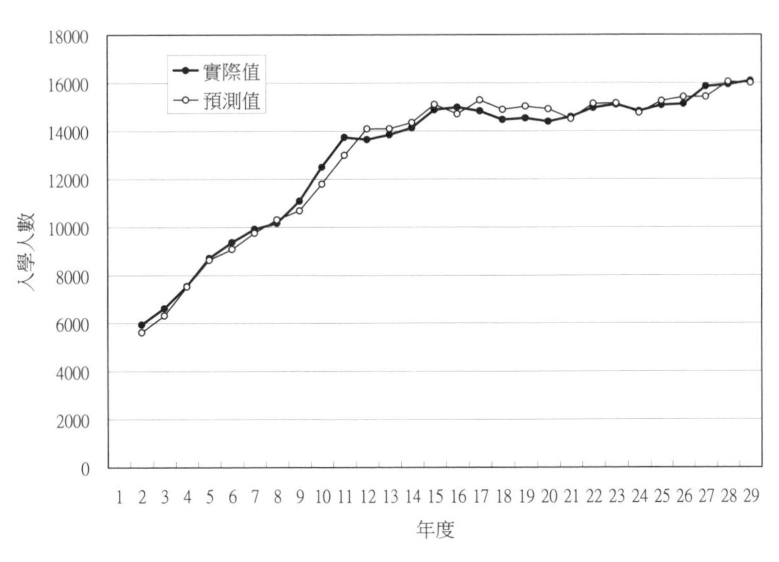

圖 6-22(a)　例題 6-6 之實際值與預測值之時序圖：使用差分的變數之迴歸分析結果

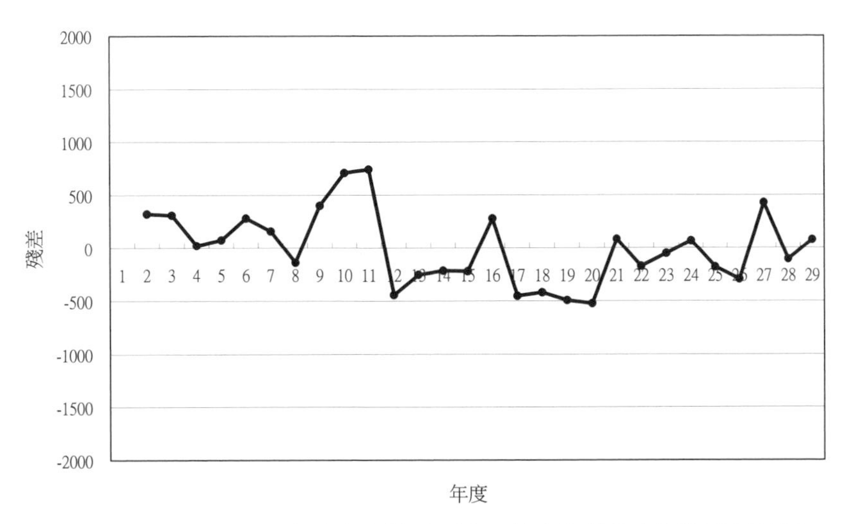

圖 6-22(b)　例題 6-6 之時序殘差圖：使用差分的變數之迴歸分析結果

Excel 實作

步驟 1 開啟「例題 6-6 大學入學人數預測」檔案。

步驟 2 本例題原始數據為 29 個資料，「data」工作表的 B~E 欄分別為失業率 (x1)、高中畢業人數 (x2)、國民所得 (x3)、註冊人數 (Y)（圖 6-23）。

步驟 3 開啟「資料」標籤的「資料分析」視窗。選「迴歸」，並輸入適當參數建立以 {x1，x2，x3} 為自變數的線性模型。在產生的工作表的 C27:C55 有殘差，在 D28、E28 儲存格輸入公式「=(C28-C27)^2」、「=C28^2」分別為 DW 公式（6-3）的分子與分母的總和公式中的第一項，複製公式到範圍 D29:D55、E29:E55。在 D56、E56 儲存格輸入公式「=SUM(D28:D55)」、「=SUM(E28:E55)」分別為 DW 公式（6-3）的分子與分母。在 D57 儲存格輸入公式「=D56/E56」計算 DW=0.58。

步驟 4 利用「迴歸」產生的工作表中的殘差（在 C27:C55）以插入折線圖的方式建立時序殘差圖。

步驟 6「差分 data」工作表的 G~J 欄分別為 B~E 欄的差分值，即 x1，x2，x3，y 的差分值（圖 6-24）。參考步驟 3 建立以 {x1，x2，x3} 差分值為自變數，y 差分值為因變數的線性模型，並計算 DW。將 y 的差分值的預測值拷貝貼到「差分 data」的 K 欄，並在 L3 輸入「=E2+K2」即將前一期實際值與差分值的預測值相加，得到本期的預測值，並複製公式到全欄。參考步驟 4 建立時序殘差圖。

	A	B	C	D	E	F	G
1	年度	失業率	高中畢業	國民所得	註冊人數	預測為	註冊人數
2	1	8.1	9552	1923	5501	6596.038	
3	2	7	9680	1961	5945	6315.375	
4	3	7.3	9731	1979	6629	6548.091	
5	4	7.5	11666	2030	7556	7642.68	
6	5	7	14675	2112	8716	8991.265	

圖 6-23　例題 6-6 大學入學人數預測「原 data」工作表

	A	B	C	D	E	F	G	H	I	J	K	L
1	年度	失業率	高中畢業	國民所得	註冊人數	預測註冊人	(差分)失	(差分)高	(差分)國	(差分)註	(差分)預測註	(還原)預測
2	1	8.1	9552	1923	5501	6596	-1.1	128	38	444	121	5501
3	2	7	9680	1961	5945	6315	0.3	51	18	684	374	5622
4	3	7.3	9731	1979	6629	6548	0.2	1935	51	927	905	6319
5	4	7.5	11666	2030	7556	7643	-0.5	3009	82	1160	1083	7534
6	5	7	14675	2112	8716	8991	-0.6	590	80	653	370	8639

圖 6-24　例題 6-6 大學入學人數預測「差分 data」工作表

6.6 實例

例題 6-7 房屋銷售量預測

房屋銷售量預測考慮下列因子：

1. ADD：可用資金（百萬）
2. EMPCON：營造業雇員（百萬）
3. JCS：消費者信心指數
4. UNEMP：失業率（%）
5. HH：家庭數（百萬）
6. PHOME：房價指標
7. REN：房租價格指標
8. HAI：房屋供給指標
9. INT：房貸利率（%）
10. RVAC：出租房屋空屋率（%）
11. YDP82：可支配所得（$ 十億）
12. OLDSP：現有房屋平均售價（$）
13. MPNEW：新屋售價中位數（$）
14. PNEW：新屋平均售價（$1000）

以 76 筆資料作迴歸分析得如表 6-12 與圖 6-23(a) 之結果，DW=1.31，有明顯的序列相關問題。因此採用差分模式得如表 6-12 與圖 6-23(b) 之結果，DW=2.01，序列相關問題獲得解決，且殘差 S_{yx} 也較小。其次，因為有許多不顯著之因子存在，故採用 t 係數最高的 4 個因子作迴歸可得如表 6-12 與圖 6-23(c) 之結果，DW=1.96，無序列相關問題，且殘差 S_{yx} 更小，可知只要 4 個因子就夠了，其餘可以視為是多餘的因子。

表 6-12 中的三個模型要比較準確性應該比較殘差 S_{yx}，不可比較 $\overline{R}^2, R^2$ 與 F，因為這三個統計量是一種比例值，原值模型與差分模型的因變數的變異程

度不同，因此其變異分析的比較基準不同，故不可比較。例如 R^2 為已解釋變異對總變異的比例，差分後的因變數其總變異可能遠小於差分前，故差分模式雖有較小的殘差 S_{yx}，但 R^2 看起來卻較大。

表 6-12　例題 6-7 之結果

因子		基本模式			差分模式			最佳模式	
		迴歸係數	t 係數	顯著	迴歸係數	t 係數	顯著	迴歸係數	t 係數
	常數	-3.871	-1.12		0.120	1.82		0.1265	3.00
1	ADD：可用資金（百萬）	0.1647	0.51		-0.366	-1.30	*	-0.405	-1.58
2	EMPCON：營造業雇員	0.0900	0.27		0.421	1.25	*	0.4848	2.35
3	JCS：消費者信心指數	0.0011	0.28		0.003	0.86			
4	UNEMP：失業率（%）	0.0357	0.50		-0.020	-0.33			
5	HH：家庭數（百萬）	0.2255	5.18	*	0.040	0.36			
6	PHOME：房價指標	-0.1136	-2.85	*	-0.007	-0.16			
7	REN：房租價格指標	0.0291	0.77		-0.079	-1.49	*	-0.092	-2.70
8	HAI：房屋供給指標	-0.0198	-2.35	*	0.002	0.20			
9	INT：房貸利率（%）	-0.4261	-6.22	*	-0.303	-3.17	*	-0.321	-9.46
10	RVAC：出租房屋空屋率	-0.4086	-5.83	*	-0.045	-0.66			
11	YDP82：可支配所得	-0.0002	-0.25		-0.0005	-0.64			
12	OLDSP：現有房屋平均價	-1.9E-05	-1.48	*	-1.3E-05	-0.71			
13	MPNEW：新屋售價中位數	-9.2E-08	-0.01		8.7E-07	0.09			
14	PNEW：新屋平均售價	0.0525	3.40	*	0.005	0.36			

統計量	基本模式	差分模式	最佳模式
S_y	0.648	0.191	0.190
S_{yx}	0.155	0.130	0.124
$\overline{R}^2$	0.942	0.536	0.570
R^2	0.953	0.624	0.593
F	88.8	7.1	25.9
DW	1.31	2.01	1.96

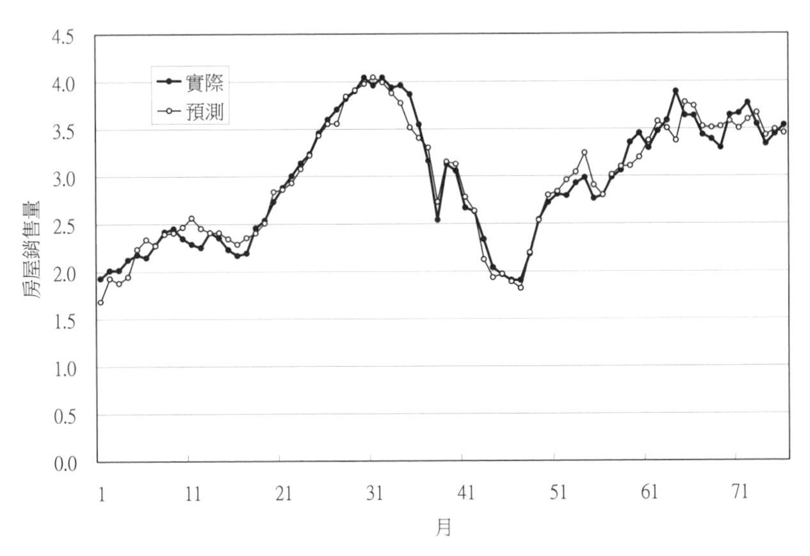

圖 6-25(a) 例題 6-7 之實際值與預測值之時序圖：基本模式

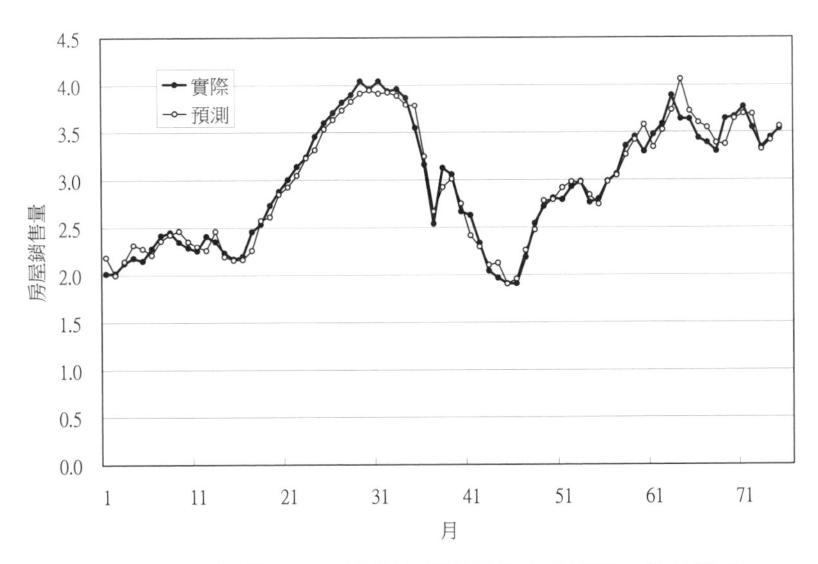

圖 6-25(b) 例題 6-7 之實際值與預測值之時序圖：差分模式

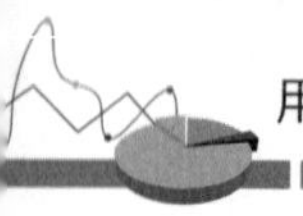

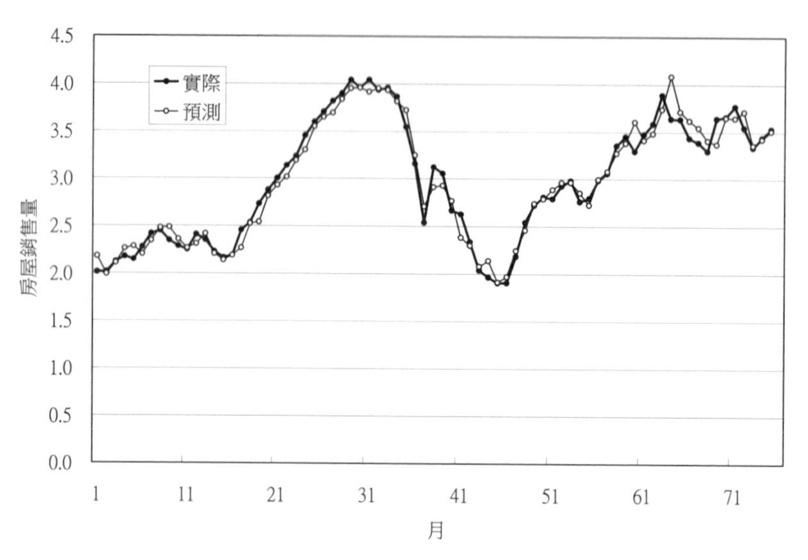

圖 6-25(c)　例題 6-7 之實際值與預測值之時序圖：最佳模式

Excel 實作

步驟 1　開啟「例題 6-7 房屋銷售量預測」檔案。

步驟 2　本例題原始數據為 76 個月資料，「data」工作表（圖 6-26）的 A~O 欄分別為 x1~x14 與 y（房屋銷售量）。

步驟 3　開啟「資料」標籤的「資料分析」視窗。選「迴歸」，並輸入適當參數建立以 {x1，x2,...，x14} 為自變數的線性模型。在產生的工作表的 C38:C113 有殘差，參考例題 6-5 計算 DW=1.31。

步驟 4　「(差分) data」工作表（圖 6-27）的 P~AD 欄分別為 A~O 欄的差分值，即 x1，x2，...x14，y 的差分值。參考步驟 3 建立以 {x1，x2，...，x14} 差分值為自變數，y 差分值為因變數的線性模型，並計算 DW。將 y 的差分值的預測值拷貝貼到「(差分) data」的 AE 欄，並在 AF3 輸入「=O2+AE2」即將前一期實際值與差分值的預測值相加，得到本期的預測值，並複製公式到全欄。

步驟 5 「(最佳差分) data」工作表(圖 6-28)的 F~J 欄分別為 A~E 欄的差分值,即 x1,x2,x7,x9,y 的差分值。參考步驟 3 建立以 {x1,x2,x7,x9} 差分值為自變數,y 差分值為因變數的線性模型,並計算 DW。將 y 的差分值的預測值拷貝貼到「(差分) data」的 K 欄,並在 L3 輸入「=E2+K2」即將前一期實際值與差分值的預測值相加,得到本期的預測值,並複製公式到全欄。

	A	B	C	D	E	F	G	H	I	J	K	L	M	N	O	P
1	ADD: 可用資金(百萬)	EMPCON: 營造業雇員(百萬)	JCS: 消費者信心指數	UNEMP: 失業率(%)	HH: 家庭數(百萬)	PHOME: 房價指標	REN: 房租價格指標	HAI: 房屋供給指標	INT: 房貸利率(%)	RVAC: 出租房屋空屋率(%)	YDP82: 可支配所得($十億)	OLDSP: 現有房屋平均售價	MPNEW: 新屋售價中位數($)	PNEW: 新屋平均售價($1000)	房屋銷售量	(預測)房屋銷售量
2	0.902	3.576	78.2	5.933	67.082	37.467	47.902	149	7.853	5.3	1708.1	26433	24233	35.1	1.930	1.684
3	0.873	3.684	81.6	5.9	67.482	37.633	48.478	150.367	7.477	5.3	1731.9	27600	25800	35.9	2.013	1.928
4	0.989	3.727	82.4	6.033	67.914	38.233	48.904	147.267	7.71	5.6	1734.2	27867	25300	36.8	2.017	1.880
5	1.051	3.81	82.2	5.933	68.378	38.6	49.325	150.267	7.717	5.6	1739.6	27633	25533	37.5	2.123	1.946
6	1.117	3.852	87.5	5.767	68.947	38.967	49.688	152.033	7.53	5.3	1750.9	28200	26200	37.9	2.177	2.234

圖 6-26 「data」工作表

	P	Q	R	S	T	U	V	W	X	Y	Z	AA	AB	AC	AD	AE	AF
1	ADD: 可用資金(百萬)	EMPCON: 營造業雇員(百萬)	JCS: 消費者信心指數	UNEMP: 失業率(%)	HH: 家庭數(百萬)	PHOME: 房價指標	REN: 房租價格指標	HAI: 房屋供給指標	INT: 房貸利率(%)	RVAC: 出租房屋空屋率(%)	YDP82: 可支配所得($十億)	OLDSP: 現有房屋平均售價	MPNEW: 新屋售價中位數($)	PNEW: 新屋平均售價($1000)	房屋銷售量	(預測差分)房屋銷售量	(預測)房屋銷售量
2	-0.029	0.108	3.4	-0.033	0.4	0.166	0.576	1.367	-0.376	0	23.8	1167	1567	0.8	0.083	0.255	1.930
3	0.116	0.043	0.8	0.133	0.432	0.6	0.426	-3.1	0.233	0.3	2.3	267	-500	0.9	0.004	-0.017	2.185
4	0.062	0.083	-0.2	-0.1	0.464	0.367	0.421	3	0.007	0	5.4	-234	233	0.7	0.106	0.126	1.996
5	0.066	0.042	5.3	-0.166	0.569	0.367	0.363	1.766	-0.187	-0.3	11.3	567	667	0.4	0.054	0.191	2.143
6	0.019	0.034	1.8	-0.067	0.46	0.266	0.424	-3.8	-0.057	0.2	16.7	1300	633	0.4	-0.03	0.097	2.314

圖 6-27 「(差分) data」工作表

	A	B	C	D	E	F	G	H	I	J	K	L
1	ADD: 可用資金(百萬)	EMPCON: 營造業雇員(百萬)	REN: 房租價格指標	INT: 房貸利率(%)	房屋銷售量	ADD: 可用資金(百萬)	EMPCON: 營造業雇員(百萬)	REN: 房租價格指標	INT: 房貸利率(%)	房屋銷售量	(預測差分)房屋銷售量	(預測)房屋銷售量
2	0.902	3.576	47.902	7.853	1.93	-0.029	0.108	0.576	-0.376	0.083	0.258	1.93
3	0.873	3.684	48.478	7.477	2.013	0.116	0.043	0.426	0.233	0.004	-0.013	2.188
4	0.989	3.727	48.904	7.71	2.017	0.062	0.083	0.421	0.007	0.106	0.101	2.000
5	1.051	3.81	49.325	7.717	2.123	0.066	0.042	0.363	-0.187	0.054	0.147	2.118
6	1.117	3.852	49.688	7.53	2.177	0.019	0.034	0.424	-0.057	-0.03	0.115	2.270

圖 6-28 (最佳差分) data」工作表

6.7 結論

本章的例題顯示，迴歸分析會遭遇許多難題，包括：

1. 模型過度配適問題
2. 自變數共線性問題
3. 殘差變異不均問題
4. 殘差序列相關問題

解決這些難題的方法整理如表 6-13。因果關係預測模式的優缺點比較如表 6-14。

表 6-13　迴歸分析的難題與解決方法

問題	解決方法
模型過度配適問題	變數組合最佳化
自變數共線性問題	結合變數 刪除變數
殘差變異不均問題	因變數取對數 因變數平準化
殘差序列相關問題	加入變數 差分變數

表 6-14　因果關係預測模式的優缺點比較

優點	缺點
• 可探討因果關係 • 有嚴密的理論基礎 • 適用於無時序問題	• 需預測變數（自變數）數據 • 需滿足複雜的假設條件，如不滿足，則其因果關係之解釋與預測之應用受限制

個案習題

個案 1：陽光旅行社

試根據前一章的「多項式迴歸分析」的結果，判斷如果要刪除一個自變數，應該刪減哪一項？並以「資料分析工具箱」的「迴歸」進行多變數線性迴歸分析。迴歸模型的品質有改善嗎？

個案 2：新店區房價估價

(1) 試根據前一章的「非線性迴歸分析」的結果，判斷如果要刪除三個自變數，應該刪減哪些？重建的模型的品質有改善嗎？

(2) 單變數迴歸分析指出，屋齡 Age 與房價有二次多項式關係，因此在上述模型的基礎上，增加 Age 的平方項。重建的模型的品質有改善嗎？

(3) 在上述模型的基礎上，如果要減少變數的數目重建模型，應該刪減哪些？重建的模型的品質有改善嗎？

個案 3：台灣股票月報酬率預測

(1) 試根據前一章的「線性迴歸分析」的結果，判斷如果要刪掉不顯著的三項，剩下四項變數，應該刪減哪些？重建的模型的品質有改善嗎？

(2) 如果只保留 PBR、ROE 這兩項，重建的模型的品質有改善嗎？

(3) 如果只保留 PBR、ROE 這兩項，並以多項式迴歸分析重建模型，模型的品質有改善嗎？

(4) 如果上個模型要精簡，應該刪減哪些？重建的模型的品質有改善嗎？

(5) 如果令 x1=ln(1/PBR)，x2=ln(1+ROE/100)，y=ln(1+R/100)，重建的模型的品質有改善嗎？（ROE 與股票報酬率 (R) 要除以 100 是因為它們的單位是 %）

個案 4：台灣股票季報酬率預測

(1) 試採用「Rank 值」數據，刪掉不顯著的變數，只留 X1，X4，X14，X19，進行多變數線性迴歸分析。迴歸係數的正負號、顯著性與之前的相關係數分析、單變數迴歸分析的推測相同嗎？模型的品質有改善嗎？

(2) 如果只留 X1，X19 進行多變數線性迴歸分析，迴歸係數的正負號、顯著性與之前的相關係數分析、單變數迴歸分析的推測相同嗎？模型的品質有改善嗎？

(3) 如果只留 X19 重建單變數線性迴歸分析，重建的模型的品質有改善嗎？

(4) 如果判定係數很低，例如 5% 以下，就本個案而言，還有甚麼方法可以證明迴歸模型仍有一定的選股能力？

個案 5：股東權益報酬率（ROE）、股價淨值比（PBR）、報酬率

本資料庫整理自上述台灣股票季報酬率資料庫，為一組由台灣上市公司的 ROE、PBR、股票季報酬率組成的數據。以 ROE 與 PBR 為自變數，股票季報酬率為因變數。前一章已經以多變數線性迴歸分析建模，發現除一筆例外資料可以大幅改善準確度。本章將以這個已經刪除一筆例外資料的資料集用多變數非線性迴歸分析建模。

股票報酬率有一個理論公式

$$R = \left(\frac{B_0}{P_0}\right)^a \cdot (1 + ROE_0)^b - 1$$

可用非線性迴歸分析求得式中的係數 a 與 b，以做為估計股票未來預期的報酬率以及選股的依據。為了證明上述理論公式合理性，可以修改上式為：

$$R = \lambda \cdot \left(\frac{B_0}{P_0}\right)^a \cdot (1 + ROE_0)^b - 1$$

如果理論公式是合理的，則上式的 λ 應該很接近 1。為了能用「資料分析工具箱」的「迴歸」進行多變數線性迴歸分析。首先，上述公式可兩端取對數加以線性化：

$$1+R=\lambda\cdot\left(\frac{B_0}{P_0}\right)^a\cdot(1+ROE_0)^b$$

$$\ln(1+R)=\ln\lambda+a\cdot\ln\left(\frac{B_0}{P_0}\right)+b\cdot\ln(1+ROE_0)$$

令 $y=\ln(1+R)$，$C=\ln\lambda$，$x_1=\ln\left(\frac{B_0}{P_0}\right)$，$x_2=\ln(1+ROE_0)$

可得 $y=C+a\cdot x_1+b\cdot x_2$

上式為一個線性公式，因此可使用 R 多變數線性迴歸分析建模。

$\lambda=\exp(C)$

(1) 試以「資料分析工具箱」的「迴歸」進行多變數線性迴歸分析。注意因為本題在於用季 ROE 與 B/P 來預測股票季報酬率，因此季 ROE 不需要乘 4 倍來估計年 ROE，但要除以 100，因為 ROE 的單位是 %。PBR 要取倒數，以得到 B/P。重繪以 ln(1+ROE)、ln(1/PBR) 為橫軸，ln(1+R) 為縱軸的二種散佈圖，並以「資料分析工具箱」的「迴歸」進行多變數線性迴歸分析。$\lambda=\exp(C)$ 接近 1 嗎？

(2) 上述理論公式有一個修正版本如下

$$R=\left(\frac{B_0}{P_0}\right)^a\cdot(1+Max(0,ROE_0))^b-1$$

因此以 ln(1+Max(0,ROE)) 取代 (1) 中的 ln(1+ROE)，進行多變數線性迴歸分析。迴歸係數 $\lambda=\exp(C)$ 接近 1 嗎？

(3) 與前一章的線性迴歸比較，本章的非線性迴歸的預測準確度有改善嗎？

memo

CHAPTER

07

時間分解模型

7.1 簡介

時間分解法的原理是將時間序列視為傾向、季節、循環、隨機四種成份所構成，利用統計學方法將傾向、季節、循環三種成份分別建構成獨立模型，隨機的部分則無法建立模型，只能視為模型的殘差。在個別成份的模型建構完畢後，未來的預測值即為各個成份模型之預測值之組合。

時間分解法分成加法模型和乘法模型兩種：

- 加法模型

$$Y_t = T_t + S_t + C_t + I_t \qquad (7\text{-}1)$$

- 乘法模型

$$Y_t = T_t \cdot S_t \cdot C_t \cdot I_t \qquad (7\text{-}2)$$

其中

T= 傾向成份（Trend）

S= 季節成份（Seasonal）

C= 循環成份（Cyclical）

I= 隨機成份

上述四個成份之中，傾向成份與季節成份可用迴歸分析來建立模型，至於循環成份較難預測，因為其沒有固定的週期，也沒有固定的高低值，因此預測較為困難。

時間分解法的優點為當時間序列本身具有明顯的傾向與季節性時，可以建立起相當精確的模型，並可往前預測數個季節長度，因此適用於中長期預測。

7.2 傾向及季節模式之建構

當一個數列含傾向成份與季節成份時，可用迴歸分析代替複雜的分解程序得到模型。以週期為四之問題為例，其迴歸公式如下：

- 加法模型

$$Y_t = a + a_1 t + a_2 t^2 + b_2 Q2_t + b_3 Q3_t + b_4 Q4_t \quad (7\text{-}3)$$

- 乘法模型

$$\ln(Y_t) = a + a_1 t + a_2 t^2 + b_2 Q2_t + b_3 Q3_t + b_4 Q4_t \quad (7\text{-}4)$$

其中

Y_t= 第 t 期之 Y；

$\ln(Y_t)$= 以自然數 e 為底的 Y 的對數；

t= 時間值；

a_i, b_i= 迴歸係數；

$Q2_t, Q3_t, Q4_t$ = 季節虛擬變數；

當 t 為第一季時 $Q2_t=0$；$Q3_t=0$；$Q4_t=0$；

當 t 為第二季時 $Q2_t=1$；$Q3_t=0$；$Q4_t=0$；

當 t 為第三季時 $Q2_t=0$；$Q3_t=1$；$Q4_t=0$；

當 t 為第四季時 $Q2_t=0$；$Q3_t=0$；$Q4_t=1$。

在乘法模型中因變數取對數是為了使乘法使關係變成加法關係，當要預測因變數時必須作對數運算的反運算，即對乘法模型之迴歸公式等號兩側做指數運算得到：

$$Y_t = (e^{a})(e^{a_1 t})(e^{a_2 t^2})(e^{b_2 Q2t})(e^{b_3 Q3t})(e^{b_4 Q4t}) \quad (7\text{-}5)$$

即可得所要之第 t 期 Y 值。

當季節的期數為 N 個季節時，要用 N-1 個季節變數：$Q2_t, Q3_t, \ldots Q_{N\,t}$；

當 t 為第 1 季時 $Q2_t=0$；$Q3_t=0$；$Q_{N\,t}=0$；

當 t 為第 2 季時 $Q2_t=1$；$Q3_t=0$；$Q_{N\,t}=0$；

當 t 為第 3 季時 $Q2_t=0$；$Q3_t=1$；$Q_{N\,t}=0$；

：

當 t 為第 N 季時 $Q2_t=0$；$Q3_t=0$；$Q_{N\,t}=1$。

7.3 傾向及季節模式之意義

前述模式中的迴歸係數之意義如下：

- 加法模型

$a=Y_t$ 第 0 期之基本量。

$a_1=Y_t$ 每 1 期之增加量，例如 $a_1=18.9$，則每期增加 18.9 單位。

$a_2=Y_t$ 每 1 期之二次增加量。

$b_i=Y_t$ 第 i 季相對第 1 季之差異量，例如 $b_i=-11.9$，則第 i 季比第 1 季少 11.9 單位。

- 乘法模型

$\exp(a)=Y_t$ 第 0 期之基本量，例如 $a=1.28$，則 $\exp(a)=3.60$

$\exp(a_1)=Y_t$ 每 1 期之乘因子，例如 $a_1=0.0125$，則 $\exp(a_1)=1.013$，即每期增加約 1.3%。

$\exp(a_2)=Y_t$ 每 1 期之二次乘因子。

$\exp(b_i)=Y_t$ 第 i 季相對第 1 季之乘因子，例如 $b_i=-0.0412$，則 $\mathrm{xp}(b_i)=0.960$，即第 i 季是第 1 季的 0.960 倍。

《例題 7-1》電腦銷售量

一家廠商收集了 7 年以來的每季電腦銷售量之 28 筆數據如圖 7-1(a)。

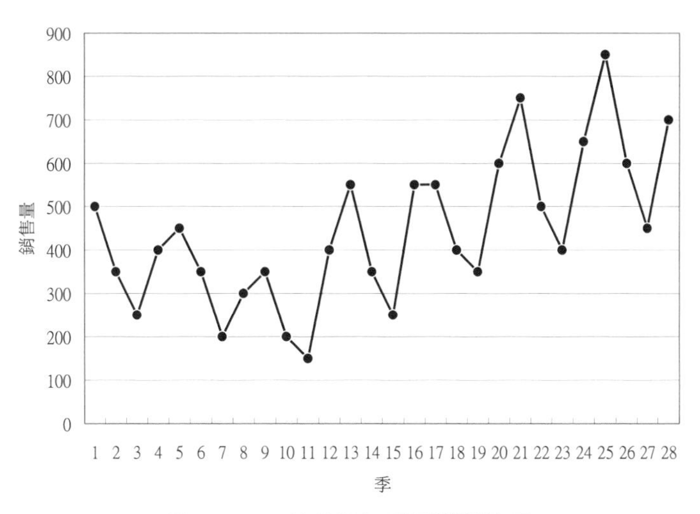

圖 7-1(a)　某公司每季電腦銷售量

加法模式：如圖 7-1(b)，迴歸公式為

$$Y_t = 507.2 - 9.10t + 0.983t^2 \text{-} 190.6Q2 - 304.2Q3 - 98.0Q4$$

乘法模式：如圖 7-1(c)，迴歸公式為

$$\ln Y_t = 6.19 - 0.0254t + 0.001932t^2 \text{-} 0.4113Q2 - 0.7511Q3 - 0.1983Q4$$

加法模式與乘法模式電腦銷售量預測模型之季節因子如圖 7-1(d) 與圖 7-1(e)，可見第一季是旺季，第三季是淡季。由於 t^2 項的係數為正，整體趨勢是一個開口朝上的曲線，也與圖形吻合。二個方法之比較如表 7-1，加法模型較為準確。

表 7-1　電腦銷售量之結果

方法	誤差均方根
加法模式分解法	64.5
乘法模式分解法	71.9

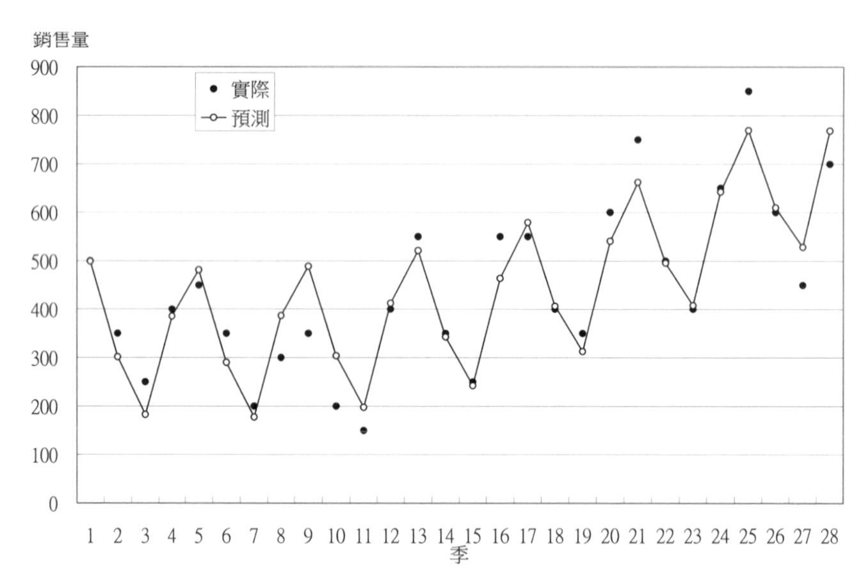

圖 7-1(b)　電腦銷售量：加法模式

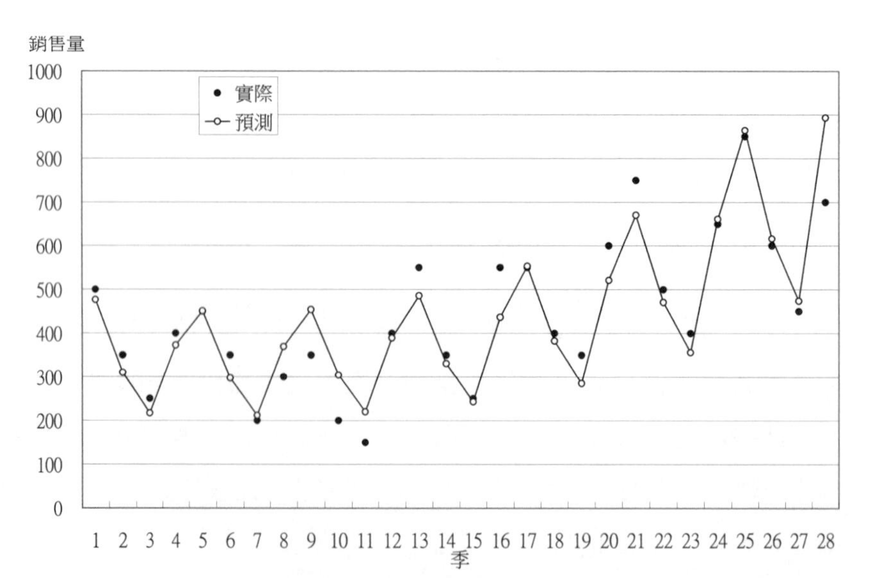

圖 7-1(c)　電腦銷售量：乘法模式

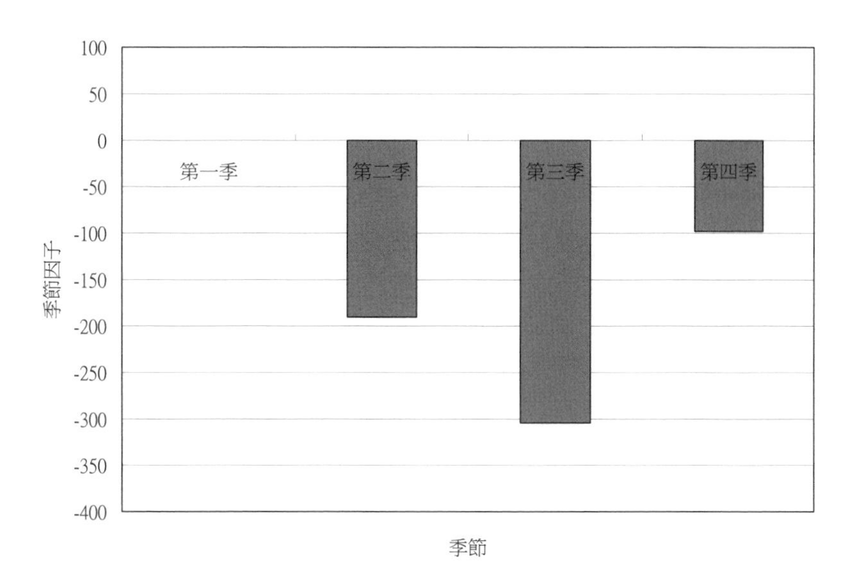

圖 7-1(d) 電腦銷售量預測模型之季節因子：加法模型

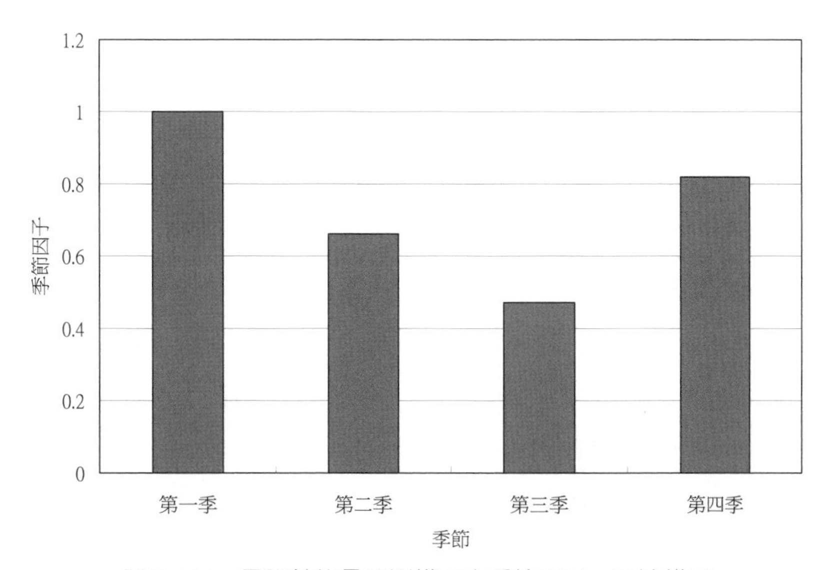

圖 7-1(e) 電腦銷售量預測模型之季節因子：乘法模型

Excel 實作

加法模式

步驟 1 開啟「例題 7-1 電腦銷售量：加法模式」檔案。

步驟 2 到「data」工作表，本例題有 28 個數據，因此已填入「B2:B29」儲存格，參見圖 7-2(a)。

步驟 3 C~G 欄分別填入加法模式的自變數：t、t 平方、Q2、Q3、Q4，其中 Q2~Q4 是季節變數，第 1~4 季的 { Q2,Q3,Q4} 分別等於 {0,0,0}，{1,0,0}，{0,1,0}，{0,1,0}，參見圖 7-2(a)。

步驟 4 在 Excel 的主功能表選取 [工具]/[資料分析]，產生「資料分析」視窗，如圖 7-2(b)。在 [資料分析] 中選取 [迴歸]，產生「迴歸」視窗，如圖 7-2(c)。指定輸出變數與輸入變數。其中「輸入 Y 範圍」內輸入 B1:B29；「輸入 X 範圍」內輸入 C1:G29；並勾選「標記」。

步驟 5 圖 7-2(d) 顯示「迴歸」的結果工作表。將「B17:B22」的迴歸係數拷貝貼到「data」工作表的「K1:K7」儲存格。在 H 欄填入加法模式的預測公式，例如 H2 儲存格內的公式「=$K$1+MMULT(C2:G2,$K$2:$K$6)」表達公式（7-3）。MMULT 為 Excel 的向量乘法函數。

步驟 6 儲存格「K8」填入誤差平方和公式「=SUMXMY2(B2:B29,H2:H29)」，儲存格「K9」填入誤差均方根公式「=SQRT(K8/(28-6))」，其中分母減去 6 的原因是迴歸公式用了六個參數（常數項與 t、t 平方、Q2、Q3、Q4 項的迴歸係數）。參見圖 7-2(e)。SUMXMY2 為 Excel 的「兩個向量中對應數值之差的平方和」函數。

	A	B	C	D	E	F	G	H
1		實際	t	t^2	Q2	Q3	Q4	預測
2		500	1	1	0	0	0	
3		350	2	4	1	0	0	
4		250	3	9	0	1	0	
5		400	4	16	0	0	1	
6		450	5	25	0	0	0	
7		350	6	36	1	0	0	
8		200	7	49	0	1	0	
9		300	8	64	0	0	1	

圖 7-2(a)　建立自變數 t、t 平方、Q2、Q3、Q4

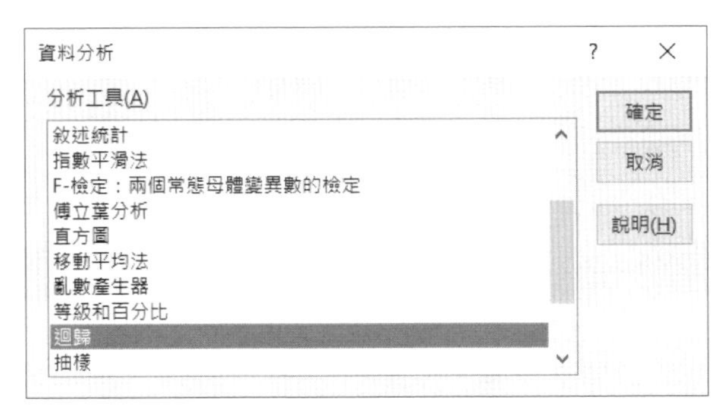

圖 7-2(b)　「資料分析」視窗

迴歸

輸入

輸入 Y 範圍(Y): $B$1:$B$29

輸入 X 範圍(X): $C$1:$G$29

☑ 標記(L)　☐ 常數為零(Z)

☐ 信賴度(O)　95 %

確定　取消　說明(H)

輸出選項

○ 輸出範圍(O):

◉ 新工作表(P):

○ 新活頁簿(W)

殘差

☑ 殘差(R)　☐ 殘差圖(D)

☐ 標準化殘差(T)　☐ 樣本迴歸線圖(I)

常態機率

☐ 常態機率圖(N)

圖 7-2(c)　「迴歸」視窗

	A	B	C	D	E	F	G
16		係數	標準誤	t 統計	P-值	下限 95%	上限 95%
17	截距	507.22	43.56	11.65	0.000	416.89	597.55
18	t	-9.10	6.26	-1.45	0.160	-22.09	3.88
19	t^2	0.78	0.21	3.74	0.001	0.35	1.22
20	Q2	-190.62	34.53	-5.52	0.000	-262.24	-119.00
21	Q3	-304.24	34.63	-8.78	0.000	-376.06	-232.41
22	Q4	-97.99	34.80	-2.82	0.010	-170.16	-25.82

圖 7-2(d) 「迴歸」的結果工作表

	A	B	C	D	E	F	G	H	I	J	K
1		實際	t	t^2	Q2	Q3	Q4	預測		截距	507.2229
2		500	1	1	0	0	0	499		t	-9.1012
3		350	2	4	1	0	0	302		t^2	0.7834
4		250	3	9	0	1	0	183		Q2	-190.6208
5		400	4	16	0	0	1	385		Q3	-304.2369
6		450	5	25	0	0	0	481		Q4	-97.9911
7		350	6	36	1	0	0	290			
8		200	7	49	0	1	0	178		誤差平方和	91629.0
9		300	8	64	0	0	1	387		誤差均方根	64.5
10		350	9	81	0	0	0	489			

圖 7-2(e) 建立迴歸係數、預測公式、誤差平方和、誤差均方根。

乘法模式

步驟 1 開啟「例題 7-1 電腦銷售量：乘法模式」檔案。

步驟 2 到「data」工作表，本例題有 28 個數據，因此已填入「B2:B29」儲存格，參見圖 7-3(a)。

步驟 3 C 欄取 B 欄的「對數值」，以產生模式的因變數，例如 C2 儲存格內的公式「=LN(B2)」。D~H 欄分別填入模式的自變數：t、t 平方、Q2、Q3、Q4，其中 Q2~Q4 是季節變數，參見圖 7-3(a)。

步驟 4 在 Excel 的主功能表選取 [工具]/[資料分析]，產生「資料分析」視窗。在 [資料分析] 中選取 [迴歸]，產生「迴歸」視窗。指定輸出變數與輸入變數。其中「輸入 Y 範圍」內輸入 C1:C29；「輸入 X 範圍」內輸入 D1:H29；並勾選「標記」。

步驟 5 圖 7-3(b) 顯示「迴歸」的結果工作表。將「B17:B22」的迴歸係數拷貝貼到「data」工作表的「M1:M7」儲存格。在 I 欄填入預測公式，例如 I2 儲存格內的公式「=$M$1+MMULT(D2:H2,$M$2:$M$6)」。因為此預測值實際上是對 lnY 的預測值，因此在 J 欄取 I 欄的「指數值」(對數的反函數)，以產生真正的因變數 Y 的預測值，例如 J2 儲存格內的公式「=EXP(I2)」。

步驟 6 儲存格「M8」填入誤差平方和公式「=SUMXMY2(B2:B29,J2:J29)」，儲存格「M9」填入誤差均方根公式「=SQRT(M8/(28-6))」，參見圖 7-3(c)。

	A	B	C	D	E	F	G	H
1		實際	ln(Y)	t	t^2	Q2	Q3	Q4
2		500	6.21	1	1	0	0	0
3		350	5.86	2	4	1	0	0
4		250	5.52	3	9	0	1	0
5		400	5.99	4	16	0	0	1
6		450	6.11	5	25	0	0	0

圖 7-3(a) 建立自變數 t、t 平方、Q2、Q3、Q4

	A	B	C	D	E	F	G
16		係數	標準誤	t 統計	P-值	下限 95%	上限 95%
17	截距	6.19	0.12	50.20	0.000	5.93	6.45
18	t	-0.03	0.02	-1.43	0.166	-0.06	0.01
19	t^2	0.00	0.00	3.26	0.004	0.00	0.00
20	Q2	-0.41	0.10	-4.21	0.000	-0.61	-0.21
21	Q3	-0.75	0.10	-7.66	0.000	-0.95	-0.55
22	Q4	-0.20	0.10	-2.01	0.056	-0.40	0.01

圖 7-3(b) 「迴歸」的結果工作表

	A	B	C	D	E	F	G	H	I	J	K	L	M
1		實際	ln(Y)	t	t^2	Q2	Q3	Q4	預測lnY	預測Y		截距	6.189693
2		500	6.21	1	1	0	0	0	6.166	0.0		t	-0.0254
3		350	5.86	2	4	1	0	0	5.735	309.6		t^2	0.001932
4		250	5.52	3	9	0	1	0	5.380	217.0		Q2	-0.4113
5		400	5.99	4	16	0	0	1	5.921	372.7		Q3	-0.75115
6		450	6.11	5	25	0	0	0	6.111	450.8		Q4	-0.19833
7		350	5.86	6	36	1	0	0	5.696	297.5			
8		200	5.30	7	49	0	1	0	5.355	211.7		誤差平方	363325.6
9		300	5.70	8	64	0	0	1	5.912	369.4		誤差均方	128.5
10		350	5.86	9	81	0	0	0	6.118	453.8			

圖 7-3(c) 建立迴歸係數、預測公式、誤差平方和、誤差均方根。

7.4 循環及隨機成份之分解

在建立傾向季節模式後，如果數列具有循環成份，可用下列步驟分解出循環及隨機成份。

加法模式：

1. 利用傾向季節模式之預測值 $(T+S)$ 從總量中分離出 $(C+I)$ 的成份。

$$C+I=(T+S+C+I)-(T+S) \tag{7-6}$$

2. 利用 $(C+I)$ 之移動平均值消除 I 的干擾得到循環因子 C。例如可用五期移動平均值：

$$C_t=\frac{(C_{t-2}+I_{t-2})+(C_{t-1}+I_{t-1})+(C_t+I_t)+(C_{t+1}+I_{t+1})+(C_{t+2}+I_{t+2})}{5} \tag{7-7}$$

3. 利用循環因子 C 從 $(C+I)$ 中分離出 I 的成份。

$$I=(C+I)-C \tag{7-8}$$

乘法模式：

乘法模式與加法模式相似，只要將減法改為除法即可：

1. 利用傾向季節模式之預測值 $T \cdot S$ 從總量中分離出 $C \cdot I$ 的成份。

$$C\cdot I=\frac{T\cdot S\cdot C\cdot I}{T\cdot S} \tag{7-9}$$

2. 利用 $C \cdot I$ 之移動平均值消除 I 的干擾得到循環因子 C。例如可用五期移動平均值：

$$C_t=\frac{(C_{t-2}\cdot I_{t-2})+(C_{t-1}\cdot I_{t-1})+(C_t\cdot I_t)+(C_{t+1}\cdot I_{t+1})+(C_{t+2}\cdot I_{t+2})}{5} \tag{7-10}$$

3. 利用循環因子 C 從 $C \cdot I$ 中分離出 I 的成份。

$$I=\frac{C\cdot I}{C} \tag{7-11}$$

《例題 7-2》模擬之例題

假設有模擬之傾向，季節，循環，隨機等四種成份如圖 7-4(a)，其合成之數列如圖 7-4(b)。

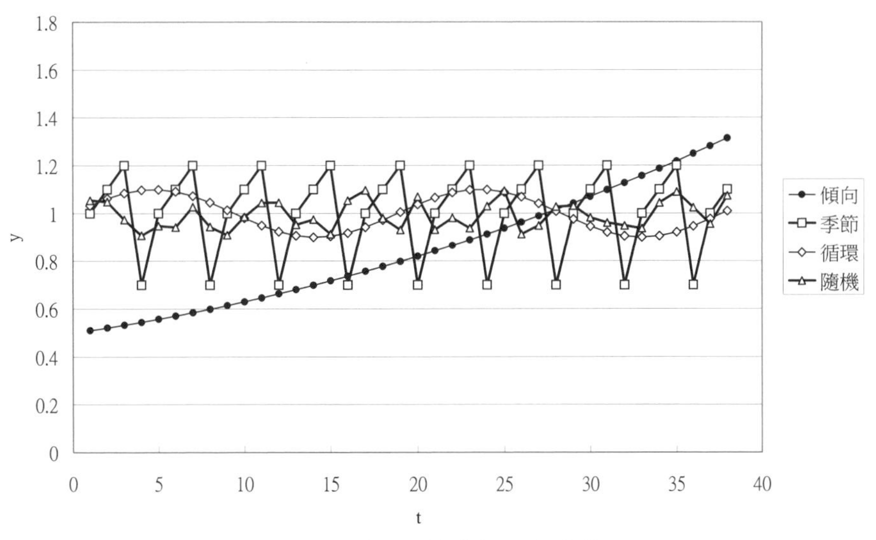

圖 7-4(a)　四種不同的成份：合成前

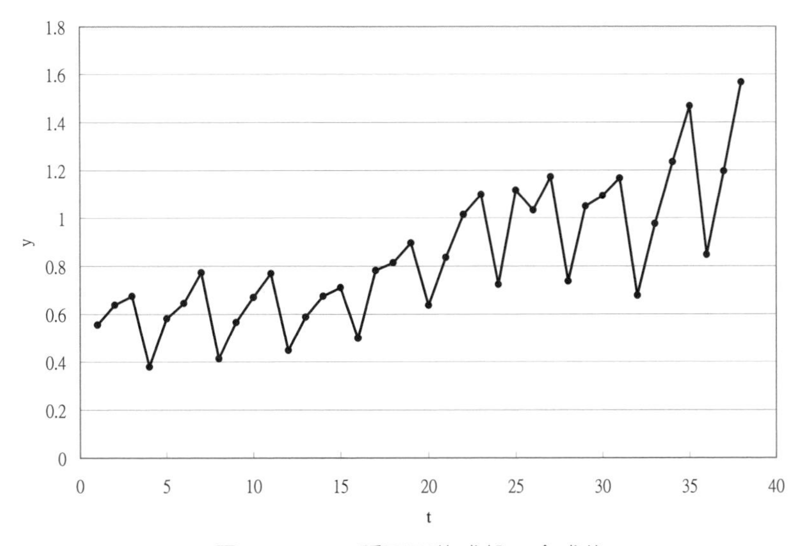

圖 7-4(b)　四種不同的成份：合成後

加法模式 2

$$Y_t = 0.526 + 0.00578t + 0.000383t^2 + 0.0929Q2 + 0.168Q3 - 0.244Q4$$

乘法模式

$$\ln Y_t = -0.656 - 0.0172t + 0.000192t^2 + 0.100Q2 + 0.175Q3 - 0.331Q4$$

加法模式如圖 7-5，乘法模式如圖 7-6，二個方法之比較如表 7-2.

表 7-2　模擬之例題之結果

方法	誤差均方根
加法模式分解法	0.0912
乘法模式分解法	0.0778

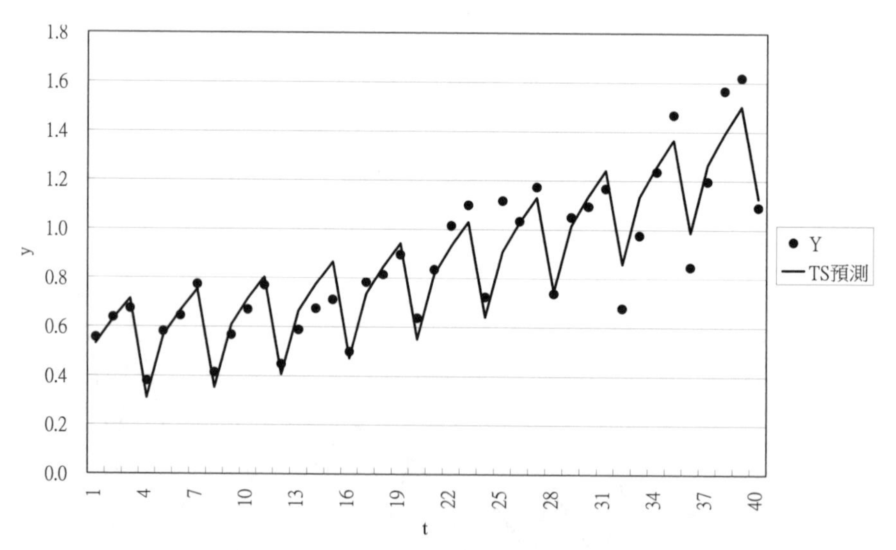

圖 7-5(a)　傾向與季節成份的預測：加法模型

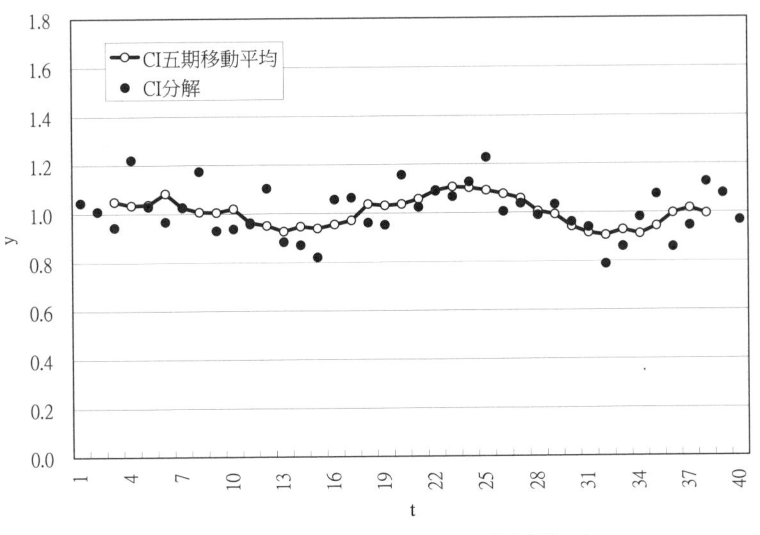

圖 7-5(b) 循環成份的預測：加法模型

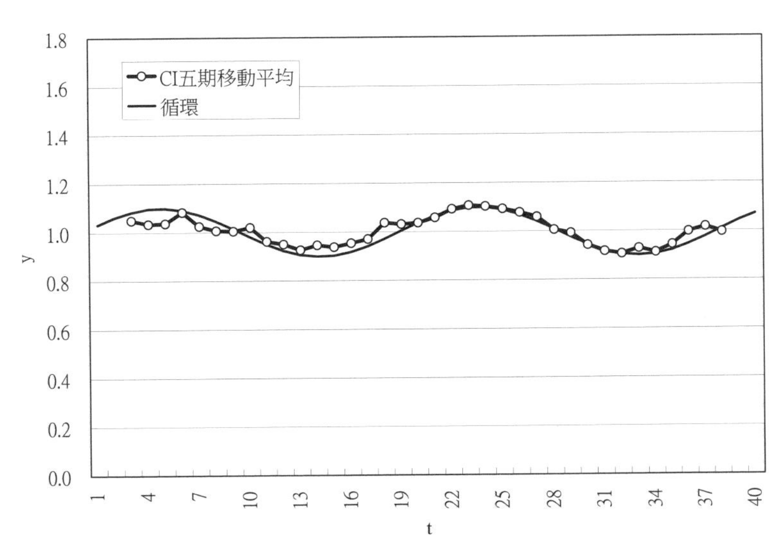

圖 7-5(c) 循環成份的預測值與模擬值的比較：加法模型

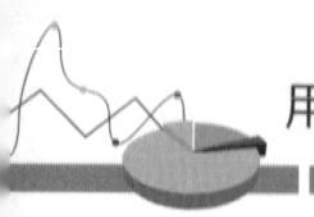

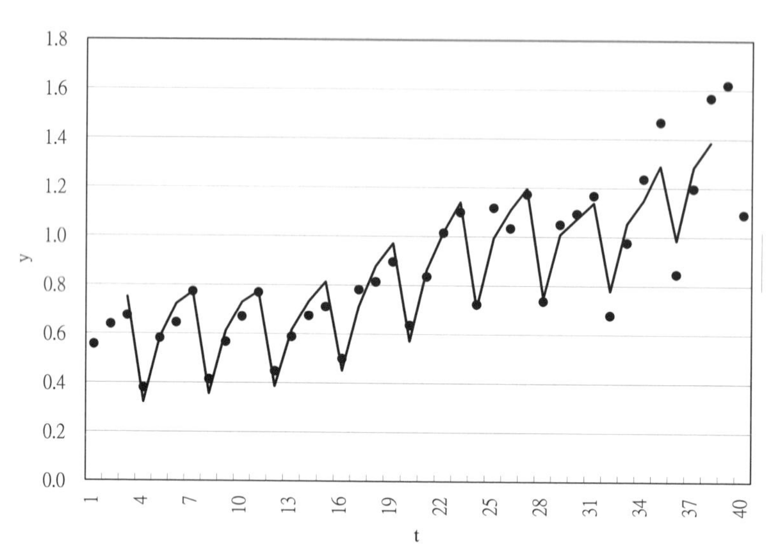

圖 7-5(d)　傾向與季節成份的預測與循環成份的預測的組合：加法模型

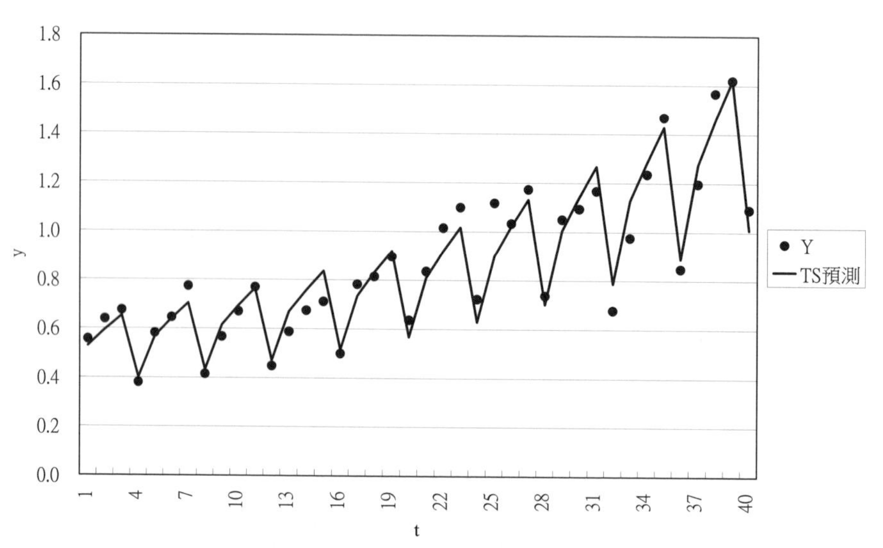

圖 7-6(a)　傾向與季節成份的預測：乘法模型

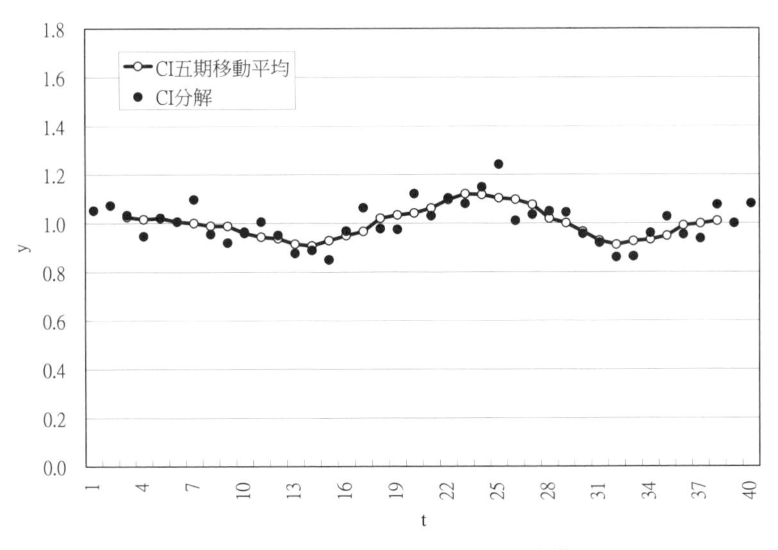

圖 7-6(b)　循環成份的預測：乘法模型

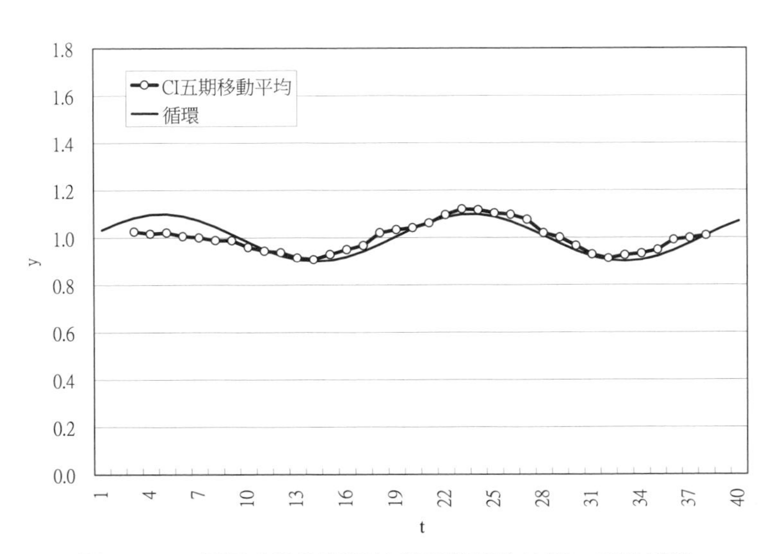

圖 7-6(c)　循環成份的預測值與模擬值的比較：乘法模型

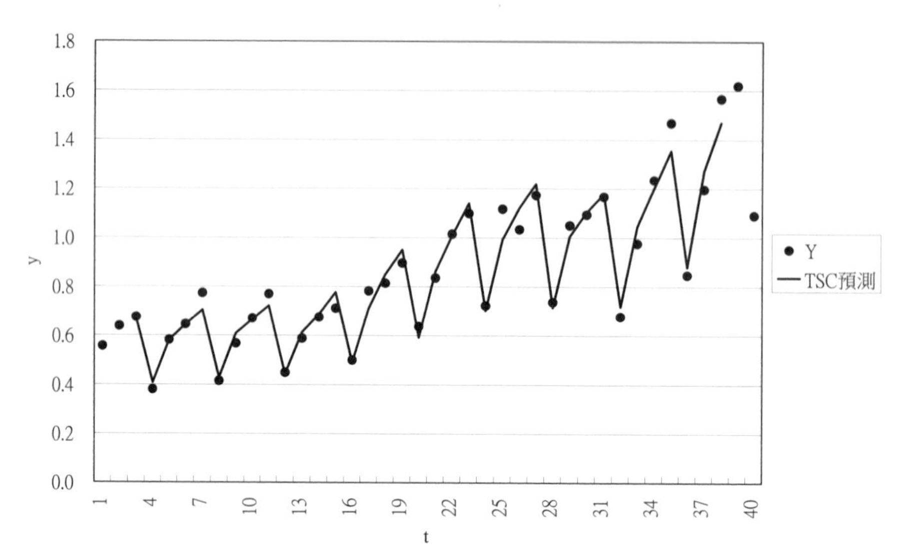

圖 7-6(d)　傾向與季節成份的預測與循環成份的預測的組合：乘法模型

以乘法模型為例，其循環成份的分解與應用的過程如下：

1. 利用傾向季節模式之預測值 $T \cdot S$（圖 7-6(a)）從總量中分離出 $C \cdot I$ 的成份，即將表 7-3 中的第 (6) 欄除以第 (7) 欄，得到第 (8) 欄。
2. 利用 $C \cdot I$ 之移動平均值消除 I 的干擾得到循環因子 C，即將表 7-3 中的第 (8) 欄移動平均得到表 7-3 中第 (9) 欄。例如第 3 期的 $C \cdot I$ 之移動平均值等於第 1~5 期之平均值，第 4 期的 $C \cdot I$ 之移動平均值等於第 2~6 期之平均值。其結果如圖 7-6(b) 與圖 7-6(c)。
3. 利用傾向季節模式之預測值 $T \cdot S$ 與循環因子 C 得到 $T \cdot S \cdot C$ 預測值，即將表 7-3 中的第 (7) 欄乘以第 (9) 欄，得到表 7-3 中第 (10) 攔。其結果如圖 7-6(d)。

表 7-3　模擬之例題之分解過程：乘法模式

時間 (1)	傾向 (2)	季節 (3)	循環 (4)	隨機 (5)	Y (6)	TS 預測 (7)	CI 分解 (8)	CI 五期移動平均 (9)	TSC 預測 (10)
1	0.510	1.000	1.033	1.055	0.556	0.528	1.052		
2	0.521	1.100	1.062	1.048	0.638	0.594	1.074		
3	0.533	1.200	1.084	0.973	0.674	0.652	1.034	1.026	0.669
4	0.545	0.700	1.097	0.908	0.380	0.401	0.948	1.017	0.408
5	0.558	1.000	1.100	0.948	0.581	0.568	1.022	1.022	0.581
6	0.571	1.100	1.091	0.942	0.645	0.641	1.007	1.006	0.645
7	0.585	1.200	1.072	1.027	0.773	0.704	1.097	1.000	0.705
8	0.599	0.700	1.046	0.944	0.414	0.433	0.955	0.989	0.429
9	0.614	1.000	1.014	0.910	0.567	0.616	0.920	0.989	0.609
10	0.630	1.100	0.981	0.986	0.670	0.695	0.964	0.959	0.667
11	0.646	1.200	0.950	1.044	0.769	0.765	1.006	0.944	0.722
12	0.663	0.700	0.924	1.045	0.448	0.471	0.951	0.938	0.442
13	0.681	1.000	0.907	0.953	0.588	0.671	0.877	0.915	0.614
14	0.699	1.100	0.900	0.975	0.674	0.758	0.890	0.907	0.688
15	0.718	1.200	0.904	0.913	0.711	0.836	0.851	0.930	0.777
16	0.737	0.700	0.919	1.054	0.499	0.516	0.968	0.950	0.490
17	0.757	1.000	0.942	1.096	0.782	0.735	1.063	0.967	0.711
18	0.777	1.100	0.972	0.980	0.814	0.832	0.978	1.021	0.850
19	0.798	1.200	1.005	0.931	0.896	0.919	0.975	1.034	0.950
20	0.820	0.700	1.037	1.070	0.637	0.568	1.121	1.042	0.592
21	0.842	1.000	1.066	0.931	0.836	0.811	1.031	1.062	0.861
22	0.865	1.100	1.087	0.981	1.014	0.920	1.103	1.097	1.009
23	0.889	1.200	1.098	0.938	1.098	1.017	1.080	1.121	1.140
24	0.913	0.700	1.099	1.030	0.723	0.630	1.149	1.117	0.703
25	0.938	1.000	1.089	1.094	1.117	0.900	1.241	1.103	0.993

時間 (1)	傾向 (2)	季節 (3)	循環 (4)	隨機 (5)	Y (6)	TS 預測 (7)	CI 分解 (8)	CI 五期 移動平均 (9)	TSC 預測 (10)
26	0.963	1.100	1.069	0.913	1.033	1.022	1.011	1.097	1.121
27	0.989	1.200	1.041	0.949	1.172	1.132	1.036	1.076	1.219
28	1.015	0.700	1.009	1.027	0.737	0.702	1.050	1.020	0.716
29	1.042	1.000	0.976	1.032	1.049	1.005	1.045	1.001	1.006
30	1.070	1.100	0.946	0.983	1.094	1.143	0.957	0.967	1.105
31	1.098	1.200	0.921	0.961	1.167	1.268	0.920	0.929	1.178
32	1.127	0.700	0.905	0.949	0.678	0.787	0.861	0.913	0.718
33	1.157	1.000	0.900	0.937	0.976	1.129	0.864	0.927	1.046
34	1.187	1.100	0.906	1.044	1.235	1.286	0.960	0.933	1.200
35	1.218	1.200	0.922	1.090	1.468	1.429	1.027	0.949	1.355
36	1.249	0.700	0.946	1.024	0.847	0.889	0.954	0.991	0.880
37	1.281	1.000	0.977	0.956	1.196	1.276	0.937	0.999	1.274
38	1.313	1.100	1.010	1.074	1.566	1.456	1.076	1.009	1.469
39	1.346	1.200	1.042	0.962	1.619	1.620	0.999		
40	1.380	0.700	1.069	1.055	1.090	1.009	1.080		

Excel 實作

加法模式

步驟 1 開啟「例題 7-2 模擬之例題：加法模式」檔案。

步驟 2 到「data」工作表，本例題有 40 個數據，因此已填入「B2:B41」儲存格，參見圖 7-7。

步驟 3 C~G 欄分別填入加法模式的自變數：t、t 平方、Q2、Q3、Q4，其中 Q2~Q4 是季節變數，參見圖 7-7。

步驟 4 在 Excel 的主功能表選取 [工具]/[資料分析]，產生「資料分析」視窗。在 [資料分析] 中選取 [迴歸]，產生「迴歸」視窗。指定輸出變數與輸入變數。其中「輸入 Y 範圍」內輸入 B1:B41；「輸入 X 範圍」內輸入 C1:G41；並勾選「標記」。

步驟 5 將「迴歸」的結果工作表的迴歸係數拷貝貼到「data」工作表的「N1:N7」儲存格。在 H 欄填入加法模式的預測公式。例如在 H2 儲存格輸入公式「=$N$1+MMULT(C2:G2,$N$2:$N$6)」。

步驟 6 在 I 欄輸入殘差公式，例如 I2 儲存格填入公式「=B2-H2」。在 J 欄輸入殘差五期移動平均公式，例如 J4 儲存格填入公式「=AVERAGE（I2:I6）」。在 K 欄輸入「預測 + 殘差五期移動平均」公式，例如 K2 儲存格填入公式「=H2+J2」。

步驟 7 儲存格「N9」填入誤差平方和公式「=SUMXMY2(B2:B41,H2:H41)」，儲存格「N10」填入誤差均方根公式「=SQRT(N9/(40-6))」。儲存格「N13」填入誤差平方和公式「=SUMXMY2(B4:B39,K4:K39)」，儲存格「N14」填入誤差均方根公式「=SQRT(N13/(36-6))」。參見圖 7-7。

	B	C	D	E	F	G	H	I	J	K	L	M	N
1	實際	t	t^2	Q2	Q3	Q4	預測	殘差	殘差五期移	預測+殘差五期移動平		截距	0.525847
2	0.5557	1	1	0	0	0	0.5320	0.0237				t	0.005783
3	0.6382	2	4	1	0	0	0.6319	0.0062				t^2	0.000383
4	0.6745	3	9	0	1	0	0.714	[illegible]	0151	0.7295		Q2	0.092979
5	0.3798	4	16	0	0	1	[illegible]	[illegible]	0059	0.3172		Q3	0.167825
6	0.5811	5	25	0	0	0	0.564	[illegible]	.0086	0.5729		Q4	-0.24384
7	0.6452	6	36	1	0	0	0.6673	-0.02	[illegible]	0.6962			
8	0.7727	7	49	0	1	0	0.7529	[illegible]	[illegible]	0.7596		只考慮趨勢與季節	
9	0.4140	8	64	0	0	1	0.3528	0.06	[illegible]	0.3471		誤差平方和	0.282789
10	0.5666	9	81	0	0	0	0.6089	-0.0423	-0.0081	0.6008		誤差均方根	0.091199
11	0.6701	10	100	1	0	0	0.7150	-0.0449	-0	[illegible]			
12	0.7694	11	121	0	1	0	0.8037	-0.0343	[illegible]	[illegible]		考慮趨勢、季節、循環	
13	0.4484	12	144	0	0	1	0.4066	0.0418	-0	[illegible]		誤差平方和	0.186713
14	0.5883	13	169	0	0	0	0.6658	-0.0775	[illegible]	[illegible]		誤差均方根	0.078891
15	0.6745	14	196	1	0	0	0.7749	-0.1005	-0.0530	0.7219			
16	0.7111	15	225	0	1	0	0.8667	-0.1556	-0.0520	[illegible]			
17	0.4994	16	256	0	0	1	0.4727	0.0268	-0.0432	[illegible]			
18	0.7815	17	289	0	0	0	0.7350	0.0466	-0.0322	[illegible]			
19	0.8140	18	324	1	0	0	0.8471	-0.0331	0.0161	0.8632			

利用迴歸係數計算預測值。
利用預測值計算殘差。
利用殘差計算殘差五期移動平均。
利用殘差五期移動平均疊加到原預測值。

圖 7-7 例題 7-2 模擬之例題：加法模式

乘法模式

步驟 1 開啟「例題 7-2 模擬之例題：乘法模式」檔案。

步驟 2 到「data」工作表，本例題有 40 個數據，因此已填入「A2:A41」儲存格，參見圖 7-8。

步驟 3 B 欄取 A 欄的「對數值」，以產生模式的因變數。C~G 欄分別填入加法模式的自變數：t、t 平方、Q2、Q3、Q4，其中 Q2~Q4 是季節變數，參見圖 7-8。

步驟 4 在 Excel 的主功能表選取 [工具]/[資料分析]，產生「資料分析」視窗。在 [資料分析] 中選取 [迴歸]，產生「迴歸」視窗。指定輸出變數與輸入變數。其中「輸入 Y 範圍」內輸入 B1:B41；「輸入 X 範圍」內輸入 C1:G41；並勾選「標記」。

步驟 5 將「迴歸」的結果工作表的迴歸係數拷貝貼到「data」工作表的「O1:O7」儲存格。在 H 欄填入模式的預測公式。例如在 H2 儲存格輸入公式「=$O$1+MMULT(C2:G2,$O$2:$O$6)」。因為此預測值實際上是對 lnY 的預測值，因此在 I 欄取 H 欄的「指數值」（對數的反函數），以產生真正的因變數 Y 的預測值。

步驟 6 在 J 欄輸入殘差公式，例如 J2 儲存格填入公式「=A2/I2」。在 K 欄輸入殘差五期移動平均公式，例如 K4 儲存格填入公式「=AVERAGE（J2:J6）」。在 L 欄輸入「預測 * 殘差五期移動平均」公式，例如 L2 儲存格填入公式「=I2*K2」。

步驟 7 儲存格「O9」填入誤差平方和公式「=SUMXMY2(A2:A41,I2:I41)」，儲存格「O10」填入誤差均方根公式「=SQRT(O9/(40-6))」。儲存格「O13」填入誤差平方和公式「=SUMXMY2(A4:A39,L4:L39)」，儲存格「O14」填入誤差均方根公式「=SQRT(O13/(36-6))」。參見圖 7-8。

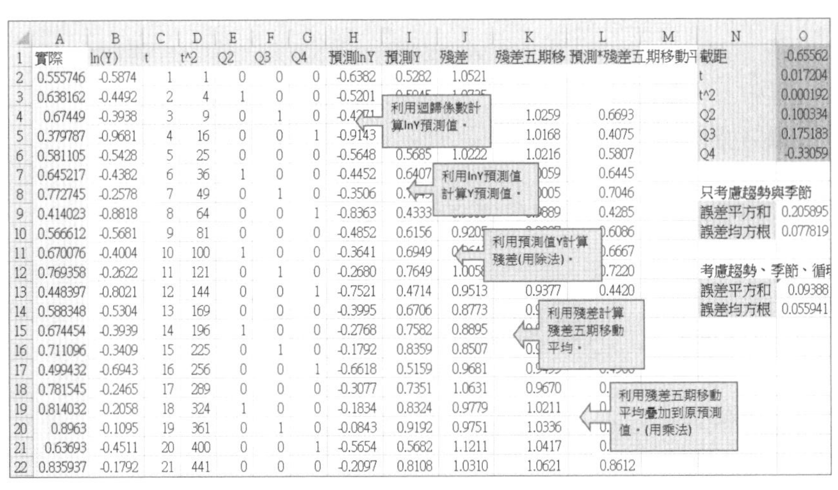

	A	B	C	D	E	F	G	H	I	J	K	L	M	N	O
1	實際	ln(Y)	t	t^2	Q2	Q3	Q4	預測lnY	預測Y	殘差	殘差五期移	預測*殘差五期移動平		截距	-0.65562
2	0.555746	-0.5874	1	1	0	0	0	-0.6382	0.5282	1.0521				t	0.017204
3	0.638162	-0.4492	2	4	1	0	0	-0.5201	[illegible]	[illegible]				t^2	0.000192
4	0.67449	-0.3938	3	9	0	1	0	[illegible]	[illegible]	[illegible]	1.0259	0.6693		Q2	0.100334
5	0.379787	-0.9681	4	16	0	0	1	-0.9143	[illegible]	[illegible]	1.0168	0.4075		Q3	0.175183
6	0.581105	-0.5428	5	25	0	0	0	-0.5648	0.5685	1.0222	1.0216	0.5807		Q4	-0.33059
7	0.645217	-0.4382	6	36	1	0	0	-0.4452	0.6407	[illegible]	[illegible]	0.6445			
8	0.772745	-0.2578	7	49	0	1	0	-0.3506	[illegible]	[illegible]	[illegible]	0.7046		只考慮趨勢與季節	
9	0.414023	-0.8818	8	64	0	0	1	-0.8363	0.4333	[illegible]	[illegible]	0.4285		誤差平方和	0.205895
10	0.566612	-0.5681	9	81	0	0	0	-0.4852	0.6156	0.9205	[illegible]	0.6086		誤差均方根	0.077819
11	0.670076	-0.4004	10	100	1	0	0	-0.3641	0.6949	[illegible]	[illegible]	0.6667			
12	0.769358	-0.2622	11	121	0	1	0	-0.2680	0.7649	1.0058	[illegible]	0.7220		考慮趨勢、季節、循	
13	0.448397	-0.8021	12	144	0	0	1	-0.7521	0.4714	0.9513	0.9377	0.4420		誤差平方和	0.09388
14	0.588348	-0.5304	13	169	0	0	0	-0.3995	0.6706	0.8773	[illegible]	[illegible]		誤差均方根	0.055941
15	0.674454	-0.3939	14	196	1	0	0	-0.2768	0.7582	0.8895	[illegible]	[illegible]			
16	0.711096	-0.3409	15	225	0	1	0	-0.1792	0.8359	0.8507	[illegible]	[illegible]			
17	0.499432	-0.6943	16	256	0	0	1	-0.6618	0.5159	0.9681	[illegible]	[illegible]			
18	0.781545	-0.2465	17	289	0	0	0	-0.3077	0.7351	1.0631	0.9670	[illegible]			
19	0.814032	-0.2058	18	324	1	0	0	-0.1834	0.8324	0.9779	1.0211	[illegible]			
20	0.8963	-0.1095	19	361	0	1	0	-0.0843	0.9192	0.9751	1.0336	[illegible]			
21	0.63693	-0.4511	20	400	0	0	1	-0.5654	0.5682	1.1211	1.0417	[illegible]			
22	0.835937	-0.1792	21	441	0	0	0	-0.2097	0.8108	1.0310	1.0621	0.8612			

圖 7-8　例題 7-2 模擬之例題：乘法模式

7.5 商業循環指標

商業循環指標可以做為預測的參考，可分成三類：

(1) 領先指標（leading index）：是指能提前反映景氣變動性質的指標，可用以預測短期景氣的變化。換言之，領先指標往往較實際經濟循環事先反映出景氣的高峰與谷底，具預測的功能，是掌握短期景氣變動的重要參考指標。例如：

- 製造業平均每月工時
- 躉售物價指數變動率
- 製造業新接訂單指數變動率
- 貨幣供給 M1b 變動率
- 海關出口值變動率
- 台灣地區房屋建築申請面積
- 股價指數變動率

(2) 同時指標（coincident index）：是指恰能反映當下景氣狀況的指標，具輔助研判當時景氣榮枯的功能。例如：

- 工業生產指數變動率
- 製造業生產指數變動率
- 製造業銷售值
- 製造業平均每人每月薪資變動率
- 票據交換金額變動率
- 國內貨運量

(3) 落後指標：是指只能在景氣循環發生後確認景氣狀況的指標。

7.6 實例：啤酒每月銷售量

《例題 7-3》公賣局的啤酒銷售量

啤酒的銷售量除了有非常明顯的季節成份外，也具有傾向成份。圖 7-9 收集了 13 年共 156 個月的數據。

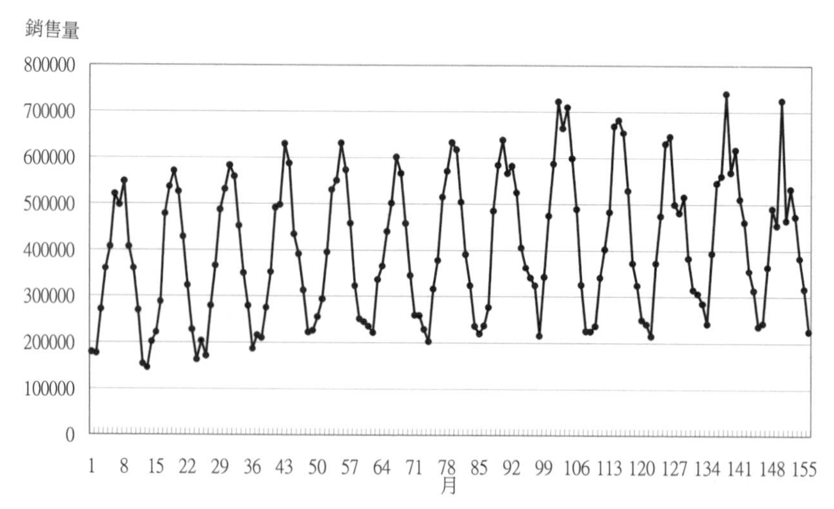

圖 7-9 公賣局的啤酒銷售量

一 加法模式

加法模式結果如圖 7-10(a)，迴歸公式如下：

$$Y_t = 146852 + 1815.9t - 7.0302\ t^2 - 11318Q2 + 84697Q3 + 183734Q4 + 280615Q5 + 372199Q6 + 351601Q7 + 348058Q8 + 250481Q9 + 148603Q10 + 66548Q11 + 4593Q12$$

二 乘法模式

乘法模式結果如圖 7-10(b)，迴歸公式如下：

$$\ln Y_t = 12.089 + 0.005197t - 0.0000203\,t^2 - 0.03913Q2 + 0.322Q3 + 0.593Q4 + 0.810Q5 + 0.971Q6 + 0.940Q7 + 0.934Q8 + 0.749Q9 + 0.611Q10 + 0.268Q11 + 0.022Q12$$

加法模式與乘法模式的季節成份如圖 7-11(a) 與圖 7-11(b)。可以看出每年的 1、2、12 月是淡季，6~8 月事旺季，由乘法模式可知淡季、旺季的差距可達 2.5 倍。

表 7-4　啤酒銷售量之結果

方法	誤差均方根
加法模式分解法	45915
乘法模式分解法	47081

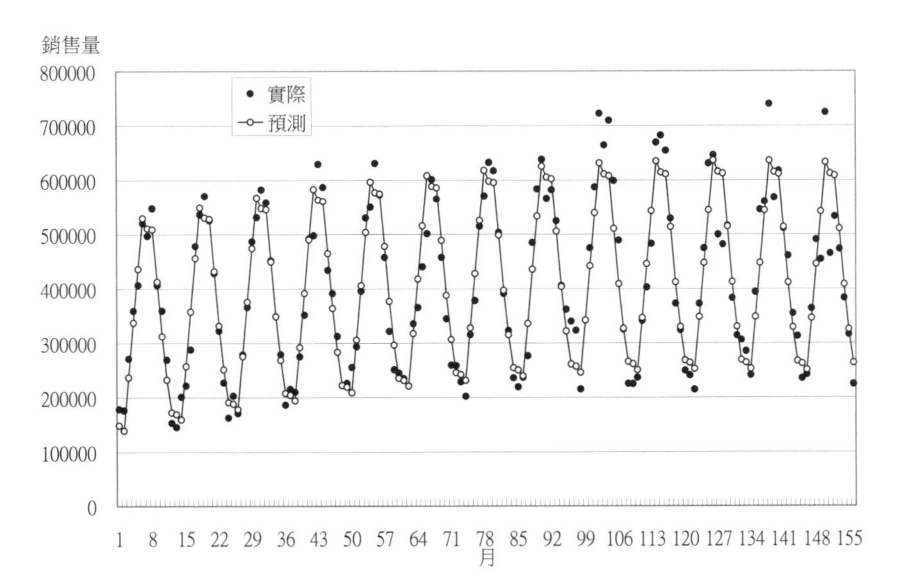

圖 7-10(a)　公賣局的啤酒銷售量預測數據：加法模型（白點連線是預測值，黑點是原始值）

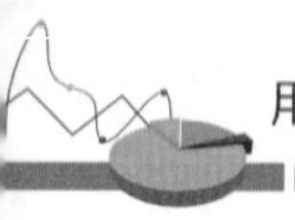

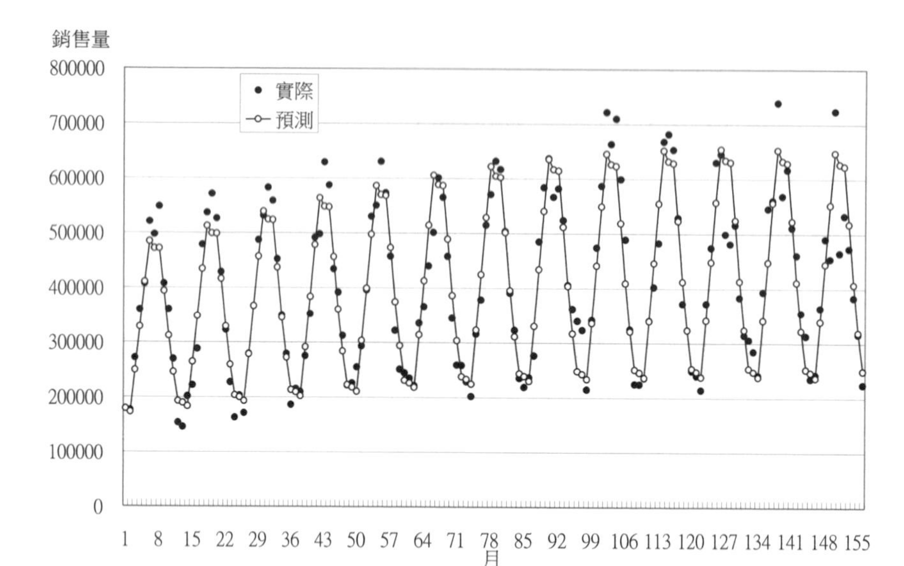

圖 7-10(b)　公賣局的啤酒銷售量預測數據：乘法模型

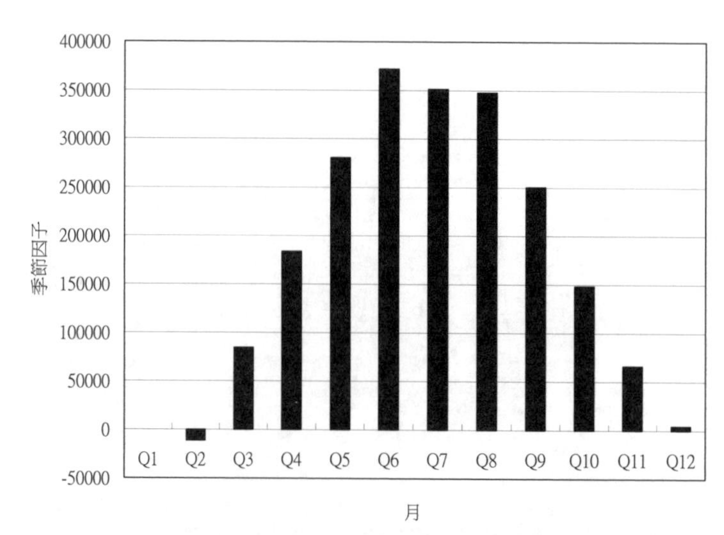

圖 7-11(a)　公賣局的啤酒銷售量預測模型之季節因子：加法模型

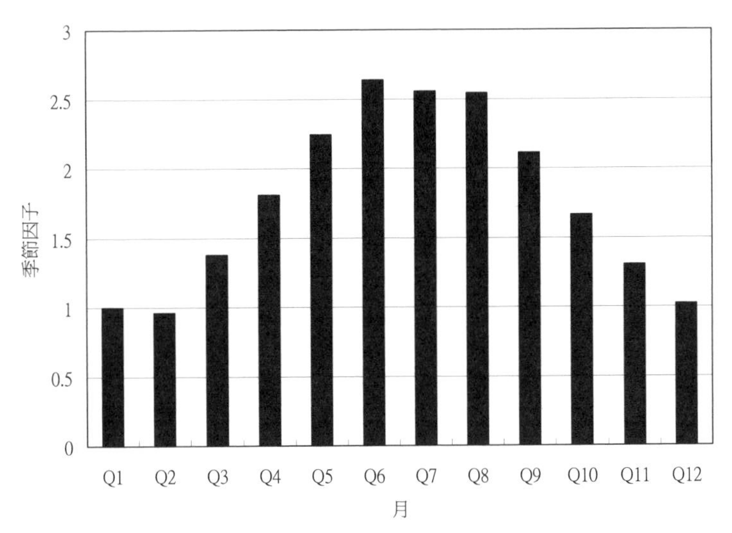

圖 7-11(b) 公賣局的啤酒銷售量預測模型之季節因子：乘法模型

Excel 實作

本例題的 Excel 實作與例題 7-1 十分相似，讀者可自己開啟「例題 7-3 公賣局的啤酒銷售量 加法模式」與「例題 7-3 公賣局的啤酒銷售量 乘法模式」檔案瀏覽理解，參見圖 7-12。不再贅述。

	B	C	D	E	F	G	H	I	J	K	L	M	N	O	P	Q	R	S
1	實際	t	t^2	Q2	Q3	Q4	Q5	Q6	Q7	Q8	Q9	Q10	Q11	Q12	預測		截距	146852.23
2	178760	1	1	0	0	0	0	0	0	0	0	0	0	0	148661		t	1815.94
3	176340	2	4	1	0	0	0	0	0	0	0	0	0	0	139138		t^2	-7.03
4	271300	3	9	0	1	0	0	0	0	0	0	0	0	0	236934		Q2	-11317.89
5	359810	4	16	0	0	1	0	0	0	0	0	0	0	0	337737		Q3	84696.75
6	407130	5	25	0	0	0	1	0	0	0	0	0	0	0	436371		Q4	183733.90
7	520700	6	36	0	0	0	0	1	0	0	0	0	0	0	529694		Q5	280615.12
8	497330	7	49	0	0	0	0	0	1	0	0	0	0	0	510820		Q6	372198.86
9	548160	8	64	0	0	0	0	0	0	1	0	0	0	0	508988		Q7	351600.51
10	407030	9	81	0	0	0	0	0	0	0	1	0	0	0	413108		Q8	348057.75
11	360120	10	100	0	0	0	0	0	0	0	0	1	0	0	312912		Q9	250481.36
12	269130	11	121	0	0	0	0	0	0	0	0	0	1	0	232525		Q10	148602.88
13	153350	12	144	0	0	0	0	0	0	0	0	0	0	1	172225		Q11	66547.69
14	145600	13	169	0	0	0	0	0	0	0	0	0	0	0	169271		Q12	4593.49
15	201470	14	196	1	0	0	0	0	0	0	0	0	0	0	159580			
16	221640	15	225	0	1	0	0	0	0	0	0	0	0	0	257206		誤差平方	2.994E+11
17	287910	16	256	0	0	1	0	0	0	0	0	0	0	0	357842		誤差均方	45915.2
18	478380	17	289	0	0	0	1	0	0	0	0	0	0	0	456307			

圖 7-12(a) 公賣局的啤酒銷售量預測模型：加法模型

	A	B	C	D	E	F	G	H	I	J	K	L	M	N	O	P	Q	R	S
1	實際	ln(Y)	t	t^2	Q2	Q3	Q4	Q5	Q6	Q7	Q8	Q9	Q10	Q11	Q12	預測		截距	12.0890
2	178760	12.09	1	1	0	0	0	0	0	0	0	0	0	0	0	178824.31		t	0.0052
3	176340	12.08	2	4	1	0	0	0	0	0	0	0	0	0	0	172847.25		t^2	0.0000
4	271300	12.51	3	9	0	1	0	0	0	0	0	0	0	0	0	249275.12		Q2	-0.0391
5	359810	12.79	4	16	0	0	1	0	0	0	0	0	0	0	0	328545.80		Q3	0.3219
6	407130	12.92	5	25	0	0	0	1	0	0	0	0	0	0	0	410227.83		Q4	0.5930
7	520700	13.16	6	36	0	0	0	0	1	0	0	0	0	0	0	484360.97		Q5	0.8100
8	497330	13.12	7	49	0	0	0	0	0	1	0	0	0	0	0	471609.92		Q6	0.9711
9	548160	13.21	8	64	0	0	0	0	0	0	1	0	0	0	0	471401.43		Q7	0.9395
10	407030	12.92	9	81	0	0	0	0	0	0	0	1	0	0	0	393689.97		Q8	0.9342
11	360120	12.79	10	100	0	0	0	0	0	0	0	0	1	0	0	311735.68		Q9	0.7492
12	269130	12.50	11	121	0	0	0	0	0	0	0	0	0	1	0	245757.31		Q10	0.5110
13	153350	11.94	12	144	0	0	0	0	0	0	0	0	0	0	1	193084.65		Q11	0.2684
14	145600	11.89	13	169	0	0	0	0	0	0	0	0	0	0	0	189684.42		Q12	0.0225
15	201470	12.21	14	196	1	0	0	0	0	0	0	0	0	0	0	183254.93			
16	221640	12.31	15	225	0	1	0	0	0	0	0	0	0	0	0	264155.82		誤差平方	3.1476E+11
17	287910	12.57	16	256	0	0	1	0	0	0	0	0	0	0	0	347988.78		誤差均方	47080.8
18	478380	13.08	17	289	0	0	0	1	0	0	0	0	0	0	0	434292.69			

圖 7-12(b)　公賣局的啤酒銷售量預測模型：乘法模型

7.7 結論

時間分解預測模式的優缺點比較如表 7-5。

表 7-5　時間分解預測模式的優缺點比較

優點	缺點
• 可分解出各種成份（傾向 / 季節 / 循環 / 隨機） • 適合中長期預測 • 只需被預測變數數據	• 無法探討因果關係 • 不適合短期預測 • 需大量數據（至少 5 倍季節長度）

個案習題

個案 1：公司月銷售量

某公司有 115 個連續的月銷售量紀錄，此時間數列有明顯的傾向性及季節性，試用迴歸分析的方法建構加法模型、乘法模型。

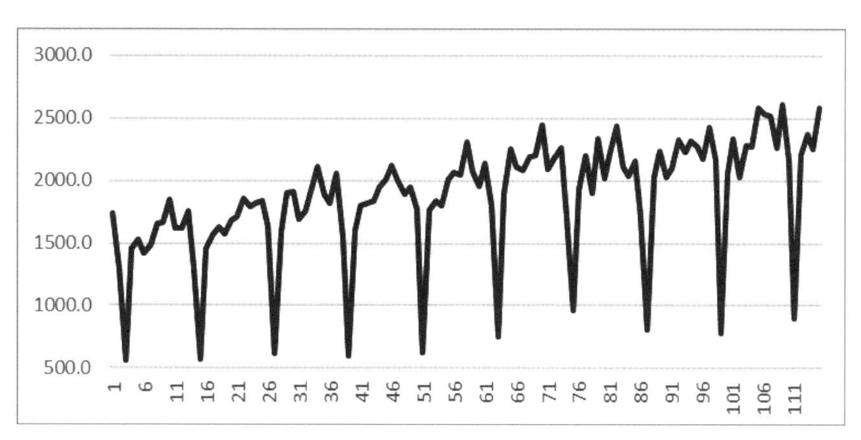

圖 7-13　個案 1. 公司月銷售量

個案 2：股價指數

台灣發行量加權股價報酬指數（2003-2016）有 3459 個連續的日資料，此時間數列有明顯的傾向性及循環性，但無季節性。

(1) 試用迴歸分析的方法建構只含傾向性的加法模型。

(2) 再利用加法模型的迴歸係數計算預測值。並繪出只考慮趨勢的預測圖。

(3) 再利用預測值計算殘差。

(4) 再利用殘差計算殘差 60 期移動平均。

(5) 再利用殘差 60 期移動平均疊加到原預測值。並繪出考慮趨勢、循環的預測圖。

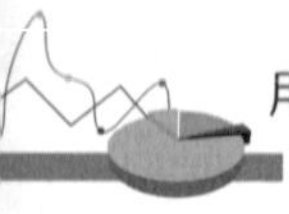

圖 7-14　個案 2. 股價指數（台灣發行量加權股價報酬指數 2003-2016）

個案 3：全年每日數據資料庫

本資料庫含有約一百多個包含一整年（365 日）連續日記錄的人類社會、經濟活動（例如產業、交通、教育）的時間數列。由於人類的活動（上班、上學、例假）深受星期制的影響，有些活動在周六、週日活動屬於高峰期，例如看電影，有些則屬於低峰期，例如以上班為主的公路的運輸量。因此本資料庫中的許多數列都有周期為七日的季節性。由於以日為單位，數列不會呈現以以一日長度為周期之季節性，例如 24 小時為周期的每小時用電量。因為時間長度只有一年，因此數列不會呈現以以一年長度為周期之季節性，例如以 12 個月為周期的每月用電量，但春夏秋冬的影響會以循環性的角色出現。如果此一人類活動在一年之內有明顯的增減，可能出現傾向性。試任選五個時間數列，用迴歸分析的方法建構加法模型、乘法模型。

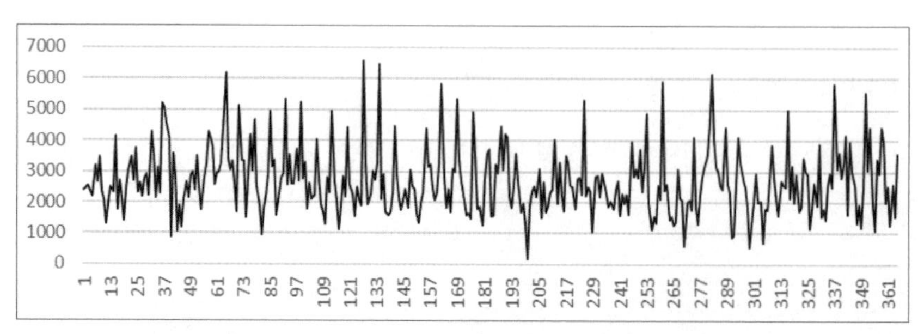

圖 7-15　個案 3. 全年每日數據資料庫（其中之一）

CHAPTER 08

時間數列模型(一)：簡易預測法

8.1 簡介

這一類的方法其基本原理是基於經驗上的直覺，例如移動平均法為將前幾個時刻的平均值作為下一個時刻的預測值。這類方法雖然簡單，但也可以達到相當的準確度，是實務上時間數列預測最常用的方法。

8.2 樸素法

在時間數列分析法中，最簡單的方法是樸素法，樸素法基本上是屬於一種經驗法則，包括下列方法：

前期等值外推法 $\hat{Y}_{t+1} = Y_t$ （8-1）

前期等差外推法 $\hat{Y}_{t+1} = Y_t + (Y_t - Y_{t-1})$ （8-2）

前期等比外推法 $\hat{Y}_{t+1} = Y_t \cdot (\frac{Y_t}{Y_{t-1}})$ （8-3）

前季等值外推法 $\hat{Y}_{t+1} = Y_{t-L+1}$ （8-4）

前季等差外推法 $\hat{Y}_{t+1} = Y_{t-L+1} + (Y_t - Y_{t-L})$ （8-5）

前季等比外推法 $\hat{Y}_{t+1} = Y_{t-L+1} \cdot (\frac{Y_{t-L+1}}{Y_{t-2L+1}})$ （8-6）

其中　Y_t= 實際值；$\hat{Y}_t$= 預測值；Y_{t-1}= 前一時刻實際值。

《例題 8-1》電腦銷售量：樸素法

同例題 7-1，以樸素法解得如表 8-1 與圖 8-1 之結果。因為這個數列具有明顯的季節性，後三個有考慮季節性的方法的誤差遠小於前三個不考慮季節性的方法。

表 8-1　電腦銷售量：樸素法

方法	誤差均方根（RMSE）
前期等值外推法	177.8
前期等差外推法	249.8
前期等比外推法	304.9
前季等值外推法	103.7
前季等差外推法	75.2
前季等比外推法	86.8

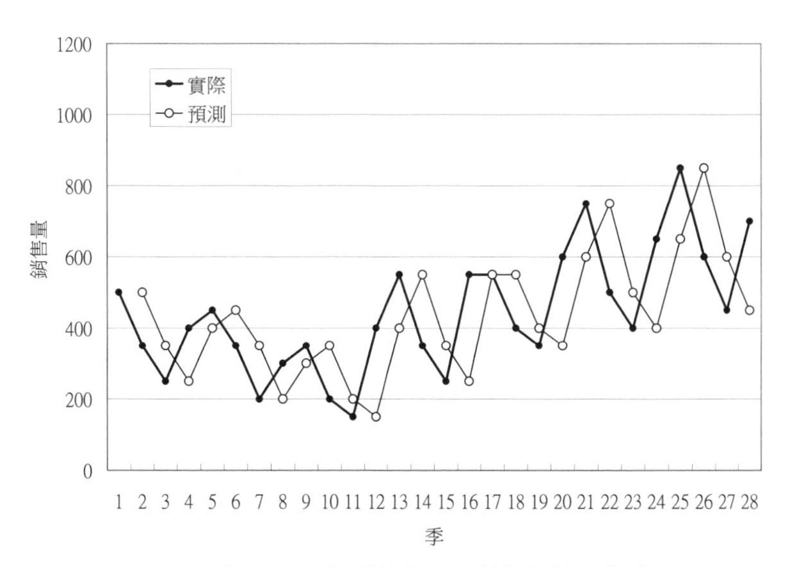

圖 8-1(a)　電腦銷售量：前期等值外推法

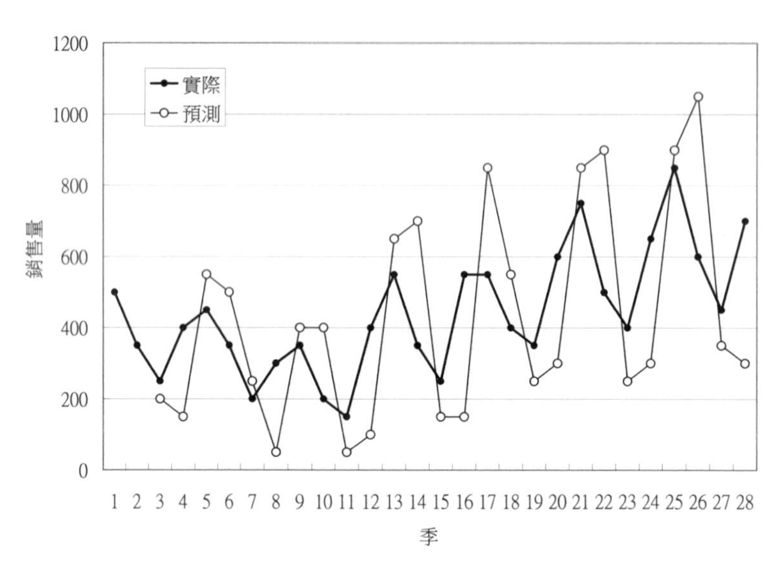

圖 8-1(b)　電腦銷售量：前期等差外推法

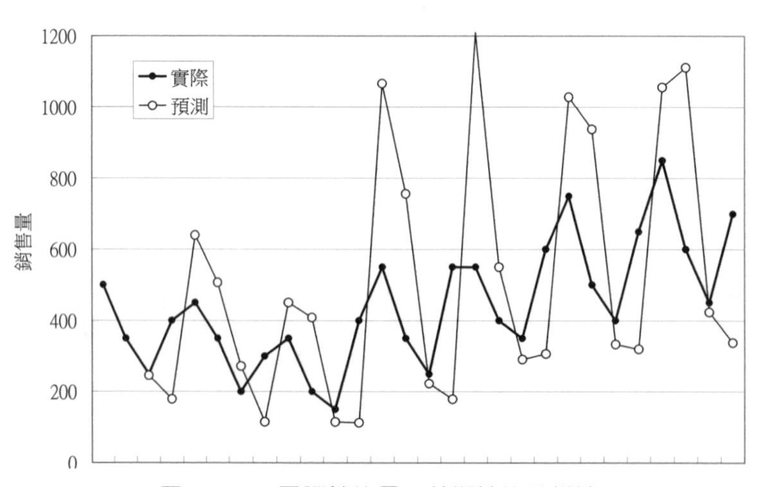

圖 8-1(c)　電腦銷售量：前期等比外推法

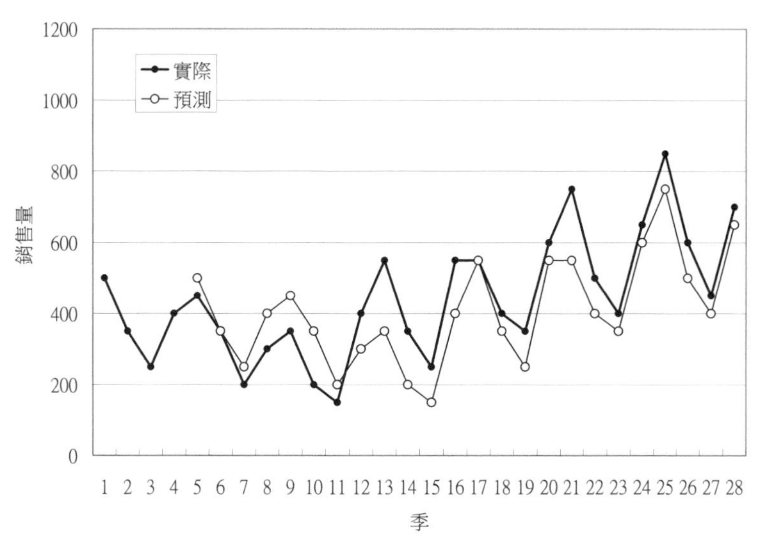

圖 8-1(d)　電腦銷售量：前季等值外推法

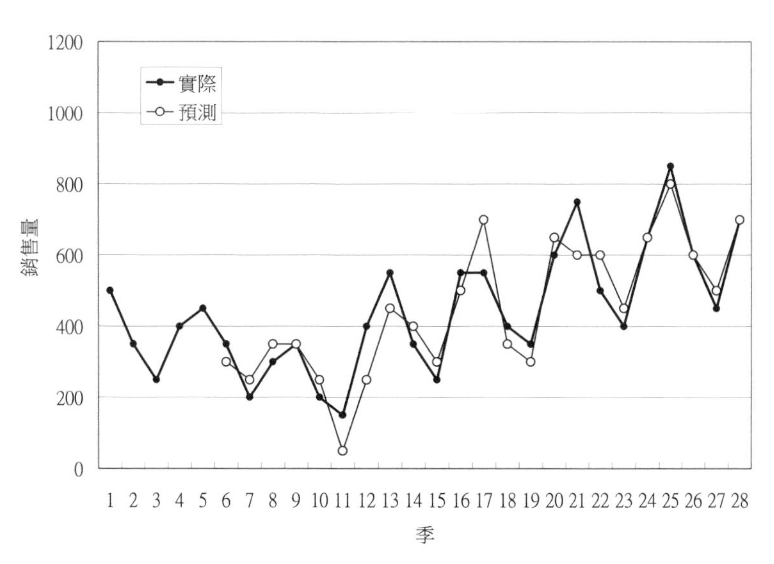

圖 8-1(e)　電腦銷售量：前季等差外推法

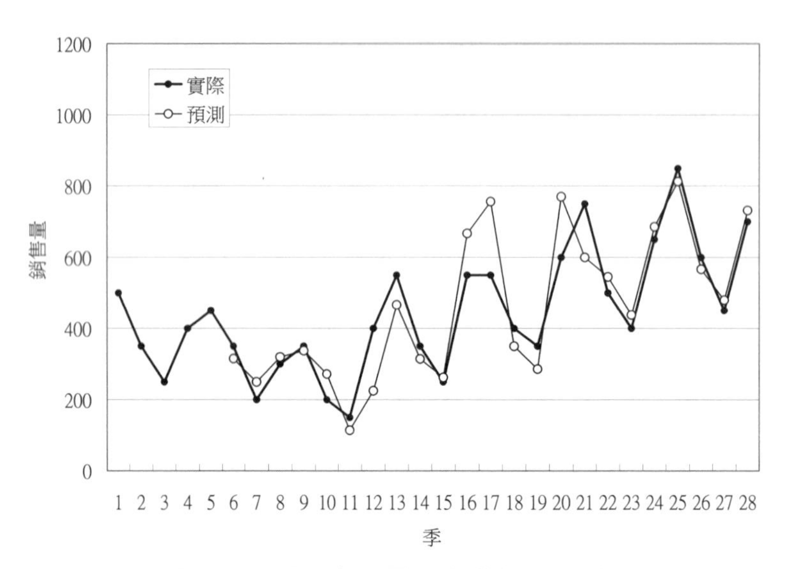

圖 8-1(f)　電腦銷售量：前季等比外推法

Excel 實作

步驟 1　開啟「例題 8-1 電腦銷售量：樸素法」檔案。

步驟 2　本例題有 28 個數據，因此已填入「B3:B30」儲存格（圖 8-2）。

步驟 3　C~H 欄分別填入六種樸素法的預測公式，讀者可以自己點選儲存格，觀察公式。例如 H8 儲存格內的公式「=B4*B7/B3」表達「前季等比外推法」的公式（8-6）：

前季等比外推法 $\hat{Y}_{t+1} = Y_{t-L+1} \cdot (\frac{Y_{t-L+1}}{Y_{t-2L+1}})$

步驟 4　I~N 欄分別填入六種樸素法的誤差平方公式，讀者可以自己觀察公式。例如 I8 儲存格內的公式「=(C8-$B8)^2」。

步驟 5　儲存格「I1:N1」分別填入六種樸素法的誤差均方根公式。例如 I1 儲存格內的公式「=SQRT(AVERAGE(I8:I30))」。可見以「前季等差外推法」的誤差均方根最小，是最準確的方法。

步驟 6 檔案內還有這六個方法的實際值與預測值的折線圖，即上述圖 8-1(a)~(f)。

	B	C	D	E	F	G	H	I	J	K	L	M	N
1								177.85	249.78	304.94	103.73	75.181	86.753
2	實際	前 期等 值外推	前期等差外推	前期等比外推	前季等值外推	前季等差外推	前季等比外推	前 期等 值外推	前期等差外推	前期等比外推	前季等值外推	前季等差外推	前季等比外推
3	500												
4	350	500											
5	250	350	200	245									
6	400	250	150	179									
7	450	400	550	640	500								
8	350	450	500	506	350	300	315	10000	22500	24414	0	2500	1225
9	200	350	250	272	250	250	250	22500	2500	5216	2500	2500	2500
10	300	200	50	114	400	350	320	10000	62500	34490	10000	2500	400
11	350	300	400	450	450	350	337.5	2500	2500	10000	10000	0	156.25
12	200	350	400	408	350	250	272.22	22500	40000	43403	22500	2500	5216
13	150	200	50	114	200	50	114.29	2500	10000	1275.5	2500	10000	1275.5

圖 8-2　例題 8-1 電腦銷售量：樸素法之畫面

8.3 平均法

簡單移動平均法假設未來值等於過去值的平均，公式如下：

$$\hat{Y}_{t+1} = M_t = \frac{(Y_t + Y_{t-1} + Y_{t-2} + \cdots + Y_{t-n+1})}{n} \tag{8-7}$$

其中

M_t= 在 t 時間的移動平均；$\hat{Y}_{t+1}$= 下一期間的預測值；

Y_t=t 期間實際值；n= 期間數。

例題 8-2 電腦銷售量：平均法

以移動平均法嘗試不同的移動期數 n，得如圖 8-3(a) 之結果。可知 n=4 的誤差最小，其預測圖如圖 8-3(b)。因為這個數列具有以四期為週期的季節性，移動期數 n=4 的誤差最小。但移動平均法是一個不考慮季節性的方法，因此誤差仍大。

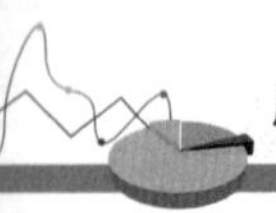

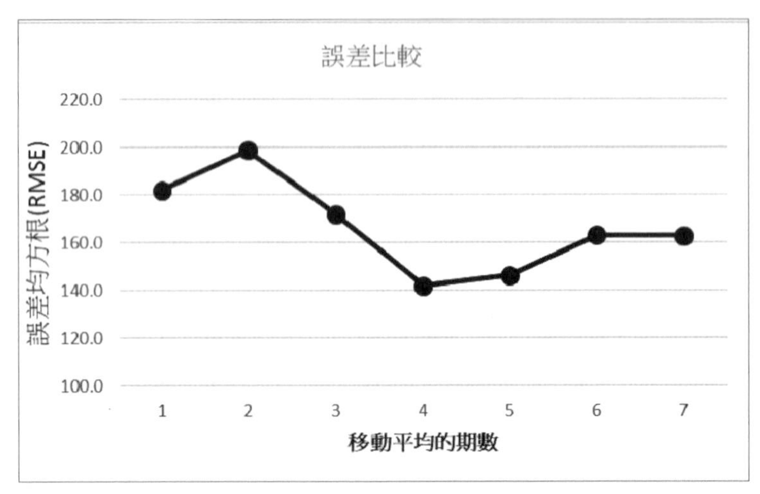

圖 8-3(a)　移動平均期數與誤差關係

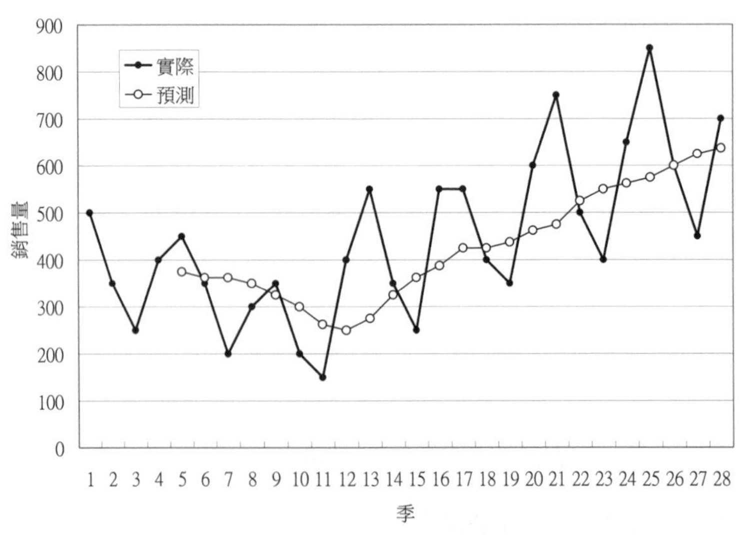

圖 8-3(b)　移動平均法結果

Excel 實作

步驟 1　開啟「例題 8-2 電腦銷售量：平均法」檔案。

步驟 2　本例題有 28 個數據，因此已填入「B3:B30」儲存格（圖 8-4）。

步驟 3 C~I 欄分別填入 1 期 ~7 期「簡單移動平均法」的預測公式，讀者可以自己點選儲存格，觀察公式。例如 I10 儲存格內的公式「=AVERAGE(B3:B9)」表達 7 期「簡單移動平均法」的預測公式。

步驟 4 J~P 欄分別填入 1 期 ~7 期「簡單移動平均法」的誤差平方公式。

步驟 5 儲存格「J1:P1」分別填入 1 期 ~7 期「簡單移動平均法」的誤差均方根公式。可見以 4 期的「簡單移動平均法」的誤差均方根最小，是最準確的參數。

	B	C	D	E	F	G	H	I	J	K	L	M	N	O	P
1									181.9	198.7	171.9	141.9	146.2	163.0	162.8
2	實際	1期平均	2期平均	3期平均	4期平均	5期平均	6期平均	7期平均	1期平均	2期平均	3期平均	4期平均	5期平均	6期平均	7期平均
3	500														
4	350	500.0													
5	250	350.0	425.0												
6	400	250.0	300.0	366.7											
7	450	400.0	325.0	333.3	375.0										
8	350	450.0	425.0	366.7	362.5	390.0									
9	200	350.0	400.0	400.0	362.5	360.0	383.3								
10	300	200.0	275.0	333.3	350.0	330.0	333.3	357.1	10000	625	1111	2500	900	1111	3265
11	350	300.0	250.0	283.3	325.0	340.0	325.0	328.6	2500	10000	4444	625	100	625	459
12	200	350.0	325.0	283.3	300.0	330.0	341.7	328.6	22500	15625	6944	10000	16900	20069	16531
13	150	200.0	275.0	283.3	262.5	[illegible].0	308.3	321.4	2500	15625	17778	12656	16900	25069	29388
14	400	150.0	175.0	233.3	250.0	240.0	258.3	285.7	62500	50625	27778	22500	25600	20069	13061
15	550	400.0	275.0	250.0	275.0	280.0	266.7	278.6	22500	75625	90000	75625	72900	80278	73673

圖 8-4　例題 8-2 電腦銷售量：平均法之畫面

8.4 平滑法：簡單指數平滑法

平滑法包括簡單指數平滑法、Holt 方法、Winter 方法等。這三種方法分別有一個、二個、三個平滑常數。

簡單指數平滑法很容易被應用，因為預測僅需三種資料：最近的預測、最近的實際值、平滑常數。公式如下：

$$\hat{Y}_{t+1} = \alpha Y_t + (1-\alpha)\hat{Y}_t = \hat{Y}_t + \alpha(Y_t - \hat{Y}_t) \quad (8\text{-}8)$$

其中

$\hat{Y}_{t+1}$ = 第 t+1 期的指數平滑預測值；α = 平滑常數（$0 \le \alpha \le 1$）；

$\hat{Y}_t$ = 前一期指數平滑預測值；Y_t = 前一期指數平滑實際值。

當平滑常數等於 1 時，相當於 n=1 的移動平均法；平滑常數越小，其效果越接近 n 越大的移動平均法。本法適用於只有雜訊，沒有趨勢、季節成分的時間數列。

◀例題 8-3▶ 電腦銷售量：簡單指數平滑法

以指數平滑法嘗試不同的平滑常數 α，得如圖 8-5(a) 之結果。可知 α=0.325 的誤差最小，其預測圖如圖 8-5(b)。

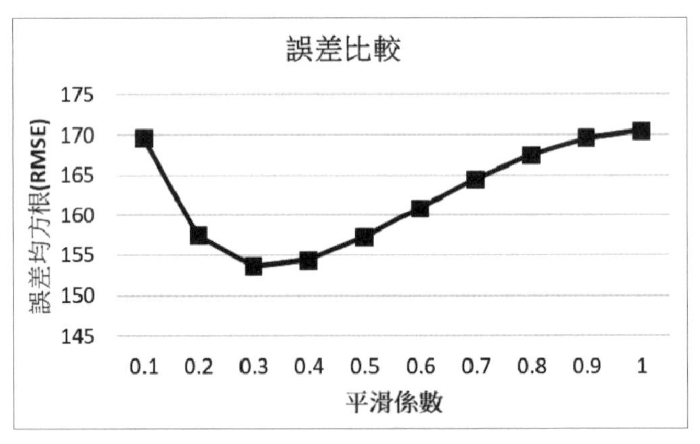

圖 8-5(a)　平滑常數與誤差關係

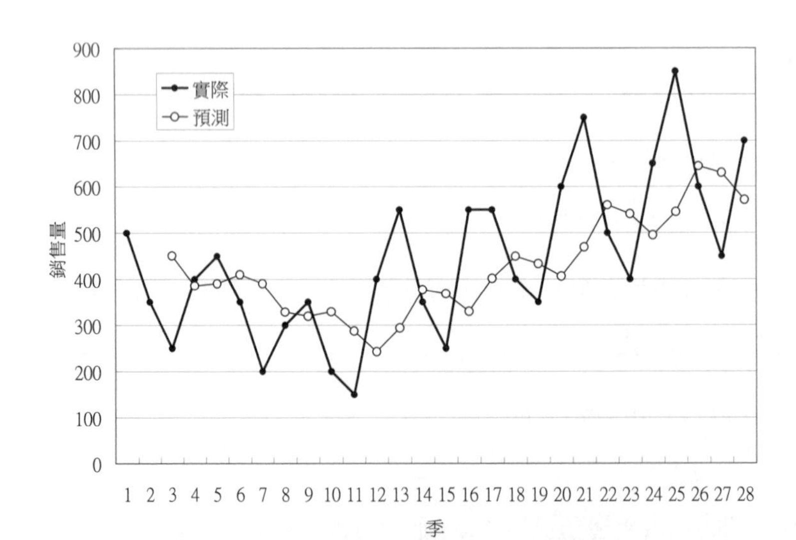

圖 8-5(b)　簡單指數平滑法

Excel 實作

步驟 1 開啟「例題 8-3 電腦銷售量：簡單指數平滑法」檔案。

步驟 2 本例題有 28 個數據，因此已填入「B2:B29」儲存格（圖 8-6）。

步驟 3 C~L 欄分別填入平滑常數 0.1，0.2，...1.0 的「簡單指數平滑法」的預測公式。例如 C3 儲存格內的公式「=C$1*$B2+(1-C$1)*C2」表達公式（8-8）：

$$\hat{Y}_{t+1} = \alpha Y_t + (1-\alpha)\hat{Y}_t = \hat{Y}_t + \alpha(Y_t - \hat{Y}_t)$$

步驟 4 M~V 欄分別填入平滑常數 0.1，0.2，...1.0 的「簡單指數平滑法」的誤差平方公式。

步驟 5 儲存格「M30:V30」分別填入平滑常數 0.1，0.2，...1.0 的「簡單指數平滑法」的誤差均方根公式。可見以平滑常數 0.3 的「簡單移動平均法」的誤差均方根最小，是最準確的參數。

	B	C	D	E	F	G	H	I	J	K	L	M	N	O	P	Q	R	S	T	U	V
1												169.6	157.5	153.63	154.44	157.33	160.94	164.51	167.52	169.6	170.51
2	實際	0.1	0.2	0.3	0.4	0.5	0.6	0.7	0.8	0.9	1	0.1	0.2	0.3	0.4	0.5	0.6	0.7	0.8	0.9	1
3	500	500.0	500.0	500.0	500.0	500.0	500.0	500.0	500.0	500.0	500.0										
4	350	500.0	500.0	500.0	500.0	500.0	500.0	500.0	500.0	500.0	500	22500	22500	22500	22500	22500	22500	22500	22500	22500	22500
5	250	485.0	470.0	455.0	440.0	425.0	410.0	395.0	380.0	365.0	350	55225	48400	42025	36100	30625	25600	21025	16900	13225	10000
6	400	461.5	426.0	393.5	364.0	337.5	314.0	293.5	276.0	261.5	250	3782	676	42	1296	3906	7396	11342	15376	19182	22500
7	450	455.4	420.8	395.5	378.4	368.8	365.6	368.1	375.2	386.2	400	29	853	2976	5127	6602	7123	6716	5595	4077	2500
8	350	454.8	426.6	411.8	407.0	409.4	416.2	425.4	435.0	443.6	450	10986	5874	3821	3254	3525	4388	5687	7232	8764	10000
9	200	444.3	411.3	393.3	384.2	379.7	376.5	372.6	367.0	359.4	350	59699	44653	37353	33938	32288	31151	29799	27892	25396	22500
10	300	419.9	369.0	335.3	310.5	289.8	270.6	251.8	233.4	215.9	200	14376	4768	1245	111	103	864	2324	4435	7067	10000

圖 8-6　例題 8-3 電腦銷售量：簡單指數平滑法之畫面

8.5 平滑法：Holt 方法

當時間數列具有趨勢成分時，簡單指數平滑法並不適合。此時可使用 Holt 方法。Holt 的方法包含第二個平滑參數，將簡單指數平滑法擴充成具有趨勢的模式。它可以處理具有雜訊、傾向成份的資料。在計算新的平滑值之前，需進一步調整上期趨勢的每個平均值。公式如下：

$$A_t = \alpha Y_t + (1-\alpha)(A_{t-1} + T_{t-1}) \qquad (8\text{-}9)$$

$$T_t = \beta(A_t - A_{t-1}) + (1-\beta)T_{t-1} \qquad (8\text{-}10)$$

$$\hat{Y}_{t+1} = A_t + T_t \qquad (8\text{-}11)$$

其中

A_t=t 期平滑值；α= 平滑常數 ($0 \le \alpha \le 1$)；Y_t =t 期實際值；

β= 趨勢平滑常數 ($0 \le \beta \le 1$)；T_t =t 期平滑趨勢；

$\hat{Y}_{t+1}$= 未來 1 期之預測。

〈例題 8-4〉電腦銷售量：Holt 指數平滑法

以 Holt 指數平滑法嘗試 α=0.3, β=0.1，得如圖 8-7 之結果。α,β 參數可以使用 Excel 的「規劃求解」功能最佳化。

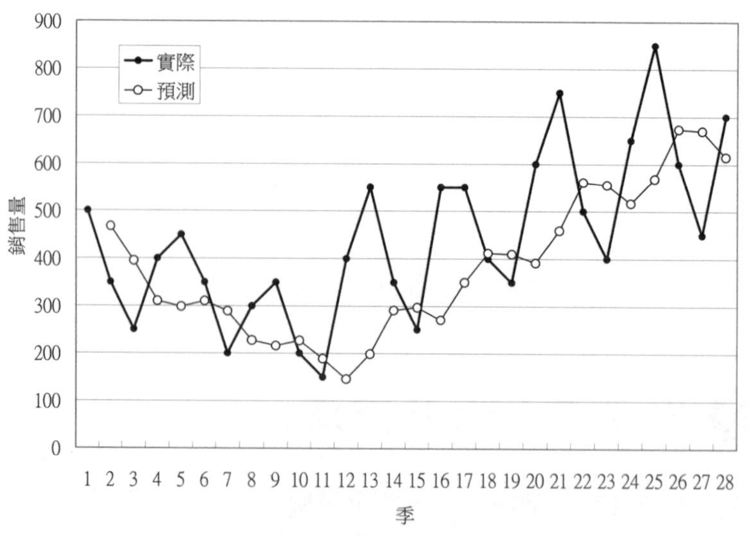

圖 8-7　Holt 指數平滑法

Excel 實作

步驟 1 開啟「例題 8-4 電腦銷售量：Holt 指數平滑法」檔案。

步驟 2 本例題有 28 個數據，因此已填入「B2:B29」儲存格。

步驟 3 在 I1:I2 儲存格填入參數 α=0.3,β=0.1。在 C~E 欄分別填入「Holt 指數平滑法」的預測公式。例如 C3 儲存格內的公式「=$I$1*B3+(1-$I$1)*(C2+D2)」表達公式（8-9）：

$$A_t = \alpha Y_t + (1-\alpha)(A_{t-1} + T_{t-1})$$

D3 儲存格內的公式「=$I$2*(C3-C2)+(1-$I$2)*D2」表達公式（8-10）：

$$T_t = \beta(A_t - A_{t-1}) + (1-\beta)T_{t-1}$$

E3 儲存格內的公式「=C2+D2」表達公式（8-11）：

$$\hat{Y}_{t+1} = A_t + T_t$$

步驟 4 F 欄填入誤差平方公式。

步驟 5 儲存格「F30」填入誤差均方根公式。調整在 I1:I2 儲存格參數，則儲存格「F30」填入誤差均方根也會跟著改變，讀者可以試試看。事實上 α=0.3,β=0.1 已經是一組很好的參數。

步驟 6 開啟「資料」標籤的「規劃求解」視窗，並輸入參數如圖 8-8，即在「設定目標式」輸入「$I$4」，在「藉由變更變數儲存格」輸入「$I$1:$I$2」，以調整在 I1:I2 儲存格內的 α,β，最小化在 I4 儲存格內的誤差平方和，結果如圖 8-9。

	B	C	D	E	F	G	H	I
1	實際	At	Tt	預測	誤差		a	0.323
2	500	500.0	0.0				b	0.000
3	350	451.6	0.0	500.0	22500.0			
4	250	386.5	0.0	451.6	40628.5		誤差均方根	153.53
5	400	390.8	0.0	386.5	182.8			
6	450	409.9	0.0	390.8	3499.3			
7	350	390.6	0.0	409.9	3593.6			

圖 8-8 例題 8-4 電腦銷售量：Holt 指數平滑法之畫面

規劃求解參數

設定目標式:(T) $I$4

至: ○ 最大值(M) ◉ 最小(N) ○ 值:(V) 0

藉由變更變數儲存格:(B)

$I$1:$I$2

設定限制式:(U)

新增(A)

變更(C)

刪除(D)

全部重設(R)

載入/儲存(L)

☑ 將未設限的變數設為非負數(K)

選取求解方法:(E) GRG 非線性 選項(P)

求解方法

針對平滑非線性的規劃求解問題，請選取 GRG 非線性引擎。針對線性規劃求解問題，請選取 LP 單純引擎，非平滑性的規劃求解問題則選取演化引擎。

說明(H) 求解(S) 關閉(O)

圖 8-9 例題 8-4 電腦銷售量：「規劃求解」視窗

8.6 平滑法：Winter 方法

當時間數列具有季節成分時，Holt 方法並不適合。此時可使用 Winter 方法。Winter 的方法，包含三個平滑，將 Holt 的二參數模式擴充成具有季節性的模式。它可以處理具有雜訊、傾向、季節成份的資料。公式如下：

$$A_t = \alpha \frac{Y_t}{S_{t-L}} + (1-\alpha)(A_{t-1} + T_{t-1}) \tag{8-12}$$

$$T_t = \beta(A_t - A_{t-1}) + (1-\beta)T_{t-1} \tag{8-13}$$

$$S_t = \gamma \frac{Y_t}{A_t} + (1-\gamma)S_{t-L} \tag{8-14}$$

$$\hat{Y}_{t+1} = (A_t + T_t) S_{t-L+1} \tag{8-15}$$

其中

A_t=t 期平滑值；α= 平滑常數（$0 \le \alpha \le 1$）；Y_t=t 其實際值；

β= 趨勢平滑常數（$0 \le \beta \le 1$）；T_t=t 期平滑趨勢；

γ= 季節平滑常數（$0 \le \gamma \le 1$）；S_t=t 期平滑季節指數；

L= 季節循環長度，如 12 個月或 4 季；

$\hat{Y}_{t+1}$= 未來 1 期之預測。

《例題 8-5》電腦銷售量：Winter 指數平滑法

以 Winter 指數平滑法嘗試 α=0.4,β=0.1,γ=0.8，得如圖 8-10 之結果。因為此時間數列具有季節成分，Winter 方法的預測效果很好。α,β,γ 參數可以使用 Excel 的「規劃求解」功能最佳化。

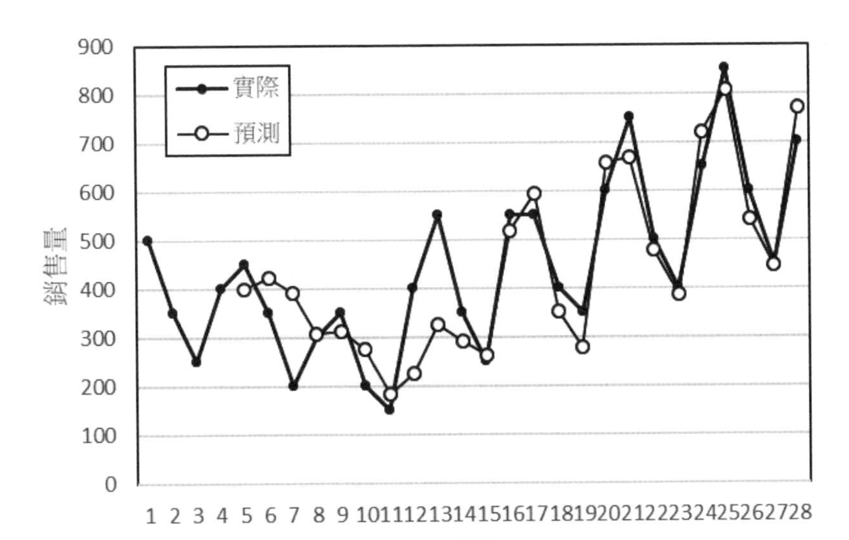

圖 8-10　Winter 指數平滑法

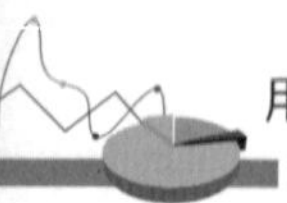

Excel 實作

步驟 1　開啟「例題 8-5 電腦銷售量：Winter 指數平滑法」檔案。

步驟 2　本例題有 28 個數據，因此已填入「B2:B29」儲存格（圖 8-11）。

步驟 3　在 J1:J3 儲存格填入參數 $\alpha=0.4, \beta=0.1, \gamma=0.8$。在 C~F 欄分別填入「Winter 指數平滑法」的預測公式（8-12）~（8-15）。例如 C3 儲存格內的公式「=$J$1*B3/1+(1-$J$1)*(C2+D2)」表達公式（8-12）：

$$A_t = \alpha \frac{Y_t}{S_{t-L}} + (1-\alpha)(A_{t-1} + T_{t-1})$$

D3 儲存格內的公式「=$J$2*(C3-C2)+(1-$J$2)*D2」表達公式（8-13）：

$$T_t = \beta(A_t - A_{t-1}) + (1-\beta)T_{t-1}$$

E6 儲存格內的公式「=$J$3*B6/C6+(1-$J$3)*E2」表達公式（8-14）：

$$S_t = \gamma \frac{Y_t}{A_t} + (1-\gamma)S_{t-L}$$

F6 儲存格內的公式「=(C5+D5)*E2」表達公式（8-15）：

$$\hat{Y}_{t+1} = (A_t + T_t)S_{t-L+1}$$

步驟 4　G 欄填入誤差平方公式。

步驟 5　儲存格「G30」填入誤差均方根公式。調整在 J1:J3 儲存格參數，則儲存格「G30」填入誤差均方根也會跟著改變，讀者可以試試看。事實上 $\alpha=0.4, \beta=0.1, \gamma=0.8$ 已經是一組很好的參數。

步驟 6　開啟「資料」標籤的「規劃求解」視窗，並輸入參數如圖 8-12，即在「設定目標式」輸入「$J$5」，在「藉由變更變數儲存格」輸入「$J$1:$J$3」，在「設定限制式」輸入「$J$1:$J$3<=1」與「$J$1:$J$3>=0」，以調整在 J1:J3 儲存格內的 α, β, γ，最小化在 J5 儲存格內的誤差平方和，並限制在 J1:J3 儲存格內的α，β，γ的值在 0~1 之間。結果如圖 8-12。

	B	C	D	E	F	G	H	I	J
1	實際	At	Tt	St	預測	誤差		a	0.400
2	500	500.0	0.00	1.00				b	0.100
3	350	350.0	0.00	1.00				r	0.800
4	250	250.0	0.00	1.00					
5	400	400.0	0.00	1.00				誤差均方根	85.06
6	450	420.0	2.00	1.06	400.0	2500.0			
7	350	393.2	-0.88	0.91	422.0	5184.0			
8	200	315.4	-8.57	0.71	392.3	36987.0			

圖 8-11 例題 8-5 電腦銷售量：Winter 指數平滑法之畫面

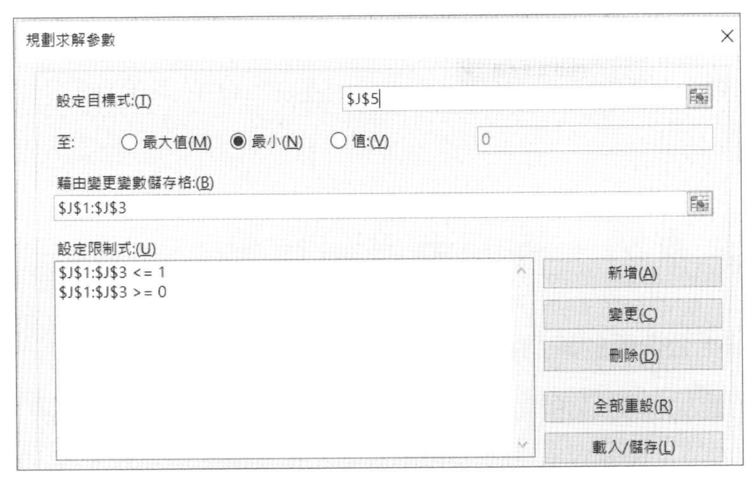

圖 8-12 例題 8-4 電腦銷售量：「規劃求解」視窗

電腦銷售量之簡易預測法之比較如表 8-2。其中以 Winter 指數平滑法最佳，其次是有考慮季節性的「前季等值外推法」等三個樸素法。這是因為此時間數列具有隨機成分、趨勢成分、季節成分，Winter 方法的三個平滑參數α,β,γ可以用來模擬這三個成分。

表 8-2　電腦銷售量：簡易預測法之比較

方法	誤差均方根（RMSE）	參數	備註
前期等值外推法	177.8		
前期等差外推法	249.8		
前期等比外推法	304.9		
前季等值外推法	103.7		
前季等差外推法	75.2		
前季等比外推法	86.8		
簡單移動平均法	141.5	n=4	
簡單指數平滑法	153.7	α=0.325	
Holt 指數平滑法	153.5	α=0.323, β=0.00	
Winter 指數平滑法	80.38	α=0.437, β=0.00, γ=1.00	最佳方法

8.7 實例：啤酒每月銷售量

〈例題 8-6〉公賣局的啤酒銷售量

同例題 7-3，簡易預測法之比較如表 8-3。因為此時間數列具有隨機、趨勢、季節成分，因此以 Winter 指數平滑法的預測最準確，其次是有考慮季節性的「前季等值外推法」等三個樸素法。Winter 方法的預測結果如圖 8-13。

表 8-3　啤酒銷售量：簡易預測法之比較

方法	誤差均方根（RMSE）	參數	備註
前期等值外推法	93974		
前期等差外推法	109080		
前期等比外推法	122358		
前季等值外推法	58114		
前季等差外推法	61405		

方法	誤差均方根（RMSE）	參數	備註
前季等比外推法	65112		
簡單移動平均法	93649	n=1	
簡單指數平滑法	93043	α=1.0	
Holt 指數平滑法	89860	α=1.208, β=0.00	
Winter 指數平滑法	53240	α=0.04, β=0.00, γ=0.701	最佳方法

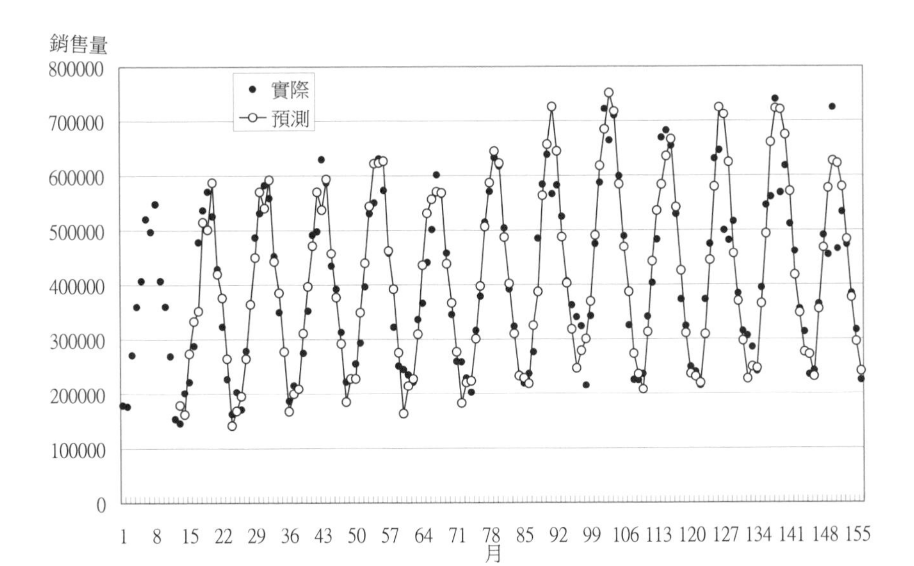

圖 8-13　公賣局的啤酒銷售量預測：Winter 指數平滑法

Excel 實作

步驟 1　開啟「例題 8-6 公賣局的啤酒銷售量」檔案。

步驟 2　本例題有 13 年的月數據，故共有 156 個數據，因此已填入「B2:B157」儲存格（圖 8-14）。

步驟 3　在 J1:J3 儲存格填入參數 $\alpha=0.1, \beta=0.0, \gamma=0.7$。在 C~F 欄分別填入「Winter 指數平滑法」的預測公式（8-12）~（8-15）。

步驟 4　G 欄填入誤差平方公式。

步驟 5　儲存格「J5」填入誤差均方根公式。調整在 J1:J3 儲存格參數，則儲存格「J5」填入誤差均方根也會跟著改變，讀者可以試試看。事實上上述參數已經是一組很好的參數。

	A	B	C	D	E	F	G	H	I	J
1		實際	At	Tt	St	預測	誤差		a	0.040
2	1	178760	178760	0.000	1.000				b	0.000
3	2	176340	178663.6	-0.038	0.991				r	0.701
4	3	271300	182354.2	1.432	1.342					
5	4	359810	189425.3	4.248	1.630				誤差均	53239.93
6	5	407130	198102.7	7.704	1.739					
7	6	520700	210962.3	12.824	2.029					
8	7	497330	222383.4	17.369	1.866					
9	8	548160	235379	22.539	1.931					
10	9	407030	242239.1	25.263	1.477					
11	10	360120	246959.7	27.134	1.321					
12	11	269130	247869.1	27.485	1.060					
13	12	153350	244129.8	25.985	0.739					
14	13	145600	240229.4	24.420	0.724	244155.8	9.71E+09			
15	14	201470	238782.5	23.834	0.888	238064.2	1.34E+09			
16	15	221640	235873.1	22.666	1.060	320431.5	9.76E+09			
17	16	287910	233533.3	21.724	1.352	384585.4	9.35E+09			

圖 8-14　例題 8-6 公賣局的啤酒銷售量之畫面

8.8 結論

簡易預測模式的優缺點比較如表 8-4。

表 8-4　簡易預測預測模式的優缺點比較

優點	缺點
• 計算簡單 • 只需少量被預測變數數據	• 無法探討因果關係 • 無法分解出各種成份（傾向 / 季節 / 循環 / 隨機） • 不適合中長期預測 • 較不精確 • 無嚴密的理論基礎

個案習題

個案 1：公司月銷售量

某公司有 115 個連續的月銷售量紀錄，此時間數列有明顯的傾向性及季節性，試用 Winter 方法建構模型。

個案 2：股價指數

台灣發行量加權股價報酬指數（2003-2016）有 3459 個連續的日資料，此時間數列有明顯的傾向性及循環性。

(1) 試用 5 日、20 日、60 日、250 日移動平均法建構模型。

(2) 試以平滑係數取 1/5、1/20、1/60、1/250 的簡單指數平滑法建構模型。

個案 3：全年每日數據資料庫

本資料庫含有約一百多個包含一整年（365 日）連續日記錄的人類社會、經濟活動（例如產業、交通、教育）的時間數列。其中許多數列都有周期為七日的季節性。試任選五個時間數列，如果不含季節性，請採用 Holt 指數平滑法，如果含季節性，請採用 Winter 法建構模型。

CHAPTER 09

時間數列模型（二）：ARIMA 法

9.1 簡介

ARIMA 模式（Autoregressive Integrated Moving Average model），又稱「自迴歸整合移動平均模型」，或稱 Box-Jenkins 模式，乃是一種用來處理複雜的時間數列的一種技術。此種方法之實際功能和引人之處是能精確掌握複雜的時間數列，可對一些複雜的時間數列建構精確的模型，而且有一套系統化的方法建構最適預測模型，不像簡易預測法需以嘗試錯誤的方式為之。

時間數列分析最主要的原理是利用被預測變數本身前幾個值來預測。使用 ARIMA 模式所處理的時間數列必須是穩態的時間數列，所謂穩態是指其統計參數如平均值與標準差不隨時間而變，因此有傾向或季節性的數列便不符合穩態的條件，但可先將數列去除傾向性與季節性後，得到穩態數列再加以處理。

ARIMA 模式以 ARIMA（p,d,q）來表達，其中 p 為自迴歸（Autoregressive）項數；q 為移動平均（Moving Average）項數，d 為使之成為平穩序列所做的差分次數（階數）。

9.2 時間數列法之模式

ARIMA 分析最主要的原理是利用被預測變數本身前幾個值或誤差來預測。例如以前 24 小時用電量來預測下一小時用電量。ARIMA 方法具有嚴謹的統計學基礎，它分成三種模式：

一 自我迴歸模式（Autoregressive Model, AR Model）

自我迴歸模式，又稱為 AR 模式，它只包含自我迴歸項，公式如下：

$$y_t = \phi_0 + \phi_1 y_{t-1} + \phi_2 y_{t-2} + ... + \phi_p y_{t-p} + \varepsilon_t \quad (9\text{-}1(a))$$

其中

Y_t=t 時刻因變數；Y_{t-n}= 前 n 時刻之因變數；

ϕ_n= 迴歸係數；ε_t=t 時刻誤差項。

二 移動平均模式（Moving-Average Models, MA Model）

移動平均模式，又稱為 MA 模式，它只包含移動平均項，公式如下：

$$y_t = \theta_0 + \varepsilon_t - \theta_1\varepsilon_{t-1} - \theta_2\varepsilon_{t-2} - \ldots - \theta_q\varepsilon_{t-q} \quad (9\text{-}1(b))$$

其中

Y_t=t 時刻因變數；θ_n= 係數；

ε_t=t 時刻誤差；ε_{t-n}= 前 n 時刻之誤差。

三 自我迴歸移動平均模式（Autoregressiver Moving-Average Models, ARMA Model）

自我迴歸移動平均模式，又稱 ARMA 模式。它整合了 AR 和 MA 模式，公式如下：

$$y_t = \phi_0 + \phi_1 y_{t-1} + \phi_2 y_{t-2} + \ldots + \phi_p y_{t-p} + \varepsilon_t - \theta_1\varepsilon_{t-1} - \theta_2\varepsilon_{t-2} - \ldots - \theta_q\varepsilon_{t-q} \quad (9\text{-}1(c))$$

大部份的時間數列其階次大部份為 1 或 2 階，例如：

- **AR(1) 模型**

$$y_t = \phi_0 + \phi_1 y_{t-1} + \varepsilon_t \quad (9\text{-}2(a))$$

- **AR(2) 模型**

$$y_t = \phi_0 + \phi_1 y_{t-1} + \phi_2 y_{t-2} + \varepsilon_t \quad (9\text{-}2(b))$$

- **MA(1) 模型**

$$y_t = \theta_0 + \varepsilon_t - \theta_1\varepsilon_{t-1} \quad (9\text{-}2(c))$$

■ **MA(2) 模型**

$$y_t = \theta_0 + \varepsilon_t - \theta_1\varepsilon_{t-1} - \theta_2\varepsilon_{t-2} \tag{9-2(d)}$$

如果數列要平穩則其參數要滿足下列要求（圖 9-1）：

■ **AR(1) 模型**

$$-1 \le \phi_1 \le +1 \tag{9-3(a)}$$

■ **AR(2) 模型**

$$\phi_1 - \phi_2 \le +1，\phi_1 + \phi_2 \ge -1，-1 \le \phi_2 \le +1 \tag{9-3(b)}$$

■ **MA(1) 模型**

$$-1 \le \theta_1 \le +1 \tag{9-3(c)}$$

■ **MA(2) 模型**

$$\theta_1 - \theta_2 \le +1，\theta_1 + \theta_2 \ge -1，-1 \le \theta_2 \le +1 \tag{9-3(d)}$$

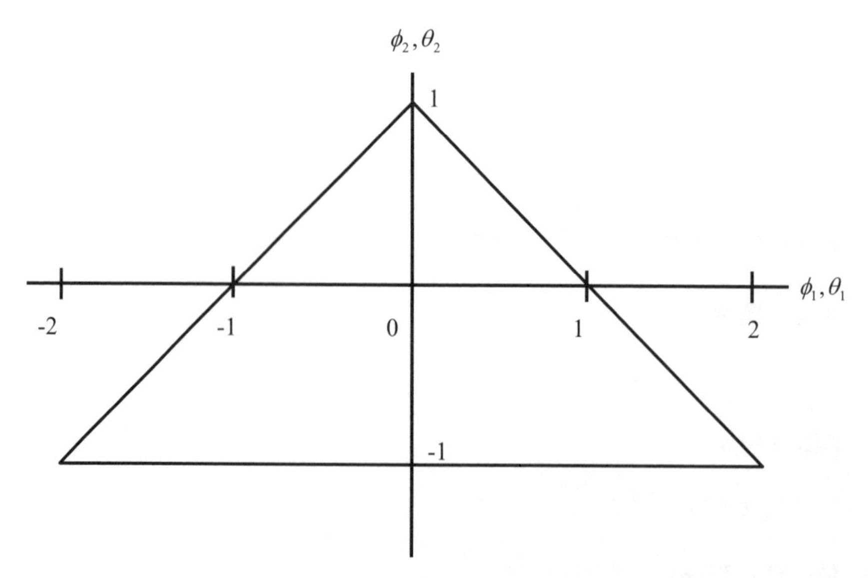

圖 9-1　AR(1)，AR(2)，MA(1)，MA(2) 的參數的範圍

現實世界中有許多時間數列可用上述模型來建模。為了讓讀者了解這些模型的特性，以下用電腦模擬的方式產生人為的 AR(1), AR(2), MA(1), MA(2) 時間數列，分別以一個例題做介紹。

《例題 9-1》 AR(1) 模型

假設有一 AR(1) 模型為 $\hat{Y}_t=0.9Y_{t-1}$，假設初值 $Y_1=0$，則

(1) $\hat{Y}_2=0.9Y_1=0.9(0)=0$

假設 $\varepsilon_2=1.31$，則 $Y_2=\hat{Y}_2+\varepsilon_2=0+1.31=1.31$

(2) $\hat{Y}_3=0.9Y_2=0.9(1.31)=1.18$

假設 $\varepsilon_3=-0.24$，則 $Y_3=\hat{Y}_3+\varepsilon_3=1.18+(-0.24)=0.93$

(3) $\hat{Y}_4=0.9Y_3=0.9(0.93)=0.84$

假設 $\varepsilon_3=-0.25$，則 $Y_4=\hat{Y}_4+\varepsilon_4=0.84+(-0.25)=0.59$

以下依此類推（表 9-1）。

表 9-1 AR(1) 模型計算例

	模式值 $\hat{Y}_t=0.9Y_{t-1}$	隨機值 ε_t	時間數列值 $Y_t=\hat{Y}_t+\varepsilon_t$
1	na	na	0.00
2	0.00	1.31	1.31
3	1.18	-0.24	0.93
4	0.84	-0.25	0.59
5	0.53	-0.99	-0.46
6	-0.42	-0.37	-0.79
7	-0.71	-0.19	-0.90
8	-0.81	1.00	0.19
9	0.17	-0.51	-0.34

Excel 實作

步驟 1 開啟「例題 9-1 AR(1) 模型」檔案（圖 9-2）。

步驟 2 B~D 欄分別為模式值、隨機值、時間數列值。首先在 G1, G2 儲存格輸入 0 與 0.9 做為 ϕ_0 與 ϕ_1 參數。在 D2 輸入 0 當成 AR(1) 時間數列的初始值。接著在 B3，C3，D3 儲存格內分別輸入公式

- **B3**：「=$G$1+$G$2*D2」以表達模式值 $y_t = \phi_0 + \phi_1 y_{t-1}$
- **C3**：「=NORMINV(RAND(),0,1)」以表達隨機值 ε_t 為以 0 為平均值，1 為標準差的常態分佈隨機變數
- **D3**：「=B3+C3」以表達時間數列值 $Y_t = \hat{Y}_t + \varepsilon_t$

步驟 3 複製 B3，C3，D3 儲存格內公式到 B201，C201，D201 為止，即可產生 AR(1) 時間數列。

由於上述時間數列由模擬產生具有隨機性，因此每次產生的數列都不一樣，但都具有相似的特徵。例如讀者可在 G2 儲存格輸入 0.9 與 -0.9 做為 ϕ_1 參數，可以發現兩種特徵截然不同的數列。注意數列要平穩則其參數要滿足 $-1 \le \phi_1 \le +1$。

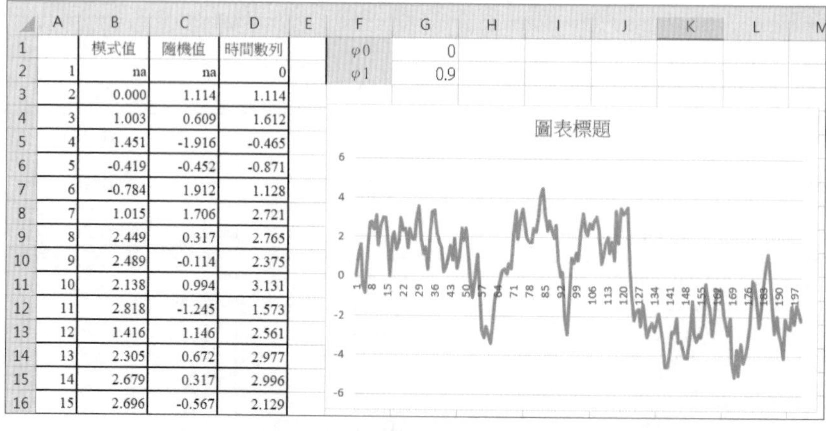

	A	B	C	D	F	G
1		模式值	隨機值	時間數列	φ0	0
2	1	na	na	0	φ1	0.9
3	2	0.000	1.114	1.114		
4	3	1.003	0.609	1.612		
5	4	1.451	-1.916	-0.465		
6	5	-0.419	-0.452	-0.871		
7	6	-0.784	1.912	1.128		
8	7	1.015	1.706	2.721		
9	8	2.449	0.317	2.765		
10	9	2.489	-0.114	2.375		
11	10	2.138	0.994	3.131		
12	11	2.818	-1.245	1.573		
13	12	1.416	1.146	2.561		
14	13	2.305	0.672	2.977		
15	14	2.679	0.317	2.996		
16	15	2.696	-0.567	2.129		

圖 9-2　例題 9-1 AR(1) 模型

《例題 9-2》 AR(2) 模型

假設有一 AR(2) 模型為 $\hat{Y}_t=0.6Y_{t-1}+0.3Y_{t-2}$，假設初值 $Y_1=0$，$Y_2=1.31$，則

(1) $\hat{Y}_3=0.6Y_2+0.3Y_1=0.6(1.31)+0.3(0)=0.79$

假設 $\varepsilon_3=-0.24$，則

$Y_3=\hat{Y}_3+\varepsilon_3=0.79+(-0.24)=0.54$

(2) $\hat{Y}_4=0.6Y_3+0.3Y_2=0.6(0.54)+0.3(1.31)=0.72$

假設 $\varepsilon_4=-0.25$，則

$Y_4=\hat{Y}_4+\varepsilon_4=0.72+(-0.25)=0.47$

以下依此類推（表 9-2）。

表 9-2　AR(2) 模型計算例

	模式值 $\hat{Y}_t=0.6Y_{t-1}+0.3Y_{t-2}$	隨機值 ε_t	時間數列值 $Y_t=\hat{Y}_t+\varepsilon_t$
1	na	na	0.00
2	na	na	1.31
3	0.79	-0.24	0.54
4	0.72	-0.25	0.46
5	0.44	-0.99	-0.55
6	-0.19	-0.37	-0.56
7	-0.50	-0.19	-0.69
8	-0.58	1.00	0.41
9	0.04	-0.51	-0.47

Excel 實作

步驟 1　開啟「例題 9-2 AR(2) 模型」檔案（圖 9-3）。

步驟 2 B~D 欄分別為模式值、隨機值、時間數列值。首先在 G1, G2, G3 儲存格輸入 0, 0.6 與 0.3 做為 ϕ_0 , ϕ_1 與 ϕ_2 參數。在 D2, D3 輸入 0, 131 當成 AR(2) 時間數列的初始值。接著在 B4，C4，D4 儲存格內分別輸入公式

- **B4**：「=$G$1+$G$2*D3+$G$3*D2」以表達模式值
  $y_t = \phi_0 + \phi_1 y_{t-1} + \phi_2 y_{t-2}$
- **C4**：「=NORMINV（RAND(),0,1）」以表達隨機值 ε_t 為以 0 為平均值，1 為標準差的常態分佈隨機變數
- **D4**：「=B4+C4」以表達時間數列值 $Y_t = \hat{Y}_t + \varepsilon_t$

步驟 3 複製 B4，C4，D4 儲存格內公式到 B201，C201，D201 為止，即可產生 AR(2) 時間數列。

由於上述時間數列由模擬產生具有隨機性，因此每次產生的數列都不一樣。讀者可在 G2, G3 儲存格輸入 {0.6, 0.3}, {0.6, -0.3},{-0.6, 0.3},{-0.6, -0.3} 做為 ϕ_1 與 ϕ_2 參數，可以發現特徵截然不同的數列。注意數列要平穩則其參數要滿足 $\phi_1 - \phi_2 \leq +1$，$\phi_1 + \phi_2 \geq -1$，$-1 \leq \phi_2 \leq +1$。

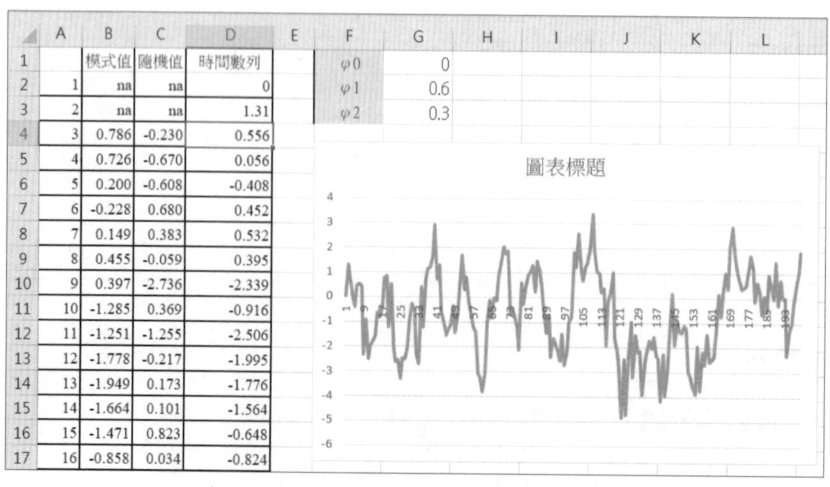

	A	B	C	D	E	F	G
1		模式值	隨機值	時間數列		φ0	0
2	1	na	na	0		φ1	0.6
3	2	na	na	1.31		φ2	0.3
4	3	0.786	-0.230	0.556			
5	4	0.726	-0.670	0.056			
6	5	0.200	-0.608	-0.408			
7	6	-0.228	0.680	0.452			
8	7	0.149	0.383	0.532			
9	8	0.455	-0.059	0.395			
10	9	0.397	-2.736	-2.339			
11	10	-1.285	0.369	-0.916			
12	11	-1.251	-1.255	-2.506			
13	12	-1.778	-0.217	-1.995			
14	13	-1.949	0.173	-1.776			
15	14	-1.664	0.101	-1.564			
16	15	-1.471	0.823	-0.648			
17	16	-0.858	0.034	-0.824			

圖 9-3 例題 9-2 AR(2) 模型

《例題 9-3》 MA(1) 模型

假設有一 MA(1) 模型為 $\hat{Y}_t = -0.9\varepsilon_{t-1}$，假設 $\varepsilon_1 = 0$，則

(1) $\hat{Y}_2 = -0.9\varepsilon_1 = -0.9(0) = 0$

假設 $\varepsilon_2 = 1.63$，則

$Y_2 = \hat{Y}_2 + \varepsilon_2 = 0 + 1.63 = 1.63$

(2) $\hat{Y}_3 = -0.9\varepsilon_2 = -0.9(1.63) = -1.46$

假設 $\varepsilon_3 = -0.14$，則

$Y_3 = \hat{Y}_3 + \varepsilon_3 = -1.46 + (-0.14) = -1.61$

(3) $\hat{Y}_4 = -0.9\varepsilon_3 = -0.9(-0.14) = 0.13$

假設 $\varepsilon_4 = 1.18$，則

$Y_4 = \hat{Y}_4 + \varepsilon_4 = 0.13 + 1.18 = 1.31$

以下依此類推（表 9-3）。

表 9-3 MA(1) 模型計算例

	模式值 $\hat{Y}_t = -0.9\varepsilon_{t-1}$	隨機值 ε_t	時間數列值 $Y_t = \hat{Y}_t + \varepsilon_t$
1	na	0.00	na
2	0.00	1.63	1.63
3	-1.46	-0.14	-1.61
4	0.13	1.18	1.31
5	-1.06	-0.21	-1.27
6	0.19	1.31	1.50
7	-1.18	-0.24	-1.42
8	0.22	-0.25	-0.03
9	0.23	-0.99	-0.76

Excel 實作

步驟 1 開啟「例題 9-3 MA(1) 模型」檔案（圖 9-4）。

步驟 2 B~D 欄分別為模式值、隨機值、時間數列值。首先在 G1, G2 儲存格輸入 0 與 0.9 做為 ϕ_0 與 θ_1 參數。在 C2 輸入 0 當成隨機值 ε_t 的初始值。接著在 B3，C3，D3 儲存格內分別輸入公式

- **B3**：「=$G$1-$G$2*C2」以表達模式值 $y_t=\theta_0-\theta_1\varepsilon_{t-1}$
- **C3**：「=NORMINV（RAND(),0,1）」以表達隨機值 ε_t 為以 0 為平均值，1 為標準差的常態分佈隨機變數。
- **D3**：「=B3+C3」以表達時間數列值 $Y_t=\hat{Y}_t+\varepsilon_t$

步驟 3 複製 B3，C3，D3 儲存格內公式到 B201，C201，D201 為止，即可產生 MA(1) 時間數列。

讀者可在 G2 儲存格輸入 0.9 與 -0.9 做為 θ_1 參數，可以發現兩種特徵截然不同的數列。數列要平穩則其參數要滿足 $-1\leq\theta_1\leq+1$。

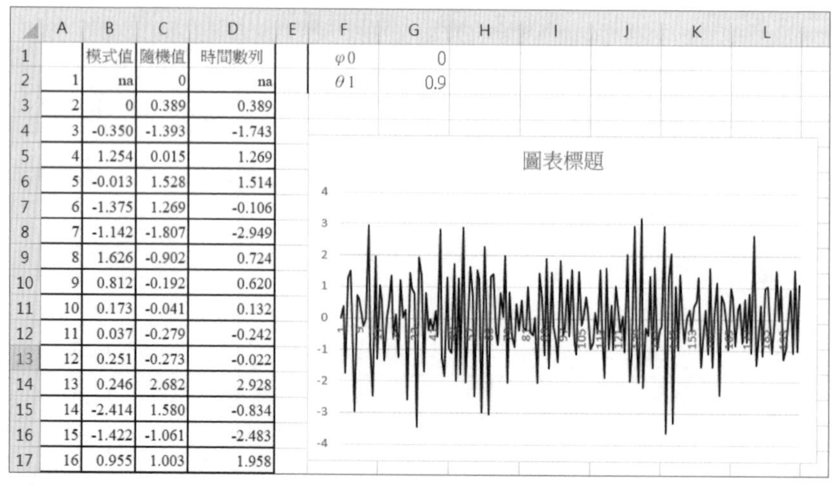

	A	B	C	D	E	F	G
1		模式值	隨機值	時間數列		φ0	0
2	1	na	0	na		θ1	0.9
3	2	0	0.389	0.389			
4	3	-0.350	-1.393	-1.743			
5	4	1.254	0.015	1.269			
6	5	-0.013	1.528	1.514			
7	6	-1.375	1.269	-0.106			
8	7	-1.142	-1.807	-2.949			
9	8	1.626	-0.902	0.724			
10	9	0.812	-0.192	0.620			
11	10	0.173	-0.041	0.132			
12	11	0.037	-0.279	-0.242			
13	12	0.251	-0.273	-0.022			
14	13	0.246	2.682	2.928			
15	14	-2.414	1.580	-0.834			
16	15	-1.422	-1.061	-2.483			
17	16	0.955	1.003	1.958			

圖 9-4 例題 9-3 MA(1) 模型

《例題 9-4》MA(2) 模型

假設有一 MA(2) 模型為 $\hat{Y}_t = -0.6\varepsilon_{t-1} - 0.3\varepsilon_{t-2}$，假設 $\varepsilon_1 = 0$，$\varepsilon_2 = -0.36$，則

(1) $\hat{Y}_3 = -0.6\varepsilon_2 - 0.3\varepsilon_1 = -0.6(-0.36) - 0.3(0) = 0.22$

假設 $\varepsilon_2 = 1.63$，則

$Y_3 = \hat{Y}_3 + \varepsilon_3 = 0.22 + 1.63 = 1.85$

(2) $\hat{Y}_4 = -0.6\varepsilon_2 - 0.3\varepsilon_1 = -0.6(1.63) - 0.3(-0.36) = -0.87$

假設 $\varepsilon_4 = -1.14$，則

$Y_4 = \hat{Y}_4 + \varepsilon_4 = -0.87 + (-0.14) = -1.01$

以下依此類推（表 9-4）。

表 9-4　MA(2) 模型計算例

	模式值 $\hat{Y}_t = -0.6\varepsilon_{t-1} - 0.3\varepsilon_{t-2}$	隨機值 ε_t	時間數列值 $Y_t = \hat{Y}_t + \varepsilon_t$
1	na	0.00	na
2	na	-0.36	na
3	0.22	1.63	1.85
4	-0.87	-0.14	-1.01
5	-0.40	1.18	0.78
6	-0.66	-0.21	-0.87
7	-0.23	1.31	1.08
8	-0.72	-0.24	-0.97
9	-0.25	-0.25	-0.50

Excel 實作

步驟 1 開啟「例題 9-4 MA(2) 模型」檔案（圖 9-5）。

步驟 2 B~D 欄分別為模式值、隨機值、時間數列值。首先在 G1, G2, G3 儲存格輸入 0, 0.6 與 0.3 做為 ϕ_0 , θ_1 與 θ_2 參數。在 C2, C3 輸入 0, -0.36 當成隨機值 ε_t 的初始值。接著在 B4，C4，D4 儲存格內分別輸入公式

- **B4**：「=$G$1-$G$2*C3-$G$3*C2」以表達模式值 $y_t = \theta_0 - \theta_1\varepsilon_{t-1} - \theta_2\varepsilon_{t-2}$
- **C4**：「=NORMINV(RAND(),0,1)」以表達隨機值 ε_t 為以 0 為平均值，1 為標準差的常態分佈隨機變數。
- **D4**：「=B4+C4」以表達時間數列值 $Y_t = \hat{Y}_t + \varepsilon_t$

步驟 3 複製 B4，C4，D4 儲存格內公式到 B201，C201，D201 為止，即可產生 MA(2) 時間數列。

讀者可在 G2, G3 儲存格輸入 {0.6, 0.3}, {0.6, -0.3},{-0.6, 0.3},{-0.6, -0.3} 做為 θ_1 與 θ_2 參數，可以發現特徵截然不同的數列。數列要平穩則其參數要滿足 $\theta_1 - \theta_2 \leq +1$，$\theta_1 + \theta_2 \geq -1$，$-1 \leq \theta_2 \leq +1$。

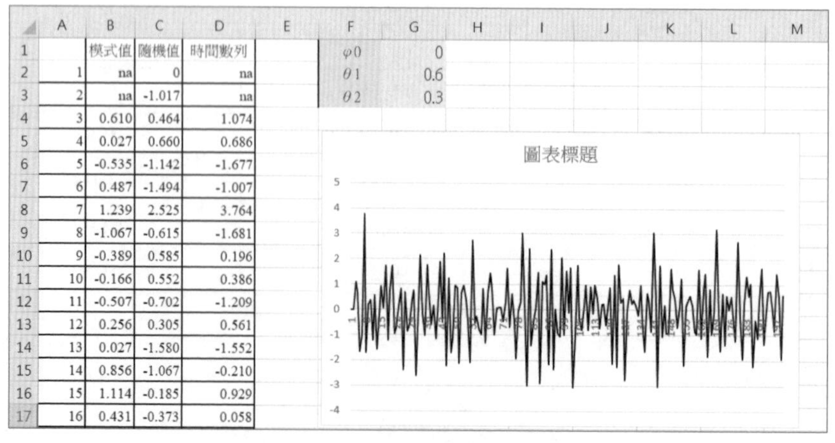

	A	B	C	D	E	F	G
1		模式值	隨機值	時間數列		φ0	0
2	1	na	0	na		θ1	0.6
3	2	na	-1.017	na		θ2	0.3
4	3	0.610	0.464	1.074			
5	4	0.027	0.660	0.686			
6	5	-0.535	-1.142	-1.677			
7	6	0.487	-1.494	-1.007			
8	7	1.239	2.525	3.764			
9	8	-1.067	-0.615	-1.681			
10	9	-0.389	0.585	0.196			
11	10	-0.166	0.552	0.386			
12	11	-0.507	-0.702	-1.209			
13	12	0.256	0.305	0.561			
14	13	0.027	-1.580	-1.552			
15	14	0.856	-1.067	-0.210			
16	15	1.114	-0.185	0.929			
17	16	0.431	-0.373	0.058			

圖 9-5　例題 9-4 MA(2) 模型

《例題 9-5》十二個模擬數列

圖 9-6 為二種 AR(1) 模型，圖 9-7 為四種 AR(2) 模型，圖 9-8 為二種 MA(1) 模型，圖 9-9 為四種 MA(2) 模型。各模型的參數如表 9-5。由圖可以看出這些數列似乎存有某種特徵，這也是本章所要探討的主題。

表 9-5　模型參數

模型	模型參數	圖形
AR1	0.9	9-6(a)
AR1	-0.9	9-6(b)
AR2	0.6，0.3	9-7(a)
AR2	0.6，-0.3	9-7(b)
AR2	-0.6，0.3	9-7(c)
AR2	-0.6，-0.3	9-7(d)

模型	模型參數	圖形
MA1	0.9	9-8(a)
MA1	-0.9	9-8(b)
MA2	0.6，0.3	9-9(a)
MA2	0.6，-0.3	9-9(b)
MA2	-0.6，0.3	9-9(c)
MA2	-0.6，-0.3	9-9(d)

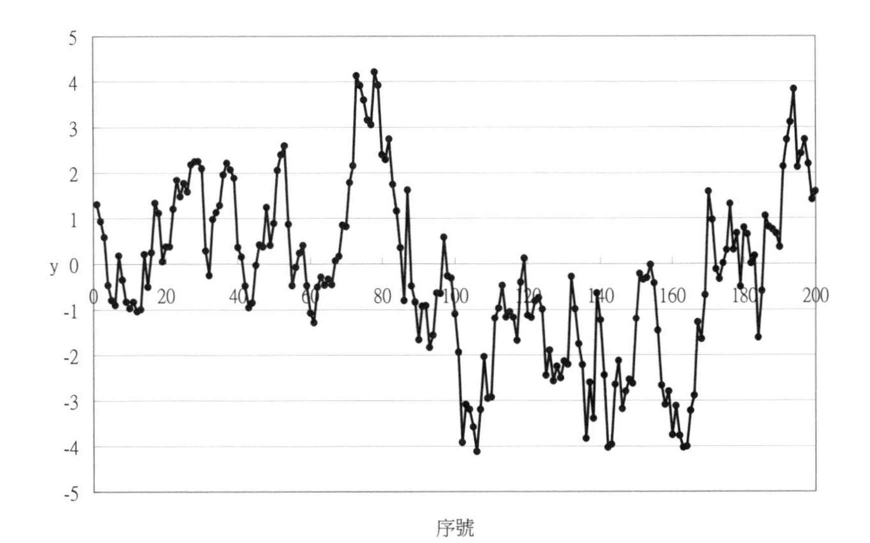

圖 9-6(a)　AR(1) 模型 $\phi_1 = 0.9$

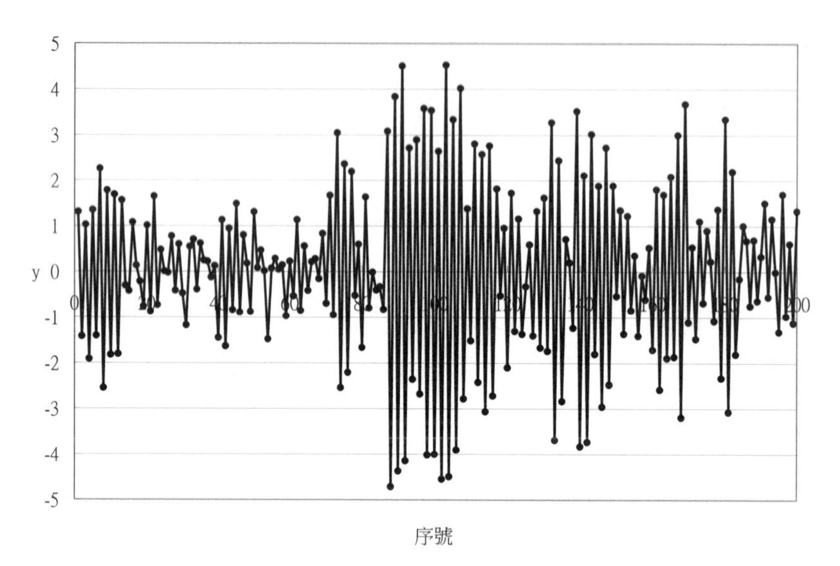

圖 9-6(b)　AR(1) 模型 $\phi_1 = -0.9$

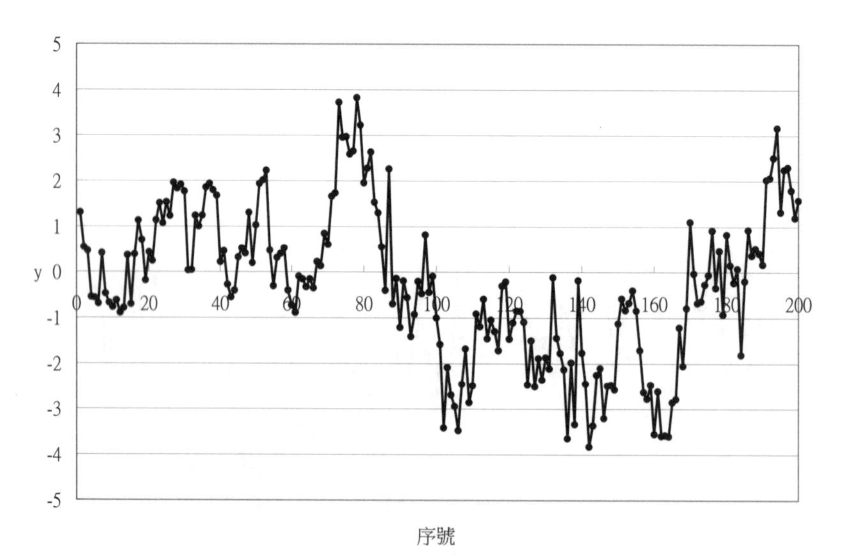

圖 9-7(a)　AR(2) 模型 $\phi_1 = 0.6, \phi_2 = 0.3$

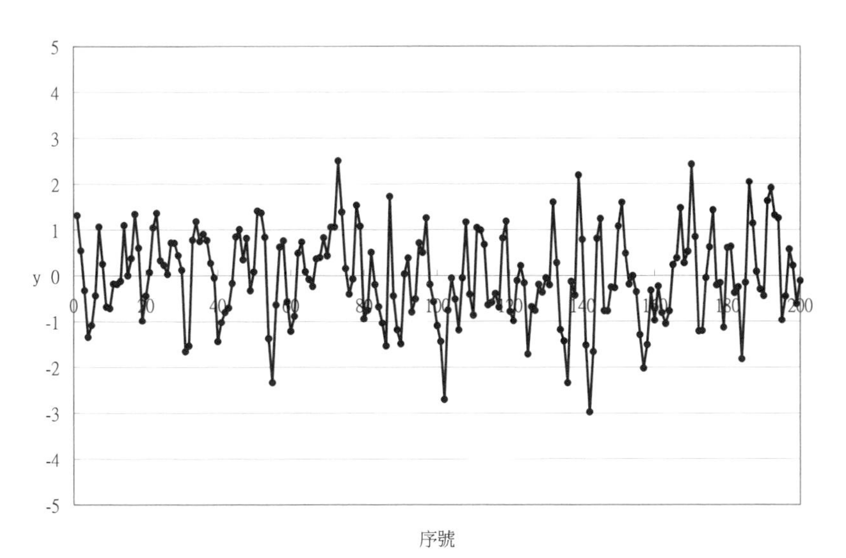

圖 9-7(b)　AR(2) 模型 $\phi_1 = 0.6, \phi_2 = -0.3$

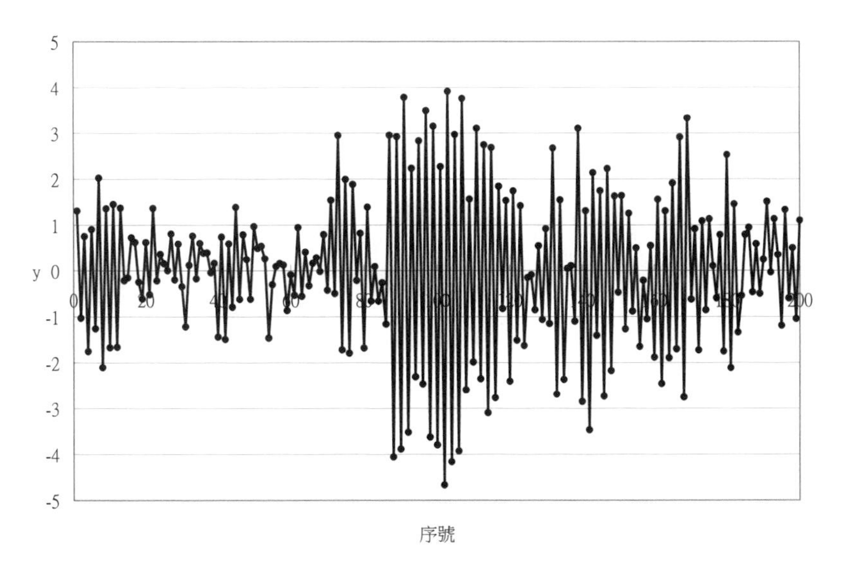

圖 9-7(c)　AR(2) 模型 $\phi_1 = -0.6, \phi_2 = 0.3$

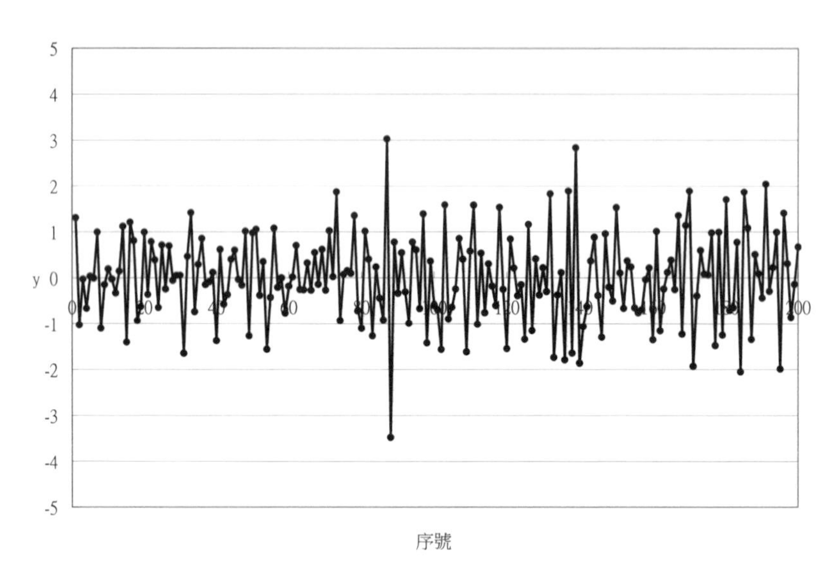

圖 9-7(d) AR(2) 模型 $\phi_1 = -0.6, \phi_2 = -0.3$

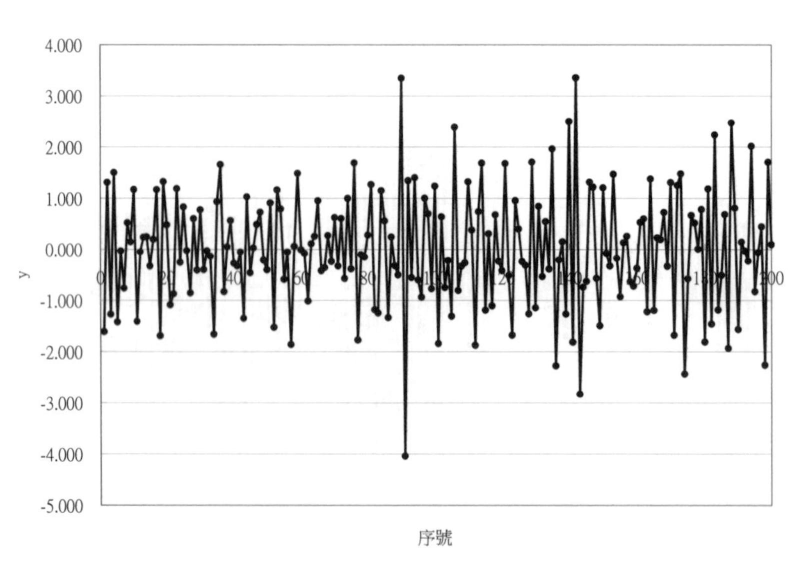

圖 9-8(a) MA(1) 模型 $\theta_1 = 0.9$

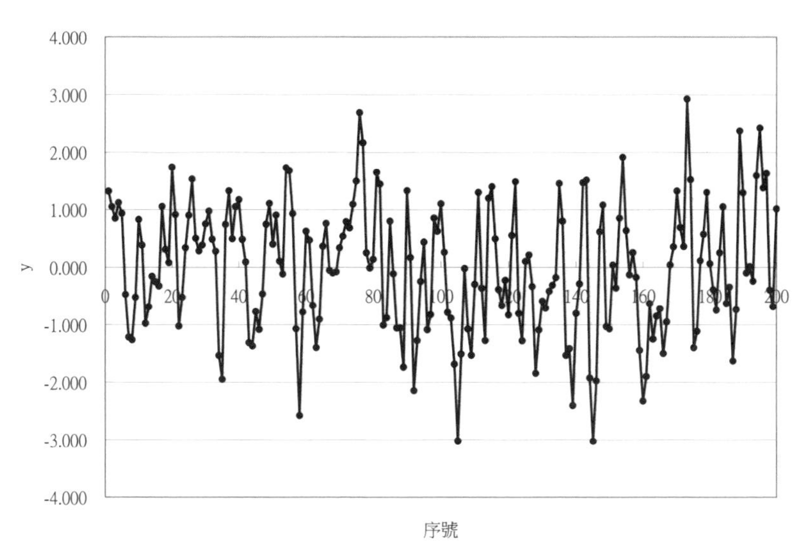

圖 9-8(b)　MA(1) 模型 $\theta_1 = -0.9$

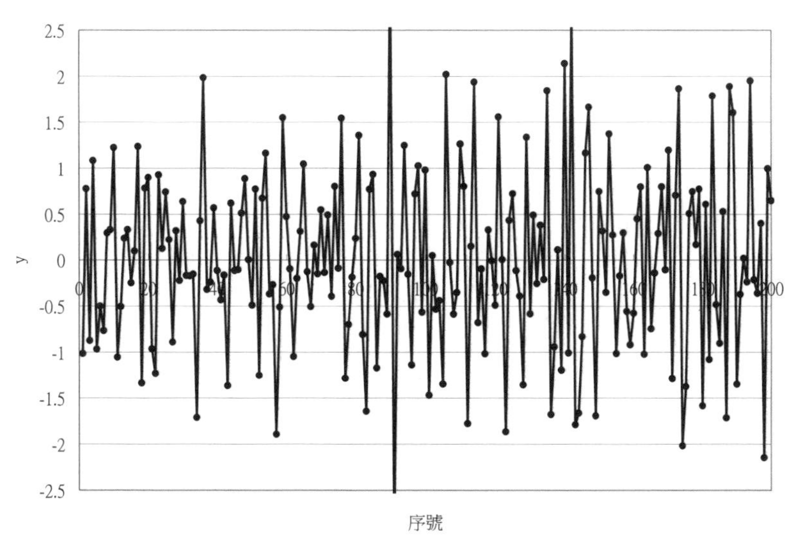

圖 9-9(a)　MA(2) 模型 $\theta_1 = 0.6, \theta_2 = 0.3$

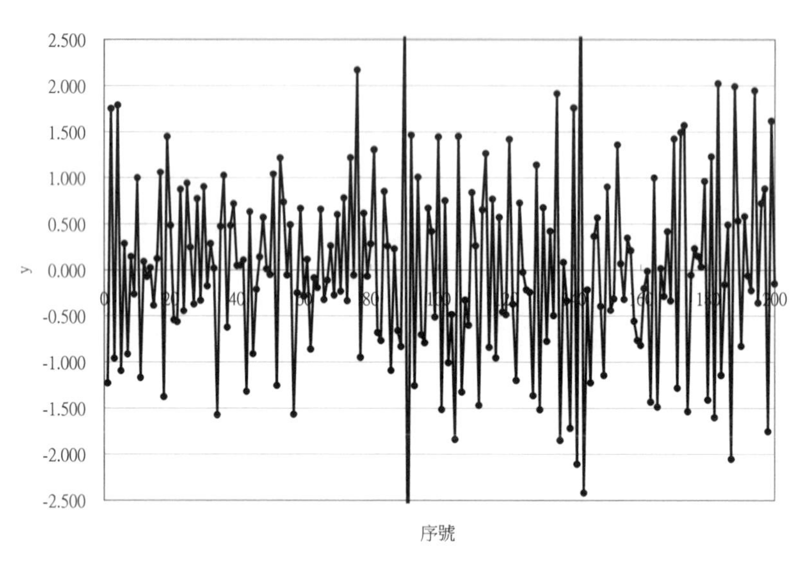

圖 9-9(b)　MA(2) 模型 $\theta_1=0.6, \theta_2=-0.3$

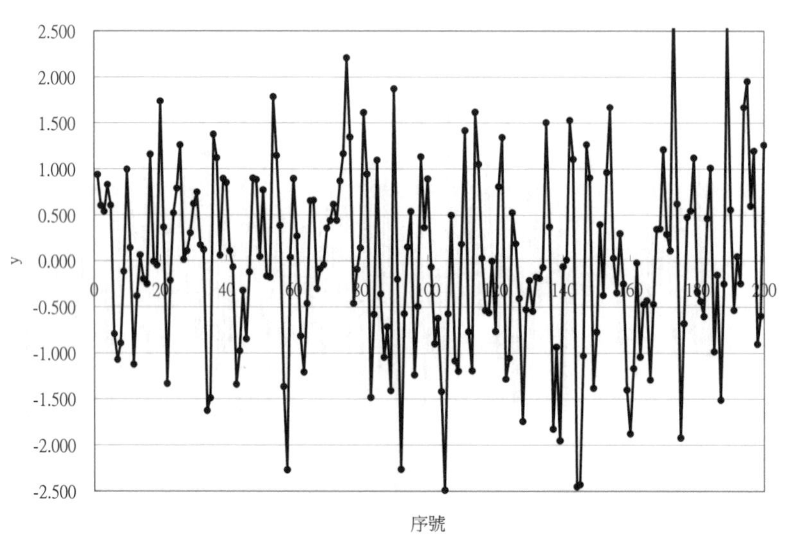

圖 9-9(c)　MA(2) 模型 $\theta_1=-0.6, \theta_2=0.3$

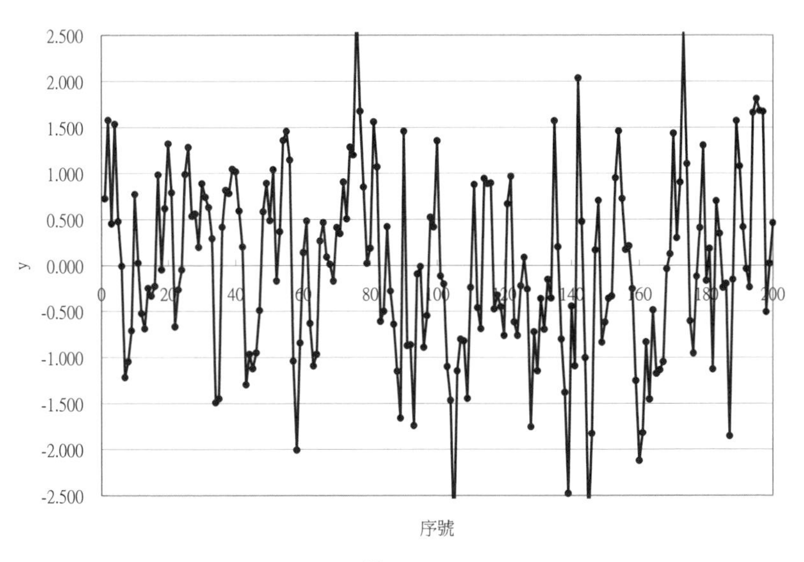

圖 9-9(d) MA(2) 模型 $\theta_1=-0.6, \theta_2=-0.3$

Excel 實作

步驟 1 開啟「例題 9-5 十二個模擬數列」檔案（圖 9-10）。

步驟 2 有 AR(1)，AR(2)，MA(1)，MA(2) 等四個工作表，其原理與例題 9-1~ 例題 9-4 相同，不再贅述。讀者可在 G 欄輸入參數，即可產生特定參數的時間數列。讀者可以自己輸入參數試試看，但參數要滿足圖 9-1 的三角形範圍，以產生穩態的數列。

由於上述時間數列由模擬產生具有隨機性，即使參數相同，數列「數值」也會不一樣，但「特徵」會一樣。例如時間數列 AR(1) 模型 $\phi_1=0.9$ 具有連續平滑的特徵，AR(1) 模型 $\phi_1=-0.9$ 具有反覆震盪的特徵，MA(1) 模型 $\theta_1=0.9$ 具有反覆震盪的特徵，MA(1) 模型 $\theta_1=-0.9$ 具有連續平滑的特徵。

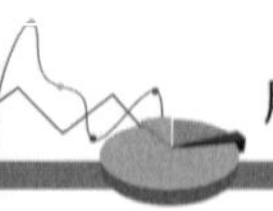

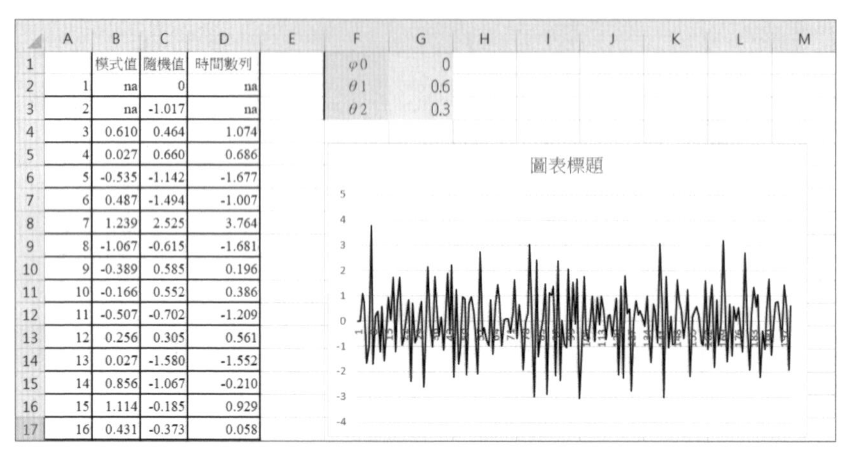

	A	B	C	D	E	F	G
1		模式值	隨機值	時間數列		φ0	0
2	1	na	0	na		θ1	0.6
3	2	na	-1.017	na		θ2	0.3
4	3	0.610	0.464	1.074			
5	4	0.027	0.660	0.686			
6	5	-0.535	-1.142	-1.677			
7	6	0.487	-1.494	-1.007			
8	7	1.239	2.525	3.764			
9	8	-1.067	-0.615	-1.681			
10	9	-0.389	0.585	0.196			
11	10	-0.166	0.552	0.386			
12	11	-0.507	-0.702	-1.209			
13	12	0.256	0.305	0.561			
14	13	0.027	-1.580	-1.552			
15	14	0.856	-1.067	-0.210			
16	15	1.114	-0.185	0.929			
17	16	0.431	-0.373	0.058			

圖 9-10　例題 9-5 十二個模擬數列

9.3 時間數列法之流程

ARIMA 方法之流程如下：

1. 平穩化時間數列：如果數列有傾向或季節性的數列便不符合穩態的條件，必須先將數列去除傾向性與季節性後，得到穩態數列再加以處理。
2. 模型鑑別：使用數據之圖形、ACF 分析、PACF 分析等方法辨認數列屬於何種模型。
3. 參數估計使用最小平方法或公式法決定模型之參數。
4. 殘差診斷：觀察殘差之圖形和其 ACF 圖，決定殘差是否為常態分佈之隨機變數，以判別模型是否適當。若適當，則到下一步驟（模型應用）；否則，重複鑑別、估計和診斷三步驟。
5. 模型應用：使用模型來預測，並持續追蹤模型表現，以判斷模型是否已失去預測能力，如果已失去預測能力，應加入近期的數據，重複上述 ARIMA 流程。

9.4 步驟 1：平穩化

如果數列有傾向或季節性的數列便不符合穩態的條件，必須先將數列去除傾向性與季節性後，得到穩態數列再加以處理。判斷數列是否有傾向或季節性可觀察其圖形和其 ACF 圖。如果數列有傾向或季節性可用下列方法或其混合使其平穩化：

- **具一次傾向時間數列**：使用非季節一次差分

$$Y'_t = Y_t - Y_{t-1} \qquad (9\text{-}4a)$$

- **具二次傾向時間數列**：使用非季節二次差分

$$Y'_t = (Y_t - Y_{t-1}) - (Y_{t-1} - Y_{t-2}) \qquad (9\text{-}5a)$$

- **具季節性時間數列**：使用季節差分

$$Y'_t = Y_t - Y_{t-k} \qquad (9\text{-}6a)$$

- **具一次傾向、季節性時間數列**：使用一次加季節差分

$$Y'_t = (Y_t - Y_{t-k}) - (Y_{t-1} - Y_{t-1-k}) \qquad (9\text{-}7a)$$

當穩態數列建模並得到預測值 Y'_t 後，為了要得到原值 Y_t，必須進行平穩化的反運算，即上述公式的反算式如下：

- **一次差分**

$$Y_t = Y'_t - Y_{t-1} \qquad (9\text{-}4b)$$

- **二次差分**

$$Y_t = Y'_t + 2Y_{t-1} - Y_{t-2} \qquad (9\text{-}5b)$$

- 季節差分

$$Y_t = Y'_t - Y_{t-k} \qquad (9\text{-}6b)$$

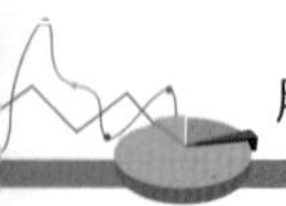

■ 一次加季節差分

$$Y_t = Y'_t + Y_{t-1} + Y_{t-k} - Y_{t-1-k} \quad (9\text{-}7b)$$

《例題 9-6》平穩化

同例題 7-3 啤酒銷售量例題，其平穩化過程如表 9-6。

表 9-6　平穩化過程

數據	圖形	特徵
原始數據	圖 9-11(a)	有明顯傾向與季節性
一次差分數據	圖 9-11(b)	已無明顯傾向
二次差分數據	圖 9-11(c)	已無明顯傾向
季節差分數據	圖 9-11(d)	已無明顯季節性
一次差分及季節差分數據	圖 9-11(e)	已無明顯傾向與季節性
二次差分及季節差分數據	圖 9-11(f)	已無明顯傾向與季節性

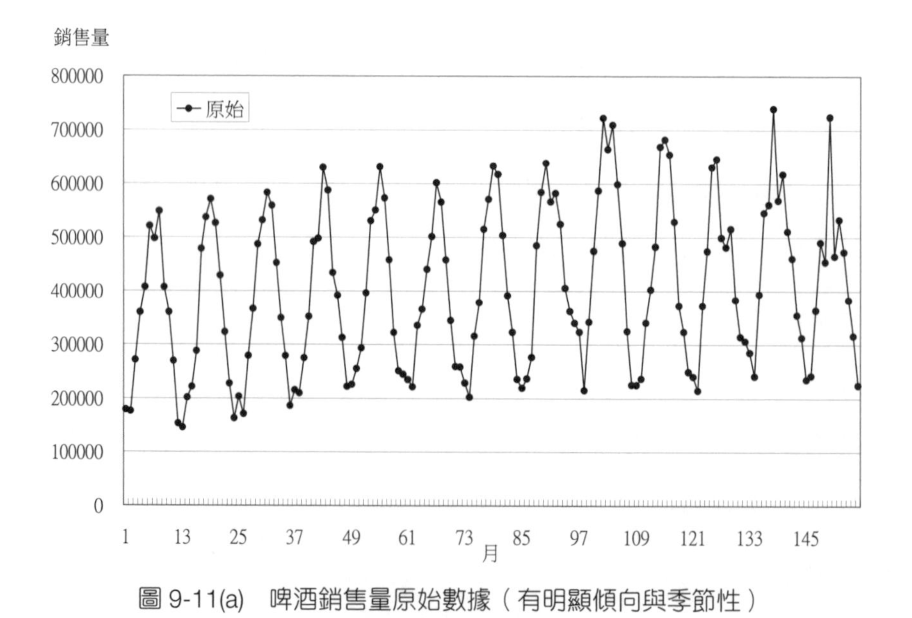

圖 9-11(a)　啤酒銷售量原始數據（有明顯傾向與季節性）

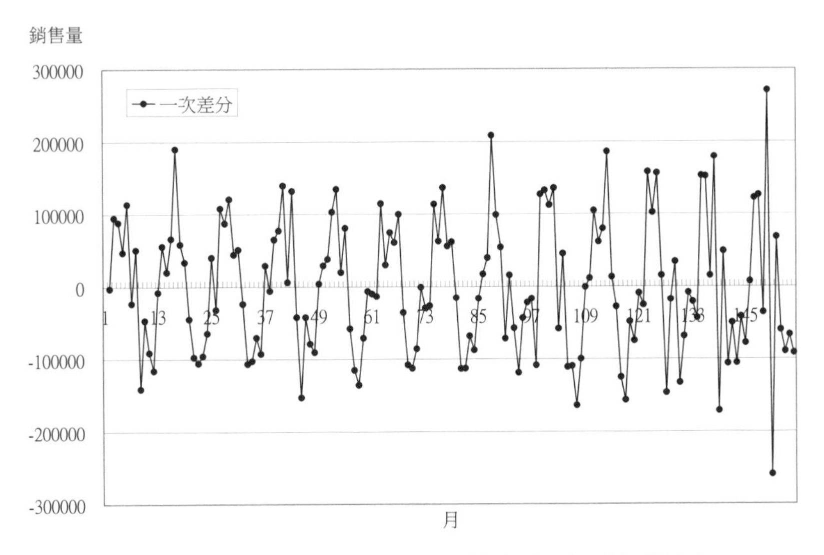

圖 9-11(b)　啤酒銷售量一次差分數據（已無明顯傾向）

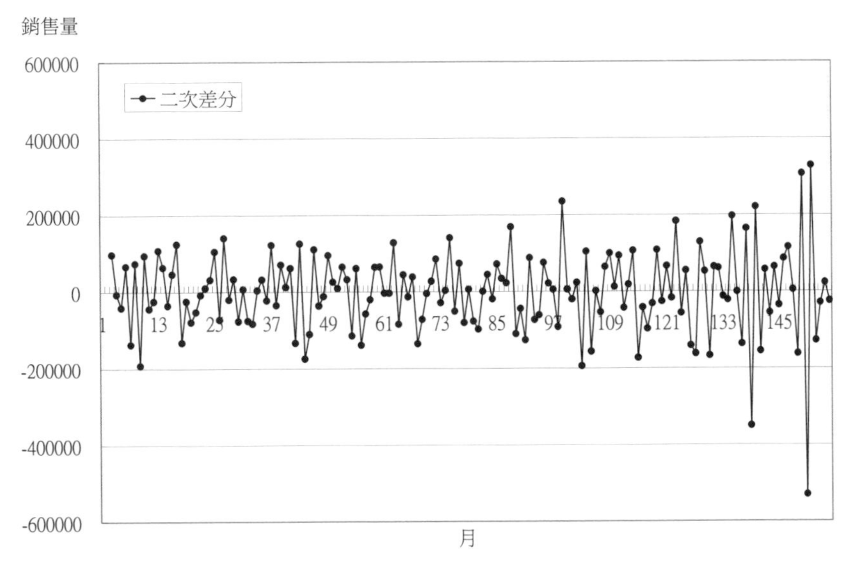

圖 9-11(c)　啤酒銷售量二次差分數據（已無明顯傾向）

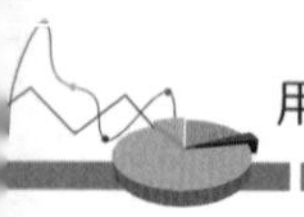

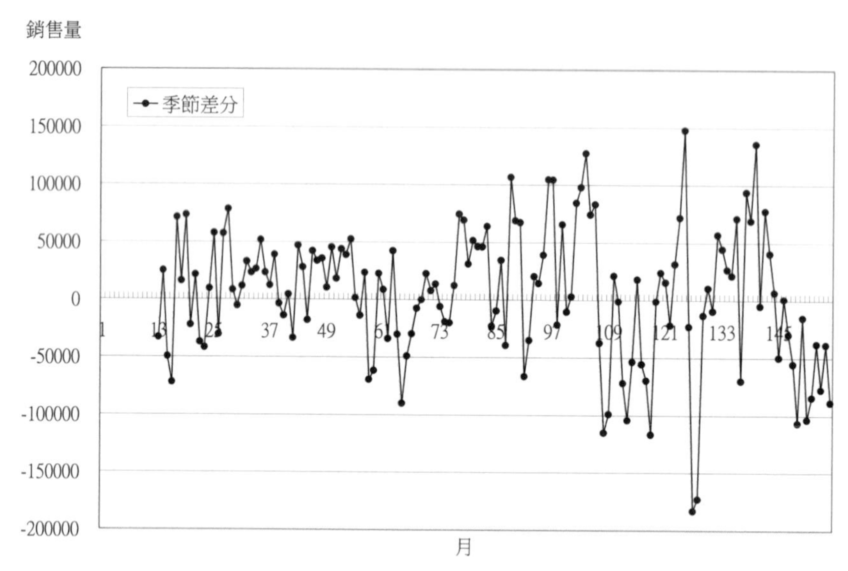

圖 9-11(d) 啤酒銷售量季節差分數據（已無明顯季節性）

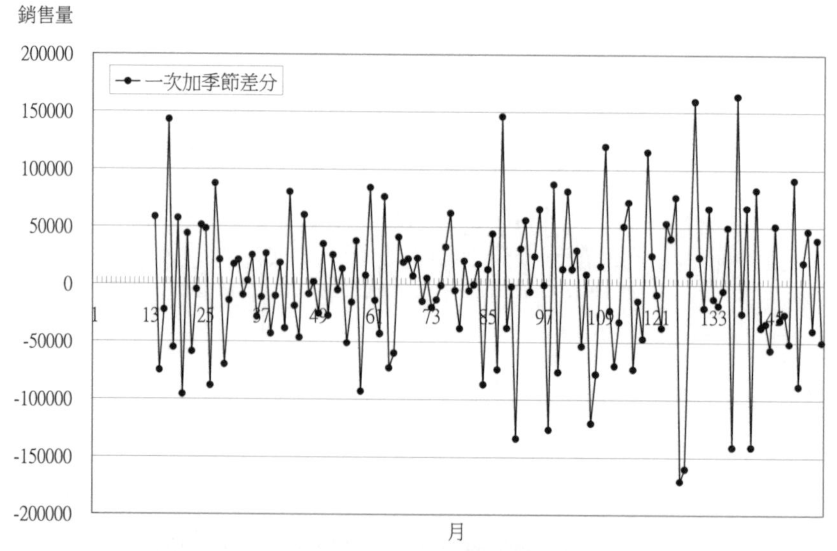

圖 9-11(e) 啤酒銷售量一次差分及季節差分數據（已無明顯傾向與季節性）

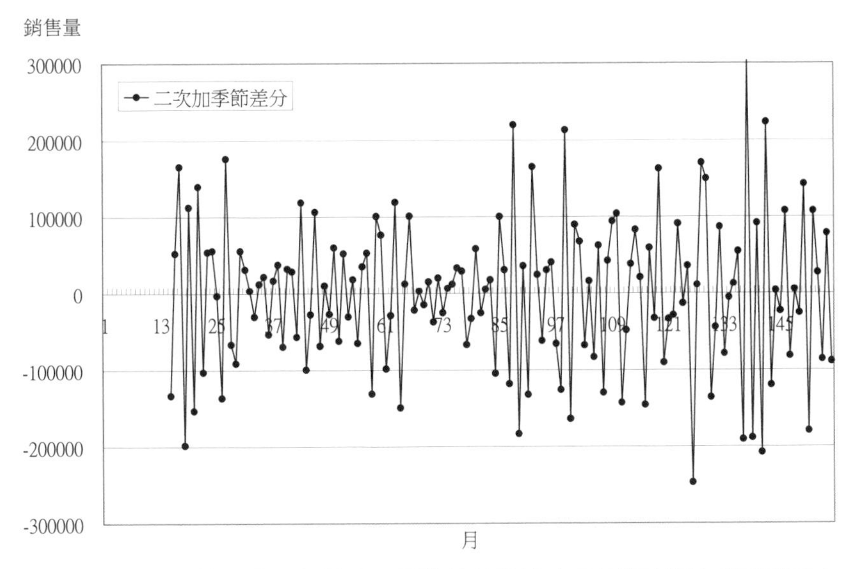

圖 9-11(f)　啤酒銷售量二次差分及季節差分數據（已無明顯傾向與季節性）

Excel 實作

步驟 1　開啟「例題 9-6 啤酒（1 平穩化）」檔案（圖 9-12）。

步驟 2　A 欄為 156 個原始數據，在以下儲存格內分別輸入公式

- 一次差分：B2 公式「=A3-A2」
- 二次差分：C4 公式「=B4-B3」
- 季節差分：D14 公式「=A14-A2」
- 一次加季節差分：E15 公式「=D15-D14」
- 二次加季節差分：F16 公式「=E16-E15」

步驟 3　複製上述儲存格內公式到 157 列，即可產生各種差分後的時間數列。

	A	B	C	D	E	F
1	原始	一次差分	二次差分	季節差分	一次加季	二次加季
2	178760					
3	176340	-2420				
4	271300	94960	97380			
5	359810	88510	-6450			
6	407130	47320	-41190			
7	520700	113570	66250			
8	497330	-23370	-136940			
9	548160	50830	74200			
10	407030	-141130	-191960			
11	360120	-46910	94220			
12	269130	-90990	-44080			
13	153350	-115780	-24790			
14	145600	-7750	108030	-33160		
15	201470	55870	63620	25130	58290	
16	221640	20170	-35700	-49660	-74790	-133080
17	287910	66270	46100	-71900	-22240	52550
18	478380	190470	124200	71250	143150	165390

圖 9-12　例題 9-6 平穩化

9.5 步驟 2：模型鑑別

在 ARIMA 模型鑑別可利用自我相關及偏自我相關函數處理。

一 自我相關函數（Autocorrelation Function , ACF）

在預測中，最常使用的統計衡量工具之一為自我相關係數。ACF 對分辨時間數列而言是一重要工具，因為它在辨別、估計和診斷預測模式時提供協助。ACF 為衡量序列中之某一時刻之值與前一個或前幾個時刻之值的相關連性。ACF 公式如下：

$$r_k = \frac{\sum_{t=1+k}^{n}(Y_t - \overline{Y})(Y_{t-k} - \overline{Y})}{\sum_{t=1+k}^{n}(Y_t - \overline{Y})^2} \qquad (9\text{-}8)$$

當 $\overline{Y} = 0$

$$r_k = \frac{\sum_{t=2}^{n} Y_t Y_{t-k}}{\sum_{t=2}^{n} Y_t^2}$$

即一個數列與其數列差距 k 步之相關係數稱 ACF(k)。ACF 的功能為判別移動平均模型階次。原理如下：

假設模型為 MA(1) 模型

$$y_t = \theta_0 + \varepsilon_t - \theta_1 \varepsilon_{t-1}$$

$$y_{t-1} = \theta_0 + \varepsilon_{t-1} - \theta_1 \varepsilon_{t-2}$$

$$y_{t-2} = \theta_0 + \varepsilon_{t-2} - \theta_1 \varepsilon_{t-3}$$

已知

$$r_1 = \frac{\sum_{t=2}^{n} y_t y_{t-1}}{\sum_{t=2}^{n} y_t^2} ，r_2 = \frac{\sum_{t=3}^{n} y_t y_{t-2}}{\sum_{t=3}^{n} y_t^2}$$

因 y_t 與 y_{t-1} 有 ε_{t-1} 這項是共有項，因此具有相關性，其相關係數 r_1 的分子無法抵銷，其絕對值必異於 0。而 y_t 與 y_{t-2} 無共有項，因此不具相關性，其相關係數 r_2 的分子會因為大多數 y_t y_{t-2} 乘積的正負號不同，相互抵銷，其絕對值必近於 0。故形成 ACF(1) 的絕對值很大，ACF(2) 以及之後的 ACF 的絕對值很小的現象，稱為「一步截尾」的現象。

假設模型為 MA(2) 模型

$$y_t = \theta_0 + \varepsilon_t - \theta_1 \varepsilon_{t-1} - \theta_2 \varepsilon_{t-2}$$

$$y_{t-1} = \theta_0 + \varepsilon_{t-1} - \theta_1 \varepsilon_{t-2} - \theta_2 \varepsilon_{t-3}$$

$$y_{t-2} = \theta_0 + \varepsilon_{t-2} - \theta_1 \varepsilon_{t-3} - \theta_2 \varepsilon_{t-4}$$

$$y_{t-3} = \theta_0 + \varepsilon_{t-3} - \theta_1 \varepsilon_{t-4} - \theta_2 \varepsilon_{t-5}$$

已知：

$$r_1 = \frac{\sum_{t=2}^{n} y_t y_{t-1}}{\sum_{t=2}^{n} y_t^2} \text{，} r_2 = \frac{\sum_{t=3}^{n} y_t y_{t-2}}{\sum_{t=3}^{n} y_t^2} \text{，} r_3 = \frac{\sum_{t=4}^{n} y_t y_{t-3}}{\sum_{t=4}^{n} y_t^2}$$

因 y_t 與 y_{t-1} 有 $\varepsilon_{t-1},\varepsilon_{t-2}$ 這二項是共有項，因此具有相關性，其相關係數 r_1 的絕對值必異於 0。同理，y_t 與 y_{t-2} 有 ε_{t-2} 這項是共有項，因此其 r_2 的絕對值必異於 0。而 y_t 與 y_{t-3} 無共有項，因此不具相關性，其相關係數 r_3 的絕對值必近於 0，形成 ACF(1) 與 ACF(2) 的絕對值很大，ACF(3) 以及之後的 ACF 的絕對值很小的現象，稱為「二步截尾」的現象。

由以上討論可以歸納出

MA(q) 模型：ACF 為 q 步截尾。

二 偏自我相關函數（Partial Autocorrelation Coefficient Function, PACF）

偏自我相關函數用以衡量一個變數與另一個變數之間，在控制其他的變數影響下，線性關係的程度。PACF 公式如下：

$$\begin{aligned}
Y_t &= \phi_{01} + \phi_{11} Y_{t-1} \\
Y_t &= \phi_{02} + \phi_{12} Y_{t-1} + \phi_{22} Y_{t-2} \\
Y_t &= \phi_{03} + \phi_{13} Y_{t-1} + \phi_{23} Y_{t-2} + \phi_{33} Y_{t-3} \\
&\ \vdots \\
Y_t &= \phi_{0k} + \phi_{1k} Y_{t-1} + \phi_{2k} Y_{t-2} + \phi_{3k} Y_{t-3} + \ldots + \phi_{kk} Y_{t-k}
\end{aligned} \quad (9\text{-}9)$$

即一個數列與其數列差距 1 到 k 步之線性迴歸公式中的第 k 步之迴歸係數 ϕ_{kk} 稱 PACF(k)。PACF 的功能為判別自我迴歸模型階次。原理如下：

假設模型為 AR(1) 模型

$$y_t = \phi_0 + \phi_1 y_{t-1} + \varepsilon_t$$

因 y_t 只與 y_{t-1} 有關，與 y_{t-2} 無關，因此以（9-9）式進行迴歸分析時，ϕ_{11} 的值必異於 0，而 ϕ_{22} , ϕ_{33} ... 的值必接近 0，形成 PACF(1) 的絕對值很大，PACF(2) 以及之後的 PACF 的絕對值很小的現象，稱為「一步截尾」的現象。

假設模型為 AR(2) 模型

$$y_t = \phi_0 + \phi_1 y_{t-1} + \phi_2 y_{t-2} + \varepsilon_t$$

因 y_t 只與 y_{t-1}，y_{t-2} 有關，與 y_{t-3} 無關，因此以（9-9）式進行迴歸分析時，ϕ_{11} 與 ϕ_{22} 的值必異於 0，而 ϕ_{33} , ϕ_{44} ... 的值必接近 0，形成 PACF(1) 與 PACF(2) 的絕對值很大，PACF(3) 以及之後的 PACF 的絕對值很小的現象，稱為「二步截尾」的現象。

由以上討論可以歸納出

AR(p) 模型：PACF 為 p 步截尾。

綜合以上討論，利用自我相關函數 ACF 及偏自我相關函數 PACF 可以辨認 ARIMA 模型：

基本模型鑑別準則
AR(p) 模型：ACF 為拖尾，PACF 為 p 步截尾。
MA(q) 模型：ACF 為 q 步截尾，PACF 為拖尾。

詳細模型鑑別準則如表 9-7。

表 9-7　詳細模型鑑別準則

ACF 圖	PACF 圖	模型鑑別
初值為正，正值漸小拖尾	正值 1 步截尾	AR(1)，$\phi_1>0$
初值為負，負正交替拖尾	負值 1 步截尾	AR(1)，$\phi_1<0$
初值為正，正值漸小拖尾	正正 2 步截尾	AR(2)，$\phi_1>0$，$\phi_2>0$
初值為正，正負波浪拖尾	正負 2 步截尾	AR(2)，$\phi_1>0$，$\phi_2<0$
初值為負，負正交替拖尾	負正 2 步截尾	AR(2)，$\phi_1<0$，$\phi_2>0$
初值為負，負正波浪拖尾	負負 2 步截尾	AR(2)，$\phi_1<0$，$\phi_2<0$
負值 1 步截尾	初值為負，負值漸小拖尾	MA(1)，$\theta_1>0$
正值 1 步截尾	初值為正，正負交替拖尾	MA(1)，$\theta_1<0$
負負 2 步截尾	初值為負，負值漸小拖尾	MA(2)，$\theta_1>0,\theta_2>0$
負正 2 步截尾	初值為負，負正波浪拖尾	MA(2)，$\theta_1>0,\theta_2<0$
正負 2 步截尾	初值為正，正負交替拖尾	MA(2)，$\theta_1<0,\theta_2>0$
正正 2 步截尾	初值為正，正負波浪拖尾	MA(2)，$\theta_1<0,\theta_2<0$

《例題 9-7》模型鑑別

以圖 9-1 至圖 9-4 的十二個數列為例，其 ACF 圖與 PACF 圖如圖 9-13 至圖 9-24。將其特徵歸納如下：

- **AR(1) 模型**：PACF(1) 的絕對值相當大，但 PACF(2) 以後均很小，有明顯之一步截尾現象，如圖 9-13~9-14 所示。ACF 則是由大逐漸以指數形態減小，有明顯之拖尾現象。
- **AR(2) 模型**：PACF(1) 與 PACF(2) 的絕對值相當大，但 PACF(3) 以後均很小，有明顯之二步截尾現象，如圖 9-15~9-18 所示。ACF 則是由大逐漸以指數形態減小，有明顯之拖尾現象。

- **MA(1) 模型**：ACF(1) 的絕對值相當大，但 ACF(2) 以後均很小，有明顯之一步截尾現象，如圖 9-19~9-20 所示。PACF 則是由大逐漸以指數形態減小，有明顯之拖尾現象。
- **MA(2) 模型**：ACF(1) 與 ACF(2) 的絕對值相當大，但 ACF(3) 以後均很小，有明顯之二步截尾現象，如圖 9-21~9-24 所示。PACF 則是由大逐漸以指數形態減小，有明顯之拖尾現象。

上述歸納與表 9-7 比較，可發現兩者一致，因此 ACF 與 PACF 是可靠的模型鑑定工具。

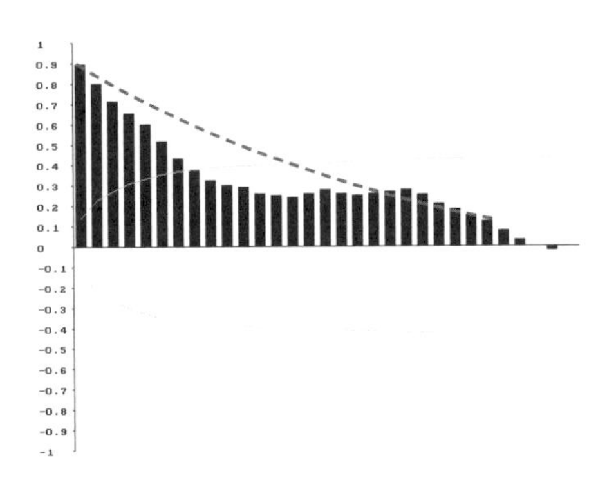

圖 9-13(a)　AR(1) 模型 $\phi_1 = 0.9$：ACF 圖（初值為正，正值漸小拖尾）

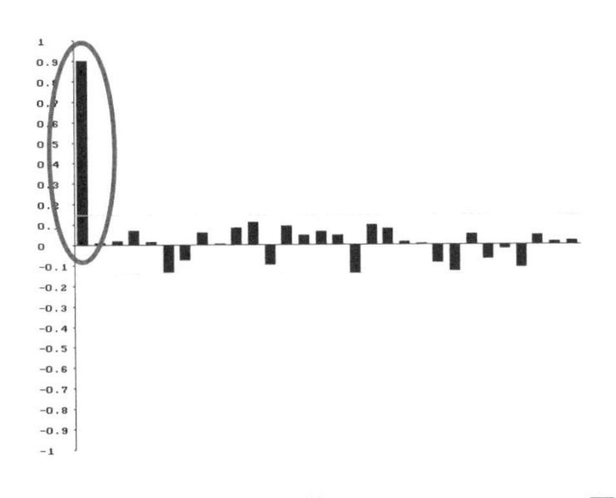

圖 9-13(b)　AR(1) 模型 $\phi_1 = 0.9$：PACF 圖（正值 1 步截尾）

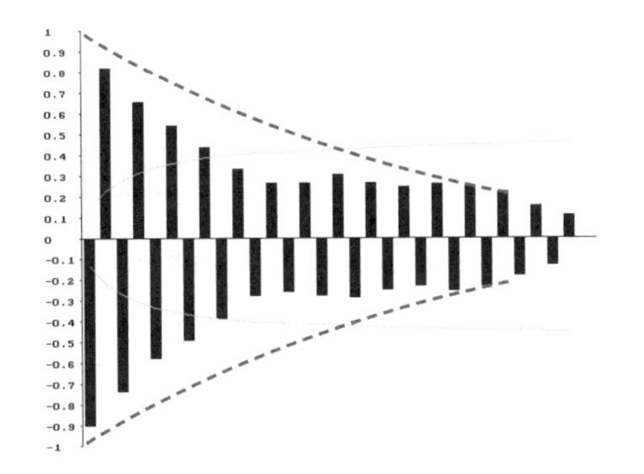

圖 9-14(a)　AR(1) 模型 $\phi_1 = -0.9$：ACF 圖（初值為負，負正交替拖尾）

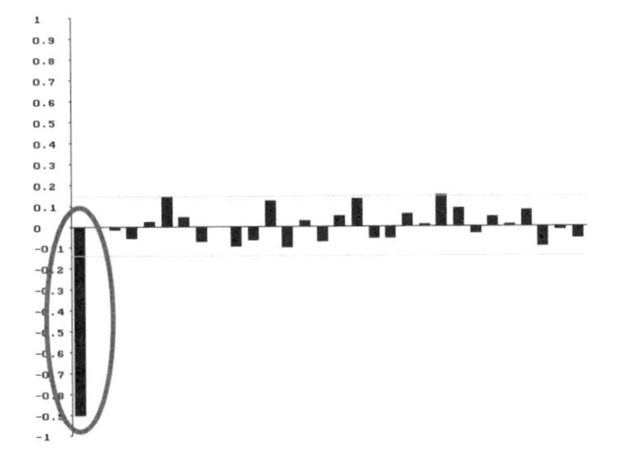

圖 9-14(b)　AR(1) 模型 $\phi_1 = -0.9$：PACF 圖（負值 1 步截尾）

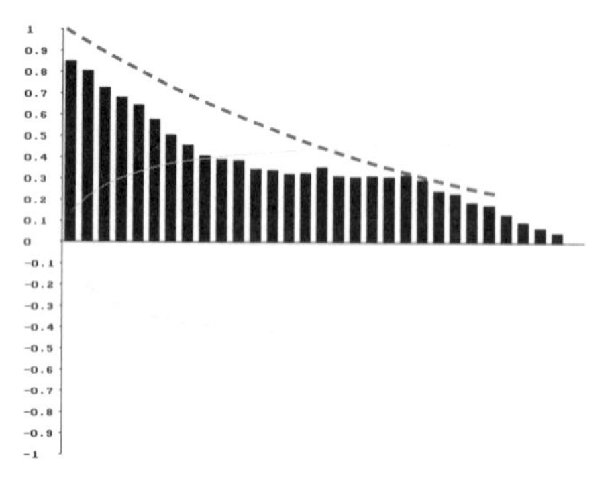

圖 9-15(a)　AR(2) 模 型 $\phi_1 = 0.6$, $\phi_2 = 0.3$：ACF 圖（初值為正，正值漸小拖尾）

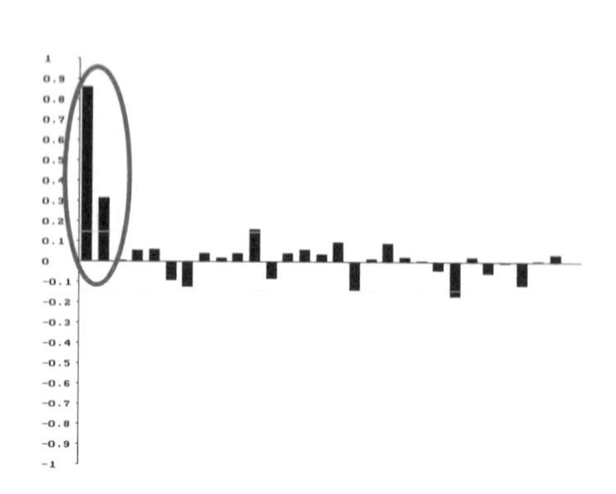

圖 9-15(b)　AR(2) 模 型 $\phi_1 = 0.6$, $\phi_2 = 0.3$：PACF 圖（正正 2 步截尾）

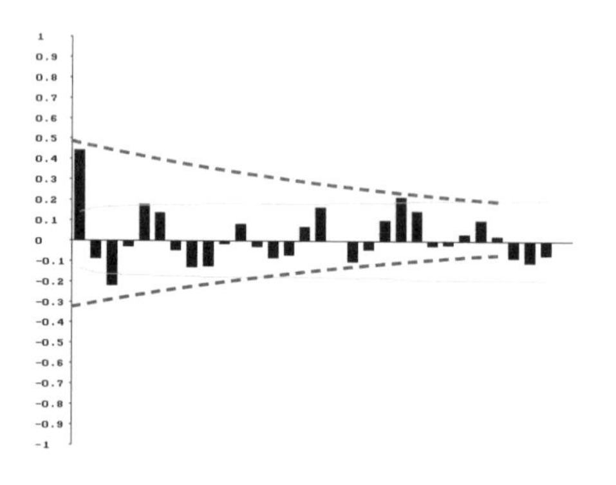

圖 9-16(a)　AR(2) 模 型 $\phi_1 = 0.6$, $\phi_2 = -0.3$：ACF 圖（初值為正，正負波浪拖尾）

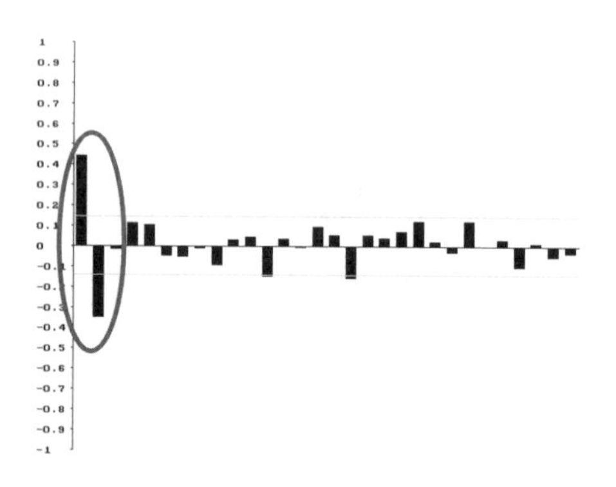

圖 9-16(b)　AR(2) 模 型 $\phi_1 = 0.6$, $\phi_2 = -0.3$：PACF 圖（正負 2 步截尾）

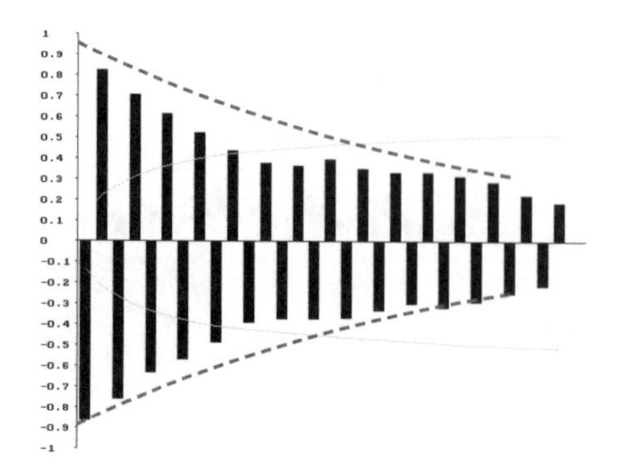

圖 9-17(a)　AR(2) 模 型 $\phi_1 = -0.6$, $\phi_2 = 0.3$：ACF 圖（初值為負，負正交替拖尾）

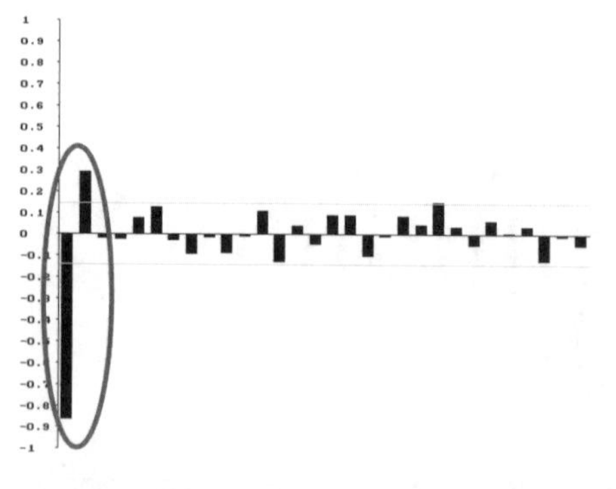

圖 9-17(b)　AR(2) 模 型 $\phi_1 = -0.6$, $\phi_2 = 0.3$：PACF 圖（負正 2 步截尾）

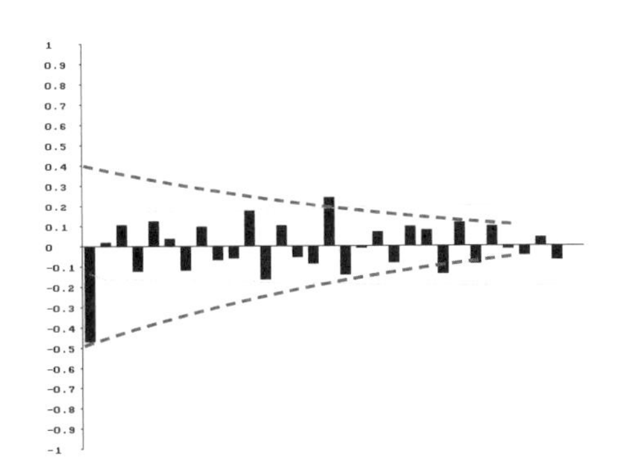

圖 9-18(a) AR(2) 模型 ϕ_1 =-0.6, ϕ_2 =-0.3：ACF 圖（初值為負，負正波浪拖尾）

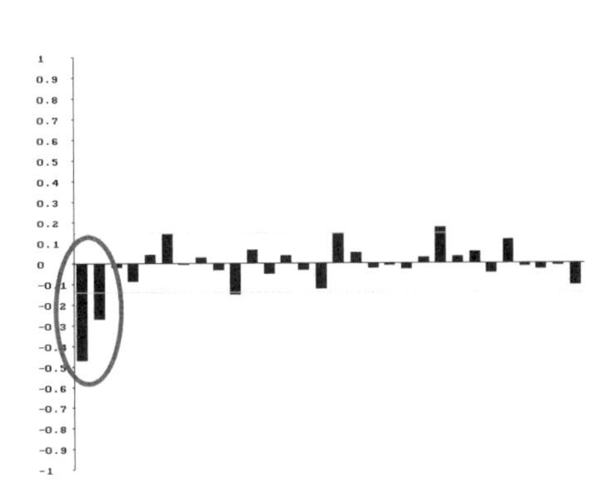

圖 9-18(b) AR(2) 模型 ϕ_1 =-0.6, ϕ_2 =-0.3：PACF 圖（負負 2 步截尾）

圖 9-19(a) MA(1) 模型 $\theta_1=0.9$：ACF 圖（負值 1 步截尾）

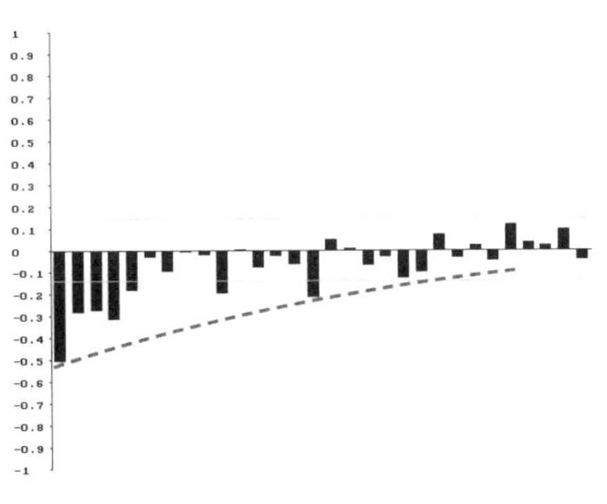

圖 9-19(b) MA(1) 模型 $\theta_1=0.9$：PACF 圖（初值為負，負值漸小拖尾）

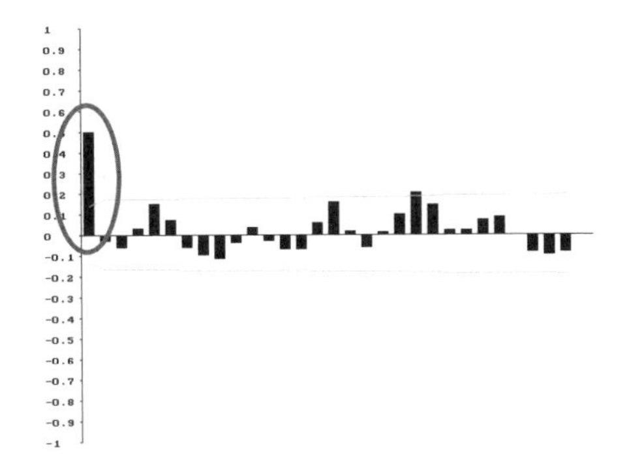

圖 9-20(a) MA(1) 模型 $\theta_1=-0.9$：ACF 圖（正值 1 步截尾）

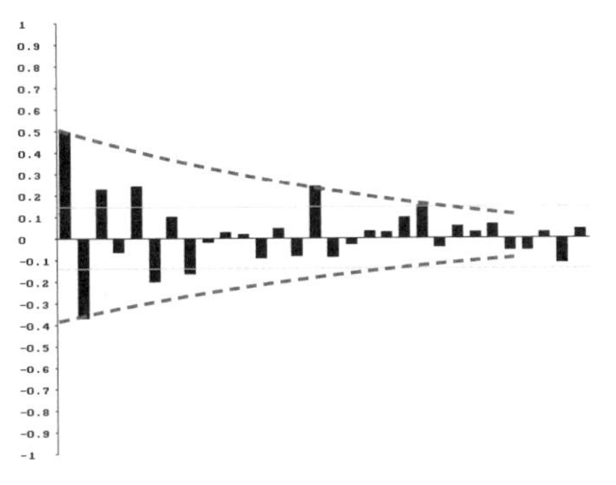

圖 9-20(b) MA(1) 模型 $\theta_1=-0.9$：PACF 圖（初值為正，正負交替拖尾）

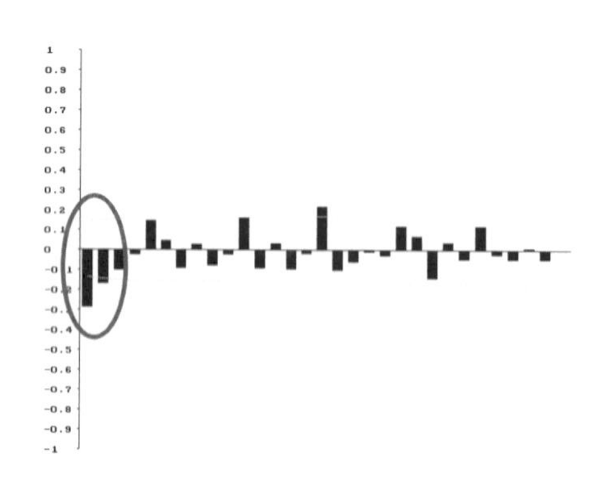

圖 9-21(a)　MA(2) 模型 $\theta_1=0.6,\theta_2=0.3$：ACF 圖（負負 2 步截尾）

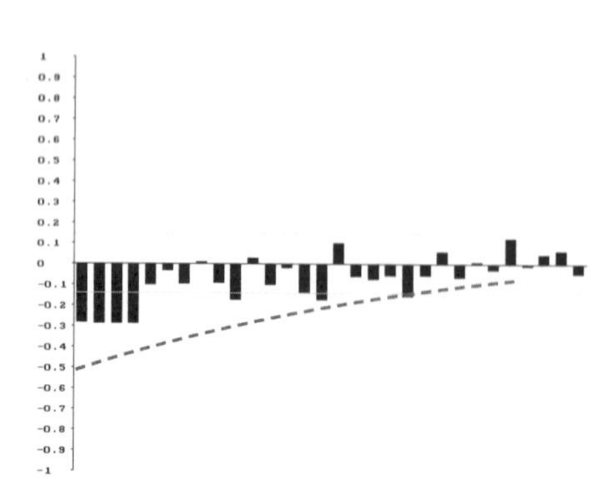

圖 9-21(b)　MA(2) 模型 $\theta_1=0.6,\theta_2=0.3$：PACF 圖（初值為負，負值漸小拖尾）

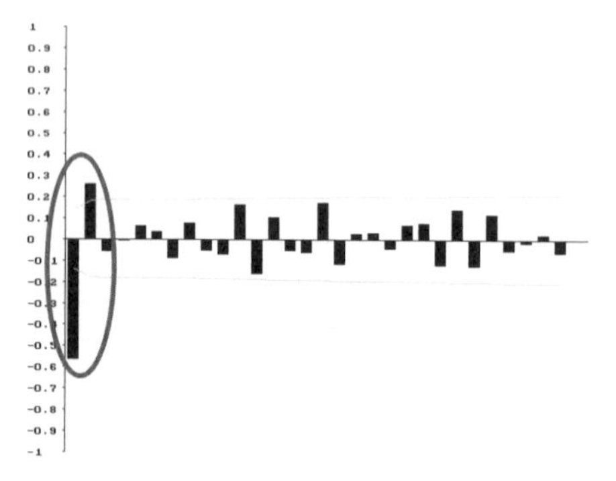

圖 9-22(a)　MA(2) 模型 $\theta_1=0.6,\theta_2=-0.3$：ACF 圖（負正 2 步截尾）

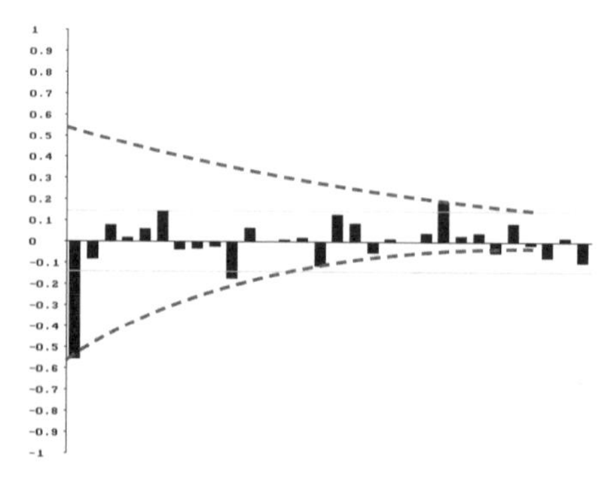

圖 9-22(b)　MA(2) 模型 $\theta_1=0.6,\theta_2=-0.3$：PACF 圖（初值為負，負正波浪拖尾）

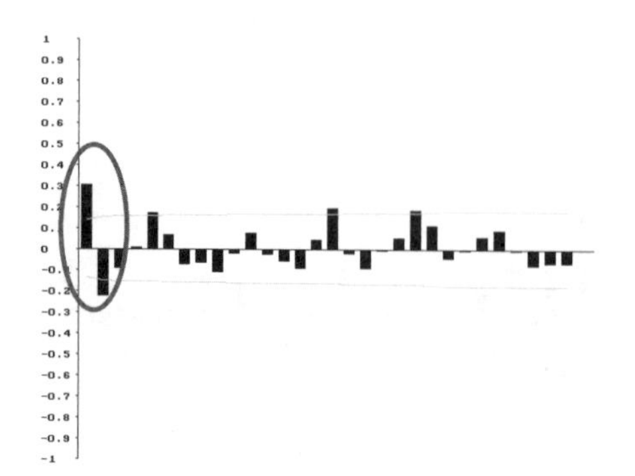

圖 9-23(a)　MA(2) 模型 $\theta_1=-0.6,\theta_2=-0.3$：ACF 圖（正負 2 步截尾）

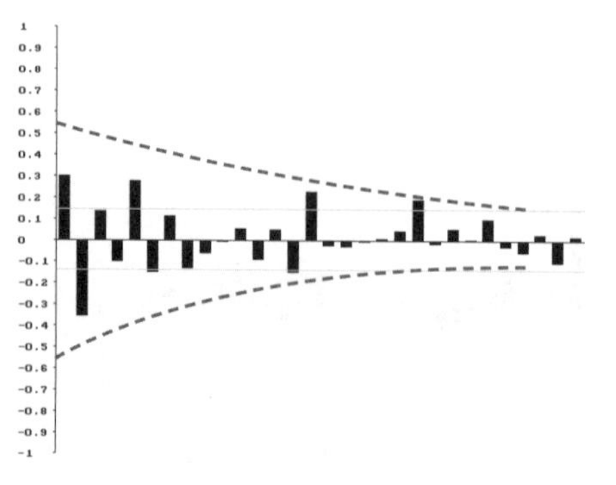

圖 9-23(b)　MA(2) 模型 $\theta_1=-0.6,\theta_2=-0.3$：PACF 圖（初值為正，正負交替拖尾）

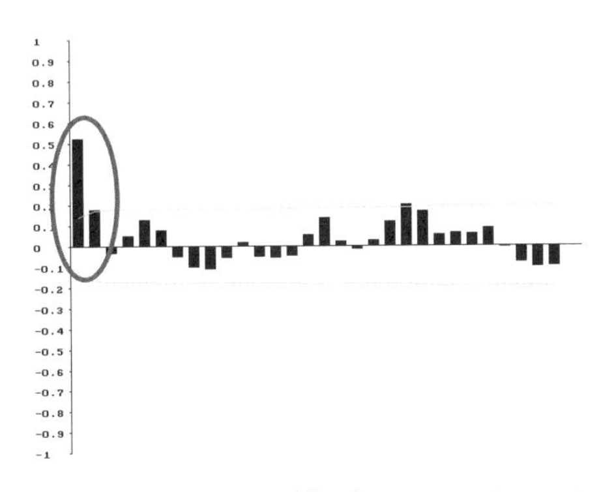

圖 9-24(a)　MA(2) 模型 θ_1=-0.6, θ_2=-0.3：ACF 圖（正正 2 步截尾）

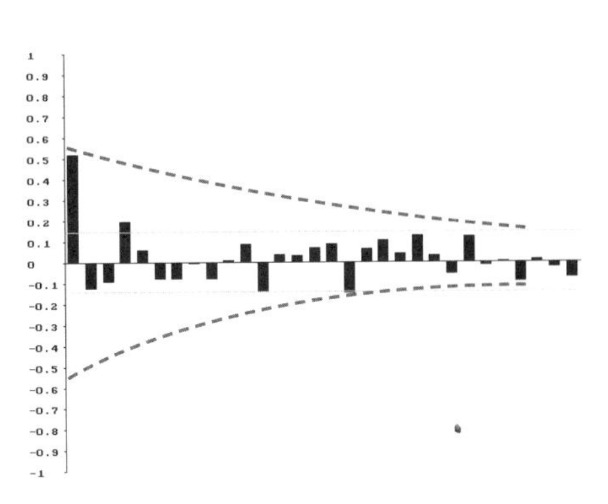

圖 9-24(b)　MA(2) 模型 θ_1=-0.6, θ_2=-0.3：PACF 圖（初值為正，正負波浪拖尾）

Excel 實作 : ACF

步驟 1　開啟「例題 9-7 模型鑑別 ACF」檔案。有 AR(1)，AR(2)，MA(1)，MA(2) 工作表。

步驟 2　到 AR(1) 工作表（圖 9-25），此工作表的 A~D 欄與例題 9-1 的工作表相同，不再贅述。

步驟 3　第 k 個自相關係數可用下公式「=Correl(1:N, 1+k:N+k)」計算，則因為最後一個自相關係數的計算範圍不能超過數據的總量 200，故 N+k=200。假設我們想計算 10 個自相關係數，即 k 最大為 10，則 N+10=200，可以推得 N=190。故在 E2 填入公式「=CORREL($D$2:$D$191,D3:D192)」，並向下複製 E2 公式到 E3:E11，可產生 k=1,2,...,10 的自相關係數，並繪其柱狀圖，如圖 9-25。

其餘 AR(2)，MA(1)，MA(2) 三個工作表的原理完全相同，不再贅述。注意參數的設定要滿足圖 9-1 的規定範圍，否則數列會發散。事實上，無論甚麼時間數列，計算 ACF 的方法並無差別，我們並不需要事先知道時間數列較接近哪一種型態的時間數列。本檔案分成 AR(1), AR(2), MA(1), MA(2) 四個工作表，這方法只是方便測試這四種人為模擬數列的 ACF 是否如預期地截尾或拖尾。

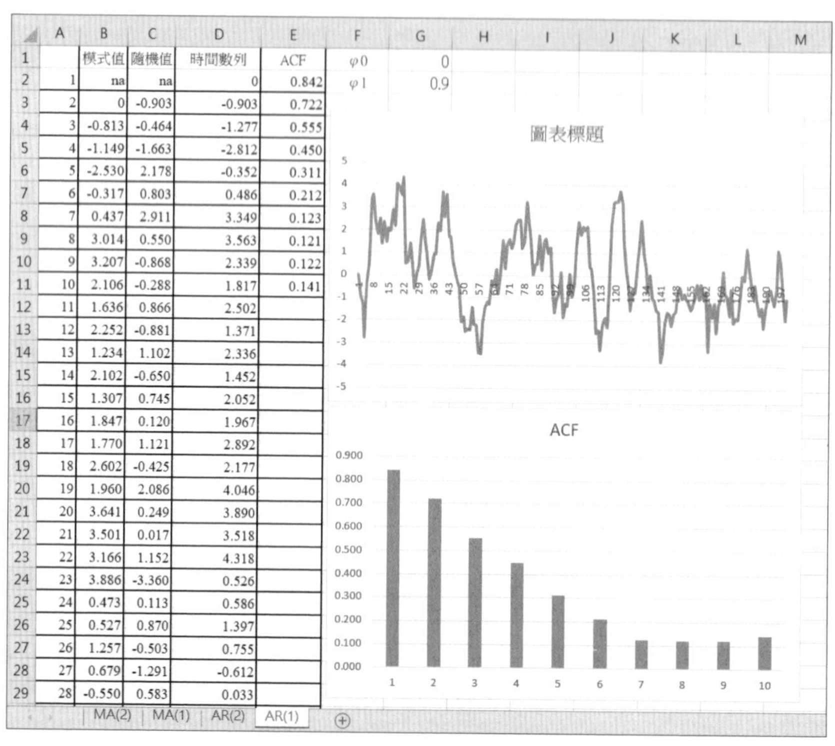

	A	B	C	D	E	F	G
1		模式值	隨機值	時間數列	ACF	φ0	0
2	1	na	na	0	0.842	φ1	0.9
3	2	0	-0.903	-0.903	0.722		
4	3	-0.813	-0.464	-1.277	0.555		
5	4	-1.149	-1.663	-2.812	0.450		
6	5	-2.530	2.178	-0.352	0.311		
7	6	-0.317	0.803	0.486	0.212		
8	7	0.437	2.911	3.349	0.123		
9	8	3.014	0.550	3.563	0.121		
10	9	3.207	-0.868	2.339	0.122		
11	10	2.106	-0.288	1.817	0.141		
12	11	1.636	0.866	2.502			
13	12	2.252	-0.881	1.371			
14	13	1.234	1.102	2.336			
15	14	2.102	-0.650	1.452			
16	15	1.307	0.745	2.052			
17	16	1.847	0.120	1.967			
18	17	1.770	1.121	2.892			
19	18	2.602	-0.425	2.177			
20	19	1.960	2.086	4.046			
21	20	3.641	0.249	3.890			
22	21	3.501	0.017	3.518			
23	22	3.166	1.152	4.318			
24	23	3.886	-3.360	0.526			
25	24	0.473	0.113	0.586			
26	25	0.527	0.870	1.397			
27	26	1.257	-0.503	0.755			
28	27	0.679	-1.291	-0.612			
29	28	-0.550	0.583	0.033			

圖 9-25　例題 9-7 模型鑑別 ACF

Excel 實作：PACF

步驟 1　開啟「例題 9-7 模型鑑別 PACF AR(1)」檔案。

步驟 2　到 data 工作表（圖 9-26），此工作表的 A~G 欄與例題 9-1 的工作表相同，不再贅述。

步驟 3　第 H~Q 欄內為延遲 1~10 的時間數列，例如 H2，I2，J2,...，Q2 內的公式分別為「=D3」、「=D4」、「=D5」、...、「=D12」。因為第 E~N 欄內為延遲 1~10 的時間數列，因此實際上 H, I, J,..., Q 欄只有 H2:H200，I2:I199，J2:J198，...，Q2:Q191 範圍內 199，198，197,...，190 個有效的時間數列數字，為統一起見，一律取最小的 190 個做為時間數列的長度。

步驟 4 第 k 個 PACF 係數可用 Excel 的迴歸分析計算，例如 PACF(1) 可用以 H 欄為自變數，D 欄為因變數作迴歸，參數設定如圖 9-27。迴歸結果如圖 9-28(a)，其中最後一個迴歸係數 0.897 即 PACF(1)。同理，PACF(2) 可用以 H~I 欄為自變數，D 欄為因變數作迴歸，迴歸結果如圖 9-28(b)，其中最後一個迴歸係數 0.061 即 PACF(2)。依此類推即可得到所有的 PACF。例如，PACF(10) 可用以 H~Q 欄為自變數，D 欄為因變數作迴歸，迴歸結果如圖 9-28(c)，其中最後一個迴歸係數即 PACF(10)。

步驟 5 將上述十次迴歸結果的工作表改名為 PACF(1), PACF(2),..., PACF(10)，並在 S2:S11 輸入公式「='PACF(1)'!B18」、「='PACF(2)'!B19」、...「='PACF(10)'!B27」可以抓取這些工作表上的最後一個迴歸係數，即 PACF(k) 的值。以 S2:S11 繪出 PACF 柱狀圖。

步驟 6 同理，可開啟另三個相似的檔案，可以計算 AR(2)，MA(1)，MA(2) 時間數列的 PACF。事實上，無論甚麼時間數列，計算 PACF 的方法並無差別，我們並不需要事先知道時間數列較接近哪一種型態的時間數列。

	H	I	J	K	L	M	N	O	P	Q	R	S
1	1	2	3	4	5	6	7	8	9	10		PACF
2	0.2881	0.506	-0.061	-0.921	-0.362	-0.630	-1.055	-0.994	0.503	0.987		0.897
3	0.506	-0.061	-0.921	-0.362	-0.630	-1.055	-0.994	0.503	0.987	-1.603		0.061
4	-0.061	-0.921	-0.362	-0.630	-1.055	-0.994	0.503	0.987	-1.603	-1.837		-0.048
5	-0.921	-0.362	-0.630	-1.055	-0.994	0.503	0.987	-1.603	-1.837	-2.680		0.001
6	-0.362	-0.630	-1.055	-0.994	0.503	0.987	-1.603	-1.837	-2.680	-3.168		-0.089
7	-0.630	-1.055	-0.994	0.503	0.987	-1.603	-1.837	-2.680	-3.168	-2.805		-0.189
8	-1.055	-0.994	0.503	0.987	-1.603	-1.837	-2.680	-3.168	-2.805	-2.093		0.071
9	-0.994	0.503	0.987	-1.603	-1.837	-2.680	-3.168	-2.805	-2.093	-0.458		-0.041
10	0.503	0.987	-1.603	-1.837	-2.680	-3.168	-2.805	-2.093	-0.458	-0.823		0.082
11	0.987	-1.603	-1.837	-2.680	-3.168	-2.805	-2.093	-0.458	-0.823	1.446		0.061
12	-1.603	-1.837	-2.680	-3.168	-2.805	-2.093	-0.458	-0.823	1.446	1.913		
13	-1.837	-2.680	-3.168	-2.805	-2.093	-0.458	-0.823	1.446	1.913	1.163		

圖 9-26　例題 9-7 模型鑑別 PACF AR(1)：輸入資料

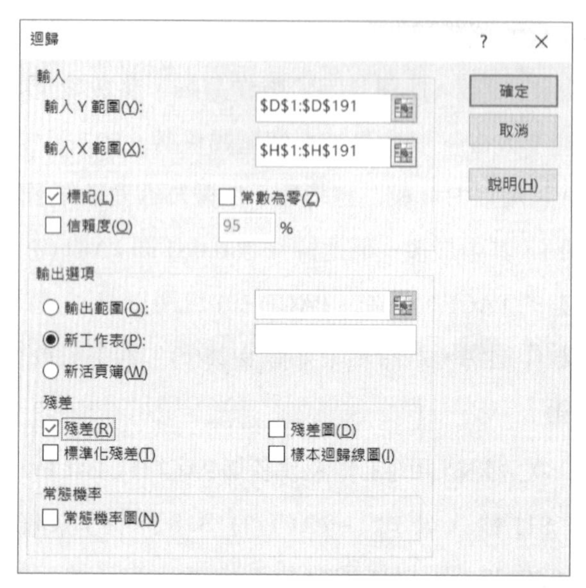

圖 9-27　例題 9-7 模型鑑別 PACF AR(1)：Excel 的迴歸分析

	A	B	C	D
16		係數	標準誤	t 統計
17	截距	0.025	0.076	0.333
18	1	0.897	0.032	28.004

(a) PACF(1)

	A	B	C	D
16		係數	標準誤	t 統計
17	截距	0.024	0.076	0.323
18	1	0.842	0.073	11.523
19	2	0.061	0.073	0.841

(b) PACF(2)

	A	B	C	D
16		係數	標準誤	t 統計
17	截距	0.021	0.075	0.285
18	1	0.844	0.075	11.312
19	2	0.095	0.098	0.966
20	3	-0.040	0.099	-0.406
21	4	0.115	0.099	1.163
22	5	0.046	0.098	0.466
23	6	-0.245	0.098	-2.501
24	7	0.103	0.099	1.039
25	8	-0.117	0.099	-1.173
26	9	0.029	0.101	0.292
27	10	0.061	0.077	0.792

(c)PACF(10)

圖 9-28　Excel 的迴歸分析結果

9.6 步驟 3：參數估計

在鑑別模型後可用下列方法之一估計模型的參數：

一 最小平方法

最佳的參數為使誤差平方和最小之參數，即：

$$Min\sum(Y_t - \hat{Y}_t)^2 \tag{9-10}$$

其中 Y_t= 實際值，$\hat{Y}_t$= 模型預測值

本法計算費時較長，但不受自相關係數的估計精確度影響，可以得到合理的解答。

二 公式法

AR(1)，AR(2)，MA(1)，MA(2) 的參數可用下列公式估計，其原理見本書附錄。本法計算費時較短，但受自相關係數的估計精確度之影響很大，有時因自相關係數的微小誤差而無法得到合理的解答，特別是 MA(2) 模型。

AR(1) 模式之參數估計

$$\phi_1 = r_1 \tag{9-11}$$

$$\phi_0 = (1-\phi_1)\cdot\mu \tag{9-12}$$

AR(2) 模式之參數估計

$$\phi_1 = \frac{r_1 - r_1 r_2}{1-r_1^2}$$
$$\phi_2 = \frac{r_2 - r_1^2}{1-r_1^2} \tag{9-13}$$

$$\phi_0 = (1-\phi_1-\phi_2)\cdot\mu \tag{9-14}$$

MA(1) 模式之參數估計

$$r_1 = \frac{-\theta_1}{1+\theta_1^2}$$（需解一元次方程式，有二解，取在 -1 與 +1 之間的解）（9-15）

$$\theta_0 = \mu$$（9-16）

MA(2) 模式之參數估計

$$r_1 = \frac{-\theta_1 + \theta_1\theta_2}{1+\theta_1^2+\theta_2^2}$$
$$r_2 = \frac{-\theta_2}{1+\theta_1^2+\theta_2^2}$$
（需解二元聯立非線性方程式）（9-17）

$$\theta_0 = \mu$$（9-18）

《例題 9-8》參數估計

延續例題 9-7 的十二個數列，解得參數如表 9-8(a)(b)。在表 9-8(a) 的 AR 模型之參數估計中

- 自相關係數理論值（第 (3) 欄）由將設定參數代入下二式求得（參考附錄）

  $$r_1 = \phi_1 + \phi_2 r_1$$

  $$r_2 = \phi_1 r_1 + \phi_2$$

- 自相關係數估計值（第 (4) 欄）由（9-8）式求得。
- 公式法估計參數（第 (5) 欄）由將自相關係數估計值代入（9-11）與（9-13）式求得。

在表 9-8(b) 的 MA 模型之參數估計中

- 自相關係數理論值（第 (4) 欄）由將設定參數代入（9-15）式與（9-17）式求得。
- 自相關係數估計值（第 (5) 欄）由（9-8）式求得。

■ 公式法估計參數（第 (6) 欄）由將自相關係數估計值代入（9-15）式或（9-17）式解非線性方程式求得。

比較表 9-8（(a)(b) 的估計參數與設定參數之差異後，可以發現：

(1) 以公式法來估計 AR 模型的參數相當準確。

(2) 以公式法來估計 MA 模型的參數相當不準確，但最小平方法相當準確。

預測之模型與實際之模型的比較如圖 9-29 至圖 9-32。

表 9-8 (a)AR 模型之參數估計

模型 (1)	設定參數 (2)	自相關係數理論值 (3)	自相關係數估計值 (4)	公式法估計參數 (5)	判定係數 (6)
AR1	ϕ_1 =0.9	r_1=0.90	r_1=0.89	ϕ_1 =0.89	0.80
AR1	ϕ_1 =-0.9	r_1=-0.90	r_1=-0.90	ϕ_1 =-0.90	0.82
AR2	ϕ_1 =0.6 ϕ_2 =0.3	r_1=0.857, r_2=0.814	r_1=0.848, r_2=0.803	ϕ_1 =0.597 ϕ_2 =0.296	0.75
AR2	ϕ_1 =0.6 ϕ_2 =-0.3	r_1=0.462, r_2=-0.023	r_1=0.439, r_2=-0.089	ϕ_1 =0.593 ϕ_2 =-0.350	0.29
AR2	ϕ_1 =-0.6 ϕ_2 =0.3	r_1=-0.857, r_2=0.814	r_1=-0.865, r_2=0.821	ϕ_1 =-0.616 ϕ_2 =0.288	0.77
AR2	ϕ_1 =-0.6 ϕ_2 =-0.3	r_1=-0.462, r_2=-0.02	r_1=-0.472, r_2=0.014	ϕ_1 =-0.600 ϕ_2 =-0.269	0.28

表 9-8 (b)MA 模型之參數估計

模型 (1)	設定參數 (2)	參數估計法 (3)	自相關係數理論值 (4)	自相關係數估計值 (5)	估計參數 (6)	判定係數 (7)
MA1	θ_1=0.9	公式法	r_1=-0.497	r_1=-0.509	θ_1=0.95	0.40
MA1	θ_1=-0.9	公式法	r_1=0.497	r_1=0.498	θ_1=-0.916	0.43

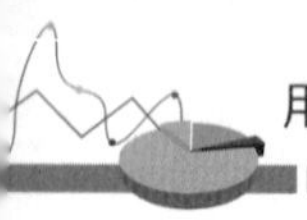

模型 (1)	設定參數 (2)	參數估計法 (3)	自相關係數理論值 (4)	自相關係數估計值 (5)	估計參數 (6)	判定係數 (7)
MA2	θ_1=0.6 θ_2=0.3	公式法	r_1=-0.290, r_2=-0.207	r_1=-0.290, r_2=-0.169	θ_1=1.05 θ_2=0.38	<0
		最小平方法	不需要	不需要	θ_1=0.61 θ_2=0.29	0.31
MA2	θ_1=0.6 θ_2=-0.3	公式法	r_1=-0.538, r_2=0.207	r_1=-0.564, r_2=0.256	θ_1=0.625 θ_2=-0.397	0.30
		最小平方法	不需要	不需要	θ_1=0.60 θ_2=-0.26	0.32
MA2	θ_1=-0.6 θ_2=0.3	公式法	r_1=0.290, r_2=-0.207	r_1=0.304, r_2=-0.223	θ_1=-0.674 θ_2=0.327	<0
		最小平方法	不需要	不需要	θ_1=-0.58 θ_2=0.31	0.31
MA2	θ_1=-0.6 θ_2=-0.3	公式法	r_1=0.538, r_2=0.207	r_1=0.519, r_2=0.176	θ_1=-0.584 θ_2=-0.246	0.30
		最小平方法	不需要	不需要	θ_1=-0.60 θ_2=-0.35	0.30

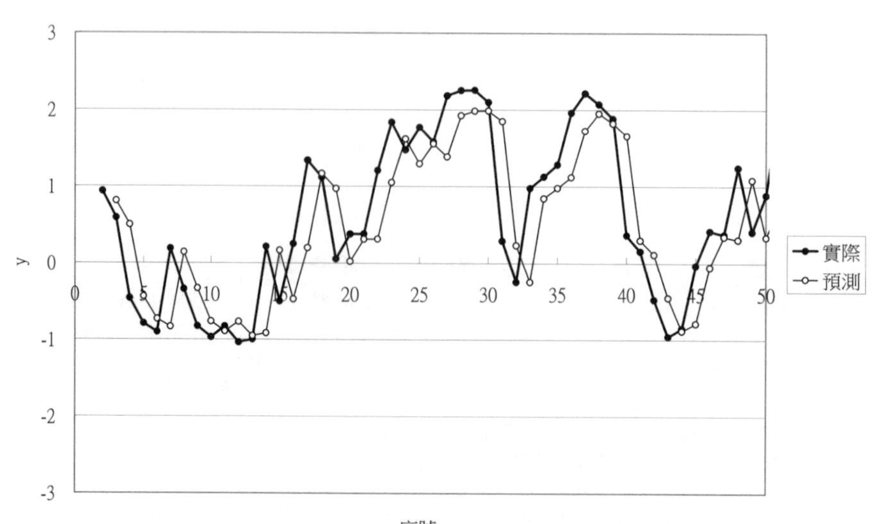

圖 9-29(a) AR(1) 模型 ϕ_1 =0.9

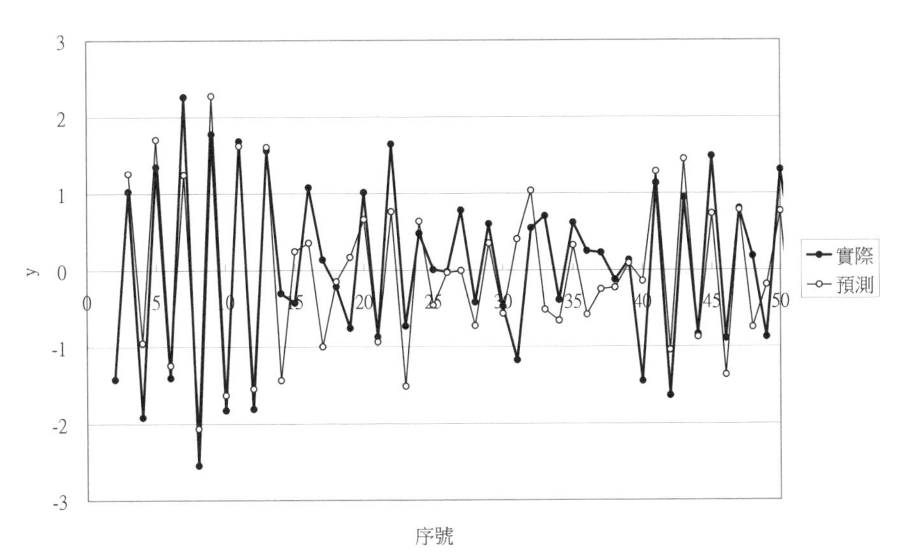

圖 9-29(b)　AR(1) 模型 ϕ_1 =-0.9

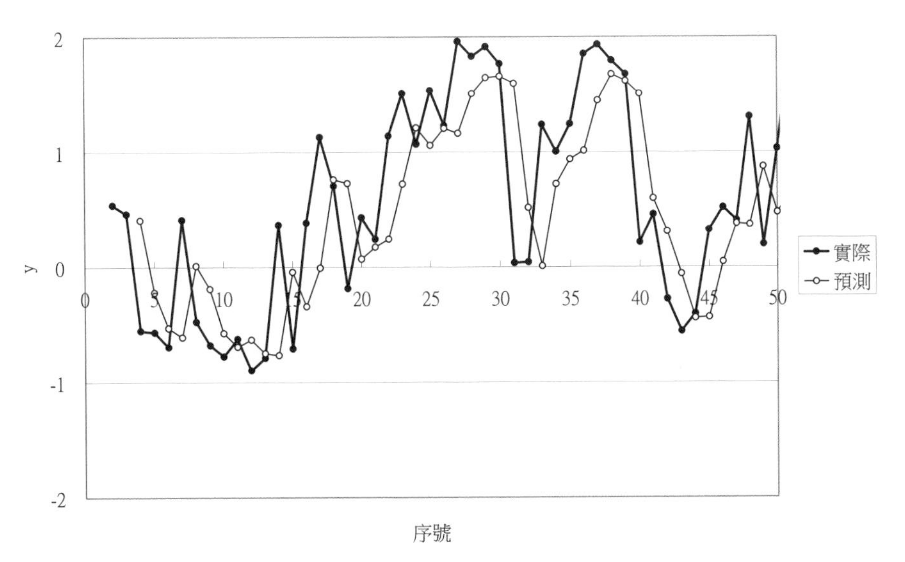

圖 9-30(a)　AR(2) 模型 ϕ_1 =0.6，ϕ_2 =0.3

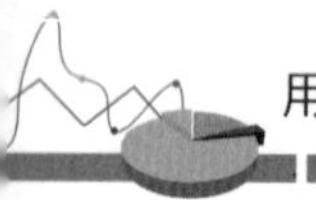

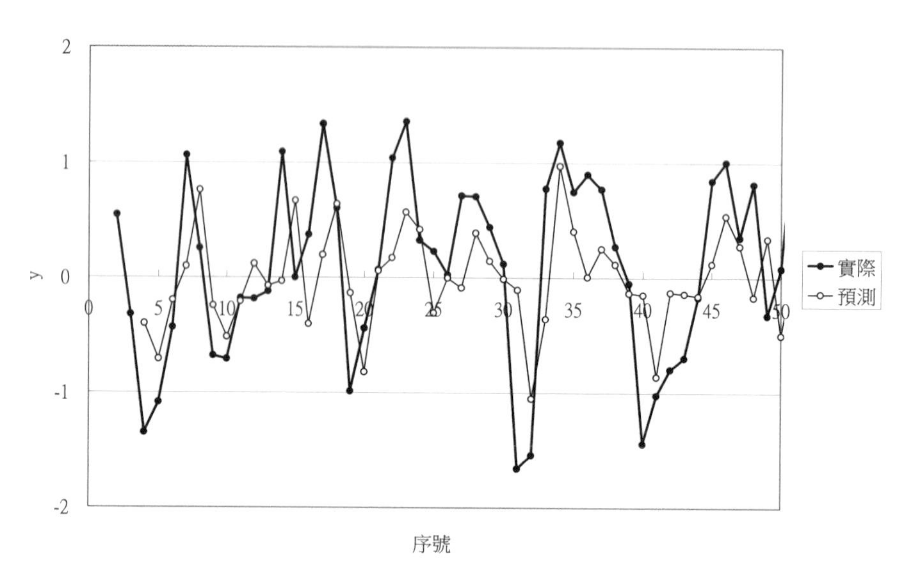

圖 9-30(b) AR(2) 模型 $\phi_1 = 0.6$，$\phi_2 = -0.3$

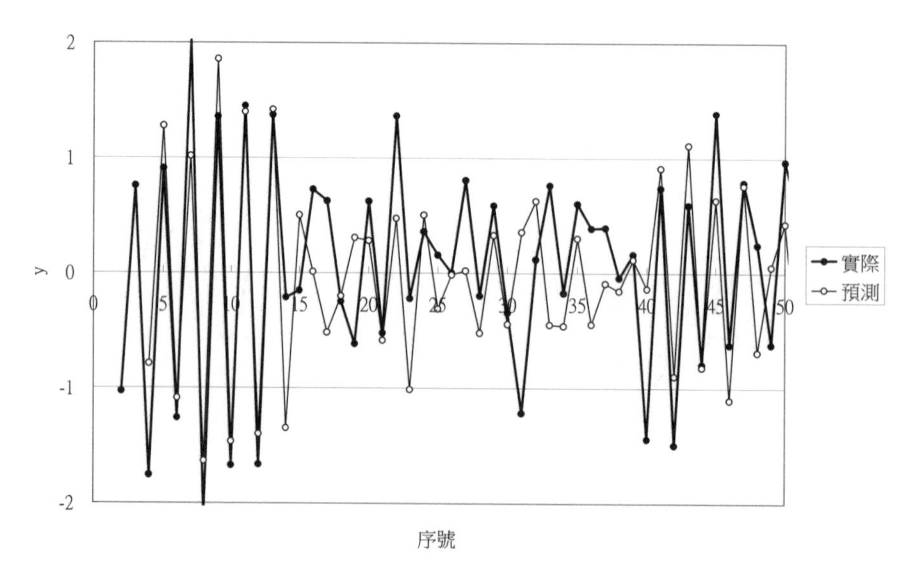

圖 9-30(c) AR(2) 模型 $\phi_1 = -0.6$，$\phi_2 = 0.3$

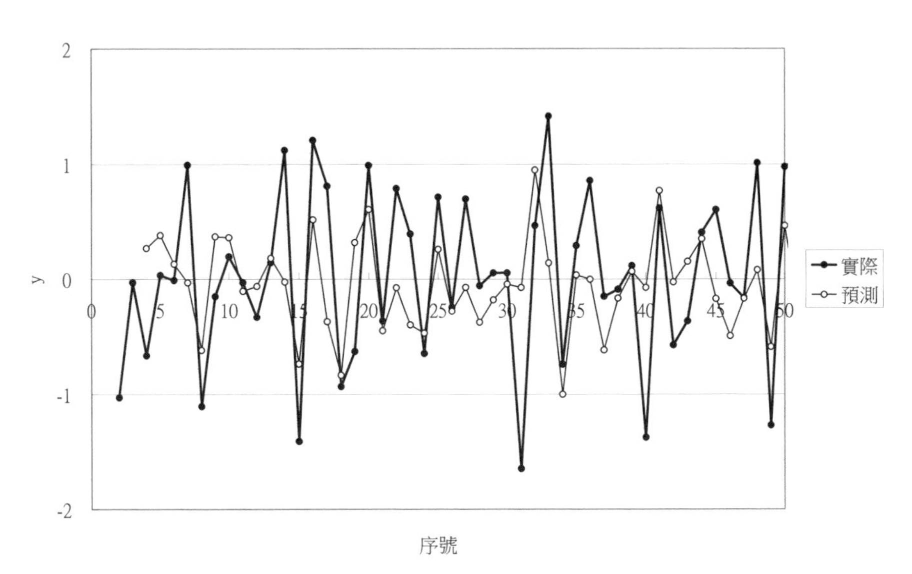

圖 9-30(d) AR(2) 模型 ϕ_1 =-0.6，ϕ_2 =-0.3

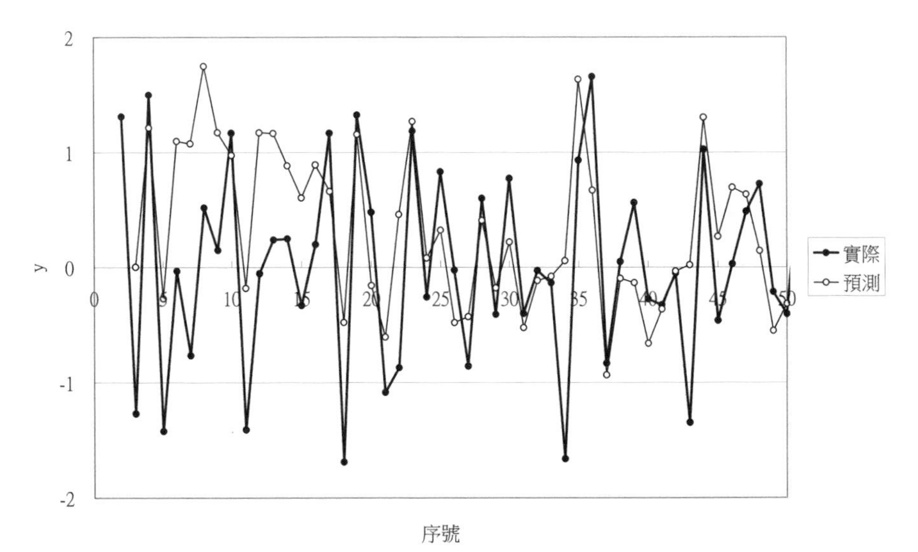

圖 9-31(a) MA(1) 模型 θ_1=0.9

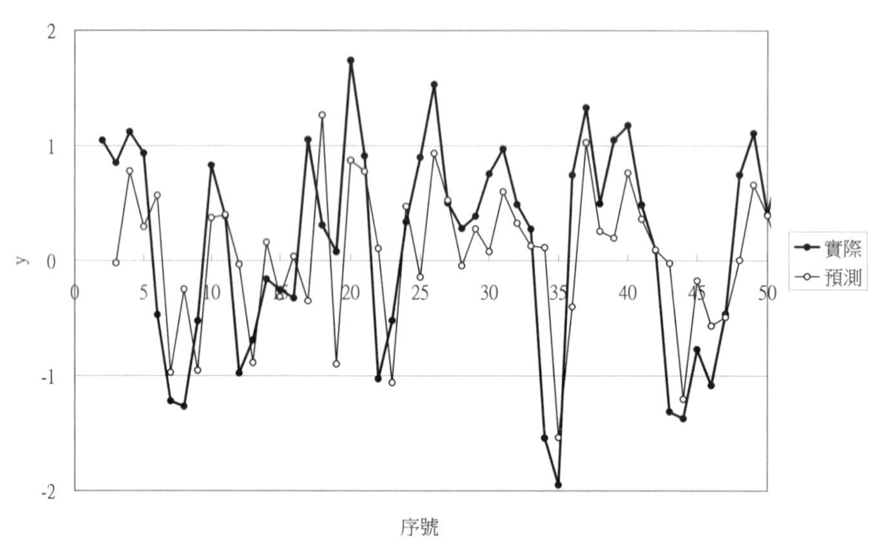

圖 9-31(b) MA(1) 模型 θ_1=-0.9

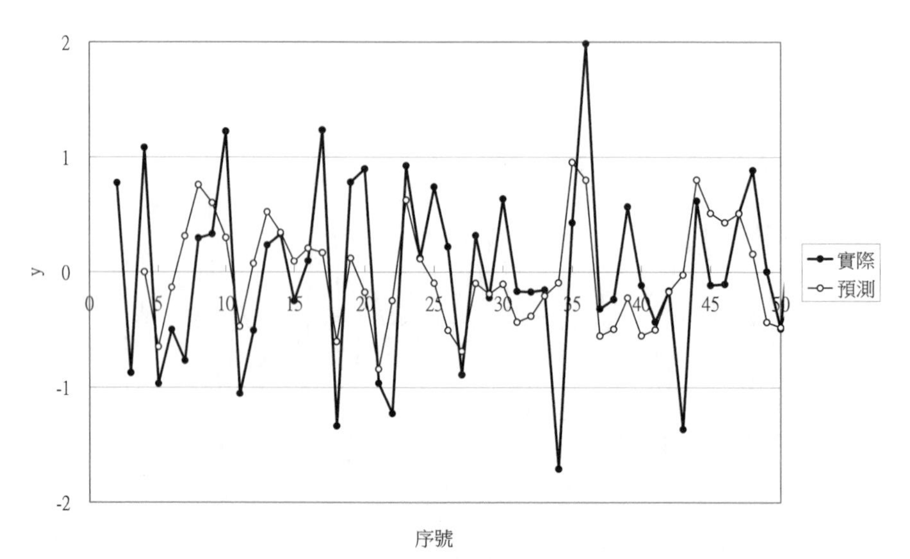

圖 9-32(a) MA(2) 模型 θ_1=0.6，θ_2=0.3

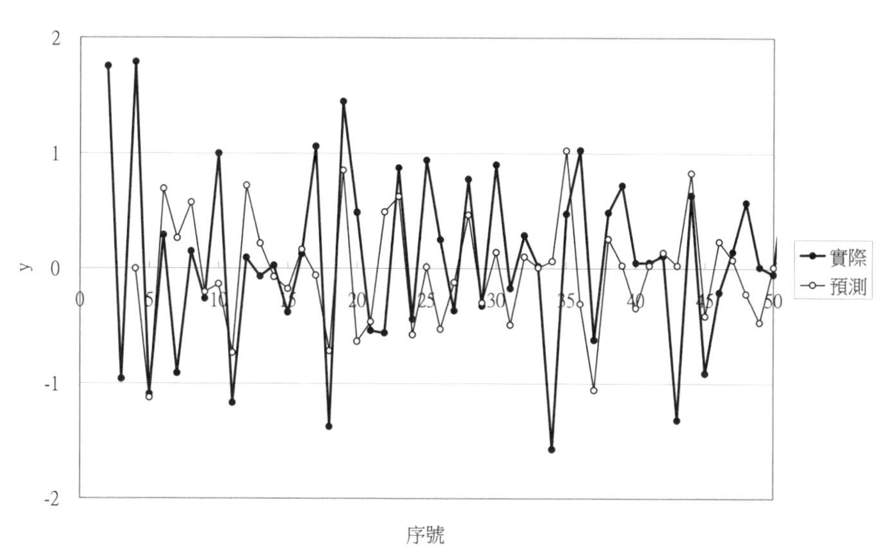

圖 9-32(b)　MA(2) 模型 $\theta_1=0.6$，$\theta_2=-0.3$

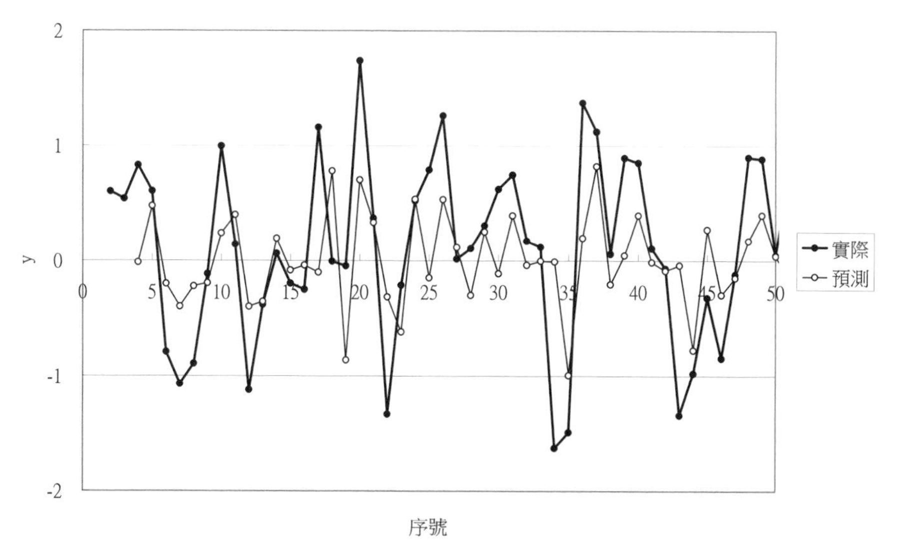

圖 9-32(c)　MA(2) 模型 $\theta_1=-0.6$，$\theta_2=0.3$

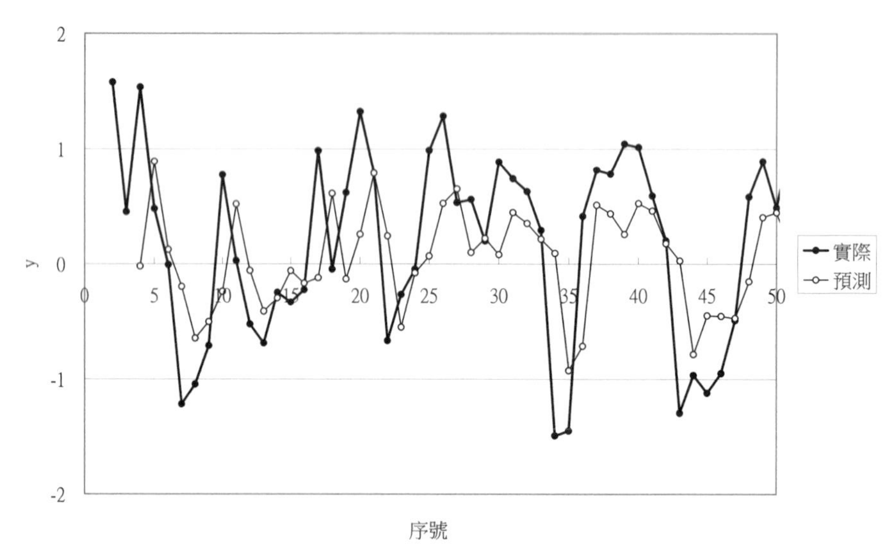

圖 9-32(d) MA(2) 模型 $\theta_1 = -0.6$，$\theta_2 = -0.3$

Excel 實作

步驟 1 開啟「例題 9-8 參數估計」檔案。有 AR(1)，AR(2)，MA(1)，MA(2) 四個工作表。

步驟 2 到 AR(1) 工作表（圖 9-33），此工作表的 D 欄是從例題 9-5 的工作表的 D 欄拷貝貼上值的方式貼上。

步驟 3 在 H1，H2 輸入 0 做為 ϕ_0 與 ϕ_1 初始值。E 欄為預測值，例如 E3 公式「=$H$1+D2*$H$2」，代表 $y_t = \phi_0 + \phi_1 y_{t-1}$，將公式複製到末端列。在 H3 輸入公式「=SUMXMY2(D3:D201,E3:E201)」，以計算時間數列（D 欄）與預測值（E 欄）的誤差平方和。

步驟 4 開啟「資料」標籤的「規劃求解」視窗，並輸入參數如圖 9-34，以最小化誤差平方和，結果如圖 9-35。

其餘 AR(2)，MA(1)，MA(2) 的建構方法與上述步驟相似，不再贅述。主要的差別是 E 欄預測值的公式不同，例如：

- AR(2) 工作表 E4 公式「=$H$1+D3*$H$2+D2*$H$3」，
  代表 $y_t = \phi_0 + \phi_1 y_{t-1} + \phi_2 y_{t-2}$，其中 H1，H2，H3 為模型參數 ϕ_0, ϕ_1, ϕ_2。
- MA(1) 工作表 E4 公式「=$H$1-(D3-E3)*$H$2」，
  代表 $y_t = \theta_0 - \theta_1 \varepsilon_{t-1}$，其中 H1，H2 為模型參數 θ_0, θ_1，(D3-E3) 用來計算 ε_{t-1}。
- MA(2) 工作表 E6 公式「=$H$1-(D5-E5)*$H$2-(D4-E4)*$H$3」，
  代表 $y_t = \theta_0 - \theta_1 \varepsilon_{t-1} - \theta_2 \varepsilon_{t-2}$，其中 H1，H2，H3 為模型參數 $\theta_0, \theta_1, \theta_2$，(D5-E5) 與 (D4-E4) 用來計算 ε_{t-1} 與 ε_{t-2}。

	D	E	F	G	H
1	時間數列	預測值		φ0	0.000
2	0			φ1	0.000
3	-0.933	0.000		Error	870.745
4	-0.690	0.000			
5	-0.834	0.000			
6	-1.375	0.000			

圖 9-33　例題 9-8 參數估計：輸入資料與公式

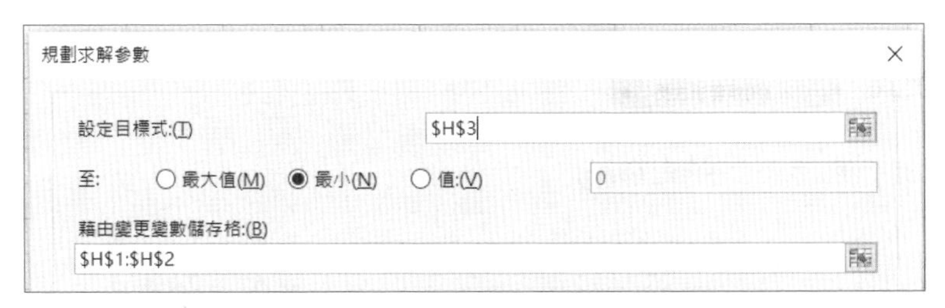

圖 9-34　例題 9-8 參數估計：Excel「規劃求解」視窗

	D	E	F	G	H
1	時間數列	預測值		φ0	-0.073
2	0			φ1	0.877
3	-0.933	-0.073		Error	184.654
4	-0.690	-0.892			
5	-0.834	-0.679			
6	-1.375	-0.805			

圖 9-35　例題 9-8 參數估計：規劃求解後

9.7 步驟 4：殘差診斷

在估計參數後必須診斷模型是否已經充份表達數列中隱含的模型，此時可觀察其殘差是否已無任何可鑑別之模型存在。殘差是指實際值減去模型預測值之差值。即將殘差進行 ACF 與 PACF 分析，如果從二者都看不出有 AR 或 MA 模型存在，則原先鑑別的模型已充份表達數列中隱含的模型。

AR(1)，AR(2)，MA(1)，MA(2) 模型的殘差之理論公式如下（推導過程見附錄）：

AR(1) 模式

$$\sigma_\varepsilon^2 = (1-\phi_1^2)\sigma_y^2 \qquad (9\text{-}19a)$$

$$R^2 = 1-\frac{\sigma_\varepsilon^2}{\sigma_y^2} = 1-\frac{(1-\phi_1^2)\sigma_y^2}{\sigma_y^2} = \phi_1^2 \qquad (9\text{-}19b)$$

AR(2) 模式

$$\sigma_\varepsilon^2 = (1-\phi_1^2-\phi_2^2-2\phi_1\phi_2\rho_1)\sigma_y^2 \qquad (9\text{-}20a)$$

$$R^2 = 1-\frac{\sigma_\varepsilon^2}{\sigma_y^2} = 1-\frac{(1-\phi_1^2-\phi_2^2-2\phi_1\phi_2\rho_1)\sigma_y^2}{\sigma_y^2} = \phi_1^2+\phi_2^2+2\phi_1\phi_2\rho_1 \qquad (9\text{-}20b)$$

MA(1) 模式

$$\sigma_\varepsilon^2 = \frac{\sigma_y^2}{1+\theta_1^2} \qquad (9\text{-}21a)$$

$$R^2 = 1-\frac{\sigma_\varepsilon^2}{\sigma_y^2} = 1-\frac{\frac{\sigma_y^2}{1+\theta_1^2}}{\sigma_y^2} = 1-\frac{1}{1+\theta_1^2} = \frac{\theta_1^2}{1+\theta_1^2} \qquad (9\text{-}21b)$$

MA(2) 模式

$$\sigma_\varepsilon^2 = \frac{\sigma_y^2}{1+\theta_1^2+\theta_2^2} \quad (9\text{-}22a)$$

$$R^2 = 1-\frac{\sigma_\varepsilon^2}{\sigma_y^2} = 1-\frac{\dfrac{\sigma_y^2}{1+\theta_1^2+\theta_2^2}}{\sigma_y^2} = 1-\frac{1}{1+\theta_1^2+\theta_2^2} = \frac{\theta_1^2+\theta_2^2}{1+\theta_1^2+\theta_2^2} \quad (9\text{-}22b)$$

由上述公式可知，參數 ϕ,θ 的平方值越大，則模型的殘差越小。從另一角度來看，當 ϕ,θ 的值為 0 時，ARIMA 模型等同隨機模型，故 $\sigma_\varepsilon^2=\sigma_y^2$，此推論與上述公式吻合。表 9-9 為例題 9-8 的十二個數列模型之判定係數計算值與理論值之比較，由表可知二者相當接近。

表 9-9　模型之判定係數計算值與理論值之比較

		判定係數				判定係數	
模型	設定參數	理論值	計算值	模型	設定參數	理論值	計算值
AR1	0.9	0.810	0.80	MA1	0.9	0.447	0.40
AR1	-0.9	0.810	0.82	MA1	-0.9	0.447	0.43
AR2	0.6，0.3	0.759	0.75	MA2	0.6，0.3	0.310	0.31
AR2	0.6，-0.3	0.284	0.29	MA2	0.6，-0.3	0.310	0.32
AR2	-0.6，0.3	0.759	0.77	MA2	-0.6，0.3	0.310	0.31
AR2	-0.6，-0.3	0.284	0.28	MA2	-0.6，-0.3	0.310	0.30

《例題 9-9》殘差診斷：十二個模擬數列

延續例題 9-8，AR(1) ϕ_1=0.9 之數列的殘差如圖 9-36(a)，其 ACF 如圖 9-36(b)，可知已無顯著特徵，故原預測模型已充份表達數列中隱含的模型。

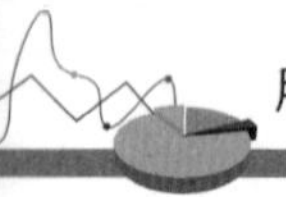

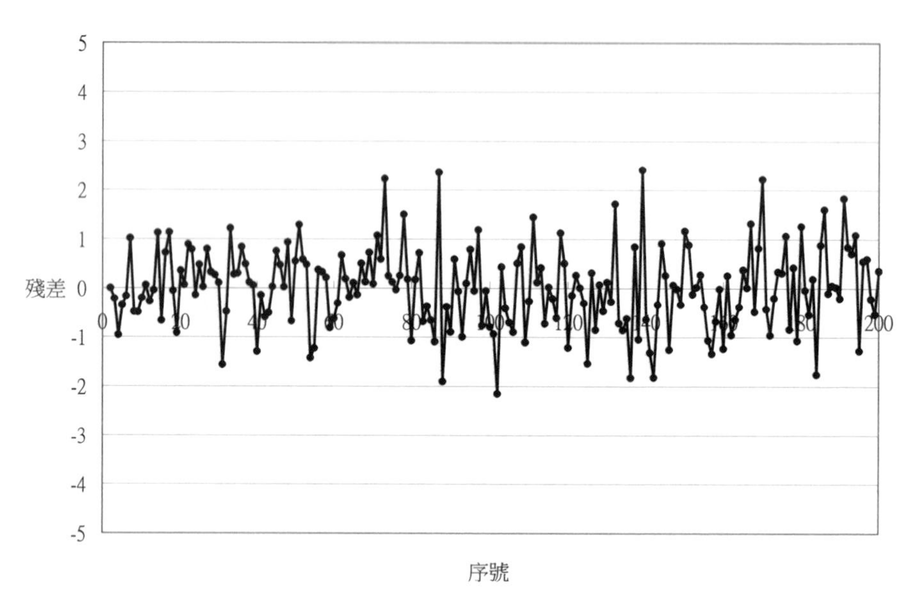

圖 9-36(a) 殘差時序圖

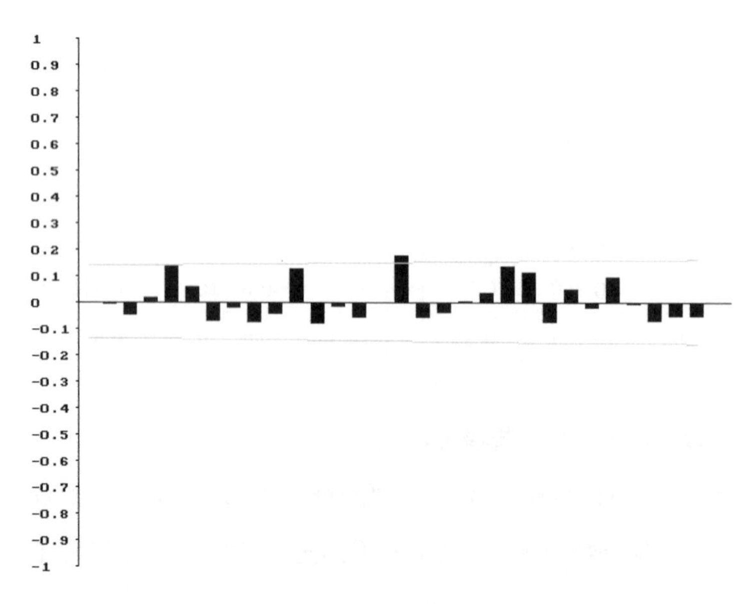

圖 9-36(b) 殘差之 ACF 圖

Excel 實作

步驟 1 開啟「例題 9-9 殘差診斷：模擬數列」檔案。

步驟 2 到 AR(1) 工作表（圖 9-37），B 欄殘差，C 欄為 ACF(1)~ACF(10)，例如 C2 的公式「=CORREL($B$2:$B$191,B3:B192)」可以計算 ACF(1)。

步驟 3 將 ACF 繪桿狀圖，可以判斷殘差是否有特徵。

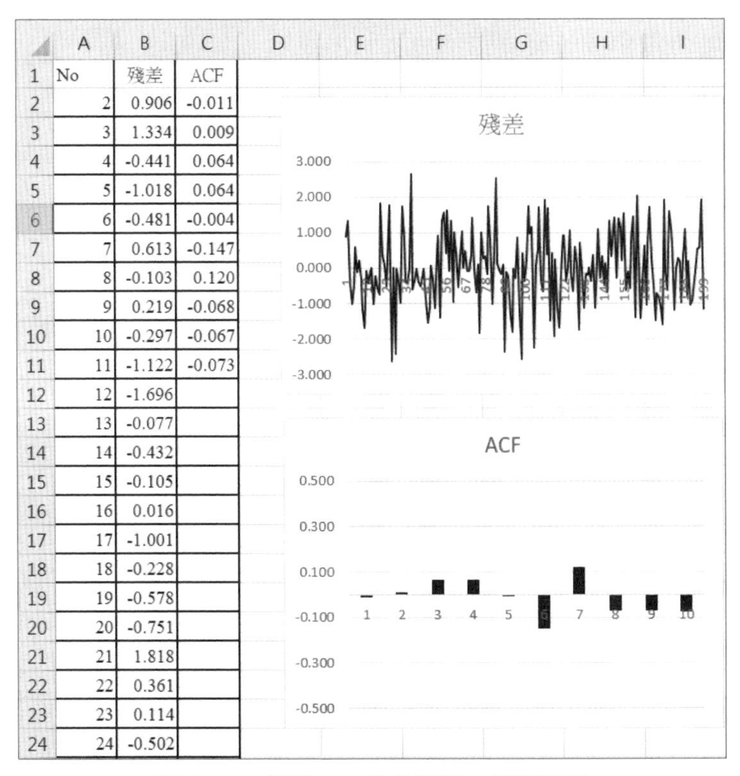

	A	B	C
1	No	殘差	ACF
2	2	0.906	-0.011
3	3	1.334	0.009
4	4	-0.441	0.064
5	5	-1.018	0.064
6	6	-0.481	-0.004
7	7	0.613	-0.147
8	8	-0.103	0.120
9	9	0.219	-0.068
10	10	-0.297	-0.067
11	11	-1.122	-0.073
12	12	-1.696	
13	13	-0.077	
14	14	-0.432	
15	15	-0.105	
16	16	0.016	
17	17	-1.001	
18	18	-0.228	
19	19	-0.578	
20	20	-0.751	
21	21	1.818	
22	22	0.361	
23	23	0.114	
24	24	-0.502	

圖 9-37　例題 9-9 殘差診斷：模擬數列

9.8 步驟 5：模型應用

在建立模型後可用以預測未來的值，在此舉四個例子：

《例題 9-10》AR(1) 模型應用

假設建立的模型為 $\hat{Y}_t = 0.9Y_{t-1}$。AR(1) 是使用前一期的值做預測，有實際值可用時用實際值，否則用預測值代替。因此：

- 第 1 個預測值是使用前 1 期的實際值做預測。
- 第 2 個預測值之後都使用前 1 期的預測值做預測。

(1) $\hat{Y}_{201} = 0.9Y_{200} = 0.9(0.235) = 0.211$

(2) $\hat{Y}_{202} = 0.9Y_{201} = 0.9(0.211) = 0.190$

(3) $\hat{Y}_{203} = 0.9Y_{202} = 0.9(0.190) = 0171$

以下依此類推（表 9-10）。

表 9-10　AR(1) 模型計算例

	實際值	預測值
196	-1.424	-1.761
197	-0.652	-1.281
198	-0.005	-0.587
199	1.849	-0.005
200	0.235	1.664
201		0.211
202		0.190
203		0.171
204		0.154
205		0.139

Excel 實作

步驟 1　開啟「例題 9-10 模型應用 模擬數列 AR(1)」檔案（圖 9-38(a)）。

步驟 2　儲存格 H1 與 H2 為 AR(1) 模型的參數，D 欄為實際時間數列，E 欄為預測時間數列。

- **第 201 期**：用前一個時刻的實際值來計算預測值。E202 公式「=$H$1+D201*$H$2」。
- **第 202 期之後**：用前一個時刻的預測值來計算預測值。例如 E203 公式「=$H$1+E202*$H$2」，往下複製公式。

	A	B	C	D	E	F	G	H
1				時間數列	預測值		φ0	0.000
2	1			0			φ1	0.900
3	2			0.839	0.000		Error	210.510
4	3			1.928	0.755			
5	4			1.010	1.735			
6	5			-0.290	0.909			

圖 9-38(a)　例題 9-10 AR(1) 模型應用

〈例題 9-11〉AR(2) 模型應用

假設建立的模型為 $\hat{Y}_t=0.6Y_{t-1}+0.3Y_{t-2}$。AR(2) 是使用前二期的值做預測，有實際值可用時用實際值，否則用預測值代替。因此：

- 第 1 個預測值是使用前 2 期的實際值，
- 第 2 個預測值是使用 1 個實際值、1 個預測值，
- 第 3 個預測值之後是使用前 2 期的預測值。

(1) $\hat{Y}_{201}=0.6Y_{200}+0.3Y_{199}$

$=0.6(2.189)+0.3(2.230)=1.983$

(2) $\hat{Y}_{202}=0.6Y_{201}+0.3Y_{200}$

$=0.6(1.983)+0.3(2.189)=1.846$

(3) $\hat{Y}_{203}=0.6Y_{202}+0.3Y_{201}$

$=0.6(1.846+0.3(1.983)=1.703$

以下依此類推（表 9-11）。

表 9-11　AR(2) 模型計算例

	實際值	預測值
196	1.696	1.192
197	0.776	1.243
198	1.292	0.975
199	2.230	1.008
200	2.189	1.726
201		1.983
202		1.846
203		1.703
204		1.575
205		1.456

Excel 實作

步驟 1　開啟「例題 9-11 模型應用 模擬數列 AR(2)」檔案（圖 9-38(b)）。

步驟 2 儲存格 H1:H3 為 AR(2) 模型的參數，D 欄為實際時間數列，E 欄為預測時間數列。

- **第 201 期**：用前二個時刻的實際值來計算預測值。E202 公式「=$H$1+D201*$H$2+D200*$H$3」。
- **第 202 期**：用一個實際值、一個預測值來計算預測值。E203 公式「=$H$1+E202*$H$2+D201*$H$3」。
- **第 203 期之後**：用前二個時刻的預測值來計算預測值。例如 E204 公式「=$H$1+E203*$H$2+E202*$H$3」，往下複製公式。

	A	B	C	D	E	F	G	H
1				時間數列	預測值		φ0	0.000
2	1			0			φ1	0.600
3	2			1.310			φ2	0.300
4	3			0.314	0.786		Error	191.701
5	4			0.074	0.581			
6	5			-1.309	0.138			

圖 9-38(b)　例題 9-11 AR(2) 模型應用

《例題 9-12》 MA(1) 模型應用

假設建立的模型為 $\hat{Y}_t = -0.9Y\varepsilon_{t-1}$。MA(1) 是使用前一期的殘差值做預測，殘差值 = 實際值 - 預測值。計算殘差時，有實際值可用時用實際值，否則用預測值代替。因此：

- 第 1 個預測值是使用前 1 期的實際值計算殘差，
- 第 2 個預測值之後是使用前 1 期的預測值計算殘差，因此殘差值 (t)= 預測值 (t)- 預測值 (t)=0。

表 9-12　MA(1) 模型計算例

	實際值	預測值
196	0.822	-0.033
197	-3.019	-0.769
198	2.804	2.025
199	0.112	-0.702
200	-0.250	-0.733
201		-0.434
202		0.000
203		0.000
204		0.000
205		0.000

(1) $\hat{Y}_{201} = -0.9Y\varepsilon_{200}$ = -0.9(-0.250-(-0.733)) = -0.434

(2) $\hat{Y}_{202} = -0.9Y\varepsilon_{201}$ = -0.9(-0.434-(-0.434))=-0.9(0) = 0

以下依此類推（表 9-12）。因此 MA(1) 模型只能往前預測一步，之後都以 ϕ_0 為預測值（本例題 ϕ_0 =0）。

Excel 實作

步驟 1 開啟「例題 9-12 模型應用 模擬數列 MA(1)」檔案（圖 9-38(c)）。

步驟 2 儲存格 H1 與 H2 為 MA(1) 模型的參數，D 欄為實際時間數列，E 欄為預測時間數列。

- **第 201 期**：用前一個時刻的實際值來計算殘差，再作預測。E202 公式「=$H$1-(D201-E201)*$H$2」。
- **第 202 期之後**：用前一個時刻的預測值來計算殘差，再作預測。例如 E203 公式「=$H$1-(E202-E202)*$H$2」，往下複製公式。

	A	B	C	D	E	F	G	H
1				時間數列	預測值		φ0	0.000
2	1			0			θ1	0.900
3	2			-0.132	0.000		Error	187.564
4	3			0.551	0.119			
5	4			-0.465	-0.388			
6	5			-0.467	0.069			

圖 9-38(c) 例題 9-12 MA(1) 模型應用

《例題 9-13》 MA(2) 模型應用

假設建立的模型 $\hat{Y}_t = -0.6\varepsilon_{t-1} - 0.3\varepsilon_{t-2}$。MA(2) 是使用前二期的殘差值做預測。計算殘差時，有實際值可用時用實際值，否則用預測值代替。因此：

- 第 1 個預測值是使用前 2 期的實際值計算殘差，
- 第 2 個預測值是使用 1 個實際值、1 個預測值計算殘差，

- 第 3 個預測值之後是使用前 2 期的預測值計算殘差，因此殘差值 (t)= 預測值 (t)- 預測值 (t)=0。

(1) $\hat{Y}_{201} = -0.6\varepsilon_{200} - 0.3\varepsilon_{199}$

=-0.6(0.796-(-0.340))-0.3(0.753-0.376)

=-0.795

(2) $\hat{Y}_{202} = -0.6\varepsilon_{201} - 0.3\varepsilon_{200}$

=-0.6(0)-0.3(0.796-(-0.340))=-0341

(3) $\hat{Y}_{203} = -0.6\varepsilon_{202} - 0.3\varepsilon_{201}$

=-0.6(0)-0.3(0)=0

表 9-13　MA(2) 模型計算例

	實際值	預測值
196	0.330	0.749
197	-1.263	0.753
198	1.715	1.335
199	0.753	0.376
200	0.796	-0.340
201		-0.795
202		-0.341
203		0.000
204		0.000
205		0.000

以下依此類推（表 9-13）。因此 MA(2) 模型只能往前預測二步，之後都以 ϕ_0 為預測值（本例題 $\phi_0 = 0$）。

Excel 實作

步驟 1　開啟「例題 9-13 模型應用 模擬數列 MA(2)」檔案（圖 9-38(d)）。

步驟 2　儲存格 H1:H3 為 MA(2) 模型的參數，D 欄為實際時間數列，E 欄為預測時間數列。

- **第 201 期**：用前二個時刻的實際值來計算殘差，再作預測。E202 公式「=$H$1-(D201-E201)*$H$2-(D200-E200)*$H$3」。
- **第 202 期**：用一個實際值、一個預測值來計算殘差，再作預測。E203 公式「=$H$1-(E202-E202)*$H$2-(D201-E201)*$H$3」。
- **第 203 期之後**：用前二個時刻的預測值來計算殘差，再作預測。例如 E204 公式「=$H$1-(E203-E203)*$H$2-(E202-E202)*$H$3」，往下複製公式。

	A	B	C	D	E	F	G	H
1				時間數列	預測值		φ0	0.000
2	1			0.000	0.000		θ1	0.600
3	2			0.000	0.000		θ2	0.300
4	3			2.471	0.000		Error	244.290
5	4			0.826	-1.483			
6	5			-0.466	-2.127			

圖 9-38(d)　例題 9-13 MA(2) 模型應用

《例題 9-14》模型應用：十二個模擬數列

延續例題 9-8，其參數如表 9-14，其第 201-250 筆預測值如圖 39- 圖 42。歸納 AR(1), AR(2), MA(1), MA(2) 的預測值形態如表 9-15。

表 9-14　模型參數

模型	模型參數	圖形
AR1	$\phi_1 = 0.9$	圖 9-39(a)
AR1	$\phi_1 = -0.9$	圖 9-39(b)
AR2	$\phi_1 = 0.6$，$\phi_2 = 0.3$	圖 9-40(a)
AR2	$\phi_1 = 0.6$，$\phi_2 = -0.3$	圖 9-40(b)
AR2	$\phi_1 = -0.6$，$\phi_2 = 0.3$	圖 9-40(c)
AR2	$\phi_1 = -0.6$，$\phi_2 = -0.3$	圖 9-40(d)

模型	模型參數	圖形
MA1	$\theta_1 = 0.9$	圖 9-41(a)
MA1	$\theta_1 = -0.9$	圖 9-41(b)
MA2	$\theta_1 = 0.6, \theta_2 = 0.3$	圖 9-42(a)
MA2	$\theta_1 = 0.6, \theta_2 = -0.3$	圖 9-42(b)
MA2	$\theta_1 = -0.6, \theta_2 = 0.3$	圖 9-42(c)
MA2	$\theta_1 = -0.6, \theta_2 = -0.3$	圖 9-42(d)

表 9-15　預測值的形態

模型	預測值形態	實例
AR(1)，$\phi_1 > 0$	以指數形態衰減，逼近以平均值為預測值	圖 9-39(a)
AR(1)，$\phi_1 < 0$	以指數形態振盪，逼近以平均值為預測值	圖 9-39(b)
AR(2)，$\phi_1 > 0$，$\phi_2 > 0$	以指數形態衰減，逼近以平均值為預測值	圖 9-40(a)
AR(2)，$\phi_1 > 0$，$\phi_2 < 0$	以指數形態衰減振盪，逼近以平均值為預測值	圖 9-40(b)

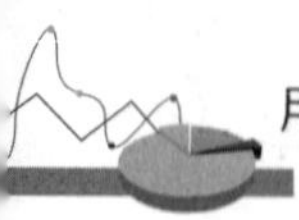

模型	預測值形態	實例
AR(2)，$\phi_1<0$，$\phi_2>0$	以指數形態振盪，逼近以平均值為預測值	圖 9-40(c)
AR(2)，$\phi_1<0$，$\phi_2<0$	以指數形態振盪衰減，逼近以平均值為預測值	圖 9-40(d)
MA(2)，$\theta_1>0$	1 步預測後，以平均值為預測值	圖 9-41(a)
MA(2)，$\theta_1<0$	1 步預測後，以平均值為預測值	圖 9-41(b)
MA(2)，$\theta_1>0,\theta_2>0$	2 步預測後，以平均值為預測值	圖 9-42(a)
MA(2)，$\theta_1>0,\theta_2<0$	2 步預測後，以平均值為預測值	圖 9-42(b)
MA(2)，$\theta_1<0,\theta_2>0$	2 步預測後，以平均值為預測值	圖 9-42(c)
MA(2)，$\theta_1<0,\theta_2<0$	2 步預測後，以平均值為預測值	圖 9-42(d)

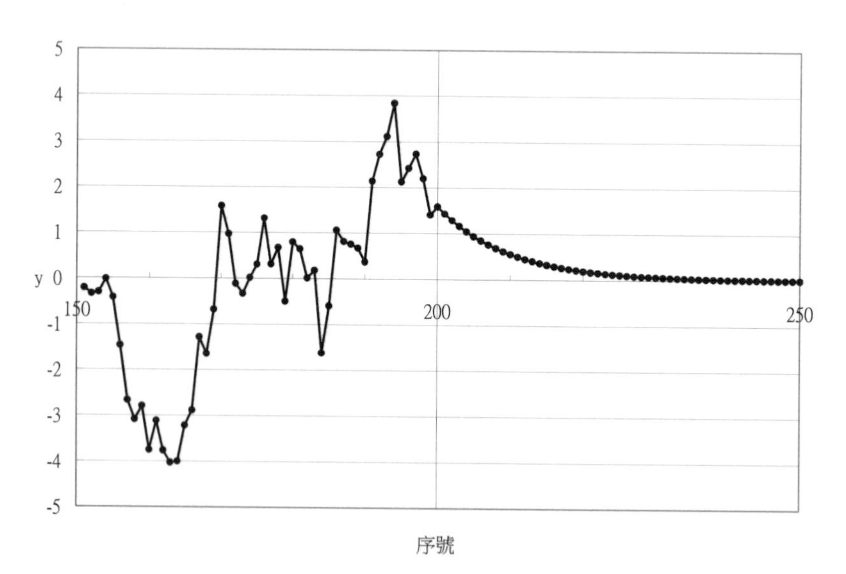

圖 9-39(a)　AR(1) 模型 $\phi_1=0.9$（以指數形態衰減，逼近以平均值為預測值）

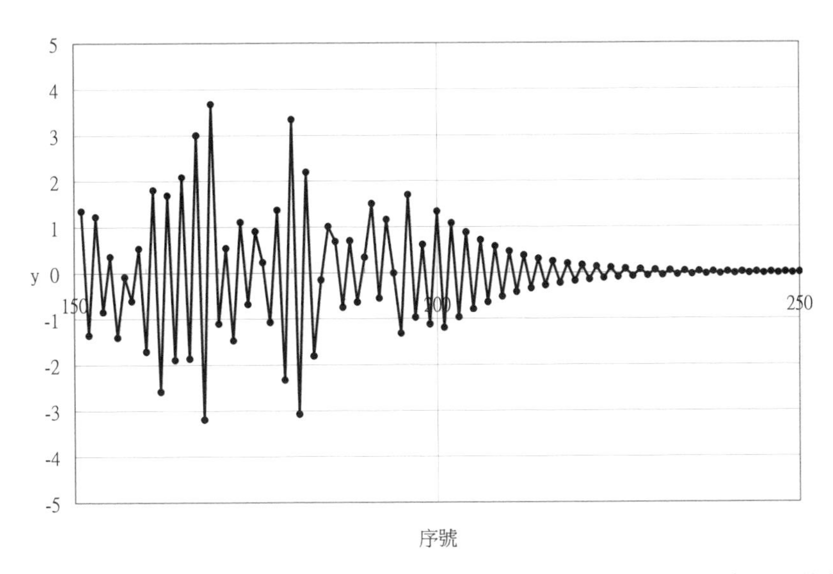

圖 9-39(b) AR(1) 模型 $\phi_1 = -0.9$（以指數形態振盪，逼近以平均值為預測值）

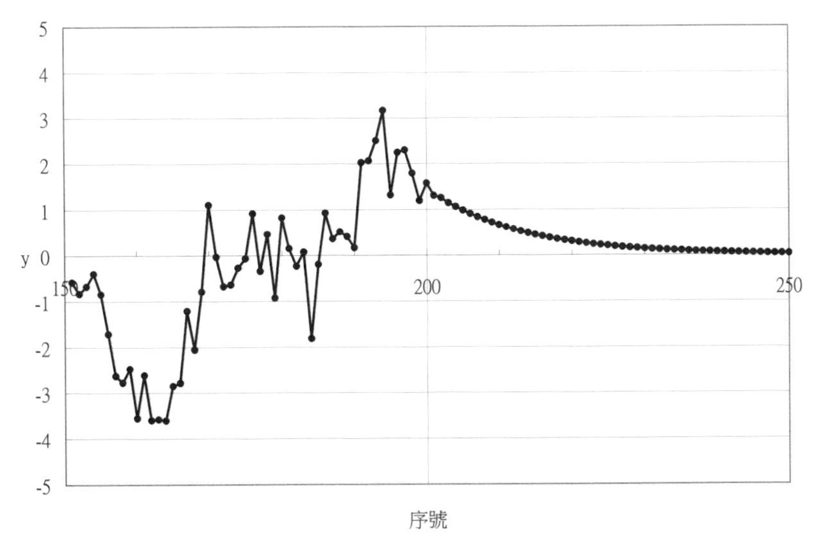

圖 9-40(a) AR(2) 模型 $\phi_1 = 0.6, \phi_2 = 0.3$（以指數形態衰減，逼近以平均值為預測值）

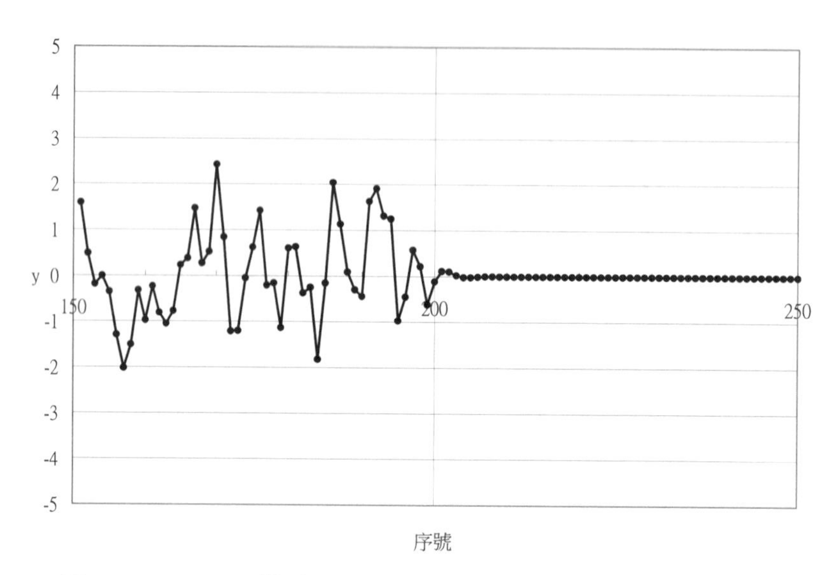

圖 9-40(b) AR(2) 模型 $\phi_1 = 0.6, \phi_2 = -0.3$（以指數形態衰減振盪，逼近以平均值為預測值）

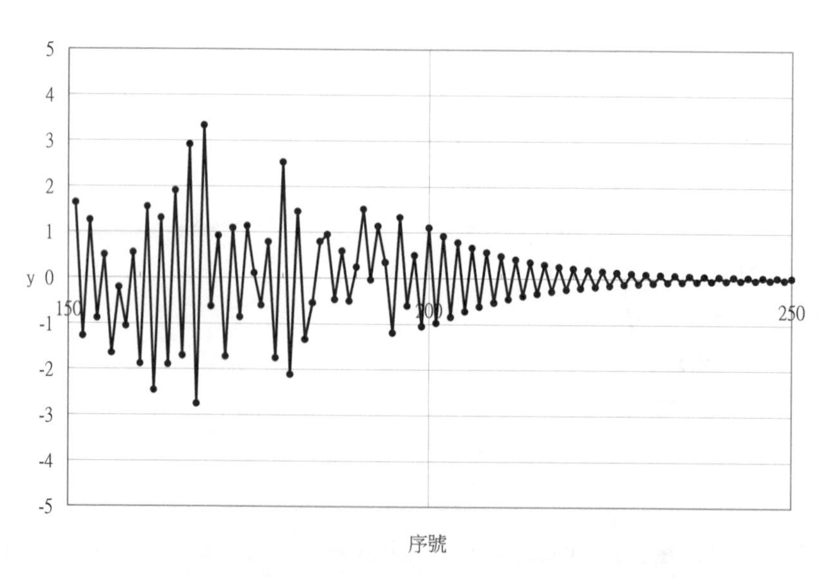

圖 9-40(c) AR(2) 模型 $\phi_1 = -0.6, \phi_2 = 0.3$（以指數形態振盪，逼近以平均值為預測值）

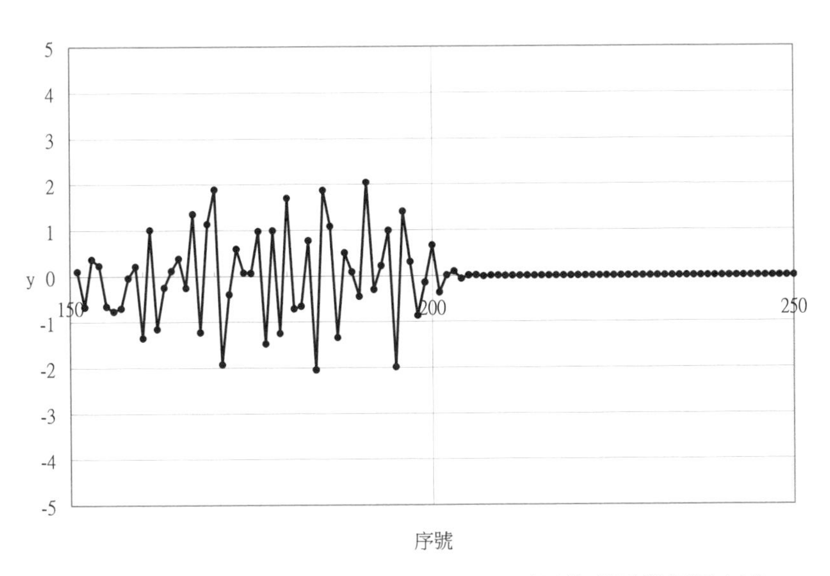

圖 9-40(d)　AR(2) 模型 $\phi_1 = -0.6, \phi_2 = -0.3$（以指數形態振盪衰減，逼近以平均值為預測值）

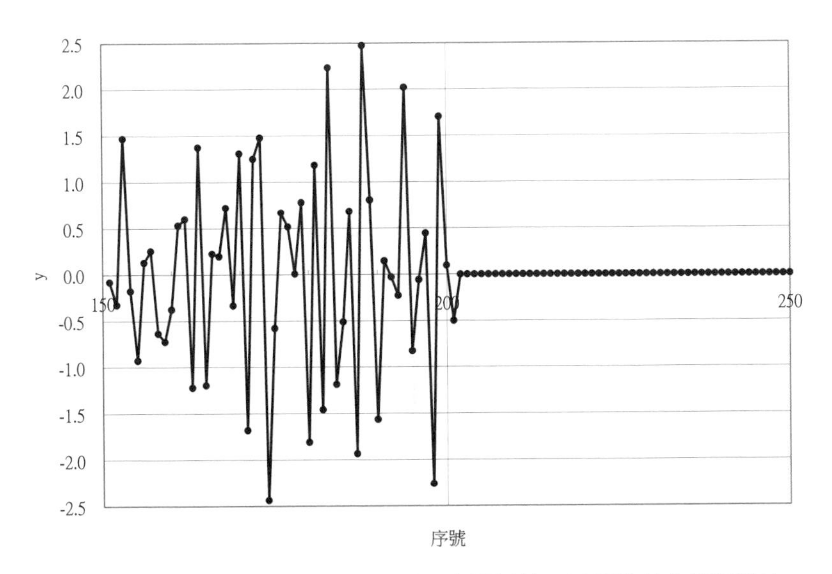

圖 9-41(a)　MA(1) 模型 $\theta_1 = 0.9$（1 步預測後，以平均值為預測值）

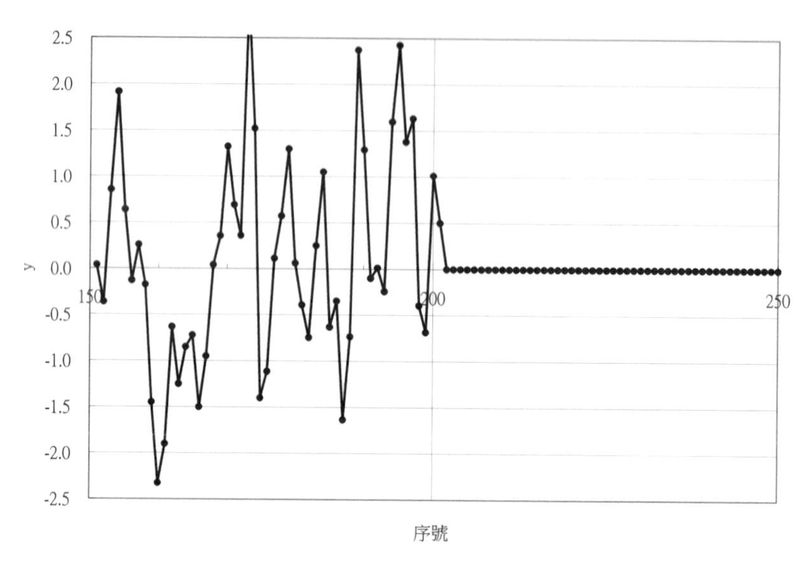

圖 9-41(b) MA(1) 模型 $\theta_1 = -0.9$（1 步預測後，以平均值為預測值）

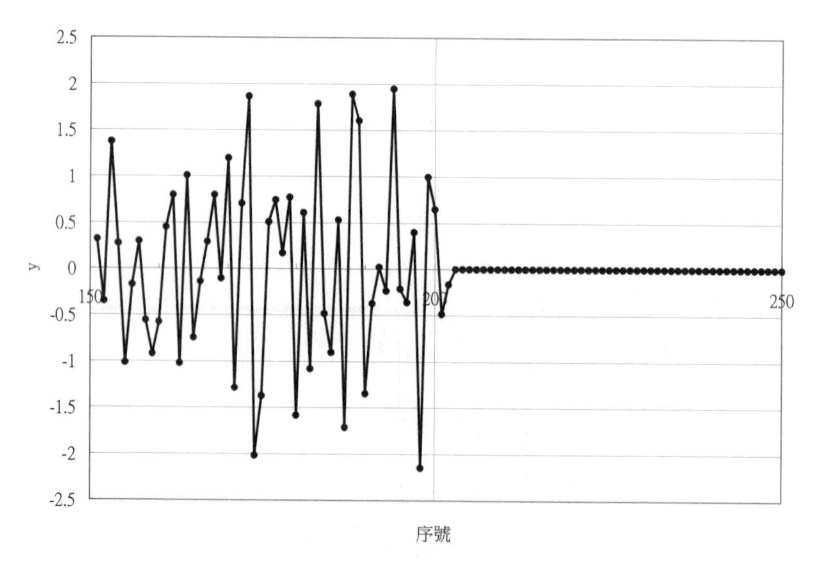

圖 9-42(a) MA(2) 模型 $\theta_1 = 0.6, \theta_2 = 0.3$（2 步預測後，以平均值為預測值）

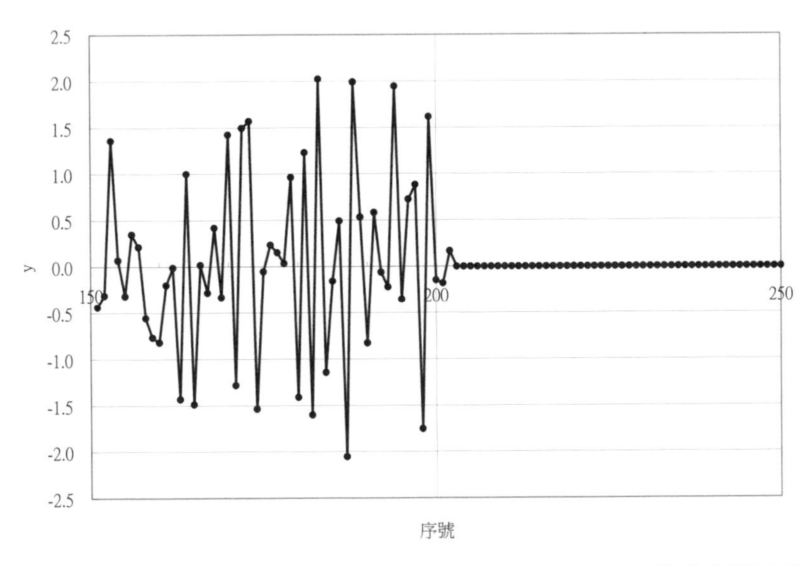

圖 9-42(b)　MA(2) 模型 $\theta_1 = 0.6, \theta_2 = -0.3$（2 步預測後，以平均值為預測值）

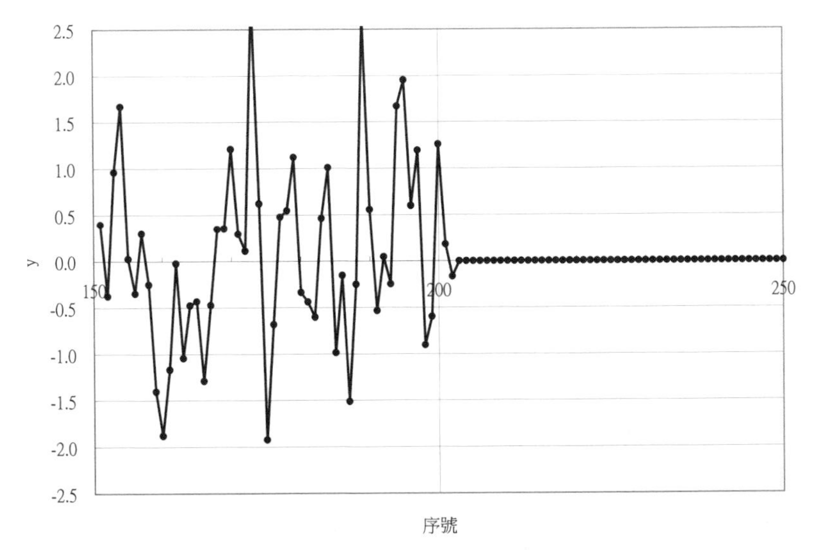

圖 9-42(c)　MA(2) 模型 $\theta_1 = -0.6, \theta_2 = 0.3$（2 步預測後，以平均值為預測值）

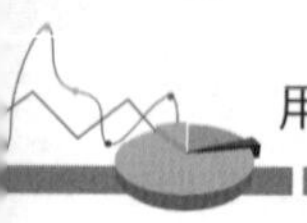

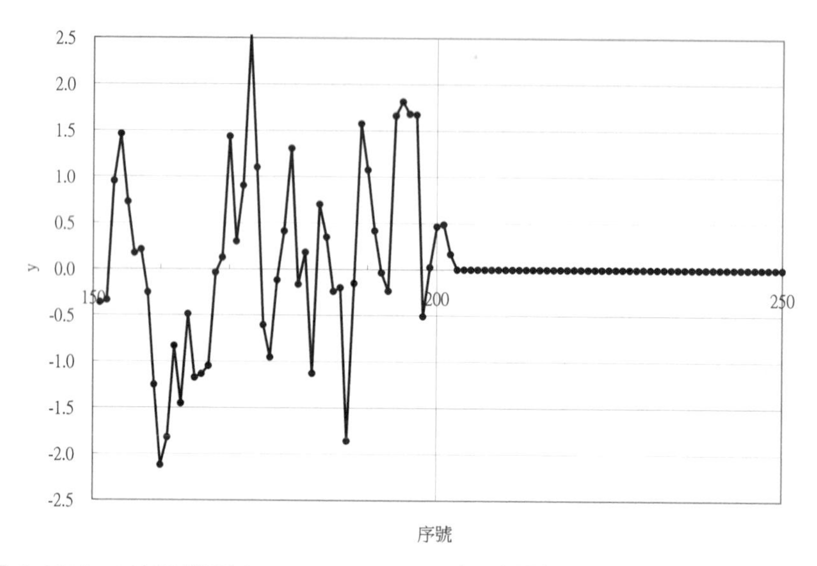

圖 9-42(d) MA(2) 模型 $\theta_1 = -0.6, \theta_2 = -0.3$（2 步預測後，以平均值為預測值）

當穩態數列建模並得到預測值 Y'_t 後，為了要得到原值 Y_t，必須進行平穩化的反運算，請參考「9.4 步驟 1：平穩化」一節。

在診斷殘差無誤後即可使用模型於實際應用，但要注意隨著環境的變化，模式與參數都有可能出現變化。可以每隔固定時間間隔即修改模型一次，或者持續監測殘差的變化，如果殘差有逐漸擴大的趨勢，或持續多個殘差同號，即修改模型一次。修改模型的方法有二個：

1. 調整法：加入近期的數據，重新估計參數。
2. 重建法：加入近期的數據，重新鑑別模型，並估計參數。

9.9 實例：啤酒每月銷售量

〈例題 9-15〉啤酒每月銷售量

延續例題 9-6。在例題 9-6 中已考慮多種平穩化過程。其餘的 ARIMA 分析步驟如下：

- **模型鑑別**：原值與差分數列之 ACF 圖與 PACF 圖如圖 9-43 至圖 9-48。由圖 9-43，圖 9-44，圖 9-45 可知其數列不是平穩數列，而圖 9-46，圖 9-47，圖 9-48 的數列是平穩數列，因此僅就這三種平穩化的數列鑑別其模型：
  (1) 季節差分（圖 9-46）：ACF 有拖尾現象，PACF 有一步截尾現象，故推測為 AR(1) 模式。
  (2) 一次差分及季節差分（圖 9-47）：ACF 有一步截尾現象，PACF 有拖尾現象，故推測為 MA(1) 模式。
  (3) 二次差分及季節差分（圖 9-48）：ACF 有一步截尾現象，PACF 有拖尾現象，故推測為 MA(1) 模式。

  事實上，一次差分及季節差分」已經足以使數列平穩化，再進一步差分，即使用「二次差分及季節差分」並無助於平穩化，反而不利於建立更精確的 ARMA 模式。

- **參數估計**：僅就「一次差分及季節差分」這一種平穩化的數列估計其參數，並就 AR(1)，AR(2)，MA(1)，MA(2) 等四種模式作估計，其結果如表 9-16。MA 模型優於 AR 模型，以 MA(2) 模式最佳，其預測值與實際值之時序圖如圖 9-49。

- **殘差診斷**：「一次差分及季節差分」之 MA(2) 模型的殘差 ACF 圖如圖 9-50，可知前幾步已無顯著突出的 ACF，可見模型已經相當完善。

- **模型應用**：當穩態數列建模並得到預測值 Y'_t 後，為了要得到原值 Y_t，必須進行平穩化的反運算，請參考「9.4 步驟 1：平穩化」一節。一次加季節差分平穩化的反運算式為 $Y_t = Y'_t + Y_{t-1} + Y_{t-k} - Y_{t-1-k}$。

表 9-16　啤酒每月銷售量之 ARIMA 模型（一次差分及季節差分）

模型	參數	模型	參數
AR(1)	ϕ_0 =-811.5 ϕ_1 =-0.284 S_{yx} =58883	MA(1)	ϕ_0 =-368.8 θ_1 =0.691 S_{yx} =55907
AR(2)	ϕ_0 =-488.6 ϕ_1 =-0.334，ϕ_2 =-0.197 S_{yx} =57724	MA(2)	ϕ_0 =232.7 θ_1 =0.727，θ_2 =0.365 S_{yx} =50227

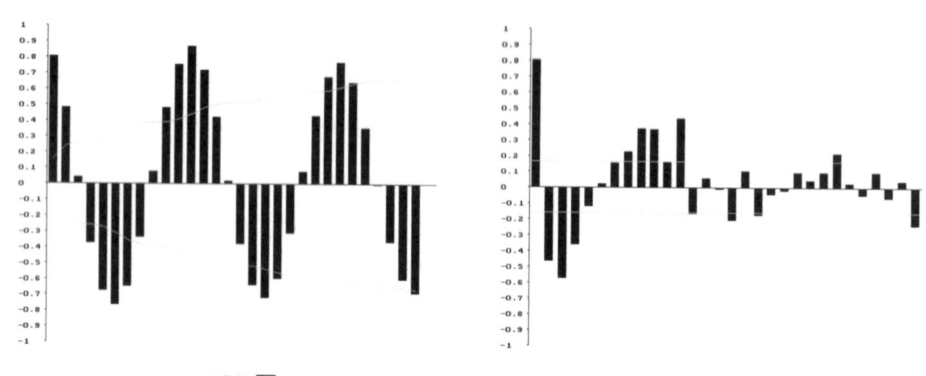

ACF 圖　　PACF 圖

圖 9-43　啤酒每月銷售量：原始數據

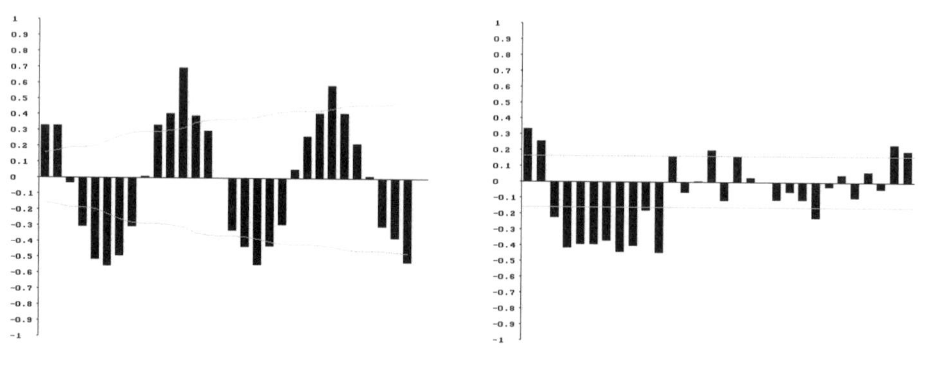

ACF 圖　　PACF 圖

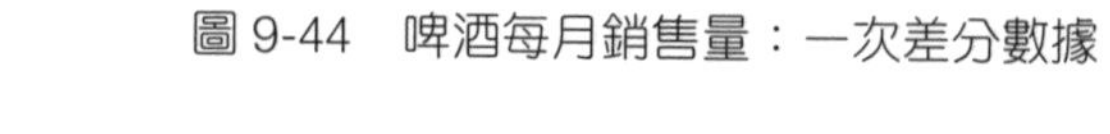

圖 9-44　啤酒每月銷售量：一次差分數據

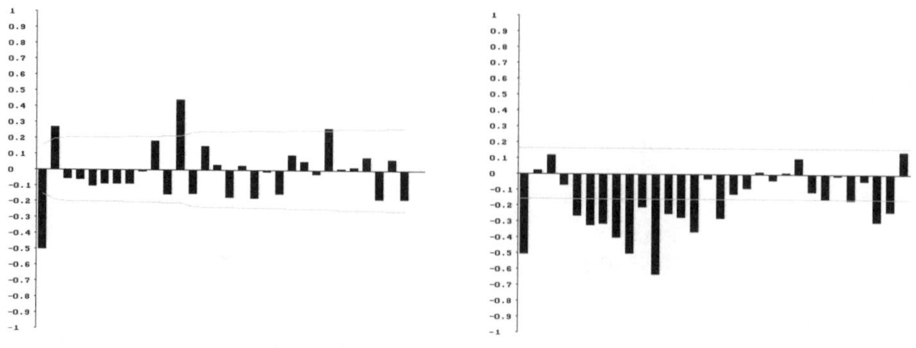

ACF 圖　　PACF 圖

圖 9-45　啤酒每月銷售量：二次差分數據

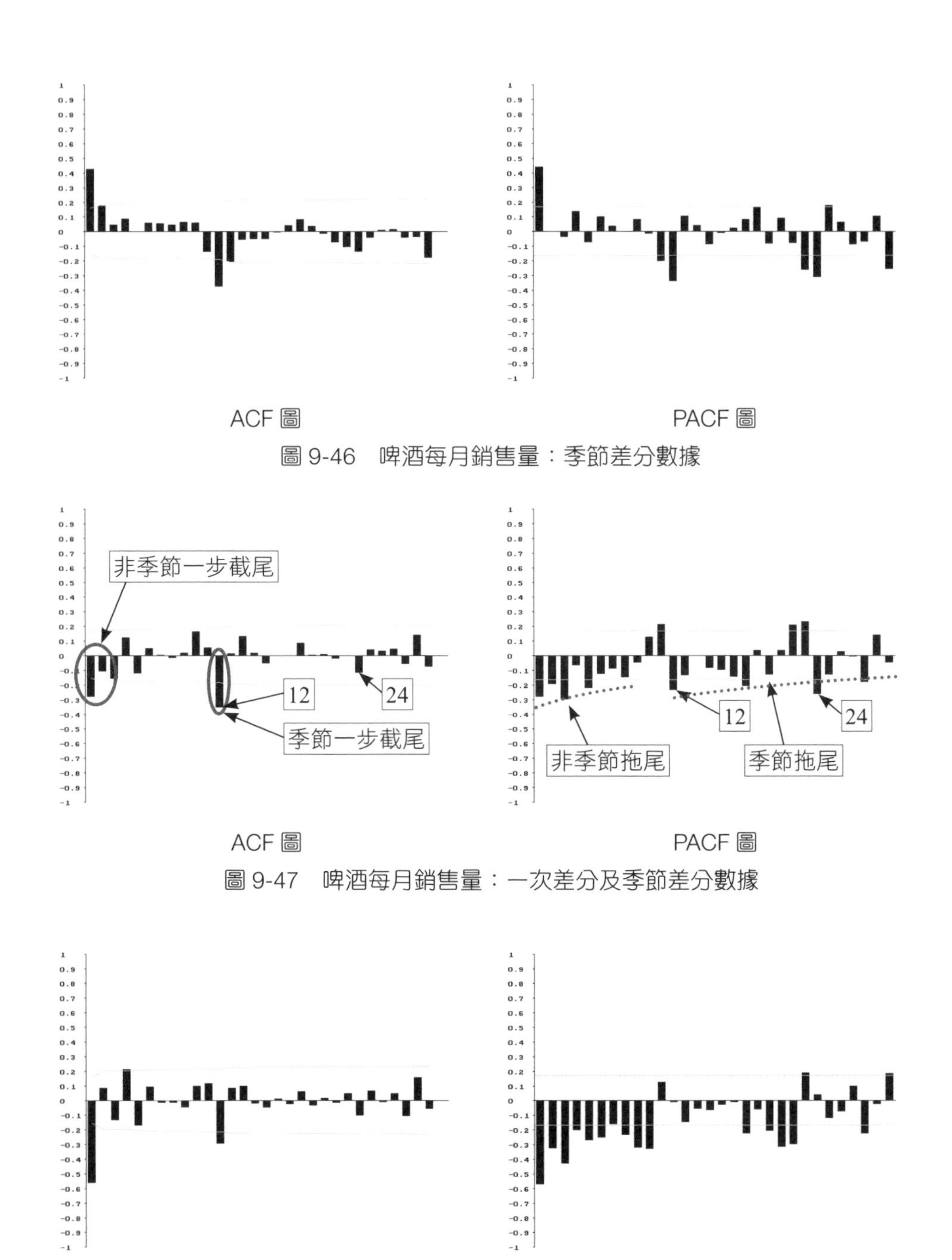

圖 9-46 啤酒每月銷售量：季節差分數據

圖 9-47 啤酒每月銷售量：一次差分及季節差分數據

圖 9-48 啤酒每月銷售量：二次差分及季節差分數據

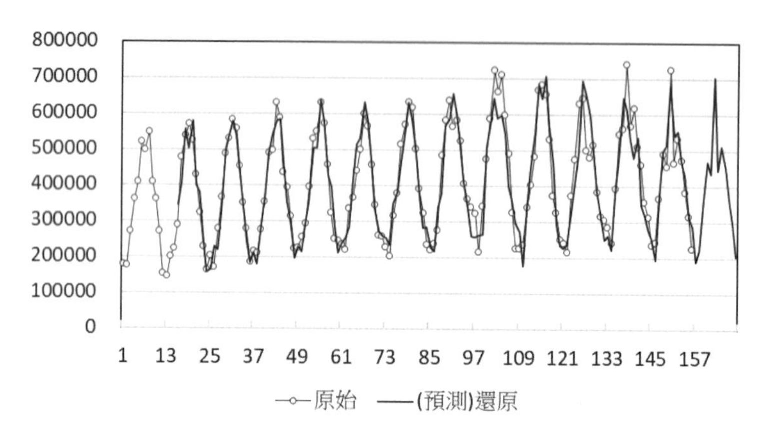

圖 9-49　啤酒每月銷售量之預測圖：一次差分及季節差分之 MA(2) 模型

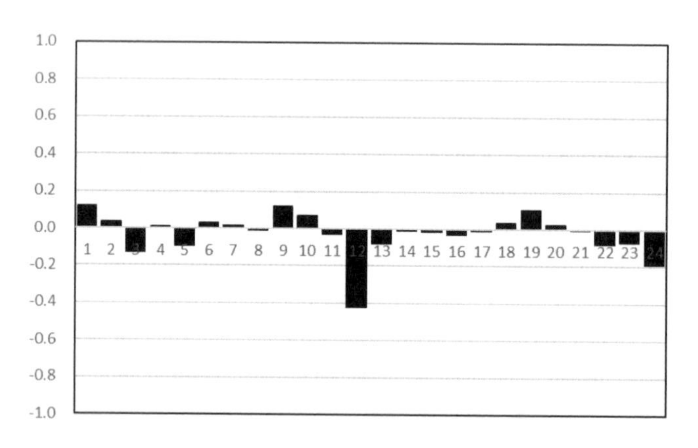

圖 9-50　啤酒每月銷售量之殘差之 ACF 圖：一次差分及季節差分之 MA(2) 模型

Excel 實作

時間數列法之流程包括：

1. 平穩化

已經在「9.4 步驟 1：平穩化」一節的例題介紹過，不再贅述。

2. 模型鑑別

步驟 1　開啟「例題 9-15 啤酒（2 模型鑑別）」檔案。

步驟 2 由於此題目在「步驟 1：平穩化」已表明有季節性與趨勢性，因此取「一次加季節差分」做為平穩化手段。在「一次加季節差分（ACF data）」工作表（圖 9-51）的 A2:A144 共 143 筆為為平穩化後的時間數列。B 欄為 ACF 分析，其建構方法已在前面例題示範，不再贅述。例如 B2 為 ACF(1)，公式「=CORREL($A$2:$A$134,A3:A135)」。

步驟 3 在「一次加季節差分（PACF data）」工作表（圖 9-52）的 A2:A144 共 143 筆為為平穩化後的時間數列。B~K 欄為延遲 1~10 的時間數列，因此實際上 B~K 欄只有 142，141，140,...，133 個有效的時間數列數字，為統一起見，一律取最小的 133 個做為時間數列的長度。PACF 係數可用 Excel 的迴歸分析計算，其建構方法已在前面例題示範，不再贅述。

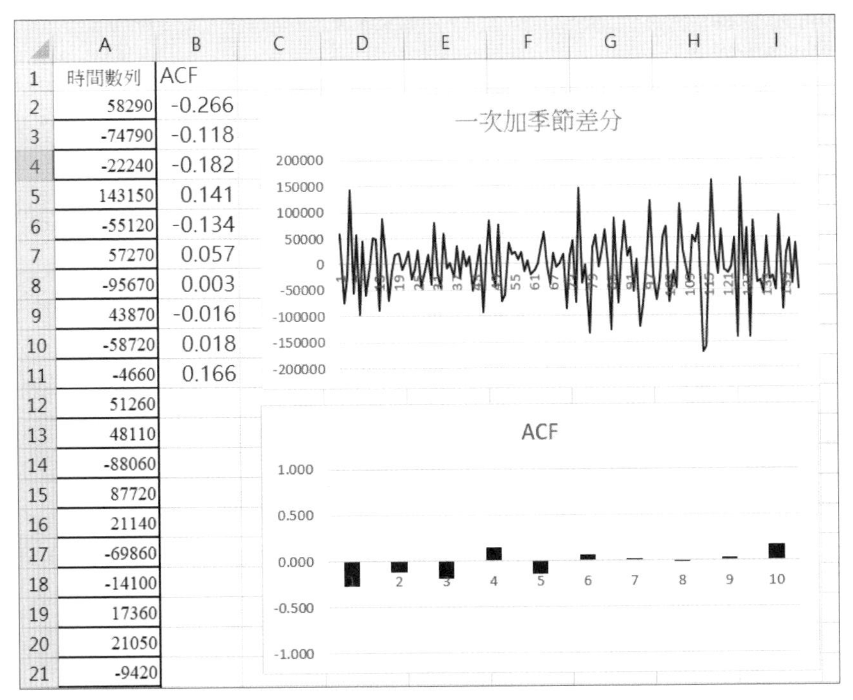

	A	B
1	時間數列	ACF
2	58290	-0.266
3	-74790	-0.118
4	-22240	-0.182
5	143150	0.141
6	-55120	-0.134
7	57270	0.057
8	-95670	0.003
9	43870	-0.016
10	-58720	0.018
11	-4660	0.166
12	51260	
13	48110	
14	-88060	
15	87720	
16	21140	
17	-69860	
18	-14100	
19	17360	
20	21050	
21	-9420	

圖 9-51　例題 9-15 啤酒（2 模型鑑別）：ACF 輸入資料與公式

	A	B	C	D	E	F	G	H	I	J	K	L	M
1	時間數列	1	2	3	4	5	6	7	8	9	10		PACF
2	58290	-74790	-22240	143150	-55120	57270	-95670	43870	-58720	-4660	51260		-0.267
3	-74790	-22240	143150	-55120	57270	-95670	43870	-58720	-4660	51260	48110		-0.201
4	-22240	143150	-55120	57270	-95670	43870	-58720	-4660	51260	48110	-88060		-0.301
5	143150	-55120	57270	-95670	43870	-58720	-4660	51260	48110	-88060	87720		-0.056
6	-55120	57270	-95670	43870	-58720	-4660	51260	48110	-88060	87720	21140		-0.229
7	57270	-95670	43870	-58720	-4660	51260	48110	-88060	87720	21140	-69860		-0.127
8	-95670	43870	-58720	-4660	51260	48110	-88060	87720	21140	-69860	-14100		-0.090
9	43870	-58720	-4660	51260	48110	-88060	87720	21140	-69860	-14100	17360		-0.161
10	-58720	-4660	51260	48110	-88060	87720	21140	-69860	-14100	17360	21050		-0.061
11	-4660	51260	48110	-88060	87720	21140	-69860	-14100	17360	21050	-9420		0.137
12	51260	48110	-88060	87720	21140	-69860	-14100	17360	21050	-9420	3060		

圖 9-52　例題 9-15 啤酒（2 模型鑑別）：PACF 輸入資料與公式

3. 參數估計

步驟 1　開啟「例題 9-15 啤酒（3 參數估計）」檔案。上面有 AR(1)，AR(2)，MA(1)，MA(2) 工作表，代表分別嘗試用這四種模式建模。

步驟 2　到 MA(2) 工作表（圖 9-53），A 欄為 156 個原始數據，B~F 為平穩化後數據：

- **一次差分（B 欄）：** B2 公式「=A3-A2」
- **二次差分（C 欄）：** C4 公式「=B4-B3」
- **季節差分（D 欄）：** D14 公式「=A14-A2」
- **一次加季節差分（E 欄）：** E15 公式「=D15-D14」
- **二次加季節差分（F 欄）：** F16 公式「=E16-E15」

由於此題目在「步驟 1：平穩化」已表明有季節性與趨勢性，因此取「一次加季節差分」做為預測的目標數列。

步驟 3　在 K1:K3 輸入 0 做為模型參數 $\theta_0,\theta_1,\theta_2$ 的初始值。G 欄為一次加季節差分預測值，例如 G17 公式「=$K$1-$K$2*(E16-G16)-$K$3*(E15-G15)」，代表 $y_t=\theta_0-\theta_1\varepsilon_{t-1}-\theta_2\varepsilon_{t-2}$，將公式複製到末端列。H 欄為還原預測值，即要把「差分」下的預測值還原到無差分的預測值。例如 H17 公式「=G17+A16+A5-A4」，代表「一次加季節差分」平穩化的反運算公式 $Y_t=Y'_t+Y_{t-1}+Y_{t-k}-Y_{t-1-k}$。將公式複製到末端列。

在 K4、K5 儲存格輸入公式「=SUMXMY2(E16: E157,G16:G157)」、「=SQRT(K4/142)」，以計算時間數列（E 欄）與預測值（G 欄）的誤差平方和、誤差均方根。

步驟 4 開啟「資料」標籤的「規劃求解」視窗，並輸入適當參數如圖 9-54，以最小化誤差平方和，結果如圖 9-53。

其餘 AR(1), AR(2), MA(1) 的建構方法與上述步驟相似，不再贅述。主要的差別是 E 欄預測值的公式不同，請參考例題 9-8 的說明。

	A	B	C	D	E	F	G	H	I	J	K
1	原始	一次差分	二次差分	季節差分	一次加季	二次加季	(預測)一次加季節差分	(預測)還原		φ0	-488.646
2	178760									φ1	-0.334
3	176340	-2420								φ2	-0.197
4	271300	94960	97380							Error	4.69824E+11
5	359810	88510	-6450							RMSE	57724.21
6	407130	47320	-41190								
7	520700	113570	66250								
8	497330	-23370	-136940								
9	548160	50830	74200								
10	407030	-141130	-191960								
11	360120	-46910	94220								
12	269130	-90990	-44080								
13	153350	-115780	-24790								
14	145600	-7750	108030	-33160							
15	201470	55870	63620	25130	58290						
16	221640	20170	-35700	-49660	-74790	-133080					
17	287910	66270	46100	-71900	-22240	52550	12963	323113			
18	478380	190470	124200	71250	143150	165390	21688	356918			

圖 9-53　例題 9-15 啤酒（3 參數估計）：輸入資料與公式 MA(2)

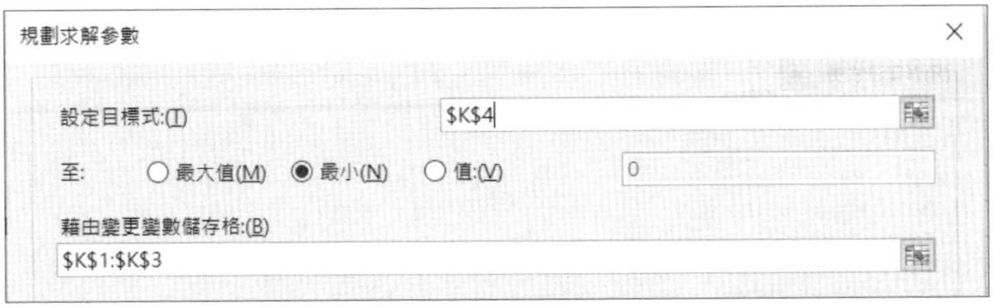

規劃求解參數

設定目標式:(T)　$K$4

至:　○ 最大值(M)　◉ 最小(N)　○ 值:(V)　0

藉由變更變數儲存格:(B)

$K$1:$K$3

圖 9-54　例題 9-15 啤酒（3 參數估計）：Excel「規劃求解」視窗

4. 殘差診斷

步驟 1 開啟「例題 9-15 啤酒（4 殘差診斷）」檔案。本例題只以上述參數估計步驟中，使用 MA(2) 預測「一次加季節差分」為例。

步驟 2 到「殘差計算」工作表（圖 9-55），A 欄為原始數據，B~F 為平穩化後數據，G、H 欄為一次加季節差分預測值、還原預測值。殘差是指實際值減去其預測值，因此 I16 的公式為「=E16-G16」，將公式複製到末端列。

步驟 3 將「殘差計算」工作表（圖 9-56）的 I 欄殘差拷貝貼到「殘差診斷」工作表的 B 欄。第 k 個自相關係數可用下公式「=Correl(1:N, 1+k:N+k)」計算，則因為最後一個自相關係數的計算範圍不能超過數據的總量 141，故 N+k=141。假設我們想計算 k=24 個自相關係數，可以推得 N=117。故在 C2 填入公式「=CORREL($B$2:$B$118, B3:B119)」，並向下複製公式到 C3:C25，可產生 k=1,2,...,24 的自相關係數，並繪 ACF 柱狀圖。

	A	B	C	D	E	F	G	H	I	J	K
1	原始	一次差分	二次差分	季節差分	一次加季	二次加季	(預測)一次加季節差分	(預測)還原	殘差	φ0	232.734
2	178760									θ1	0.727
3	176340	-2420								θ2	0.365
4	271300	94960	97380							Error	3.5571E+11
5	359810	88510	-6450							RMSE	50049.95
6	407130	47320	-41190								
7	520700	113570	66250								
8	497330	-23370	-136940								
9	548160	50830	74200								
10	407030	-141130	-191960								
11	360120	-46910	94220								
12	269130	-90990	-44080								
13	153350	-115780	-24790								
14	145600	-7750	108030	-33160							
15	201470	55870	63620	25130	58290						
16	221640	20170	-35700	-49660	-74790	-133080					
17	287910	66270	46100	-71900	-22240	52550	33385	343535	-55625		
18	478380	190470	124200	71250	143150	165390	67970	403200	75180		

圖 9-55 例題 9-15 啤酒（4 殘差診斷）：殘差計算工作表

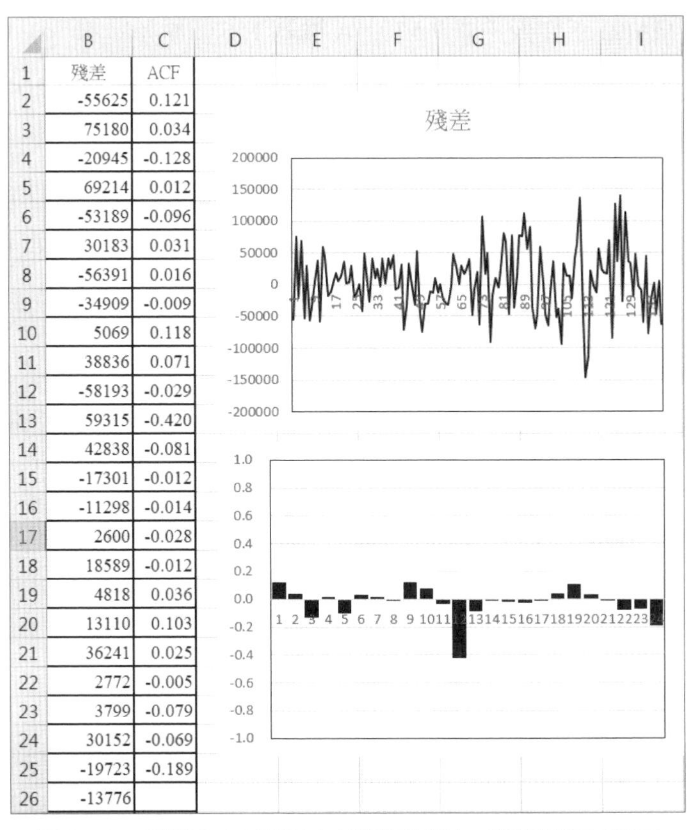

	B	C
1	殘差	ACF
2	-55625	0.121
3	75180	0.034
4	-20945	-0.128
5	69214	0.012
6	-53189	-0.096
7	30183	0.031
8	-56391	0.016
9	-34909	-0.009
10	5069	0.118
11	38836	0.071
12	-58193	-0.029
13	59315	-0.420
14	42838	-0.081
15	-17301	-0.012
16	-11298	-0.014
17	2600	-0.028
18	18589	-0.012
19	4818	0.036
20	13110	0.103
21	36241	0.025
22	2772	-0.005
23	3799	-0.079
24	30152	-0.069
25	-19723	-0.189
26	-13776	

圖 9-56　例題 9-15 啤酒（4 殘差診斷）：殘差診斷工作表

5. 模型應用

步驟 1　開啟「例題 9-15 啤酒（5 模型應用）」檔案。上面有 AR(1)，AR(2)，MA(1)，MA(2) 工作表，代表分別嘗試用這四種模式來對未來進行預測。此一檔案基本上同「例題 9-15 啤酒（3 參數估計）」檔案，只是在 G 欄（一次加季節差分預測值）、H 欄（還原預測值）末端加上對未來進行預測。

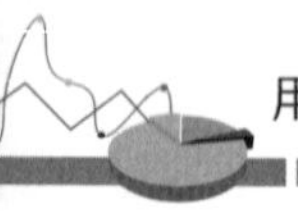

步驟 2 到 MA(2) 工作表（圖 9-57），A 欄為 156 個原始數據，B~F 為平穩化後數據，G 欄為一次加季節差分的預測值、H 欄為還原的預測值。MA(2) 是使用前二期的殘差值做預測。計算殘差時，有實際值可用時用實際值，否則用預測值代替。因此，為了對未來一個季節循環（12 個月）進行預測，G 欄的一次加季節差分的預測值公式如下：

- **未來第 1 期**：用前二個時刻的實際值來計算殘差，再作預測。G158 公式「=$K$1-$K$2*(E157-G157)-$K$3*(E156-G156)」。
- **未來第 2 期**：用一個實際值、一個預測值來計算殘差，再作預測。G159 公式「=$K$1-$K$2*(G158-G158)-$K$3*(E157-G157)」。
- **未來第 3~12 期**：用前二個時刻的預測值來計算殘差，再作預測。例如 G160 公式「=$K$1-$K$2*(G159-G159)-$K$3*(G158-G158)」，往下複製公式到 G169。

步驟 3 當穩態數列建模並得到預測值 Y'_t 後，為了要得到原值 Y_t，必須進行平穩化的反運算。一次加季節差分平穩化反運算 $Y_t = Y'_t + Y_{t-1} + Y_{t-k} - Y_{t-1-k}$。上式中會用到實際值 $Y_{t-1}, Y_{t-k}, Y_{t-1-k}$，一樣依照有實際值可用時用實際值，否則用預測值代替的原則。因此 H 欄的還原預測值公式如下：

- **未來第 1 期**：$Y_{t-1}, Y_{t-k}, Y_{t-1-k}$ 用實際值來作平穩化的反運算。H158 公式「=G158+A157+A146-A145」。
- **未來第 2~12 期**：Y_{t-k}, Y_{t-1-k} 用實際值，但 Y_{t-1} 沒有實際值可用，必須用預測值代替。例如 H159 公式「=G159+H158+A147-A146」，往下複製公式到 H169。

其餘 AR(1)，AR(2)，MA(1) 的建構方法與上述步驟相似，不再贅述。

	A	B	C	D	E	F	G	H
1	原始	一次差分	二次差分	季節差分	一次加季	二次加季	(預測)一次加季節差分	(預測)還原
155	383400	-89670	-29710	-77430	-39590	-86100	6404	429394
156	316540	-66860	22810	-38610	38820	78410	32861	310581
157	224650	-91890	-25030	-88560	-49950	-88770	12669	287269
158							43613	190183
159							23066	220350
160							233	342622
161							233	468985
162							233	433138
163							233	703641
164							233	444223
165							233	512546
166							233	452819
167							233	363382
168							233	296754
169							233	205097
170								

圖 9-57　例題 9-15 啤酒（5 模型應用）

9.10 結論

ARIMA 方法論之優點如下：

1. ARIMA 分析具有相當成熟的理論基礎，包括模型鑑別、參數估計與模式診斷。
2. ARIMA 不需先指定特定的模式，而是在分析資料後辨認出可能的模式。

ARIMA 方法論之缺點：

1. 需大量數據：ARIMA 模式一般而言至少要有 60 筆以上的數據，使用者需收集大量的數據才能建構精確的預測模型。
2. 需大量時間：ARIMA 模式組合複雜，使用者可能需要耗費許多時間在辨認 哪種模式組合能有效的達成低殘值誤差？以建構最適合的預測模型。

3. 需大量知識：ARIMA 模式的理論相當複雜，使用者需具備豐富的理論知識才能了解其意義。

ARIMA 預測模式的優缺點比較如表 9-17。

表 9-17　ARIMA 預測模式的優缺點比較

優點	缺點
• 較精確（短期預測） • 只需被預測變數數據 • 有嚴密的理論基礎	• 無法探討因果關係 • 無法分解出各種成份（傾向 / 季節 / 循環 / 隨機） • 不適合中長期預測 • 計算複雜 • 需大量數據（>60） • 需滿足平穩數列假設

個案習題

個案 1：公司月銷售量

某公司有 115 個連續的月銷售量紀錄，此時間數列有明顯的傾向性及季節性，試作：

步驟 1 平穩化：試以一次差分、二次差分、季節差分、一次加季節差分、二次加季節差分進行平穩化。

步驟 2 模型鑑別：計算一次加季節差分產生的數列之前 24 個 ACF 值、前 10 個 PACF 值，並判定可能是哪一種時間數列。

步驟 3 參數估計：試以 Excel 的「規劃求解」估算 AR(1)，AR(2)，MA(1)，MA(2) 的模型係數。參數估計結果與模型鑑別的預期相符嗎？

步驟 4 殘差診斷：試以最佳模型的殘差進行診斷。

步驟 5 模型應用：試以最佳模型估計下 12 個月的預測值。

個案 2：股價指數

台灣發行量加權股價報酬指數（2003-2016）有 3459 個連續的日資料，此時間數列有明顯的傾向性及循環性。為了建構台灣股市的月報酬率的模型，利用上述日資料取出每一個月的第一個交易日的指數，計算每個月的指數變化率當作台灣股市的月報酬率的代替值。試作：

步驟 1 平穩化：試繪出此數列的折線圖，判斷是否平穩。提示：應是平穩數列。

步驟 2 模型鑑別：計算此數列前 10 個 ACF 值、前 10 個 PACF 值，並判定可能是哪一種時間數列。

步驟 3 參數估計：試以 Excel 的「規劃求解」估算 AR(1)，AR(2)，MA(1)，MA(2) 的模型係數。參數估計結果與模型鑑別的預期相符嗎？

步驟 4 殘差診斷：試以最佳模型的殘差進行診斷。

步驟 5 模型應用：試以最佳模型估計下 3 個月的預測值。

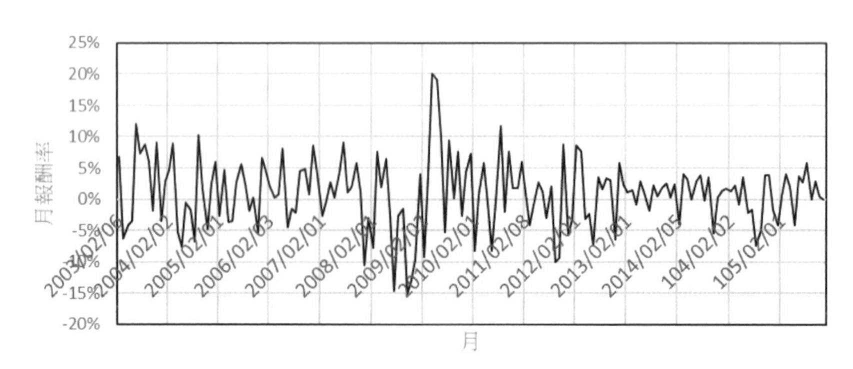

圖 9-58　股價指數月報酬率

個案 3：全年每日數據資料庫

本資料庫有約一百多個包含一整年（365 日）連續日記錄的人類社會、經濟活動（例如產業、交通、教育）的時間數列。其中許多數列都有周期為七日的季節性。試任選五個時間數列進行：

步驟 1 平穩化：試以一次差分、二次差分、季節差分、一次加季節差分、二次加季節差分進行平穩化。

步驟 2 模型鑑別：計算一次加季節差分產生的數列之前 21 個 ACF 值、前 10 個 PACF 值，並判定可能是哪一種時間數列。

步驟 3 參數估計：試以 Excel 的「規劃求解」估算 AR(1)，AR(2)，MA(1)，MA(2) 的模型係數。參數估計結果與模型鑑別的預期相符嗎？

步驟 4 殘差診斷：試以最佳模型的殘差進行診斷。

步驟 5 模型應用：試以最佳模型估計下 7 個預測值。

個案 4：六個模擬產生之時間數列

本資料庫有六個包含 200 個數據的模擬產生的時間數列。試作：

步驟 1 平穩化：試繪出此數列的折線圖，判斷是否平穩。提示：應是平穩數列。

步驟 2 模型鑑別：計算此數列前 10 個 ACF 值、前 10 個 PACF 值，並判定可能是哪一種時間數列。提示：1 個 AR(1)、2 個 AR(2)、1 個 MA(1)、2 個 MA(2)。

步驟 3 參數估計：試以 Excel 的「規劃求解」估算 AR(1)，AR(2)，MA(1)，MA(2) 的模型係數。參數估計結果與模型鑑別的預期相符嗎？

步驟 4 殘差診斷：試以最佳模型的殘差進行診斷。

步驟 5 模型應用：試以最佳模型估計下 20 個預測值。

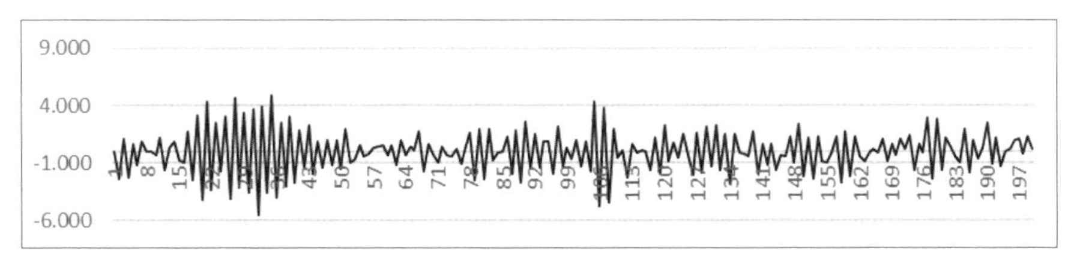

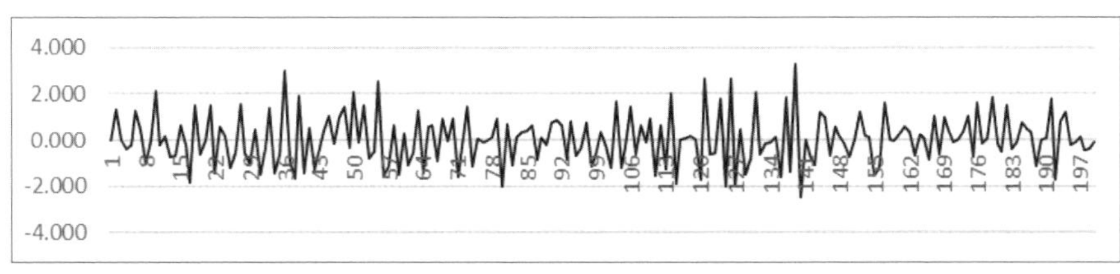

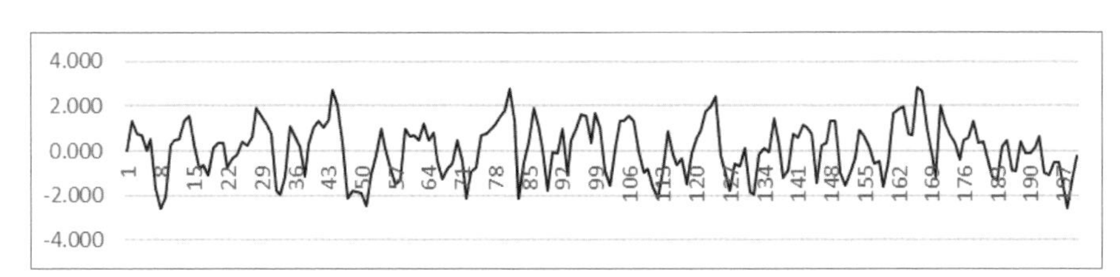

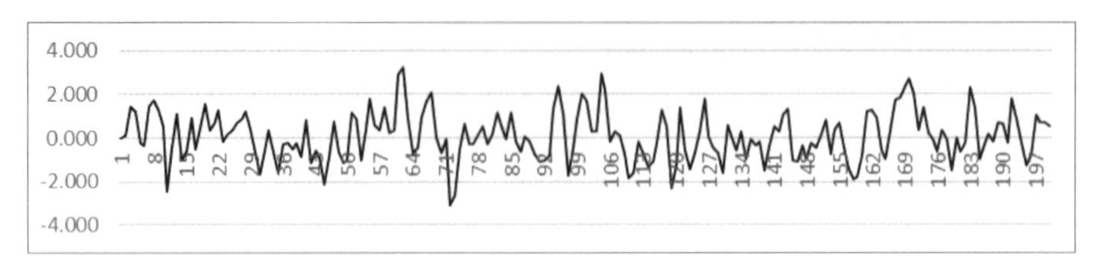

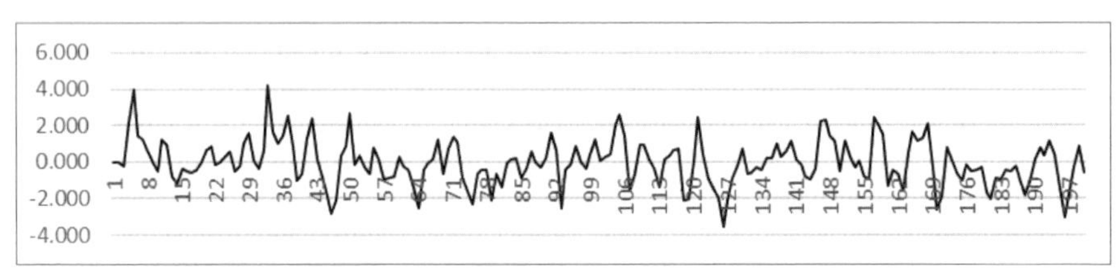

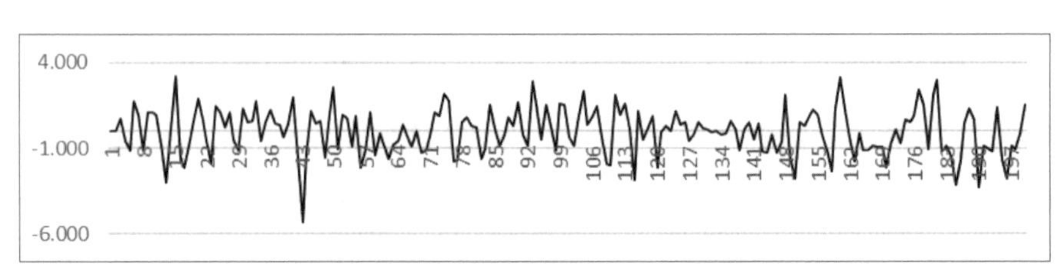

圖 9-59　六個模擬產生之時間數列

CHAPTER 10

無時序因果關係模型個案研究

10-1 個案 1：中古車價格

中古車價格的影響因素如下：

1. 汽缸排氣量（1.1600 cc，2.1800 cc）
2. 年份（92，93，94，95，96）
3. 鈑金狀況（1. 原車鈑金 2. 已鈑金 3. 鈑金小損）
4. 里程
5. 出售方式（1. 自售 2. 車行售）
6. 排擋（1. 自排 2. 手排）

以 130 輛的資料作相關分析如圖 10-1，可發現年份與鈑金狀況、里程之間都是負相關，鈑金狀況、里程之間是正相關。這與常識相吻合，因為越新的車子自然是鈑金狀況越佳、里程越小。迴歸分析得表 10-1 與圖 10-2 之結果。顯示「年份」是最重要的因子，「出售方式」與「排擋」是次要因子。從相關係數矩陣來看，鈑金狀況與里程也是重要因子，但因二者與「年份」因子有高度的相關性，因此在迴歸分析中看不到二者的顯著性。

	排氣量	年份	鈑金狀況	里程	出售方式	排擋	車價
排氣量	1.00						
年份	-0.20	1.00					
鈑金狀況	0.28	-0.74	1.00				
里程	0.19	-0.86	0.63	1.00			
出售方式	0.21	-0.23	0.30	0.17	1.00		
排擋	0.05	-0.03	0.01	-0.04	0.11	1.00	
車價	-0.13	0.84	-0.62	-0.71	-0.25	-0.15	1.00

圖 10-1　相關係數矩陣

表 10-1　中古車價格預測模型之比較

因子	迴歸分析（S_{yx}=4.80）		
	迴歸係數	t 係數	顯著
常數	-519.1	-7.36	
汽缸排氣量	5.71	1.00	
年份	5.78	7.98	*
鈑金狀況	0.177	0.23	
里程	0.080	0.27	
出售方式	-1.33	-1.24	*
排擋	-2.20	-2.56	*

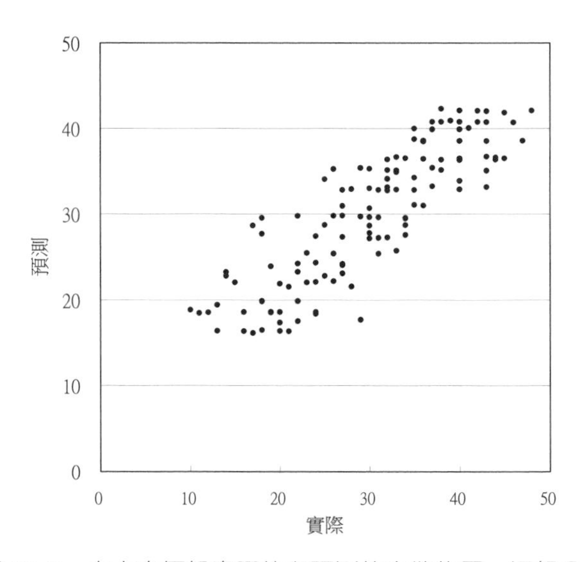

圖 10-2　中古車價格實際值與預測值之散佈圖：迴歸分析

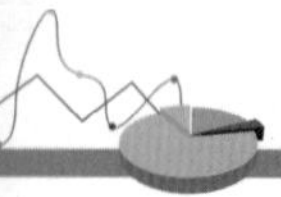

10-2 個案 2：中古屋價格

某地中古屋的單位面積價格的影響因素如下：

1. 面積
2. 屋齡
3. 家具（有用的家具與家電件數）
4. 區位（0= 不在市區，1= 在市區）
5. 格局（0= 不是傳統式，1= 是傳統式）
6. 角落（0= 不是，1= 是）
7. 單位面積的稅賦

以 66 筆的資料作相關分析如圖 10-3，作迴歸分析得表 10-2 與圖 10-4 之結果。顯示「格局」與「單位面積的稅賦」是最重要的因子。

	面積	屋齡	家具	區位	格局	角落	稅賦	單價
面積	1.00							
屋齡	-0.04	1.00						
家具	0.36	-0.18	1.00					
區位	0.36	0.22	0.31	1.00				
格局	0.49	0.01	0.31	0.15	1.00			
角落	-0.08	0.16	-0.25	-0.02	-0.05	1.00		
稅賦	0.10	-0.57	0.02	-0.03	0.04	-0.13	1.00	
單價	0.04	-0.32	0.13	-0.02	0.31	-0.23	0.45	1.00

圖 10-3　相關係數矩陣

表 10-2 中古屋價格預測模型之比較

因子	迴歸分析（S_{yx}=0.079）		
	迴歸係數	t 係數	顯著
常數	0.500	4.97	
面積	-0.0000401	-1.67	
屋齡	-0.00061	-0.59	
家具	0.0013	0.13	
區位	0.0050	0.21	
格局	0.0816	3.04	*
角落	-0.0337	-1.38	
單位面積稅賦	0.4540	2.95	*

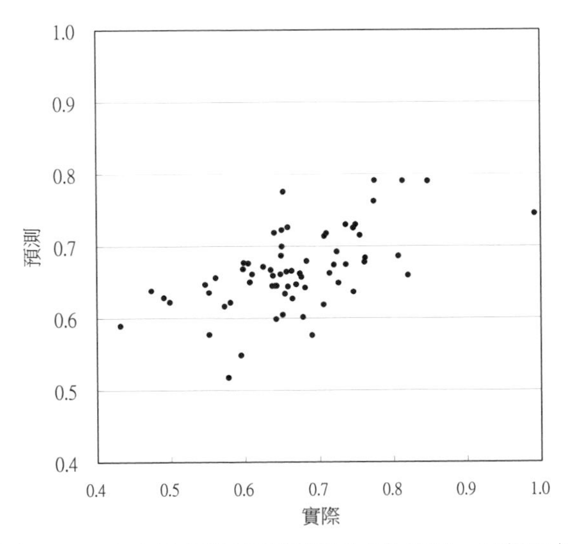

圖 10-4 中古屋實際值與預測值之散佈圖：迴歸分析

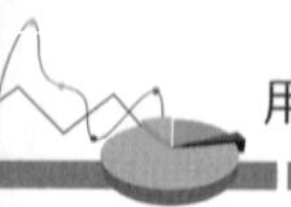

10-3 個案 3：法拍屋價格

法拍屋的競標比定義如下：

競標比 =（得標價 - 底價）/ 底價

採用競標比的原因是法拍屋的物件價格範圍很寬，其分佈相去常態分佈甚遠，競標比除了可以使分佈較接近常態分佈外，也可以達到無因次化的效果，有利於建立自變數與因變數的關係。例如「競標數」表示投標的標單數，數量越大，競爭越激烈，得標價格就會提高。如果 10 人投標會使 100 萬元的物件比 3 人投標時多出 10 萬，則可能會使 1000 萬元的物件多出 100 萬，而非僅僅 10 萬元。雖然價格分別多出 10 萬元與 100 萬元，但從競標比來看都因此提高 10%。

假設競標比的影響因素如下：

1. 標次
2. 區別（1. 東區 2. 西區 3. 南區 4. 北區 5. 西屯 6. 南屯 7. 北屯 8. 其他）
3. 每坪平均單價（萬 / 坪）
4. 建坪（坪）
5. 地坪（坪）
6. 底價（萬）
7. 競標數
8. 增值稅（萬）

以台中市 601 筆資料作相關分析如圖 10-5，可發現建坪、地坪、底價之間都是正相關，這與常識相吻合。作迴歸分析得表 10-3 與圖 10-6 之結果。顯示有五個重要因子，其中「競標數」是最重要的因子。這是因為「競標數」越大，競爭越激烈，競標比也因而提高。

	標次	區別	每坪單價	建坪	地坪	底價	競標數	增值稅	競標比
1. 標次	1.00								
2. 區別	-0.18	1.00							
3. 每坪單價	-0.54	0.11	1.00						
4. 建坪	-0.14	0.11	0.12	1.00					
5. 地坪	-0.19	0.06	0.13	0.78	1.00				
6. 底價	-0.31	0.13	0.40	0.92	0.73	1.00			
7. 競標數	0.11	0.14	-0.01	0.08	0.07	0.01	1.00		
8. 增值稅	0.08	0.20	0.09	0.27	0.28	0.26	0.17	1.00	
競標比	0.21	0.07	0.01	-0.03	-0.02	-0.11	0.53	0.15	1.00

圖 10-5　相關係數矩陣

表 10-3　法拍屋價格預測模型之比較

因子	迴歸分析（S_{yx}=6.39）		
	迴歸係數	t 係數	顯著
常數	-9.672	-4.05	
1. 標次	1.348	5.07	*
2. 區別	0.113	0.91	
3. 每坪單價	1.911	7.00	*
4. 建坪	0.199	5.13	*
5. 地坪	0.033	0.26	
6. 底價	-0.039	-6.44	*
7. 競標數	1.266	13.24	*
8. 增值稅	0.043	1.35	

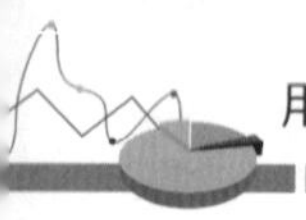

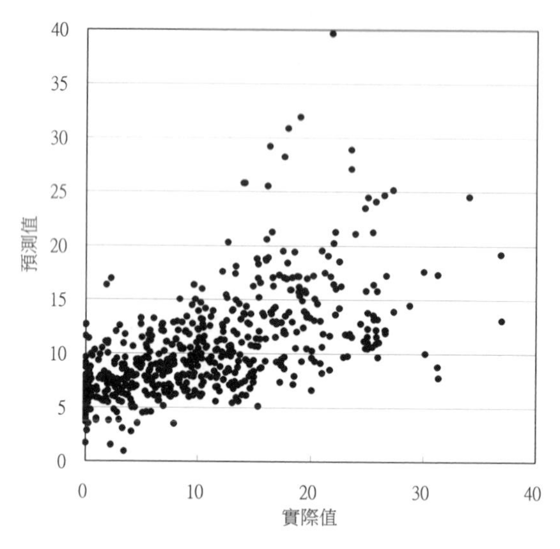

圖 10-6　法拍屋價格實際值與預測值之散佈圖：迴歸分析

從相關係數矩陣來看，建坪、地坪與底價三者有高度的相關性，為此考慮三者取一另建三個模式：建坪模式、地坪模式、底價模式，其結果如表 10-4。發現其 t 統計量與基本模式大不相同，建坪的影響由正轉負。此例說明在有共線性問題下，對因子的解釋必須謹慎。

表 10-4　法拍屋價格預測模型之比較：簡化模式

項或統計量	基本模式		建坪模式		地坪模式		底價模式	
	係數	t 統計	係數	t 統計	係數	t 統計	係數	t 統計
常數	-9.672	-4.05	-2.909	-1.325	-3.104	-1.392	-3.323	-1.560
1. 標次	1.348	5.07	1.456	5.383	1.463	5.339	1.374	5.112
2. 區別	0.113	0.91	0.087	0.688	0.077	0.603	0.095	0.752
3. 每坪單價	1.911	7.00	0.738	3.509	0.734	3.479	0.945	4.375
4. 建坪	0.199	5.13	-0.021	-1.882				
5. 地坪	0.033	0.26			-0.099	-1.150		
6. 底價	-0.039	-6.44					-0.007	-3.701

項或統計量	基本模式		建坪模式		地坪模式		底價模式	
	係數	t 統計	係數	t 統計	係數	t 統計	係數	t 統計
7. 競標數	1.266	13.24	1.383	14.272	1.381	14.215	1.370	14.264
8. 增值稅	0.043	1.35	0.038	1.149	0.032	0.982	0.053	1.625
S_{yx}	6.39		6.60		6.61		6.55	
$\overline{R}^2$	0.36		0.31		0.31		0.32	
R^2	0.37		0.32		0.32		0.33	
F	42.70		46.8		46.3		49.3	

10-4 個案 4：美國犯罪率

考慮美國某年度各州（本土 48 州）的犯罪率之影響因素如下：

1. 年輕男子比率
2. 南方州（0= 非 ,1= 是）
3. 成人教育年數
4. 1960 每人警政支出
5. 1959 每人警政支出
6. 年輕男子勞動參與率
7. 男性比率
8. 州人口數
9. 非白人比率
10. 年輕男子失業率
11. 中年男子失業率
12. 平均家庭所得
13. 窮人比率

作相關分析如圖 10-7，從相關係數矩陣來看，因子間的相關係數有相當多大於 0.5，顯示有共線性問題，因此因子對被預測變數的影響要謹慎解釋。迴歸分析得表 10-5 與圖 10-8 之結果。顯示有七個重要因子，其中窮人比率是最重要的因子。

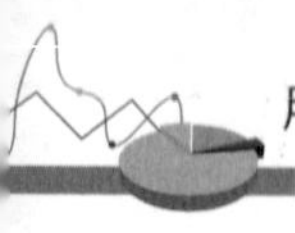

	1	2	3	4	5	6	7	8	9	10	11	12	13	Y
1 年輕男子比率	**1.00**													
2 南方州	**0.58**	**1.00**												
3 成人教育年數	-0.53	-0.70	**1.00**											
4 60 每人警政支出	-0.51	-0.37	0.48	**1.00**										
5 59 每人警政支出	-0.51	-0.38	0.50	**0.99**	**1.00**									
6 年輕男子勞動率	-0.16	-0.51	**0.56**	0.12	0.11	**1.00**								
7 男性比率	-0.03	-0.31	0.44	0.03	0.02	**0.51**	**1.00**							
8 州人口數	-0.28	-0.05	-0.02	**0.53**	**0.51**	-0.12	-0.41	**1.00**						
9 非白人比率	**0.59**	**0.77**	-0.66	-0.21	-0.22	-0.34	-0.33	0.10	**1.00**					
10 年輕男子失業率	-0.22	-0.17	0.02	-0.04	-0.05	-0.23	0.35	-0.04	-0.16	**1.00**				
11 中年男子失業率	-0.24	0.07	-0.22	0.19	0.17	-0.42	-0.02	0.27	0.08	**0.75**	**1.00**			
12 平均家庭所得	-0.67	-0.64	**0.74**	**0.79**	**0.79**	0.29	0.18	0.31	-0.59	0.04	0.09	**1.00**		
13 窮人比率	**0.64**	**0.74**	-0.77	-0.63	-0.65	-0.27	-0.17	-0.13	**0.68**	-0.06	0.02	-0.88	**1.00**	
Y 犯罪率	-0.09	-0.09	0.32	**0.69**	**0.67**	0.19	0.21	0.34	0.03	-0.05	0.18	0.44	-0.18	1

圖 10-7　相關係數矩陣

表 10-5　美國犯罪率預測模型之比較

因子	迴歸分析（S_{yx}=21.9）		
	迴歸係數	t 係數	顯著
常數	-691.838	-4.43	
1. 年輕男子比率	1.03	2.45	**
2. 南方州	-8.30	-0.55	
3. 成人教育年數	1.80	2.77	**
4.1960 每人警政支出	1.60	1.51	*
5.1959 每人警政支出	-0.66	-0.58	
6. 年輕男子勞動參與	-0.04	-0.26	
7. 男性比率	0.16	0.78	
8. 州人口數	-0.041	-0.31	
9. 非白人比率	0.007	0.11	

因子	迴歸分析（S_{yx}=21.9）		
	迴歸係數	t 係數	顯著
10. 年輕男子失業率	-0.601	-1.37	*
11. 中年男子失業率	1.792	2.09	**
12. 平均家庭所得	0.137	1.29	*
13. 窮人比率	0.792	3.37	**

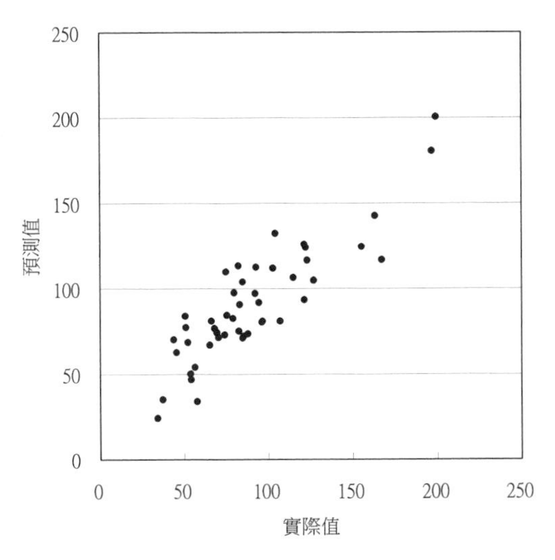

圖 10-8　美國犯罪率實際值與預測值之散佈圖：迴歸分析

如果採用逐步迴歸分析得六個重要因子（表 10-6）：1960 每人警政支出、窮人比率、成人教育年數、年輕男子比率、中年男子失業率、平均家庭所得，均是正比關係。雖然 1960 每人警政支出對犯罪率有很強的正相關，但到底是何者為因，何者為果，並無法作出定論。

表 10-6　美國犯罪率預測模型之比較：最佳模式

因子	迴歸係數	t 係數
常數	-618.50	
1960 每人警政支出	1.05	6.00
窮人比率	0.82	4.54
成人教育年數	1.82	3.79
年輕男子比率	1.13	3.21
中年男子失業率	0.83	1.94
平均家庭所得	0.160	1.70
S_{yx}	20.8	
$\overline{R}^2$	74.78%	
R^2	71.00%	

10-5 個案 5：晶棒含氧量

晶棒是晶圓的原料，其含氧量是重要的品質指標，它有三個因子（x1, x2, x3）。取得 207 筆數據後，作相關分析如圖 10-9，從相關係數矩陣來看，因子之間的相關係數很大，顯示有共線性問題，因此因子對被預測變數的影響要謹慎解釋。迴歸分析得表 10-7 與圖 10-10。其中 x1 的迴歸係數為負號，與相關係數矩陣的正號不一致。

	x1	x2	x3	y
x1	1.00			
x2	0.84	1.00		
x3	-0.91	-0.80	1.00	
y	0.23	0.47	-0.43	1.00

圖 10-9 相關係數矩陣

表 10-7　晶棒含氧量預測模型之比較

因子	迴歸係數	t 係數	顯著
常數	14.10	49.95	
因子 1	-0.035	-10.76	*
因子 2	0.330	8.47	*
因子 3	-0.055	-9.09	*

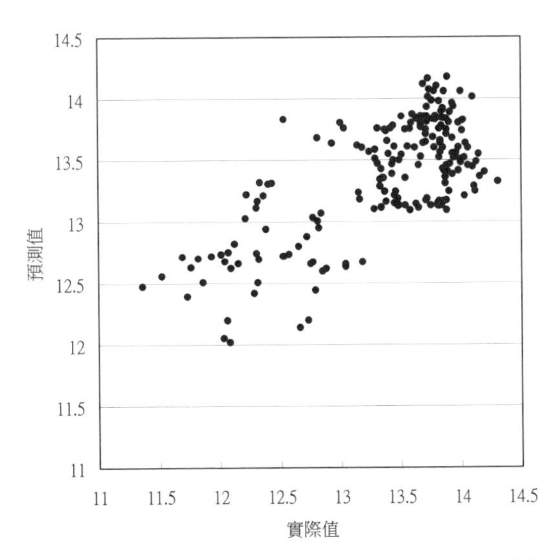

圖 10-10　晶棒含氧量預測散佈圖：迴歸分析

10-6 個案 6：混凝土強度

抗壓強度是混凝土最重要的品質指標，它是其材料組成與齡期的函數：

1. 水泥（kg/m3）
2. 飛灰（kg/m3）
3. 爐石（kg/m3）
4. 水（kg/m3）
5. SP（kg/m3）
6. 碎石（kg/m3）
7. 砂（kg/m3）
8. 齡期（日）

取得 1254 筆數據後，作相關分析如圖 10-11，從相關係數矩陣來看，水泥與強度成正比，水與強度成反比，與常識吻合。迴歸分析得表 10-8 與圖 10-12。其中，水泥、水是最顯著的因子，且迴歸係數的正負號與相關係數矩陣的判斷一致。齡期的相關係數雖不高，但迴歸分析顯示它是第三顯著的因子。

	水泥	飛灰	爐石	水	SP	碎石	砂	齡期	強度
水泥	1.00								
飛灰	-0.28	1.00							
爐石	-0.38	-0.27	1.00						
水	0.11	-0.24	0.07	1.00					
SP	0.07	0.42	0.06	-0.53	1.00				
碎石	0.24	0.13	-0.30	-0.21	-0.01	1.00			
砂	-0.22	-0.10	-0.07	0.01	-0.07	-0.34	1.00		
齡期（日）	-0.03	-0.15	0.01	0.20	-0.19	-0.13	0.06	1.00	
強度	0.57	-0.06	-0.07	-0.36	0.25	0.24	-0.28	0.18	1.00

圖 10-11　相關係數矩陣

表 10-8　混凝土強度預測模型之比較

因子	迴歸係數	t 係數	顯著
常數	12261.14	13.04	
水泥（kg/m3）	19.97	37.98	*
飛灰（kg/m3）	15.64	11.99	*
爐石（kg/m3）	14.84	17.80	*
水（kg/m3）	-71.61	-28.70	*
SP（kg/m3）	-112.88	-8.66	*
碎石（kg/m3）	0.08	0.18	
砂（kg/m3）	-1.73	-3.27	*
齡期（日）	13.63	20.25	*

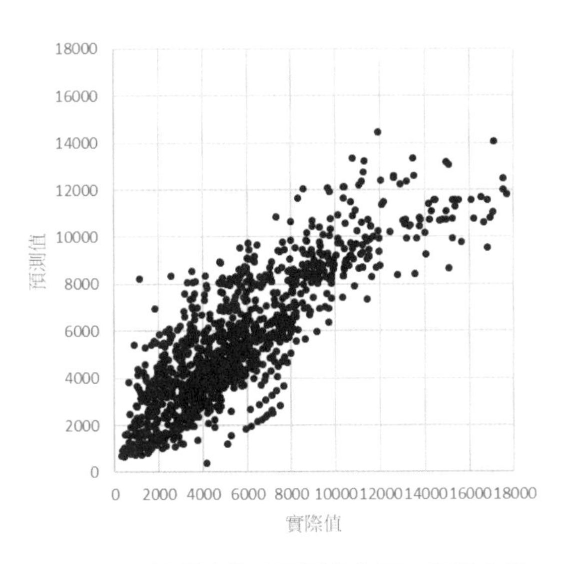

圖 10-12　混凝土強度預測散佈圖：迴歸分析

10-7 個案 7：混凝土坍度

坍度是混凝土重要的施工參數，它是其材料組成的函數，取得 78 筆數據後，作相關分析如圖 10-13，從相關係數矩陣來看，水與坍度成正比，與常識吻合。迴歸分析得表 10-9 與圖 10-14。顯著機率顯示無任何因子是顯著的。本章習題將引導讀者如何建構較佳的迴歸模型。

	水泥	飛灰	爐石	水	SP	碎石	砂	坍度
水泥	1.00							
飛灰	-0.31	1.00						
爐石	-0.48	-0.38	1.00					
水	0.13	0.17	-0.22	1.00				
SP	-0.33	0.33	0.05	-0.38	1.00			
碎石	-0.13	-0.34	-0.01	-0.50	0.16	1.00		
砂	-0.05	-0.08	-0.07	-0.15	-0.11	-0.45	1.00	
坍度	0.16	-0.14	-0.10	0.36	-0.31	-0.14	0.04	1.00

圖 10-13　相關係數矩陣

表 10-9　混凝土坍度預測模型之比較

因子	迴歸係數	t 係數	顯著機率
常數	956.54	0.43	0.671
水泥（kg/m3）	-0.31	-0.44	0.664
飛灰（kg/m3）	-0.46	-0.46	0.648
爐石（kg/m3）	-0.35	-0.45	0.657
水（kg/m3）	-0.81	-0.36	0.718
SP（kg/m3）	-1.11	-0.58	0.561
碎石（kg/m3）	-0.38	-0.43	0.668
砂（kg/m3）	-0.37	-0.42	0.674

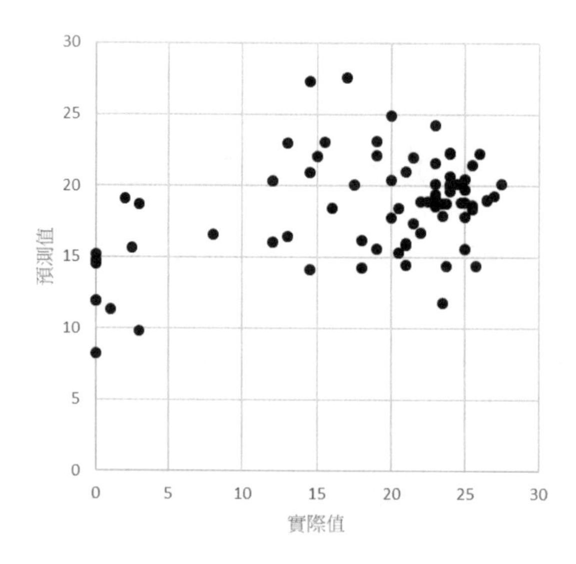

圖 10-14　混凝土坍度預測散佈圖：迴歸分析

10-8 個案 8：混凝土流度

流度是混凝土重要的施工參數，它與坍度一樣是其材料組成的函數。取得 78 筆數據後，作相關分析如圖 10-15，從相關係數矩陣來看，水與流度成正比，與常識吻合。迴歸分析得表 10-10 與圖 10-16。顯著機率顯示無任何因子是顯著的。本章習題將引導讀者如何建構較佳的迴歸模型。

	水泥	飛灰	爐石	水	SP	碎石	砂	流度
水泥	1.00							
飛灰	-0.31	1.00						
爐石	-0.48	-0.38	1.00					
水	0.13	0.17	-0.22	1.00				
SP	-0.33	0.33	0.05	-0.38	1.00			
碎石	-0.13	-0.34	-0.01	-0.50	0.16	1.00		
砂	-0.05	-0.08	-0.07	-0.15	-0.11	-0.45	1.00	
流度	0.15	-0.17	-0.02	0.53	-0.32	-0.24	0.00	1.00

圖 10-15 相關係數矩陣

表 10-10 混凝土流度預測模型之比較

因子	迴歸係數	t 係數	顯著
常數	458.61	0.12	0.909
水泥（kg/m3）	-0.17	-0.13	0.897
飛灰（kg/m3）	-0.30	-0.17	0.868
爐石（kg/m3）	-0.18	-0.13	0.898
水（kg/m3）	-0.02	0.00	0.997
SP（kg/m3）	-0.47	-0.14	0.890
碎石（kg/m3）	-0.20	-0.13	0.897
砂（kg/m3）	-0.18	-0.12	0.907

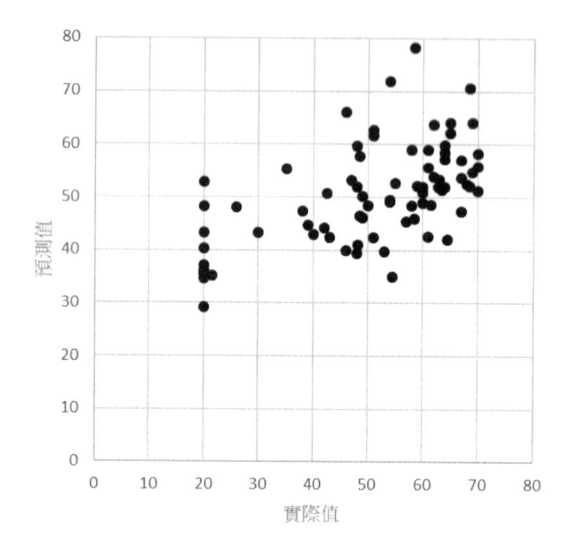

圖 10-16　混凝土流度預測散佈圖：迴歸分析

個案習題

個案 1：中古車價格

試根據本章的「多變數線性迴歸分析」的結果，判斷如果要刪除二個自變數，應該刪減哪二項？並以「資料分析工具箱」的「迴歸」進行多變數線性迴歸分析。迴歸模型的品質有改善嗎？

個案 2：中古屋價格

(1) 從相關係數矩陣來看，屋齡也是重要因子，但在迴歸分析中並不顯著，為什麼？

(2) 試根據本章的「多變數線性迴歸分析」的結果，判斷如果要刪除三個自變數，應該刪減哪三項？並以「資料分析工具箱」的「迴歸」進行多變數線性迴歸分析。迴歸模型的品質有改善嗎？

個案 3：法拍屋價格

本題的「區別」變數實際上是定性變數，使用一個 1~8 的整數來表並不合理，是改用一組七個變數的新變數來代替，第 1 區用（0,0,0,0,0,0,0），第 2 區用（1,0,0,0,0,0,0），...，第 8 區用（0,0,0,0,0,0,1），再以「資料分析工具箱」的「迴歸」進行多變數線性迴歸分析。迴歸模型的品質有改善嗎？

個案 4：美國犯罪率

(1) 從相關係數矩陣來看，窮人比率並不是重要因子，且相關係數為負值，但在迴歸分析中最為顯著，且迴歸係數為正值，為什麼？

(2) 從相關係數矩陣來看，1960 每人警政支出、1959 每人警政支出是重要因子，但在迴歸分析中只有 1960 每人警政支出略為顯著，為什麼？

(3) 試根據本章的「多變數線性迴歸分析」的結果，判斷如果要保留 7 個自變數，應該保留哪 7 項？並以「資料分析工具箱」的「迴歸」進行多變數線性迴歸分析。迴歸模型的品質有改善嗎？

(4) 本章指出如果採用逐步迴歸分析可得到六個重要因子。如果採用本章以全部 13 個自變數的多變數線性迴歸分析的 t 統計來判斷，應該選哪六個重要因子，與上述逐步迴歸分析的六個重要因子相同嗎？

個案 5：晶棒含氧量

試加入 x1*x2，x1*x3，x2*x3 三項，並以「資料分析工具箱」的「迴歸」進行多變數線性迴歸分析。迴歸模型的品質有改善嗎？

個案 6：混凝土強度

(1) 「齡期的相關係數雖不高，但迴歸分析顯示它是第三顯著的因子。」為什麼？

(2) 試加入 ln（Age）一項，並以「資料分析工具箱」的「迴歸」進行多變數線性迴歸分析。迴歸模型的品質有改善嗎？

(3) 如果以 ln（Age）代替 Age 呢？

(4) 如果新創變數 WB=Water/（Cement + Fly Ash + Slag），再以 ln（WB），ln（Age）為自變數，ln（強度）為因變數呢？

個案 7：混凝土坍度

(1) 從相關係數矩陣來看，水與流度成正比，但迴歸分析顯示它並不顯著，為什麼？

(2) 因為從用水量 vs 坍度的散佈圖可知，190 是關鍵門檻，相差 10，就影響很大，因此定義「水當量」=1/(1+exp(-(水 -190)/10)) 來代替用水量。迴歸模型的品質有改善嗎？

(3) 如果只用「水當量」作單變數線性迴歸分析，迴歸模型的品質有改善嗎？

個案 8：混凝土流度

(1) 因為從用水量 vs 流度的散布圖可知，190 是關鍵門檻，相差 10，就影響很大，因此定義「水當量」=1/(1+exp(-(水 -190)/10)) 來代替用水量。迴歸模型的品質有改善嗎？

(2) 如果只用「水」作單變數線性迴歸分析，迴歸模型的品質有改善嗎？

CHAPTER 11

時序因果關係模型個案研究

本章個案均為時序性的因果關係模式，每個個案均以下列方法建立模式：

(1) 全部迴歸分析：用所有數據建立模型。

(2) 部份迴歸分析：因個案均具有時序性，用所有數據建立模型可能高估模型的預測能力，因此用較早先的數據建立模型，再以此模型預測較晚後的數據。

11-1 個案 1：冰淇淋店營業額

為預測某冰淇淋專賣店之每日營業額，假設影響第 t+1 日營業額的因素如下：

1. 第 t-1 日溫度
2. 第 t 日溫度
3. 第 t+1 日溫度
4. 第 t-1 日股價指數（千點）
5. 第 t 日股價指數（千點）
6. 第 t+1 日股價指數（千點）
7. 第 t-1 日營業額（千元）
8. 第 t 日營業額（千元）
9. 第 t-1 日假日（1= 非，2= 是）
10. 第 t 日假日（1= 非，2= 是）
11. 第 t+1 日假日（1= 非，2= 是）
12. 第 t-1 日晴雨（1= 晴，2= 陰，3= 雨）
13. 第 t 日晴雨（1= 晴，2= 陰，3= 雨）
14. 第 t+1 日晴雨（1= 晴，2= 陰，3= 雨）

(1) 全部迴歸分析：以 200 個營業日作迴歸分析得如表 11-1 之結果。顯示預測日營業額與前二日營業額成正比，與當天是假日成正比，與前第二日是假日成反比，與前第一日是雨天成反比。其結果如圖 11-1。

(2) 部份迴歸分析：考慮將前 150 筆為訓練範例，後 50 筆為測試範例，以前者作迴歸分析，再預測後者，則其結果圖 11-2。表 11-2 是全部迴歸與部份迴歸之比較，可以看出分成訓練範例、測試範例的作法會使測試範例的誤差比全部迴歸的誤差高出許多，但前者才是實際誤差的合理估計值，不區分訓練範例、測試範例的作法會低估差。

表 11-1　冰淇淋店營業額結果

因子	迴歸係數	t 係數	顯著
常數	-0.709	-0.13	
1. 第 t-1 日溫度	-0.432	-1.39	
2. 第 t　日溫度	-0.338	-0.80	
3. 第 t+1 日溫度	0.585	1.83	
4. 第 t-1 日股價指數	-3.611	-1.03	
5. 第 t　日股價指數	6.220	1.44	
6. 第 t+1 日股價指數	-1.669	-0.49	
7. 第 t-1 日營業額	0.196	3.43	*
8. 第 t　日營業額	0.195	3.22	*
9. 第 t-1 日假日	-4.96	-3.73	*
10. 第 t　日假日	0.919	0.68	
11. 第 t+1 日假日	10.06	9.44	*
12. 第 t-1 日晴雨	1.05	1.68	
13. 第 t　日晴雨	-1.93	-2.72	*
14. 第 t+1 日晴雨	0.179	0.29	

表 11-2　全部迴歸與部份迴歸之比較

統計量	全部迴歸	部份迴歸（訓練）	部份迴歸（測試）
S_{yx}	7.14	7.50	8.30
R^2	0.45	0.561	0.212
DW	2.01		

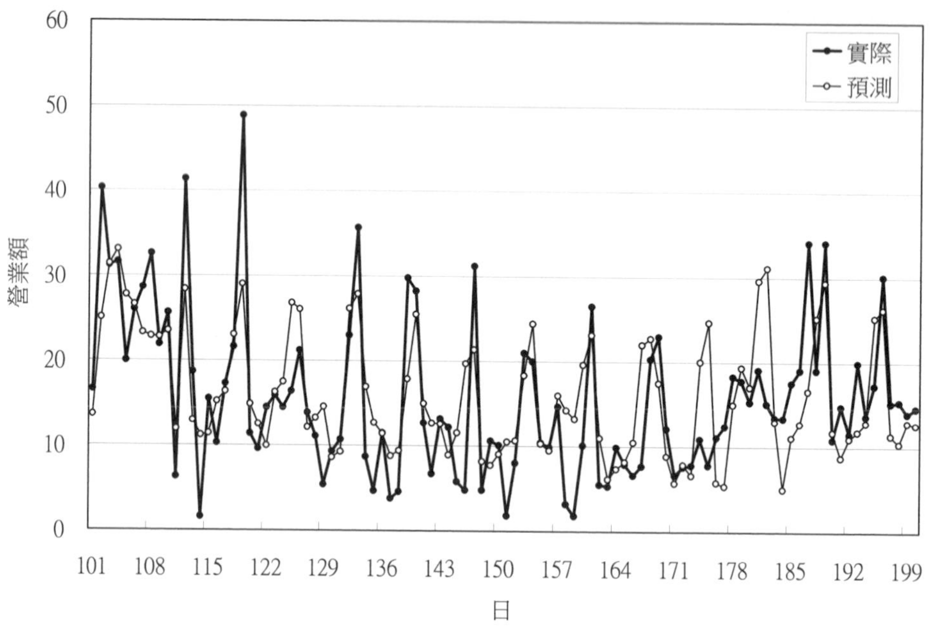

圖 11-1　冰淇淋店營業額之實際值與預測值之時序圖：全部迴歸分析

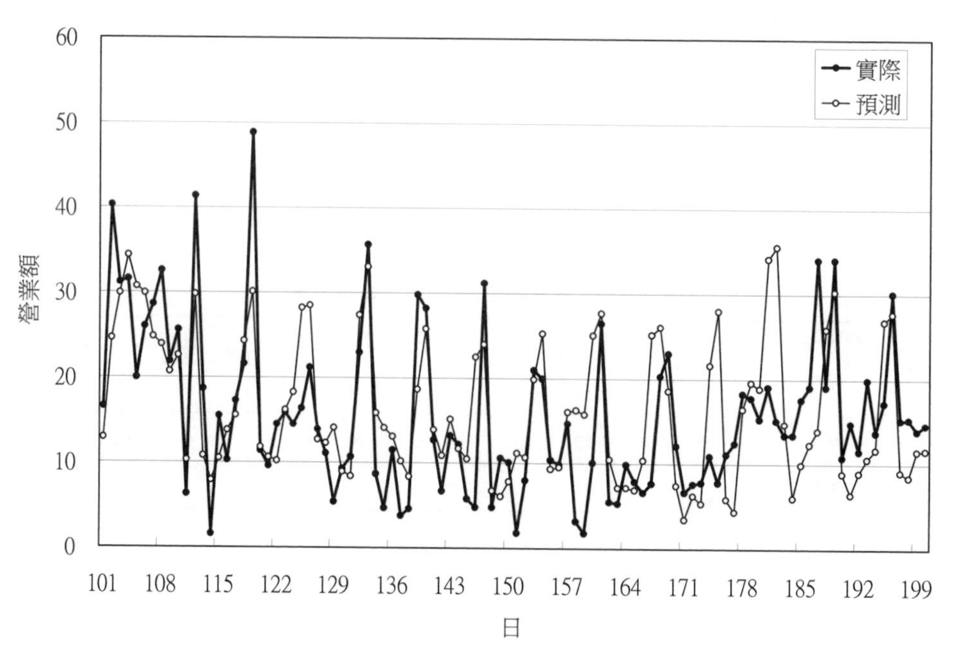

圖 11-2　冰淇淋店營業額之實際值與預測值之時序圖：部份迴歸分析

11-2 個案 2：總體經濟與股市報酬率

為預測台灣股市之每月漲跌百分比，假設影響第 t+1 月漲跌百分比的因素如下：

1. M1b 年增率（t-2）
2. 拆款利率變化率（t-2）
3. 對美元匯率變化率（t-2）
4. 消費者物價指數年增率（t-2）
5. 同時景氣指標變化率（t-2）
6. 領先景氣指標變化率（t-2）
7. 股價指數月平均指數變化率（t-2）
8. 股市月成交量變化率（t-2）
9. M1b 年增率（t-1）
10. 拆款利率變化率（t-1）
11. 對美元匯率變化率（t-1）
12. 消費者物價指數年增率（t-1）
13. 同時景氣指標變化率（t-1）
14. 領先景氣指標變化率（t-1）
15. 股價指數月平均指數變化率（t-1）
16. 股市月成交量變化率（t-1）
17. M1b 年增率（t）
18. 拆款利率變化率（t）
19. 對美元匯率變化率（t）
20. 消費者物價指數年增率（t）
21. 同時景氣指標變化率（t）
22. 領先景氣指標變化率（t）
23. 股價指數月平均指數變化率（t）
24. 股市月成交量變化率（t）

資料包括 1983/5-1997/6，共 170 個月。

(1) 全部迴歸分析：作迴歸分析得如圖 11-3 與表 11-3 之結果。顯示判定係數很小。而且只有四個因子比較顯著：同時景氣指標變化率（t-2），股價指數月平均指數變化率（t-1），領先景氣指標變化率（t），股價指數月平均指數變化率（t）。

(2) 部份迴歸分析：考慮將前 100 筆為訓練範例，後 70 筆為測試範例，以前者作迴歸分析，再預測後者，則其結果如圖 11-4。表 11-4 是全部迴歸與部份迴歸之比較，雖然出分成訓練範例、測試範例的作法之測試範例的誤差比全部迴歸的誤差低一些，但這可能是測試範例期間的變異較小，並非模型較準確。

表 11-3　總體經濟與股價例題之結果

因子	迴歸係數	t 係數	顯著
常數	-0.380	-0.19	
1.M1b 年增率（t-2）	-0.004	-0.01	
2. 拆款利率變化率（t-2）	-0.048	-1.19	
3. 對美元匯率變化率（t-2）	0.440	0.58	
4. 消費者物價指數年增率（t-2）	-0.592	-0.83	
5. 同時景氣指標變化率（t-2）	1.395	1.79	*
6. 領先景氣指標變化率（t-2）	-0.943	-1.22	
7. 股價指數月平均指數變化率（t-2）	0.069	0.73	
8. 股市月成交量變化率（t-2）	-0.003	-0.16	
9.M1b 年增率（t-1）	0.260	0.56	
10. 拆款利率變化率（t-1）	0.003	0.07	
11. 對美元匯率變化率（t-1）	-0.162	-0.21	
12. 消費者物價指數年增率（t-1）	0.998	1.14	
13. 同時景氣指標變化率（t-1）	0.926	0.98	
14. 領先景氣指標變化率（t-1）	-1.086	-1.28	
15. 股價指數月平均指數變化率（t-1）	-0.165	-1.57	*
16. 股市月成交量變化率（t-1）	-0.008	-0.45	
17.M1b 年增率（t）	-0.111	-0.34	
18. 拆款利率變化率（t）	0.047	1.17	
19. 對美元匯率變化率（t）	-0.149	-0.20	
20. 消費者物價指數年增率（t）	-0.514	-0.74	
21. 同時景氣指標變化率（t）	-0.720	-0.92	
22. 領先景氣指標變化率（t）	1.512	1.82	*
23. 股價指數月平均指數變化率（t）	0.352	3.53	*
24. 股市月成交量變化率（t）	-0.007	-0.42	

表 11-4 全部迴歸與部份迴歸之比較

統計量	全部迴歸	部份迴歸（訓練）	部份迴歸（測試）
S_{yx}	9.59	9.8	8.5
R^2	0.257		
DW	1.998		

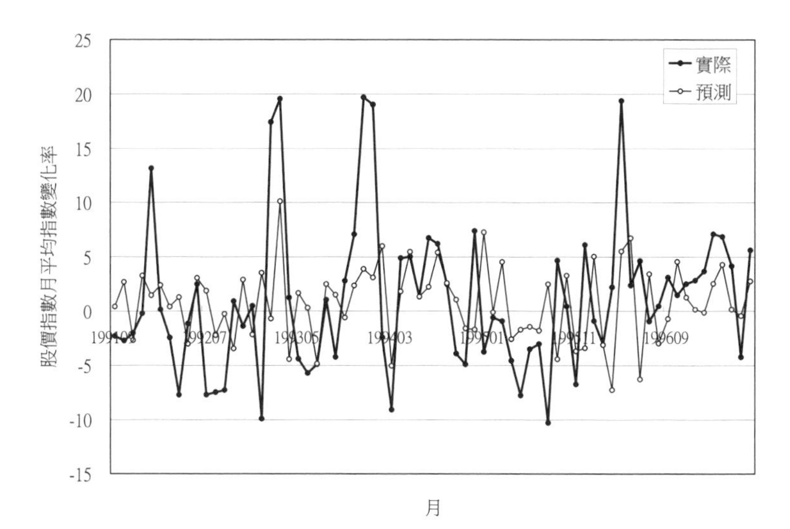

圖 11-3 股價漲跌百分比之實際值與預測值之時序圖：全部迴歸分析

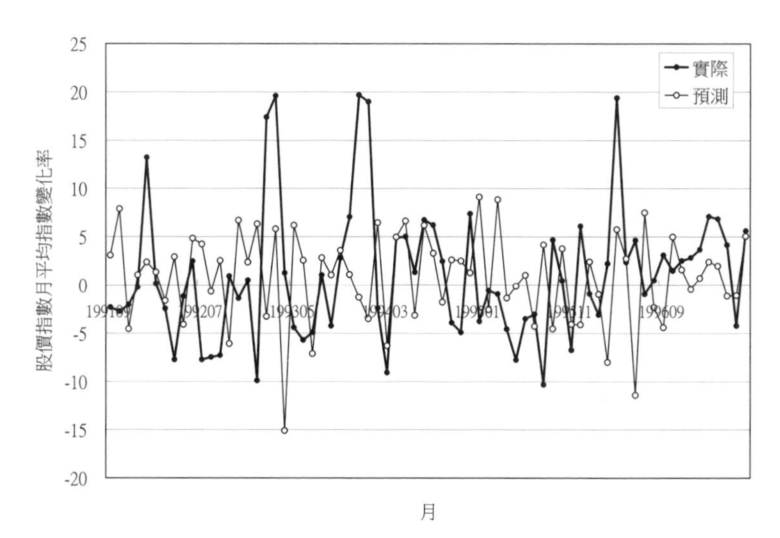

圖 11-4 股價漲跌百分比之實際值與預測值之時序圖：部份迴歸分析

11-3 個案 3：產業經濟與股市報酬率

為預測台灣股市營造類股之每月漲跌百分比，假設影響第 t+1 月漲跌百分比的因素如下：

1. 建築執照樓地板面積變化率（t-2）
2. 營造工程物價指數變化率（t-2）
3. 房價指數變化率（t-2）
4. 營造業 GDP 變化率（t-2）
5. 拆款利率變化率（t-2）
6. 營建類股股價指數變化率（t-2）
7. 營建類股成交量變化率（t-2）
8. 建築執照樓地板面積變化率（t-1）
9. 營造工程物價指數變化率（t-1）
10. 房價指數變化率（t-1）
11. 營造業 GDP 變化率（t-1）
12. 拆款利率變化率（t-1）
13. 營建類股股價指數變化率（t-1）
14. 營建類股成交量變化率（t-1）
15. 建築執照樓地板面積變化率（t）
16. 營造工程物價指數變化率（t）
17. 房價指數變化率（t）
18. 營造業 GDP 變化率（t）
19. 拆款利率變化率（t）
20. 營建類股股價指數變化率（t）
21. 營建類股成交量變化率（t）

資料包括 1989/10-1997/8，共 95 個月。

(1) 全部迴歸分析：以 95 個月數據作迴歸分析得如表 11-5 之結果。顯示判定係數很小。而且只有六個因子比較顯著。其結果如圖 11-5。

(2) 部份迴歸分析：考慮將前 65 筆為訓練範例，後 30 筆為測試範例，以前者作迴歸分析，再預測後者，則其結果如圖 11-6。表 11-6 是全部迴歸與部份迴歸之比較，情況與前一例題類似。

表 11-5　產業經濟與股價例題之結果

因子	係數	t 係數	顯著
常數	2.473	0.96	
1. 建築執照樓地板面積變化率（t-2）	-0.057	-0.85	
2. 營造工程物價指數變化率（t-2）	-0.017	-0.01	
3. 房價指數變化率（t-2）	-2.406	-0.50	
4. 營造業 GDP 變化率（t-2）	-0.156	-0.12	
5. 拆款利率變化率（t-2）	-0.082	-1.07	
6. 營建類股股價指數變化率（t-2）	0.239	1.65	*
7. 營建類股成交量變化率（t-2）	-0.008	-0.35	
8. 建築執照樓地板面積變化率（t-1）	-0.131	-1.83	*
9. 營造工程物價指數變化率（t-1）	1.234	0.96	
10. 房價指數變化率（t-1）	-2.951	-0.59	
11. 營造業 GDP 變化率（t-1）	-0.065	-0.04	
12. 拆款利率變化率（t-1）	-0.049	-0.67	
13. 營建類股股價指數變化率（t-1）	-0.041	-0.26	
14. 營建類股成交量變化率（t-1）	-0.001	-0.04	
15. 建築執照樓地板面積變化率（t）	-0.046	-0.71	
16. 營造工程物價指數變化率（t）	-1.773	-1.52	*
17. 房價指數變化率（t）	-1.397	-0.29	
18. 營造業 GDP 變化率（t）	0.300	0.20	
19. 拆款利率變化率（t）	0.017	0.23	
20. 營建類股股價指數變化率（t）	0.252	1.62	*
21. 營建類股成交量變化率（t）	0.036	1.35	

表 11-6　全部迴歸與部份迴歸之比較

統計量	全部迴歸	部份迴歸（訓練）	部份迴歸（測試）
S_{yx}	9.89	9.1	7.7
R^2	0.278		
DW	2.02		

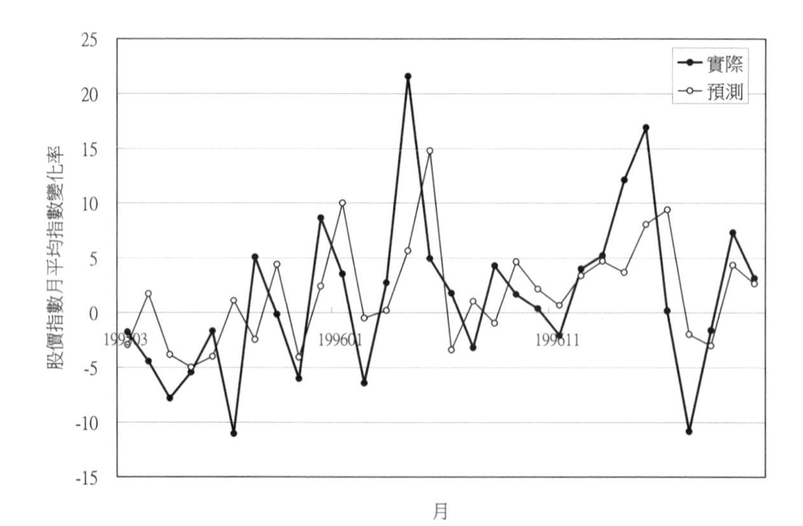

圖 11-5　股價漲跌百分比之實際值與預測值之時序圖：全部迴歸分析

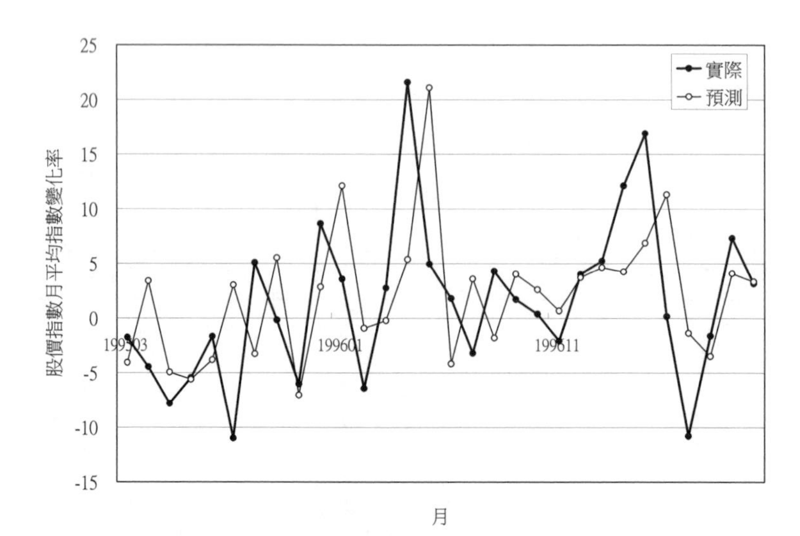

圖 11-6　股價漲跌百分比之實際值與預測值之時序圖：全部迴歸分析

11-4 個案 4：刑事案件發生數

為預測台灣地區每年總刑事案件發生數，假設影響第 t 年總刑事案件發生數的因素如下：

1. 第 t 年可支配所得（百萬 NT）
2. 第 t 年經濟成長率
3. 第 t 年警政支出（千 NT）
4. 第 t 年離婚率（對 / 千人）
5. 第 t 年吉尼係數
6. 第 t 年總失業率

資料包括 1952-1996 年，共 45 年 .

(1) 基本模式：作迴歸分析得如圖 11-7 與表 11-7 左半部之結果。顯示總刑事案件發生數與可支配所得及總失業率成正比，與離婚率成反比。此一結果與預期有很大差異，因為高所得與低離婚率會導致治安不良似乎有違常理。圖 11-8 是原值的相關係數矩陣，可以發現許多自變數之間有高度的相關性，有共線性問題存在。觀查其 DW 值發現其值只有 1.56 顯然殘差有序列相關問題。

(2) 差分模式：以差分模式重作迴歸分析得如圖 11-9 與表 11-7 右半部之結果。顯示只剩可支配所得具有明顯的正比關係。但可支配所得越高，總刑事案件發生數越多，顯然不合理。一個可能的解釋是二者均與時間因子有密切關係，也就是二者受到一個共同因子影響。

表 11-7　刑事案件發生數之結果

	基本模式			差分模式		
因子	迴歸係數	t 係數	顯著	迴歸係數	t 係數	顯著
常數	37726.7	0.97		-272.3	-0.11	
可支配所得	0.0397	4.73	*	0.0394	2.76	*
經濟成長率	61.300	0.11		11.58	0.02	
警政支出	-0.642	-1.06		-0.941	-0.96	
離婚率（對 / 千人）	-81056.1	-3.02	*	-47323.8	-0.90	
吉尼係數	45462.2	0.35		-296675	-1.15	
總失業率	4801.9	2.03	*	2484.7	0.55	

表 11-8　基本模式與差分模式之比較

統計量	基本模式	差分模式
S_y	38189.6	11088.5
S_{yx}	9022.6	10577.5
$\overline{R}^2$	0.94	0.090
R^2	0.95	0.217
F	125.0	1.70
DW	1.56	2.38

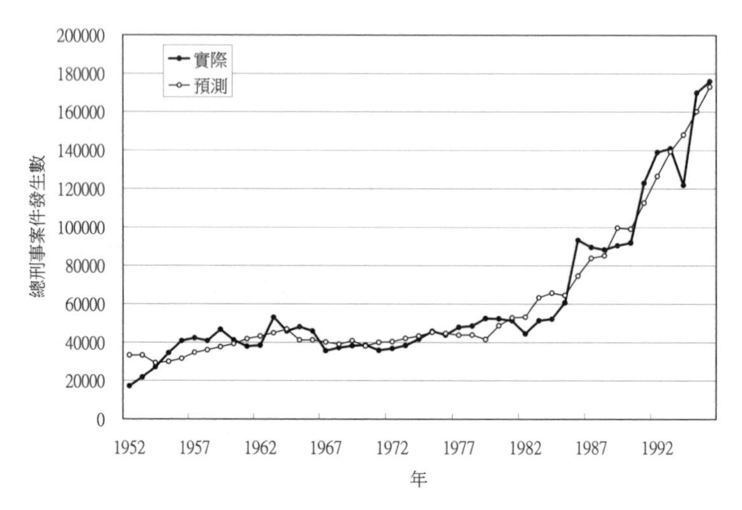

圖 11-7　刑事案件發生數之實際值與預測值之時序圖：一般模式

	可支配所得	經濟成長率	警政支出	離婚率	吉尼係數	總失業率	總刑事案件
可支配所得	1.00						
經濟成長率	-0.29	1.00					
警政支出	0.91	-0.31	1.00				
離婚率	0.97	-0.31	0.81	1.00			
吉尼係數	-0.05	-0.09	0.18	-0.11	1.00		
總失業率	-0.47	-0.02	-0.32	-0.41	0.59	1.00	
總刑事案件	0.96	-0.27	0.92	0.90	0.06	-0.39	1.00

圖 11-8 相關係數矩陣

圖 11-9 刑事案件發生數之實際值與預測值之時序圖：差分模式

11-5 個案 5：台北市空氣品質

為預測台北市之代表空氣品質的每日懸浮微粒 ($\mu g / M^3$)，假設影響第 t+1 日懸浮微粒的因素如下：

1. 第 t-13 日懸浮微粒 (μg/M^3)
2. 第 t-6 日懸浮微粒 (μg/M^3)
3. 第 t-1 日懸浮微粒 (μg/M^3)
4. 第 t　日懸浮微粒 (μg/M^3)
5. 第 t+1 日氣壓（0.1 hpa）
6. 第 t+1 日溫度（ºC）
7. 第 t+1 日相對濕度（%）
8. 第 t+1 日平均風速（0.1 M/sec）
9. 第 t+1 日雨量（0.1 mm）
10. 第 t+1 日降雨時數（0.1 hr）
11. 第 t+1 日日照時數（0.1 hr）
12. 第 t+1 日是否放假（0= 否，1= 是）

(1) 全部迴歸分析：以 366 日資料作迴歸分析得如圖 11-10 與表 11-9 之結果。顯示預測日懸浮微粒與前一日懸浮微粒成正比，與當日溫度，相對濕度，平均風速，降雨時數成反比。

(2) 部份迴歸分析：考慮將前 216 筆為訓練範例，後 150 筆為測試範例，以前者作迴歸分析，再預測後者，則其結果如圖 11-11。表 11-10 是全部迴歸與部份迴歸之比較，可以看出分成訓練範例、測試範例的作法會使測試範例的誤差比全部迴歸的誤差高出許多，但前者才是實際誤差的合理估計值，不區分訓練範例、測試範例的作法會低估差。

表 11-9　台北市空氣品質之結果

因子	迴歸係數	t 係數	顯著
常數	347.969	1.34	
1. 第 t-13 日懸浮微粒	0.0266	0.71	
2. 第 t-6 日懸浮微粒	0.0426	1.12	
3. 第 t-1 日懸浮微粒	0.0289	0.64	

因子	迴歸係數	t 係數	顯著
4. 第 t 日懸浮微粒	0.3560	7.61	*
5. 第 t+1 日氣壓	-0.0232	-0.93	
6. 第 t+1 日溫度	-0.7453	-2.33	*
7. 第 t+1 日相對濕度	-0.5431	-3.89	*
8. 第 t+1 日平均風速	-0.6241	-8.21	*
9. 第 t+1 日雨量	0.0048	0.90	
10. 第 t+1 日降雨時數	-0.1105	-5.00	*
11. 第 t+1 日日照時數	-0.0398	-1.24	
12. 第 t+1 日是否放假	-2.3330	-1.09	

表 11-10　全部迴歸與部份迴歸之比較

統計量	全部迴歸	部份迴歸（訓練）	部份迴歸（測試）
S_{yx}	15.5	15.1	17.2
R^2	0.52	0.56	0.48
DW	1.92		

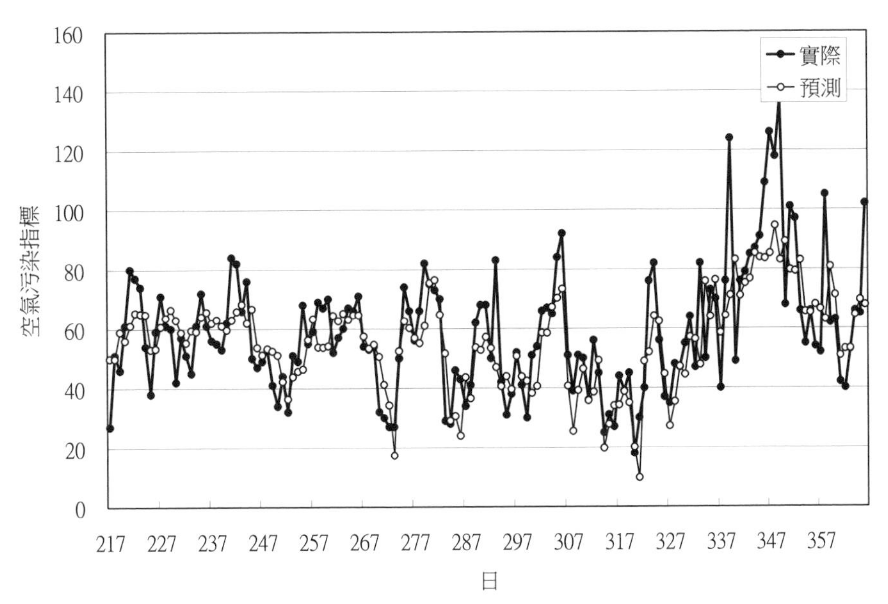

圖 11-10　空氣污染之實際值與預測值之時序圖：全部迴歸分析

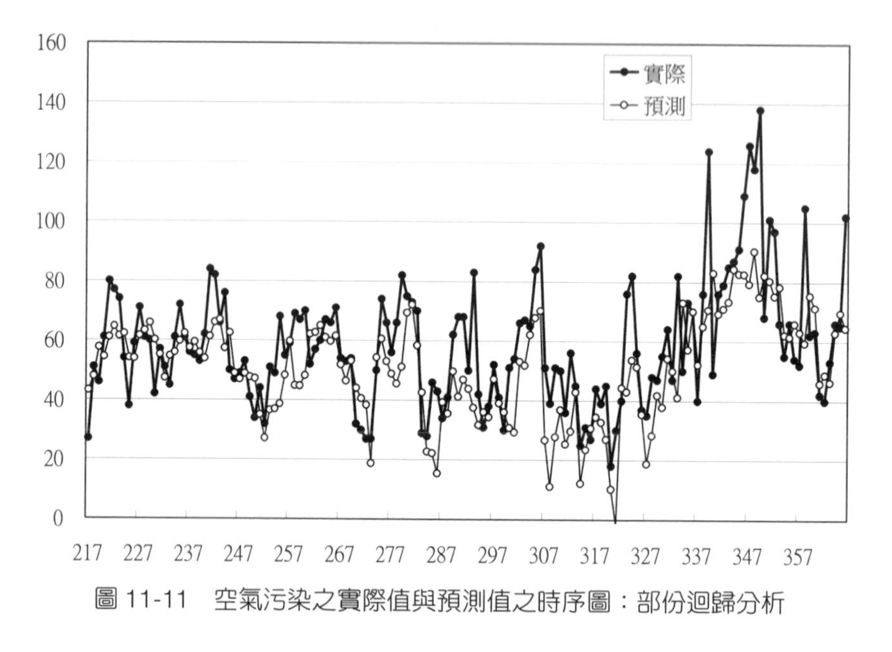

圖 11-11　空氣污染之實際值與預測值之時序圖：部份迴歸分析

11-6 個案 6：花蓮溪流量

為預測花蓮溪平林站的每旬流量，假設影響第 t 旬流量的因素如下：

1. 第 t-1 旬溪口站流量
2. 第 t-1 旬水簾站流量
3. 第 t-1 旬平林站流量
4. 第 t 旬溪口站流量
5. 第 t 旬水簾站流量
6. 第 t 旬平林站雨量

(1) 全部迴歸分析：以 431 旬資料作迴歸分析得如圖 11-12 與表 11-11 之結果。

(2) 部份迴歸分析：考慮將前 231 筆為訓練範例，後 200 筆為測試範例，以前者作迴歸分析，再預測後者，則其結果如圖 11-13。表 11-12 是全部迴歸與部份迴歸之比較，可以看出分成訓練範例、測試範例的作法會使測試範例的誤差比全部迴歸的誤差高出許多。

表 11-11　花蓮溪流量之結果

因子	迴歸係數	t 係數	顯著
常數	-39.92	-4.41	
1. 第 t-1 旬溪口站流量	0.093	1.00	
2. 第 t-1 旬水簾站流量	0.383	3.62	*
3. 第 t-1 旬平林站流量	0.084	2.08	*
4. 第 t 旬溪口站流量	0.568	6.18	*
5. 第 t 旬水簾站流量	0.814	8.30	*
6. 第 t 旬平林站雨量	0.130	3.16	*

表 11-12　全部迴歸與部份迴歸之比較

統計量	全部迴歸	部份迴歸（訓練）	部份迴歸（測試）
S_{yx}	134.2	121.1	156.2
R^2	0.696		
DW	2.044		

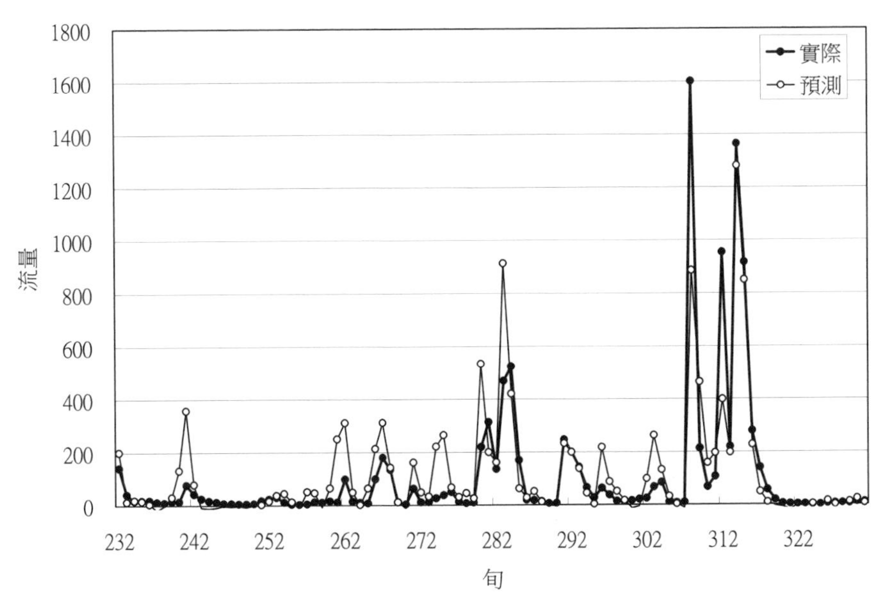

圖 11-12　花蓮溪之實際值與預測值之時序圖：全部迴歸分析

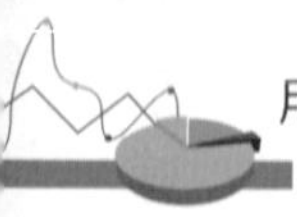

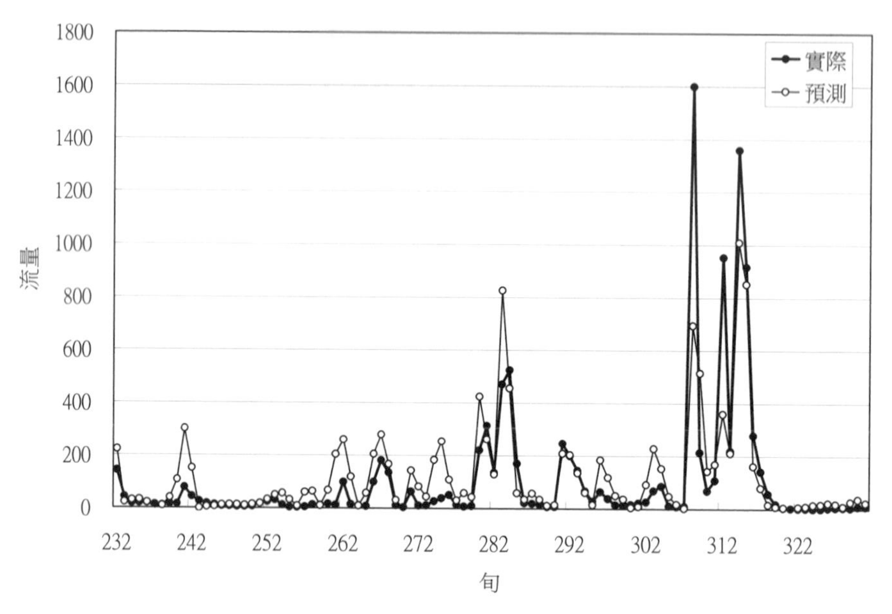

圖 11-13　花蓮溪之實際值與預測值之時序圖：部份迴歸分析

11-7 個案 7：雨量與河川流量

為預測某河川的每旬流量，假設影響第 t 旬流量的因素如下：

1. t-4 旬流量
2. t-3 旬流量
3. t-2 旬流量
4. t-1 旬流量
5. t-4 旬雨量
6. t-3 旬雨量
7. t-2 旬雨量
8. t-1 旬雨量
9. t 旬雨量

(1) 全部迴歸分析：以 196 日資料作迴歸分析得如圖 11-14 與表 11-13 之結果。顯示 t 旬流量與 t-1 旬雨量、t 旬雨量成正比 .

(2) 部份迴歸分析：考慮將前 96 筆為訓練範例，後 100 筆為測試範例，以前者作迴歸分析，再預測後者，則其結果如圖 11-15。表 11-14 是全部迴歸與部份迴歸之比較，雖然出分成訓練範例、測試範例的作法之測試範例的誤差比全部迴歸的誤差低一些，但這可能是測試範例期間的變異較小，並非模型較準確。

表 11-13 雨量與河川流量例題之結果

因子	迴歸係數	t 係數	顯著
常數	66.61	0.73	
t-4 旬流量	0.055	0.86	
t-3 旬流量	0.142	1.81	
t-2 旬流量	0.155	1.99	
t-1 旬流量	-0.159	-2.14	
t-4 旬雨量	-5.928	-1.90	
t-3 旬雨量	-6.143	-1.87	
t-2 旬雨量	-1.218	-0.38	
t-1 旬雨量	19.684	7.22	*
t 旬雨量	25.114	12.30	*

表 11-14 全部迴歸與部份迴歸之比較

統計量	全部迴歸	部份迴歸（訓練）	部份迴歸（測試）
S_{yx}	634.7	689.5	592.7
R^2	0.625		
DW	2.02		

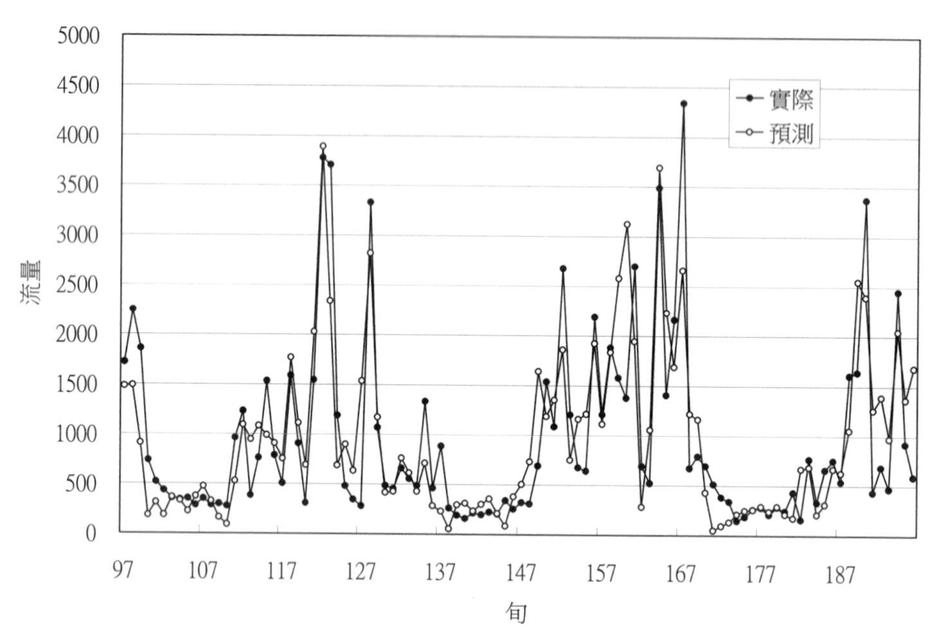

圖 11-14　河川流量之實際值與預測值之時序圖：全部迴歸分析

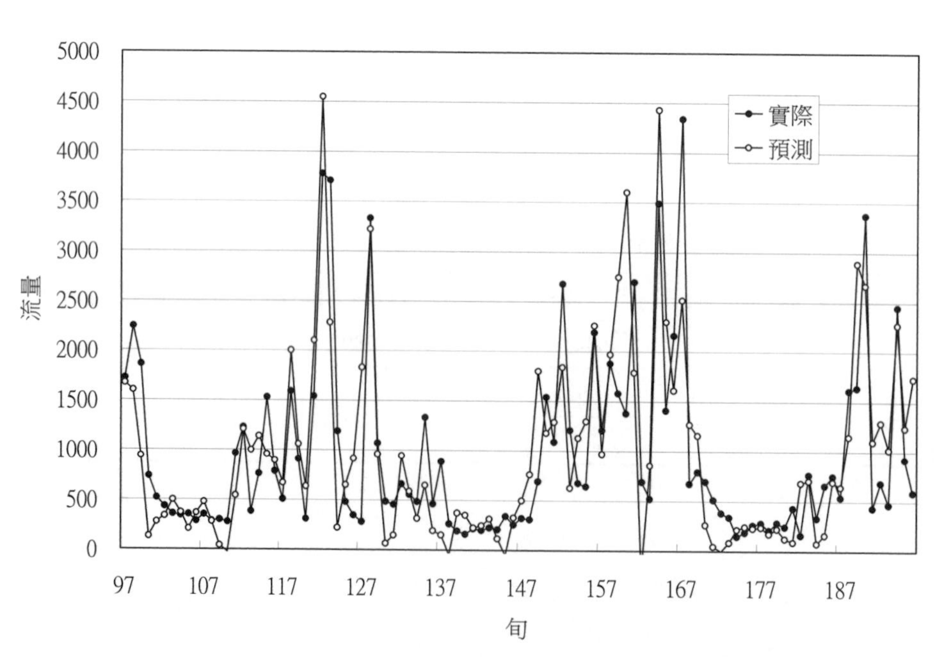

圖 11-15　河川流量之實際值與預測值之時序圖：部份迴歸分析

個案習題

個案 1：冰淇淋店營業額

試根據本章的「多變數線性迴歸分析」的結果，判斷如果要保留 8 個自變數，應該保留哪些？並以「資料分析工具箱」的「迴歸」進行多變數線性迴歸分析。迴歸模型的品質有改善嗎？

個案 2：總體經濟與股價

因為 Excel 的「資料分析工具箱」的「迴歸」最多只能有 16 個自變數，因此試以「資料分析工具箱」的「相關係數」分析，判斷應該取哪 16 個變數，並以「資料分析工具箱」的「迴歸」進行多變數線性迴歸分析。迴歸模型的品質有改善嗎？如果要保留 5 個自變數，結果會如何？

個案 3：產業經濟與股價

因為 Excel 的「資料分析工具箱」的「迴歸」最多只能有 16 個自變數，因此試以「資料分析工具箱」的「相關係數」分析，判斷應該取哪 16 個變數，並以「資料分析工具箱」的「迴歸」進行多變數線性迴歸分析。迴歸模型的品質有改善嗎？如果要保留 7 個自變數，結果會如何？

個案 4：刑事案件發生數

試討論本章的兩種模式的結果是否合理，如果不合理，為什麼？

個案 5：台北市空氣品質

試根據本章的「多變數線性迴歸分析」的結果，判斷如果要保留 5 個自變數，應該保留哪些？並以「資料分析工具箱」的「迴歸」進行多變數線性迴歸分析。迴歸模型的品質有改善嗎？

個案 6：花蓮溪流量

試根據本章的「多變數線性迴歸分析」與「相關分析」的結果，判斷如果要保留 2 個自變數，應該保留哪些？並以「資料分析工具箱」的「迴歸」進行多變數線性迴歸分析。迴歸模型的品質有改善嗎？

個案 7：雨量與河川流量

試根據本章的「多變數線性迴歸分析」與「相關分析」的結果，判斷如果要保留 2 個自變數，應該保留哪些？並以「資料分析工具箱」的「迴歸」進行多變數線性迴歸分析。迴歸模型的品質有改善嗎？

CHAPTER 12

時間分解模型個案研究

- 12-1 個案 1：美國人口量
- 12-2 個案 2：營造業產值
- 12-3 個案 3：每月用電量

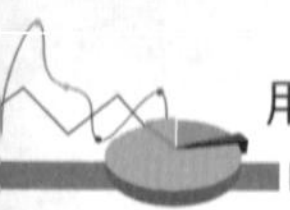

12-1 個案 1：美國人口量

圖 12-1(a) 是 1790~1990，每隔十年的美國人口數。從圖形來看有明顯的二次傾向。時間分解法結果如表 12-1，加法模型較佳：

$$y = 6959186 - 2160286t + 650654t^2$$

加法模型的預測結果如圖 12-1(b)，循環成分如圖 12-1(c)，可知美國史上有兩個循環的「低谷」。

表 12-1　美國人口量預測模型之評估

方法	誤差均方根	
加法模型	2766776	最佳方法
乘法模型	4666198	

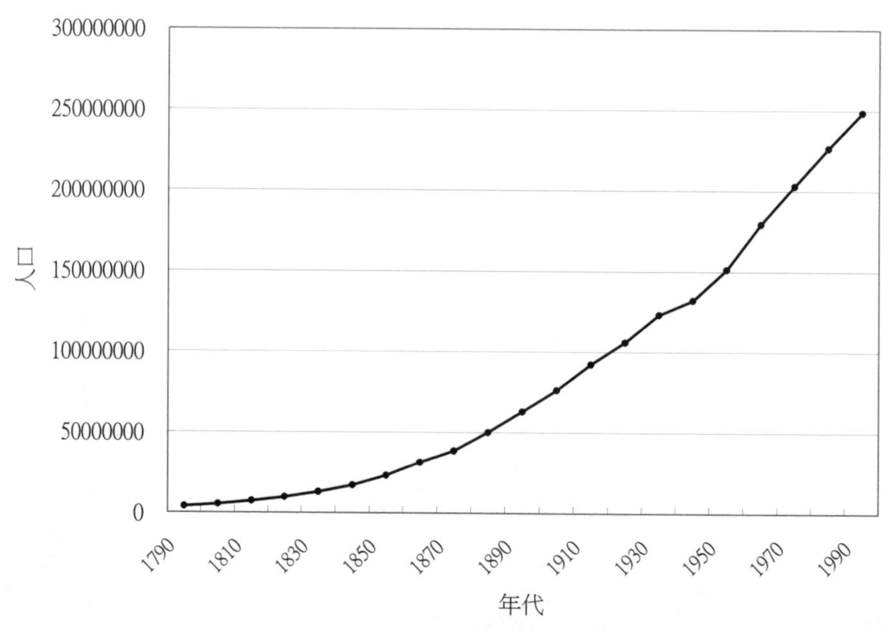

圖 12-1(a)　美國人口實際值時序圖

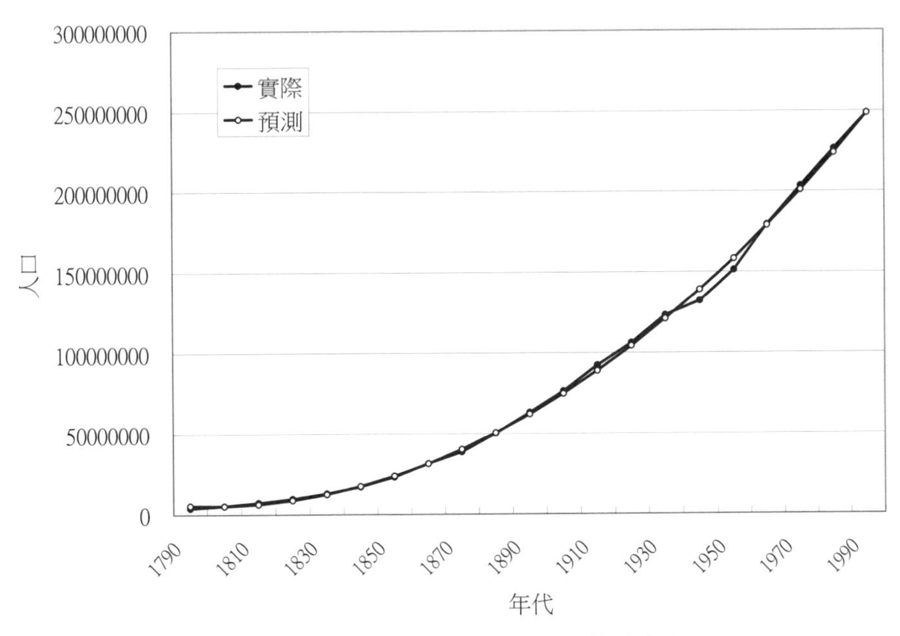

圖 12-1(b) 美國人口實際值與預測值時序圖

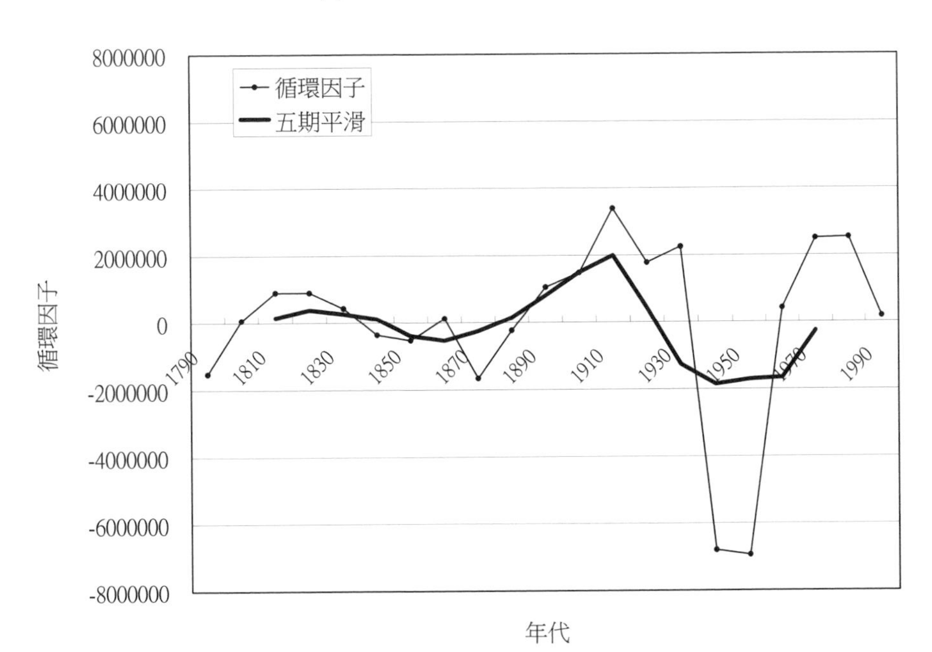

圖 12-1(c) 美國人口的循環因子

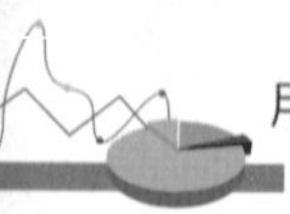

12-2 個案 2：營造業產值

台灣地區每季營造業產值如圖 12-2(a)（民國 72 年第三季至 85 年第四季）。從圖形來看有明顯的二次傾向與以 4 期為週期的季節性。時間分解法結果如表 12-2，加法模型較佳，在傾向方面：

$y = 29500.2 + 175.0t + 14.75t^2$（民國 72 年第三季時 t=1）

在季節性方面以資料中的第一個季節為准（實際上是每年第三季），第 2~4 的季節因子 =1697.54, 1364.07, 2484.05。加法模型預測值如圖 12-2(b)。將實際值減去模型分析得到的預測值，並取五季中心平均值得循環因子如圖 12-2(c)。

表 12-2　營造業產值預測模型之評估

方法	誤差均方根	
加法模型	1718.0	最佳方法
乘法模型	2266.4	

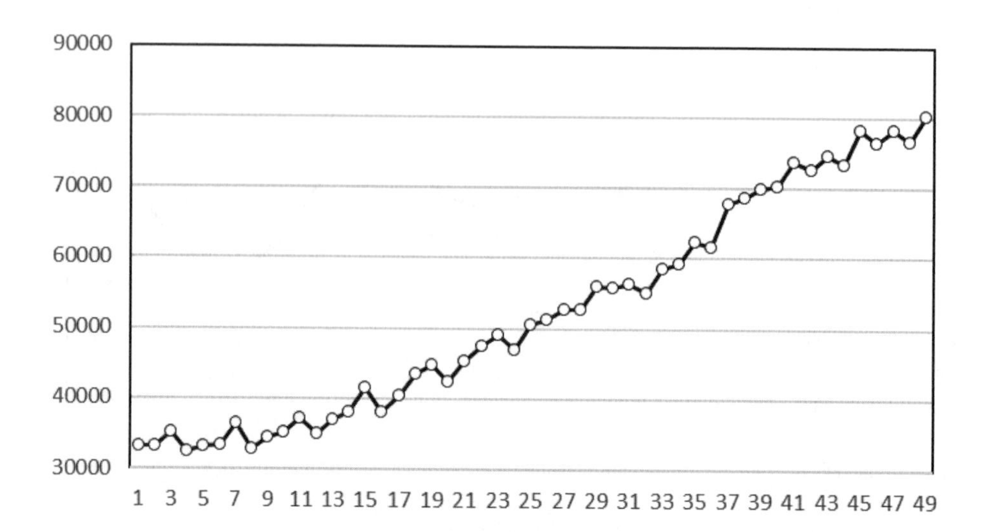

圖 12-2(a)　營造業產值實際值時序圖

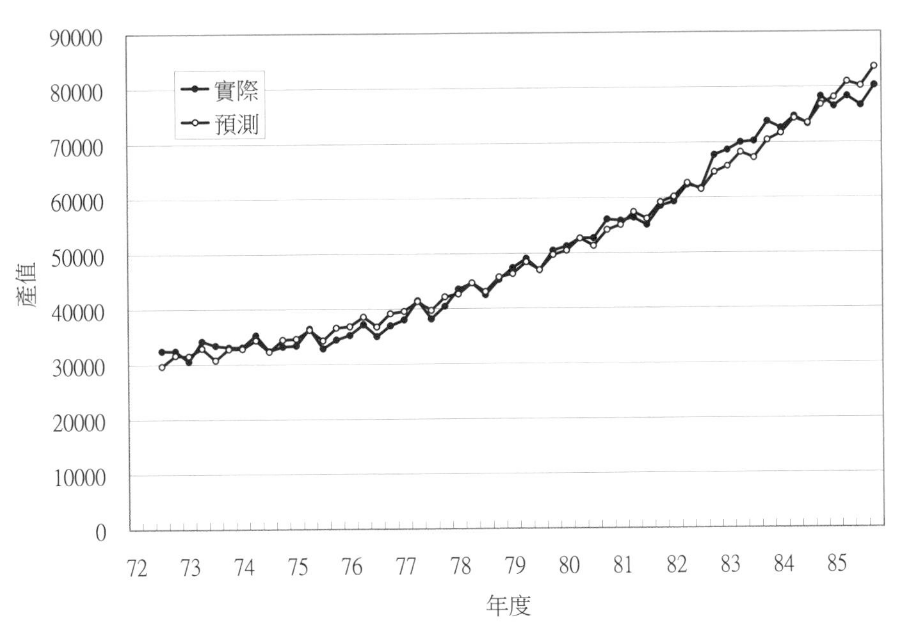

圖 12-2(b) 營造業產值實際值與預測值時序圖

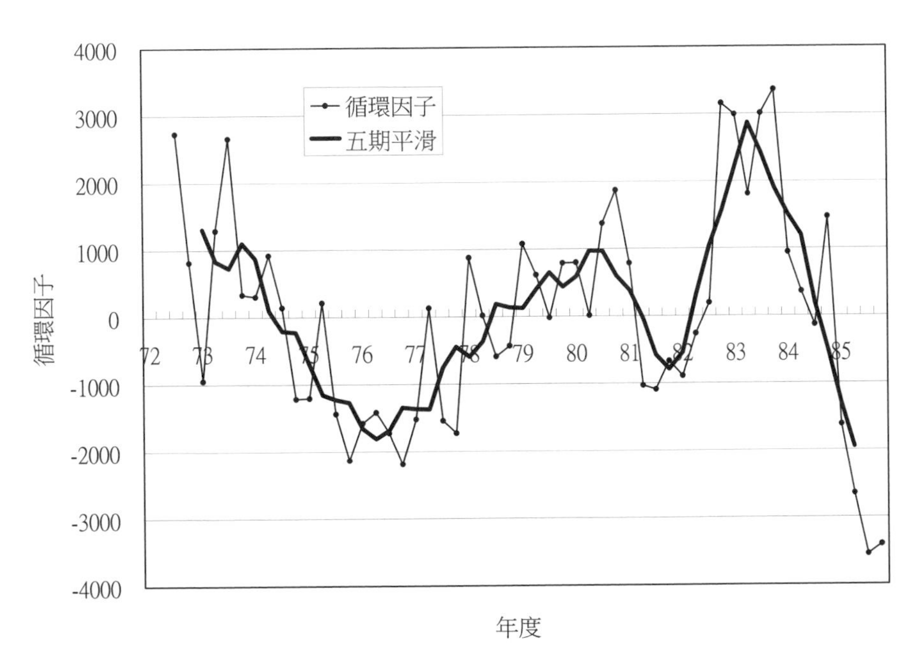

圖 12-2(c) 營造業產值循環因子

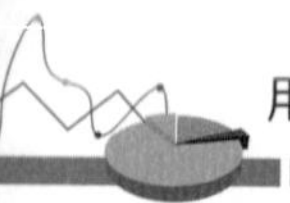

12-3 個案 3：每月用電量

某地每月用電量如圖 12-3(a)（共 106 個月）。從圖形來看有明顯的二次傾向與以 12 期為週期的季節性。時間分解法結果如表 12-3。採用加法模型分析得在傾向方面：

$y = 467.0 + 1.696t - 0.0123t^2$（第一月時 t=1）

在季節性方面以資料中的第一個季節為准，各季的季節因子如圖 12-3(b)，可見 7~9 月是用電高峰。加法模型預測值如圖 12-3(a)。將實際值減去模型分析得到的預測值，並取五季中心平均值得循環因子如圖 12-3(c)。

表 12-3　每月用電量預測模型之評估

方法	誤差均方根	
加法模型	38.4	
乘法模型	37.9	最佳方法

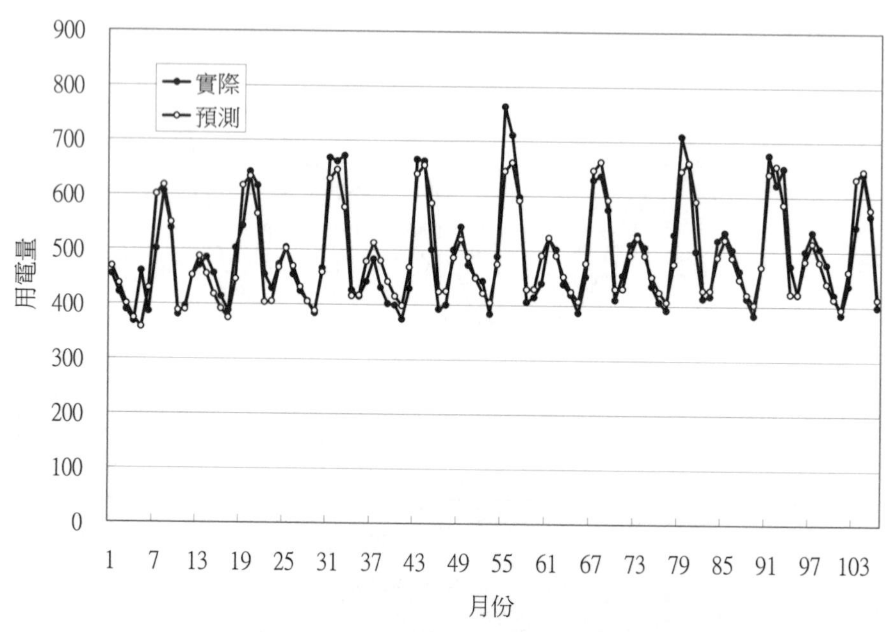

圖 12-3(a)　每月用電量實際值與預測值時序圖

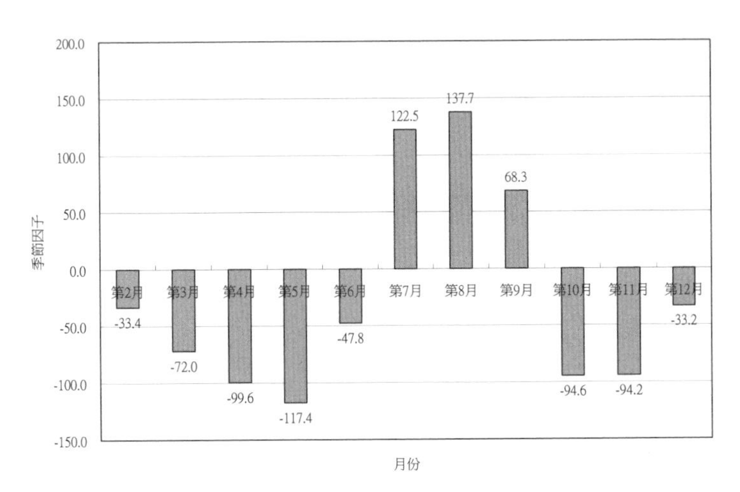

圖 12-3(b) 每月用電量季節因子

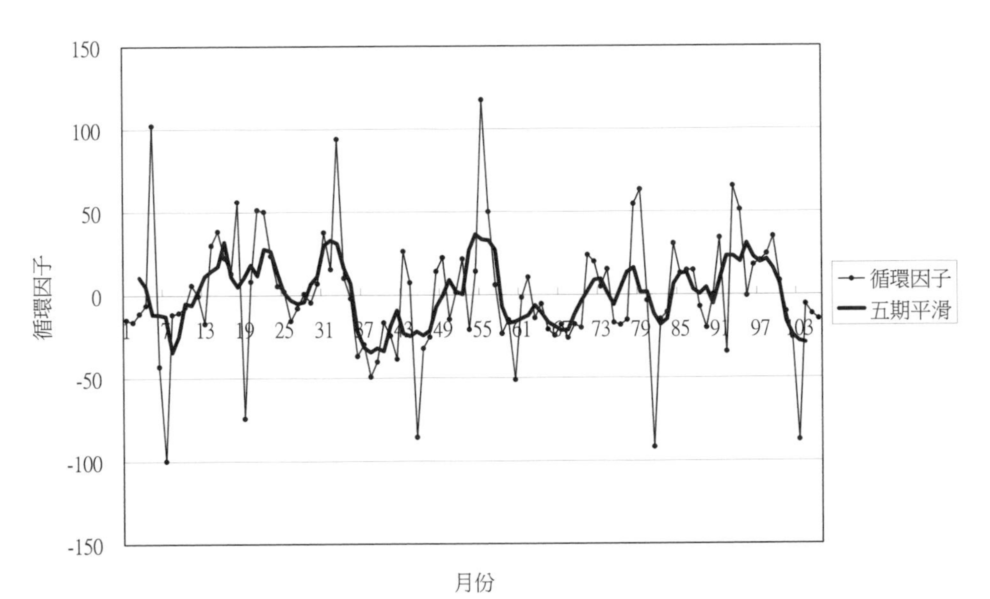

圖 12-3(c) 每月用電量循環因子

在本章個案中，時間分解法是相當準確的方法，這可能是因為這些個案均具有很強的傾向成份或季節成份。不過當循環成份的比例很大時，因為時間分解法並不對此成份建立預測模型，因此誤差較大，營造業產值個案即是如此。不過在這種情況下，循環成份的變化是緩慢的，因此可用簡易預測法（例如移動平均法）作預測，再組合原先已建立模型的傾向成份或季節成份，便可進一步地降低預測誤差。

個案習題

個案 1：美國人口量（人口預測）

(1) 從上述分析可知美國史上有兩個循環的「低谷」，試從歷史角度解釋為什麼？

(2) 從上述分析可知美國史上有兩個循環的「低谷」，但加法模型與乘法模型產生的循環的樣態不同，乘法模型的兩個低谷較對稱，為什麼？

(3) 本數據集有 21 筆資料，假設以 t=1~21 為自變數，繪製以 t 為橫軸，人口為縱軸的散佈圖，試使用 Excel 的趨勢線功能，尋找三種最是當的模式，並比較之。並解釋其中的最佳模式為何會最佳？

個案 2：營造業產值（產業分析）

本數據集有 54 筆資料，假設以 t=1~54 為自變數，繪製以 t 為橫軸，人口為縱軸的散佈圖，試使用 Excel 的趨勢線功能，尋找三種最是當的模式，並比較之。並解釋其中的最佳模式為何會最佳？

個案 3：每月用電量（公共事業）

(1) 從上述分析可知一年之中有兩個「高峰」，為什麼？（本資料非取自台灣）

(2) 加法模型中的 t 平方項的係數為負值代表甚麼意義？

CHAPTER 13

時間數列模型個案研究

- 13-1 個案 1：毛皮交易
- 13-2 個案 2：太陽黑子
- 13-3 個案 3：強烈地震
- 13-4 個案 4：樹木年輪
- 13-5 個案 5：營造業產值
- 13-6 個案 6：每小時用電

13-1 個案 1：毛皮交易

一毛皮交易站有 1850-1911 共 62 年的每年狼皮交易記錄（圖 13-1(a)）。

(1) 從原值的 ACF（圖 13-1(b)）來看有初值很高，衰退很慢的現象，因此應該要作一次差分。

(2) 由一次差分後的 ACF 來看有一步截尾現象（圖 13-1(d)），PACF 有拖尾的現象（圖 13-1(e)），因此有可能為 ARIMA(0,1,1) 模型。

(3) 參數估計結果如表 13-1，MA 模型優於 AR 模型，MA(2) 雖比 MA(1) 誤差小，但差異不大，因此可採用 MA(1) 模型：ϕ_0 =-131.91，θ_1=0.722。分析結果如圖 13-1(f)。

表 13-1　毛皮交易例題之結果

	誤差均方根
ARIMA(1,1,0)	2298.4
ARIMA(2,1,0)	2274.2
ARIMA(0,1,1)	2228.6
ARIMA(0,1,2)	2189.2
Holt 指數平滑法	2258.4

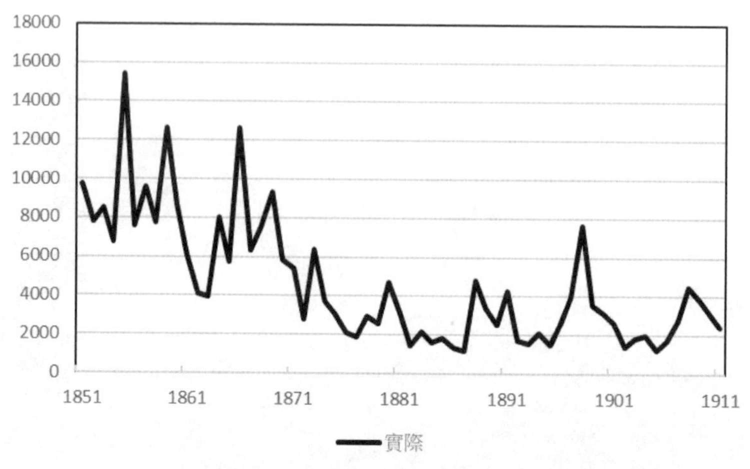

圖 13-1(a)　毛皮交易實際值時序圖

圖 13-1(b)　毛皮交易 ACF 圖：原始數據

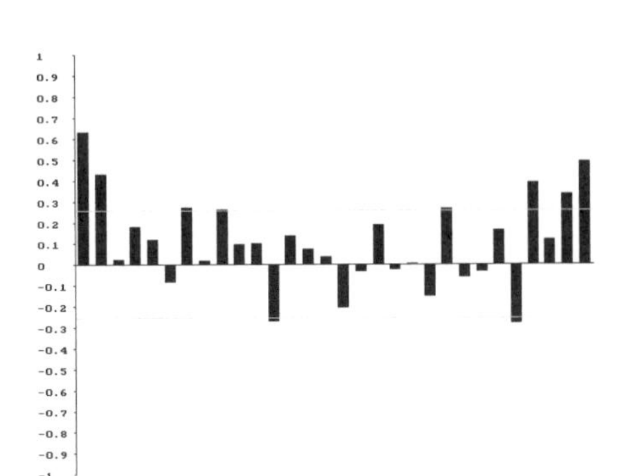

圖 13-1(c)　毛皮交易 PACF 圖：原始數據

圖 13-1(d)　毛皮交易 ACF 圖：一次差分

圖 13-1(e)　毛皮交易 PACF 圖：一次差分

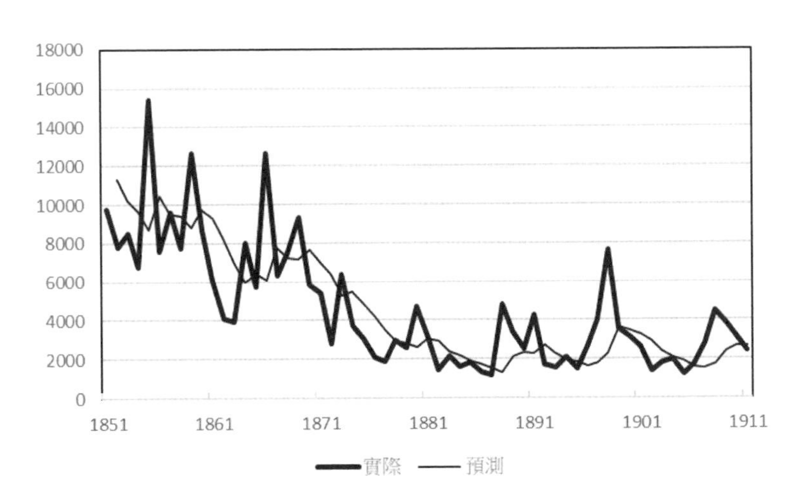

圖 13-1(f)　毛皮交易實際值與預測值時序圖：ARIMA(0,1,1)

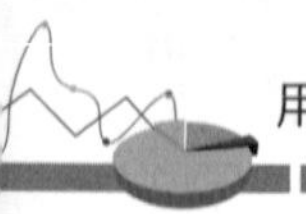

13-2 個案 2：太陽黑子

每年太陽黑子的數量會有明顯的變化，1700-1940 共 241 年的資料如圖 13-2(a)。

(1) 從資料來看很容易認為具有週期性。但從原值的 ACF(圖 13-2(b)) 來看有初值雖高，衰退卻很快的現象，而且沒有週期性的特徵出現，因此判斷 ACF 有拖尾現象。此外，PACF 有二步截尾的現象 (圖 13-2(c))，因此可能為 AR(2,0,0) 模型。

(2) 參數估計結果如表 13-2，AR 模型優於 MA 模型，AR(2) 又比 AR(1) 誤差小很多，因此可採用 AR(2) 模型：ϕ_0 = -13.6，ϕ_1 =1.36，ϕ_2 =-0.67。分析結果如圖 13-2(d)。

表 13-2　太陽黑子例題之結果

	誤差均方根
ARIMA(1,1,0)	19.8
ARIMA(2,1,0)	14.6
ARIMA(0,1,1)	21.9
ARIMA(0,1,2)	17.1
Holt 指數平滑法	17.9

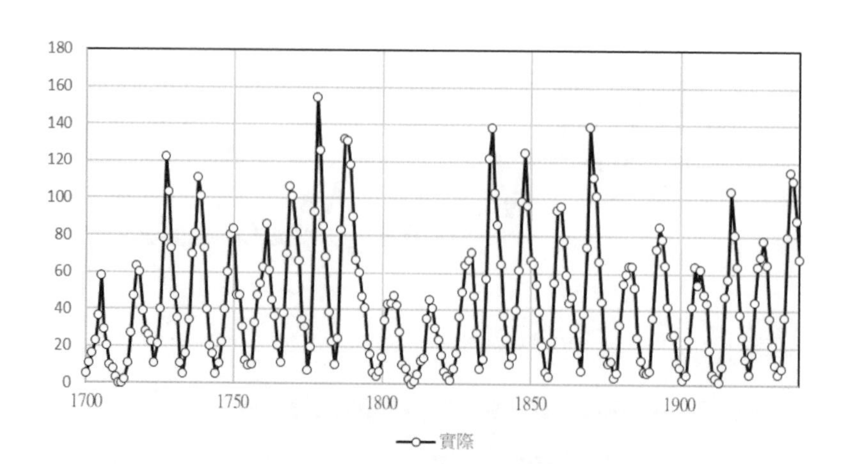

圖 13-2(a)　太陽黑子實際值時序圖

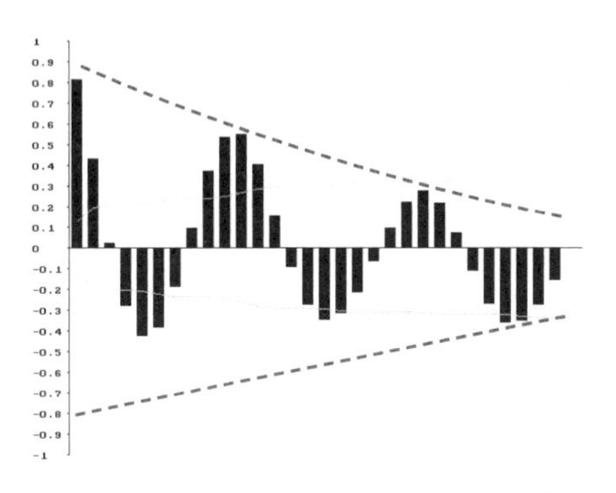

圖 13-2(b) 太陽黑子 ACF 圖：原始數據

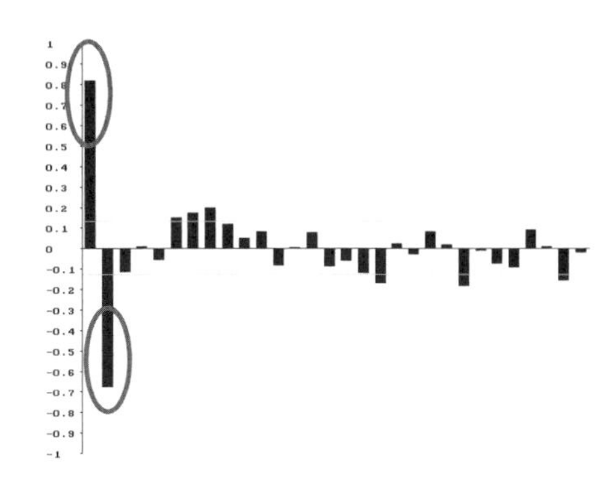

圖 13-2(c) 太陽黑子 PACF 圖：原始數據

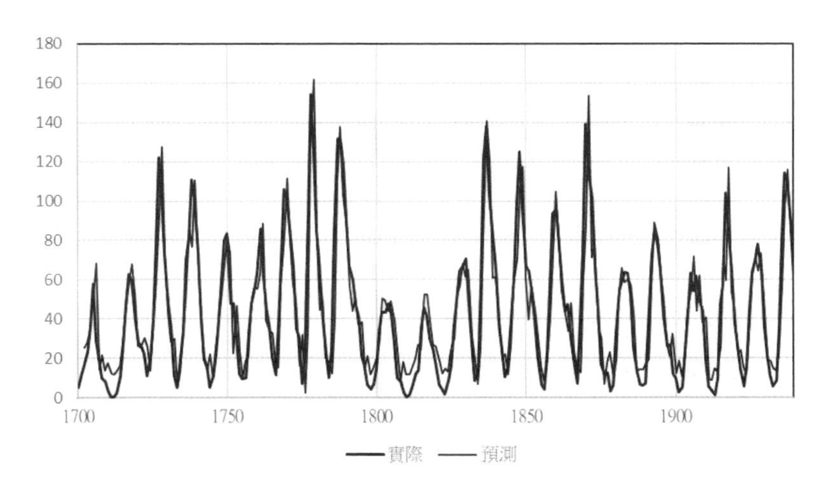

圖 13-2(d) 太陽黑子實際值與預測值時序圖 (1820-1940)：ARIMA(2,0,0)

13-3 個案 3：強烈地震

每年全世界地震規模大於 7.0 的數目如圖 13-3(a)（1900-1998 共 99 年的資料）。

(1) 由原始數據的 ACF 來看有拖尾的現象（圖 13-3(b)），PACF 有一步截尾現象（圖 13-3(c)），因此可能為 ARIMA(1,0,0) 模型。

(2) 參數估計結果如表 13-3，AR 模型優於 MA 模型，AR(2) 雖比 AR(1) 誤差小，但差異不大，因此可採用 AR(1) 模型：ϕ_0 =9.191，ϕ_1 =0.543。分析結果如圖 13-2(d)。

表 13-3　強烈地震例題之結果

	誤差均方根
ARIMA(1,0,0)	6.06
ARIMA(2,0,0)	5.99
ARIMA(0,0,1)	6.46
ARIMA(0,0,2)	6.49
Holt 指數平滑法	6.10

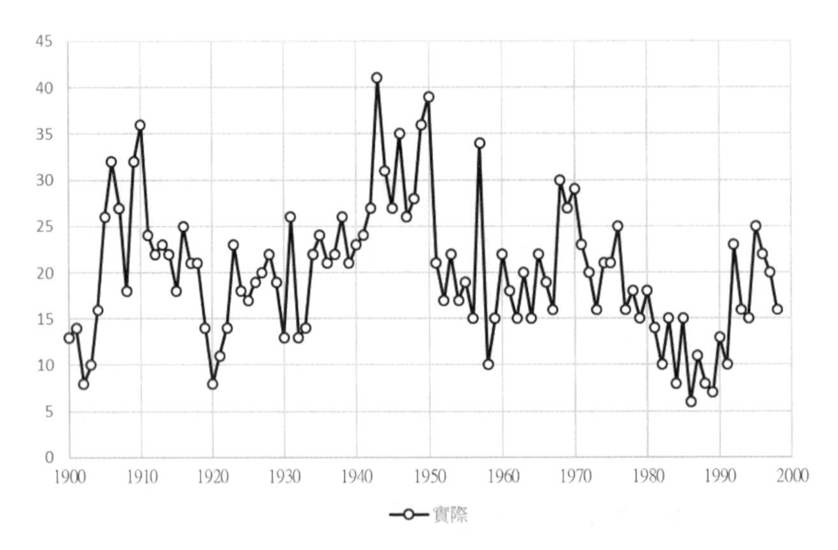

圖 13-3(a)　強烈地震實際值時序圖

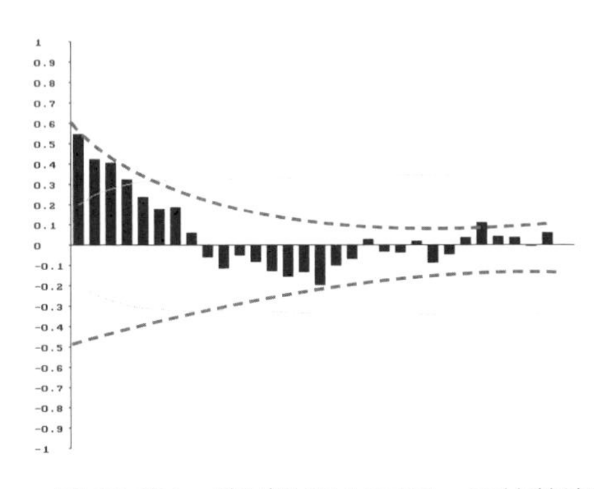

圖 13-3(b) 強烈地震 ACF 圖：原始數據

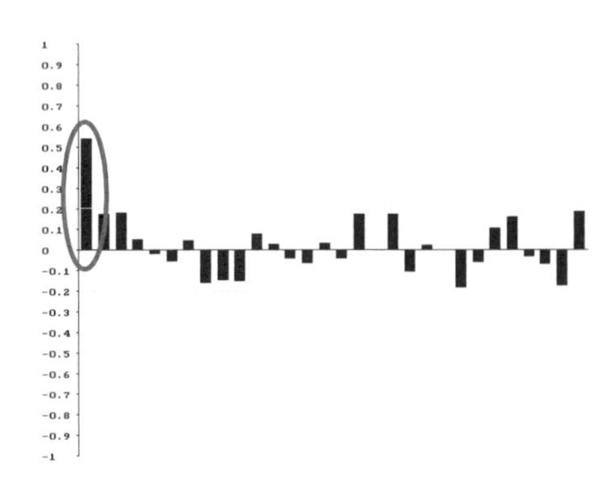

圖 13-3(c) 強烈地震 PACF 圖：原始數據

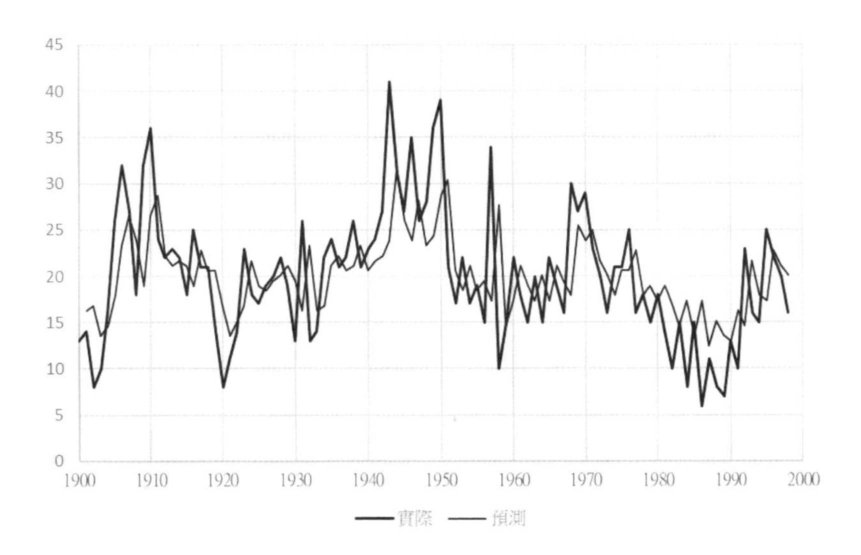

圖 13-3(d) 強烈地震實際值與預測值時序圖：ARIMA(1,0,0)

13-4 個案 4：樹木年輪

樹木的年輪的厚度可以透露氣候的變遷，一棵西元 548-1983 年間的松樹之年輪資料如圖 13-4(a)。

(1) 從 ACF（圖 13-4(b)）來看有初值很高，衰退很慢的現象，因此應該要作一次差分。

(2) 由一次差分後的 ACF 來看有二步截尾的現象（圖 13-4(d)），PACF 有拖尾現象（圖 13-4(e)），因此可能為 ARIMA(0,1,2) 模型。

(3) 參數估計結果如表 13-4，MA(2) 模型誤差最小：ϕ_0=-0.00175，θ_1=0.613，θ_2=0.200。分析結果如圖 13-4(f)。

表 13-4　樹木年輪例題之結果

	誤差均方根
ARIMA(1,1,0)	0.212
ARIMA(2,1,0)	0.198
ARIMA(0,1,1)	0.192
ARIMA(0,1,2)	0.188
Holt 指數平滑法	0.192

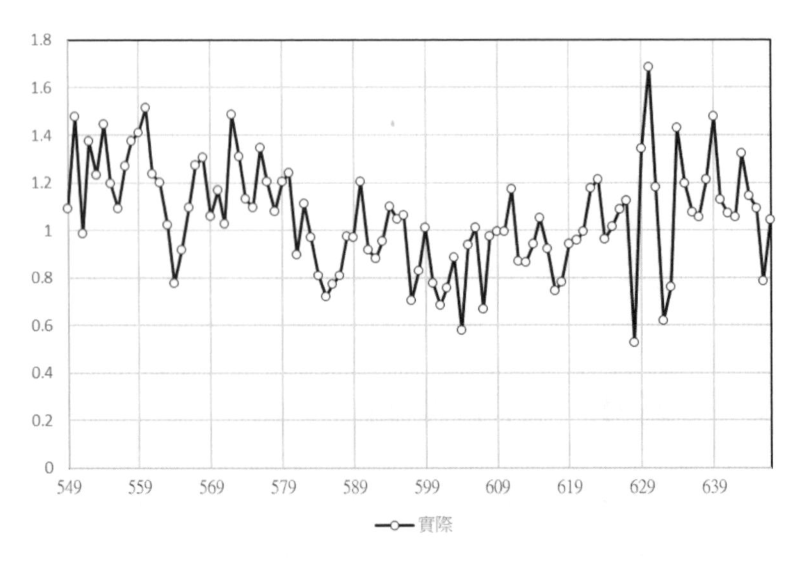

圖 13-4(a)　樹木年輪實際值時序圖

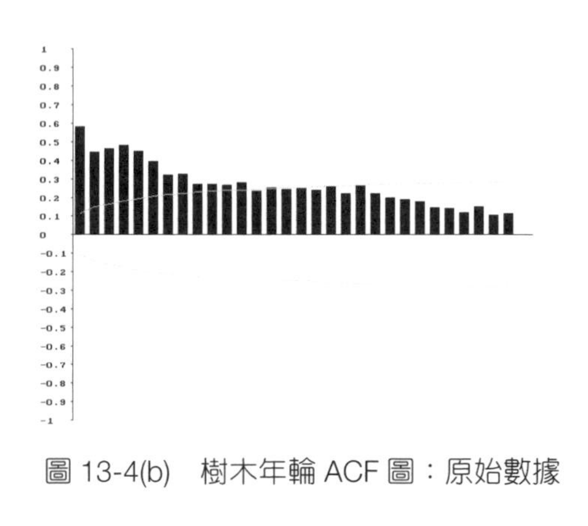

圖 13-4(b)　樹木年輪 ACF 圖：原始數據

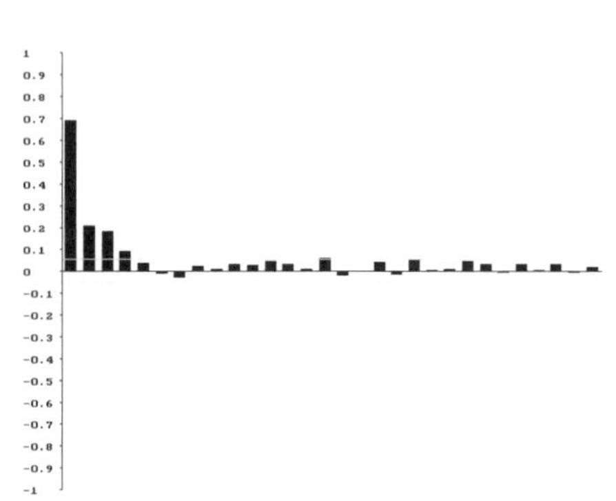

圖 13-4(c)　樹木年輪 PACF 圖：原始數據

圖 13-4(d)　樹木年輪 ACF 圖：一次差分

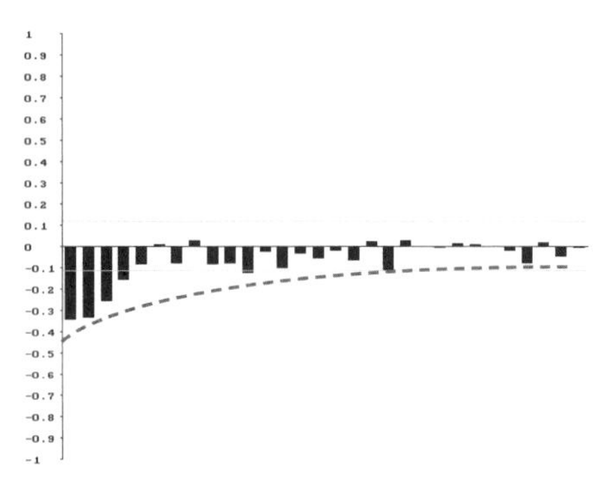

圖 13-4(e)　樹木年輪 PACF 圖：一次差分

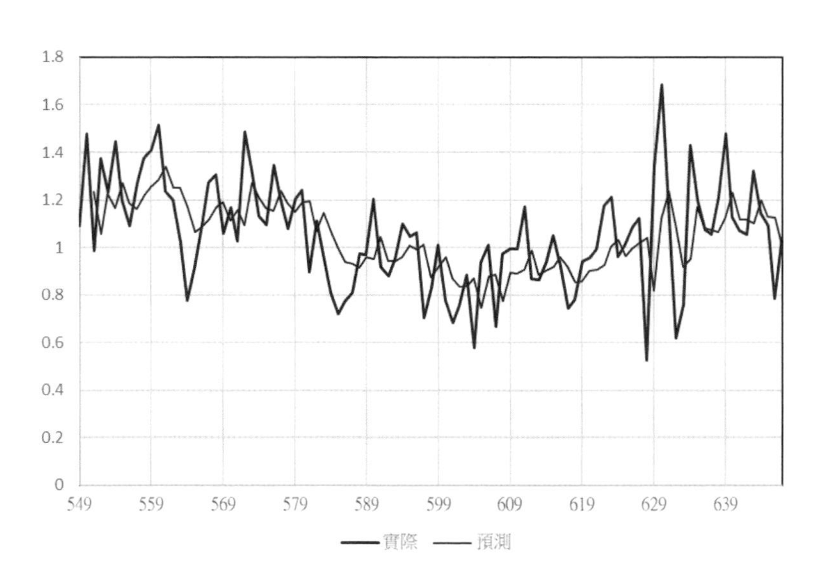

圖 13-4(f)　樹木年輪實際值與預測值時序圖：ARIMA(0,1,2)

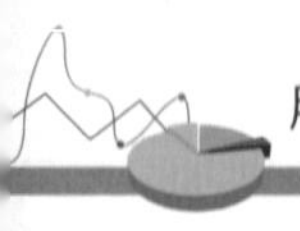

13-5 個案 5：營造業產值

台灣地區每季營造業產值如圖 12-2(a)（民國 72 年第三季至 85 年第四季）。

(1) 從 ACF（圖 13-5(a)）來看有初值很高，衰退很慢的現象，因此應該要作一次差分，由圖 12-2(a) 來看有以 4 期為週期的季節性，因此應該作季節差分。

(2) 由一次差分與季節差分後的 ACF（圖 13-5(c)）與 PACF（圖 13-5(d)）來看無明顯特徵，因此可能為 ARIMA(0,1,0) 模型。預測結果如圖 13-5(e)。

表 13-5　營造業產值例題之結果

	誤差均方根
ARIMA(0,1,0)	1303
Winter 指數平滑法	1184

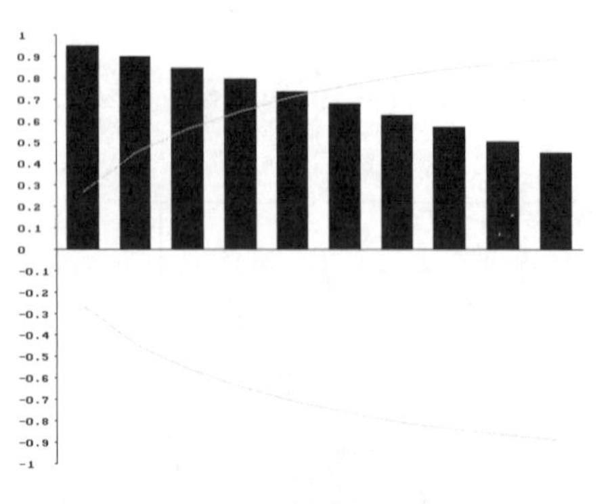

圖 13-5(a)　營造業產值 ACF 圖：原值

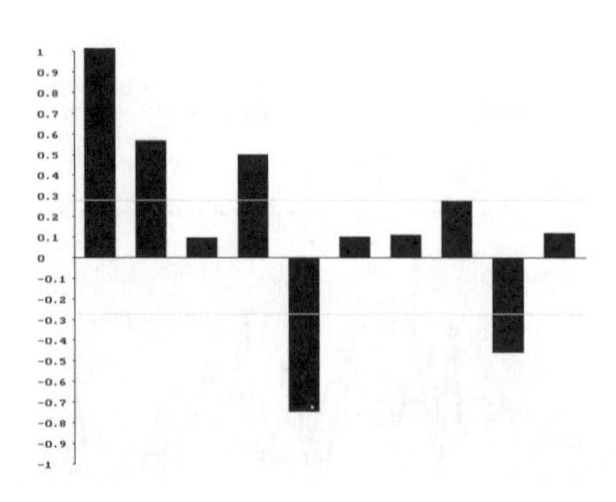

圖 13-5(b)　營造業產值 PACF 圖：原值

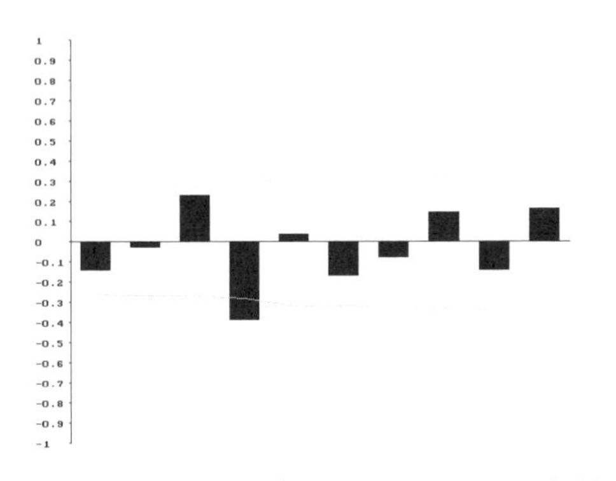

圖 13-5(c) 營造業產值 ACF 圖：一次差分與季節差分

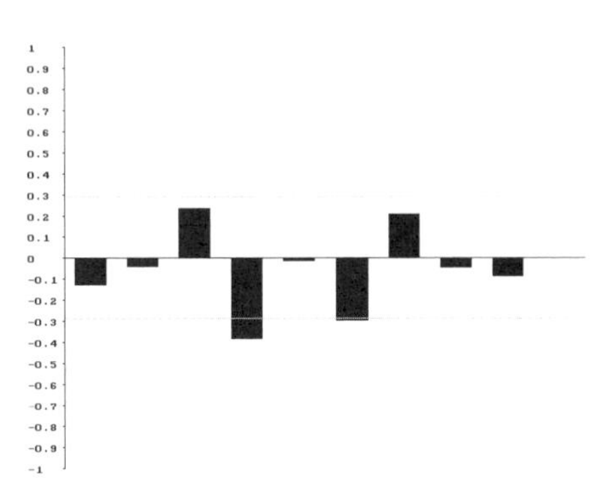

圖 13-5(d) 營造業產值 PACF 圖：一次差分與季節差分

圖 13-5(e) 營造業產值實際值與預測值時序圖：ARIMA(0,1,0)

13-6 個案 6：每小時用電

台灣地區某段每小時用電量如圖 3-4（61 日，共 1464 小時）。

(1) 從 ACF（圖 13-6(a)）來看有以 24 為週期之季節性，因此應該要作季節差分。

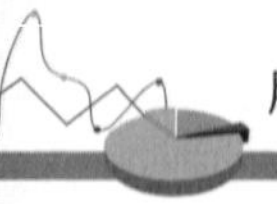

(2) 季節差分後，從 ACF（圖 13-6(b)）來看有初值很高，衰退很慢的現象，因此應該要作一次差分。

(3) 一次差分與季節差分後，ACF 與 PACF 的特徵都不明顯（圖 13-6(c)(d)），因此以 AR(2) 與 MA(2) 估計參數。參數估計結果如表 13-6，AR(2) 與 MA(2) 模型的誤差差異不大。

AR(2) 模型

$\phi_0 = 5.32$，$\phi_1 = 0.263$，$\phi_2 = 0.071$

MA(2) 模型

$\phi_0 = 7.37$，$\theta_1 = -0.244$，$\theta_2 = -0.347$

AR(2) 與 MA(2) 的預測結果如圖 13-6(e)(f)，圖中包含七天的期間，最後一天期間為未來 24 小時的預測值。

表 13-6　每小時用電例題之結果

	誤差均方根
ARIMA(2,1,0)	2912
ARIMA(0,1,2)	2880
Winter 指數平滑法	3711

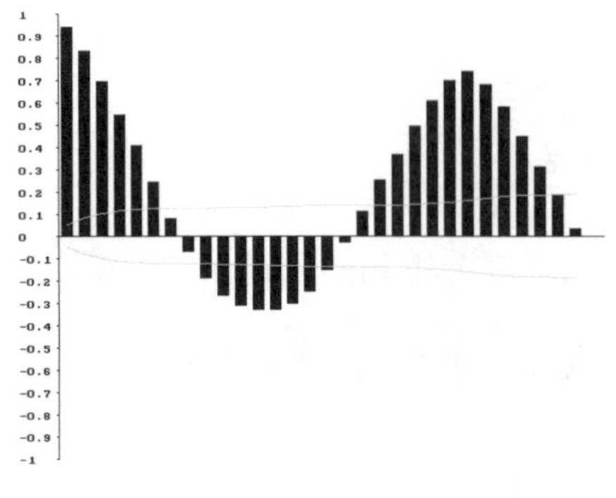

圖 13-6(a)　每小時用電 ACF 圖：原值

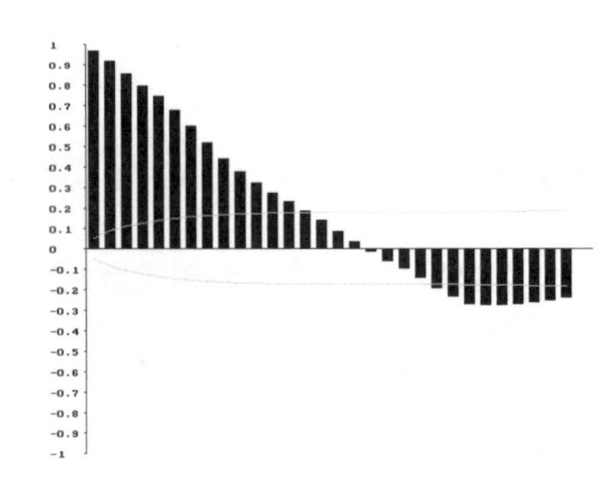

圖 13-6(b)　每小時用電 ACF 圖：季節差分

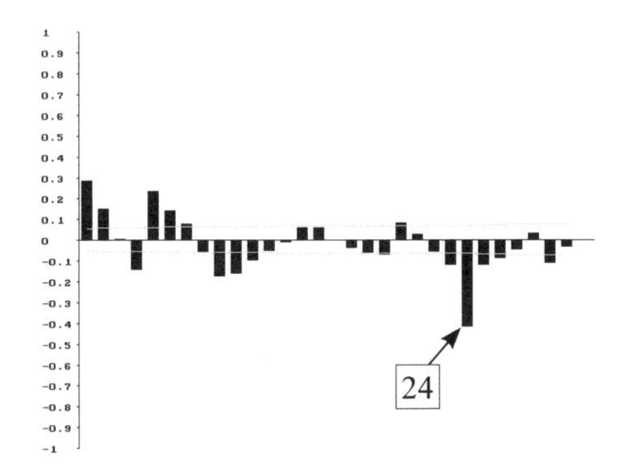

圖 13-6(c)　每小時用電 ACF 圖：季節差分 + 一次差分

圖 13-6(d)　每小時用電 PACF 圖：季節差分 + 一次差分

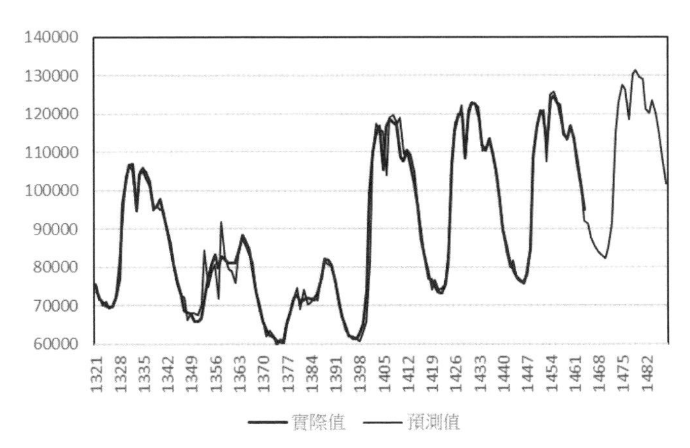

圖 13-6(e)　每小時用電預測圖：ARIMA(2,1,0)(0,1,0)24

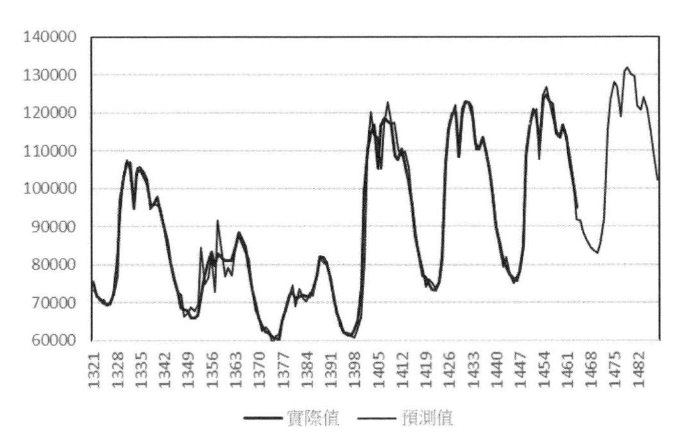

圖 13-6(e) 每小時用電預測圖：ARIMA(0,1,2)(0,1,0)24

個案習題

個案 5：營造業產值

(1) 上述 Winter 法限制 α，β，γ 參數在 0~1 之間，如果只限制大於 0，會如何？

(2) Winter 法的結果與前一章的同一題的分解法比較，何者較優？

個案 6：每小時用電

(1) 上述 Winter 法限制 α，β，γ 參數在 0~1 之間，如果只限制大於 0，會如何？

(2) 圖 13-6(e)(f) 顯示第 2、4 天的誤差較大，為什麼？提示：假日與非假日。

(3) 因為 PACF 在第五期突然高出，有可能是 AR(5) 模型，試修改 Excel 中的 AR(2) 為 AR(5) 模型。

APPENDIX A

迴歸分析參數估計公式之推導

假設二變數迴歸公式如下：

$$Y = b_0 + b_1 X_1 + b_2 X_1 + \varepsilon \quad (1)$$

其中

b_0= 截距；b_1, b_2= 自變數係數；X_1= 自變數 1；X_2= 自變數 2；

ε= 殘差，假設為平均值 0 之常態分佈函數。

假設有 n 對觀測值，則公式（1）中之迴歸係數可由下列方式解得：

將數據代入（1）式，並取總和得

$$\sum Y = \mathrm{n}b_0 + b_1 \sum X_1 + b_2 \sum X_2 + \sum \varepsilon \quad (2)$$

將數據代入（1）式並且二端乘 X_1，並取總和得

$$\sum X_1 Y = b_0 \sum \mathrm{X}_1 + b_1 \sum X_1^2 + b_2 \sum X_1 X_2 + \sum X_1 \varepsilon \quad (3)$$

將數據代入（1）式並且二端乘 X_2，並取總和得

$$\sum X_2 Y = b_0 \sum \mathrm{X}_2 + b_1 \sum X_1 X_2 + b_2 \sum X_2^2 + \sum \mathrm{X}_2 \varepsilon \quad (4)$$

假設殘差為平均值為零之常態分佈隨機變數，則

$$\sum \varepsilon = 0$$

$$\sum X_1 \varepsilon = 0$$

$$\sum X_2 \varepsilon = 0$$

故（2）、（3）、（4）式可簡化為

$$\sum Y = \mathrm{n}b_0 + b_1 \sum X_1 + b_2 \sum X_2 \quad (5)$$

$$\sum X_1 Y = b_0 \sum \mathrm{X}_1 + b_1 \sum X_1^2 + b_2 \sum X_1 X_2 \quad (6)$$

$$\sum X_2 Y = b_0 \sum \mathrm{X}_2 + b_1 \sum X_1 X_2 + b_2 \sum X_2^2 \quad (7)$$

聯立公式（5）、（6）、（7）方程式即可得迴歸係數 b0、b1、b2 之值。

APPENDIX

B

ARIMA 參數估計公式之推導

基本假設

平穩數列符合 E 下列假設：

1. $E(y_t)=E(y_{t-k})=\mu$

2. $\dfrac{E((y_t-\mu)(y_{t-k}-\mu))}{E((y_t-\mu)(y_t-\mu))}=r_k$

3. $E(\varepsilon_t)=E(\varepsilon_{t-k})=0$

4. $E(\varepsilon_t\varepsilon_{t-k})=0,\text{其中}k\neq 0$

5. $E(\varepsilon_t(y_{t-k}-\mu))=0$

AR(1) 模式

■ ϕ_0 之推導過程

已知 AR(1) 模式為

$$y_t=\phi_0+\phi_1 y_{t-1}+\varepsilon_t \tag{1}$$

將（1）式取期望值得

$$E(y_t)=E(\phi_0+\phi_1 y_{t-1}+\varepsilon_t) \tag{2}$$

$$E(y_t)=E(\phi_0)+E(\phi_1 y_{t-1})+E(\varepsilon_t) \tag{3}$$

$$E(y_t)=\phi_0 E(1)+\phi_1 E(y_{t-1})+E(\varepsilon_t) \tag{4}$$

將 $E(y_t)=\mu$ ， $E(y_{t-1})=\mu$ ， $E(\varepsilon_t)=0$ 代入（4）式得

$$\mu=\phi_0+\phi_1\cdot\mu \tag{5}$$

故

$$\boxed{\phi_0=(1-\phi_1)\cdot\mu} \tag{6}$$

■ ϕ_1 之推導過程

將（6）式代入（1）式得

$$y_t = (1-\phi_1)\mu + \phi_1 y_{t-1} + \varepsilon_t \quad (7)$$

$$y_t = \mu - \phi_1\mu + \phi_1 y_{t-1} + \varepsilon_t \quad (8)$$

$$y_t - \mu = \phi_1(y_{t-1} - \mu) + \varepsilon_t \quad (9)$$

將（9）式二端乘以 $(y_{t-1} - \mu)$ 並取期望值

$$E((y_t - \mu)(y_{t-1} - \mu)) = E(\phi_1(y_{t-1} - \mu)(y_{t-1} - \mu) + \varepsilon_t(y_{t-1} - \mu)) \quad (10)$$

$$E((y_t - \mu)(y_{t-1} - \mu)) = \phi_1 E((y_{t-1} - \mu)(y_{t-1} - \mu)) + E(\varepsilon_t(y_{t-1} - \mu)) \quad (11)$$

將 $E(\varepsilon_t(y_{t-1} - \mu)\ = 0$ 代入（11）式得

$$E((y_t - \mu)(y_{t-1} - \mu)) = \phi_1 E((y_{t-1} - \mu)(y_{t-1} - \mu)) \quad (12)$$

將上式二端除 $E((y_{t-1} - \mu)(y_{t-1} - \mu))$ 得

$$\frac{E((y_t - \mu)(y_{t-1} - \mu))}{E((y_{t-1} - \mu)(y_{t-1} - \mu))} = \phi_1 \quad (13)$$

將 $\frac{E((y_t - \mu)(y_{t-1} - \mu))}{E((y_{t-1} - \mu)(y_{t-1} - \mu))} = r_1$ 代入（13）式得

$$r_1 = \phi_1 \quad (14)$$

故

$$\phi_1 = r_1 \quad (15)$$

■ σ_ε^2 之推導過程

方法一：

因（1）式為線性函數，$\sigma_{y_t}^2$ 可由下式求得

$\sigma_{y_t}^2 = \phi_1^2 \sigma_{y_{t-1}}^2 + \sigma_{\varepsilon_t}^2 + 2\phi_1 \rho_{y_{t-1}\varepsilon_t} \sigma_{y_{t-1}} \sigma_{\varepsilon_t}$ 將

$\sigma_{y_t}^2 = \sigma_{y_{t-1}}^2 = \sigma_y^2$，

$\sigma_{\varepsilon_t}^2 = \sigma_\varepsilon^2$，

$\rho_{y_{t-1}\varepsilon_t} = 0$

代入上式得

$$\sigma_y^2 = \phi_1^2 \sigma_y^2 + \sigma_\varepsilon^2$$

故

$$\sigma_\varepsilon^2 = (1 - \phi_1^2)\sigma_y^2$$

方法二：

將（1）二端減平均值

$$y_t - \mu = \phi_0 + \phi_1 y_{t-1} + \varepsilon_t - \mu$$

將 $\phi_0 = (1 - \phi_1) \cdot \mu$ 代入上式

$$y_t - \mu = \mu - \phi_1 \mu + \phi_1 y_{t-1} + \varepsilon_t - \mu$$
$$y_t - \mu = \phi_1 (y_{t-1} - \mu) + \varepsilon_t$$

將上式取平方之期望值

$$E((y_t - \mu)^2) = E((\phi_1 (y_{t-1} - \mu) + \varepsilon_t)^2)$$
$$E((y_t - \mu)^2) = E(\phi_1^2 (y_{t-1} - \mu)^2 + 2\phi_1 (y_{t-1} - \mu)\varepsilon_t + \varepsilon_t^2)$$
$$E((y_t - \mu)^2) = \phi_1^2 E((y_{t-1} - \mu)^2) + 2\phi_1 E((y_{t-1} - \mu)\varepsilon_t) + E(\varepsilon_t^2)$$

將 $E((y_t - \mu)^2) = E((y_{t-1} - \mu)^2) = \sigma_y^2$，$E((y_{t-1} - \mu)\varepsilon_t) = 0$，$E(\varepsilon_t^2) = \sigma_\varepsilon^2$ 代入上式得

$$\sigma_y^2 = \phi_1^2 \sigma_y^2 + \sigma_\varepsilon^2$$

故

$$\sigma_{\varepsilon}^2 = (1-\phi_1^2)\sigma_y^2$$

AR(2) 模式

■ ϕ_0 之推導過程

已 y 知 AR（2）模式為

$$y_t = \phi_0 + \phi_1 y_{t-1} + \phi_2 y_{t-2} + \varepsilon_t \quad (1)$$

將（1）式取期望值得

$$E(y_t) = E(\phi_0 + \phi_1 y_{t-1} + \phi_2 y_{t-2} + \varepsilon_t) \quad (2)$$

$$E(y_t) = E(\phi_0) + E(\phi_1 y_{t-1}) + E(\phi_2 y_{t-2}) + E(\varepsilon_t) \quad (3)$$

$$E(y_t) = \phi_0 E(1) + \phi_1 E(y_{t-1}) + \phi_2 E(y_{t-2}) + E(\varepsilon_t) \quad (4)$$

將 $E(y_t)=\mu$, $E(y_{t-1})=\mu$ ， $E(y_{t-2})=\mu$ ， $E(\varepsilon_t)=0$ 代入（4）式得

$$\mu = \phi_0 + \phi_1 \cdot \mu + \phi_2 \cdot \mu \quad (5)$$

故

$$\boxed{\phi_0 = (1-\phi_1-\phi_2)\cdot \mu} \quad (6)$$

■ ϕ_1 與 ϕ_2 之推導過程

將（6）式代入（1）式得

$$y_t = (1-\phi_1-\phi_2)\mu + \phi_1 y_{t-1} + \phi_2 y_{t-2} + \varepsilon_t \quad (7)$$

$$y_t = \mu - \phi_1\mu - \phi_2\mu + \phi_1 y_{t-1} + \phi_2 y_{t-2} + \varepsilon_t \quad (8)$$

$$y_t - \mu = \phi_1(y_{t-1}-\mu) + \phi_2(y_{t-2}-\mu) + \varepsilon_t \quad (9)$$

將（9）式二端乘以 $(y_{t-1}-\mu)$ 並取期望值

$$E((y_t-\mu)(y_{t-1}-\mu)) = E(\phi_1(y_{t-1}-\mu)(y_{t-1}-\mu) + \phi_2(y_{t-2}-\mu)(y_{t-1}-\mu) + \varepsilon_t(y_{t-1}-\mu))$$

（10）

$$E((y_t-\mu)(y_{t-1}-\mu))=\phi_1 E((y_{t-1}-\mu)(y_{t-1}-\mu))+\phi_2 E((y_{t-2}-\mu)(y_{t-1}-\mu))+E(\varepsilon_t(y_{t-1}-\mu)) \quad (11)$$

將 $E(\varepsilon_t(y_{t-1}-\mu))=0$ 代入上式得

$$E((y_t-\mu)(y_{t-1}-\mu))=\phi_1 E((y_{t-1}-\mu)(y_{t-1}-\mu))+\phi_2 E((y_{t-2}-\mu)(y_{t-1}-\mu)) \quad (12)$$

將上式二端除 $E((y_{t-1}-\mu)(y_{t-1}-\mu))$ 得

$$\frac{E((y_t-\mu)(y_{t-1}-\mu))}{E((y_{t-1}-\mu)(y_{t-1}-\mu))}=\phi_1\frac{E((y_{t-1}-\mu)(y_{t-1}-\mu))}{E((y_{t-1}-\mu)(y_{t-1}-\mu))}+\phi_1\frac{E((y_{t-2}-\mu)(y_{t-1}-\mu))}{E((y_{t-1}-\mu)(y_{t-1}-\mu))} \quad (13)$$

將 $\frac{E((y_t-\mu)(y_{t-1}-\mu))}{E((y_{t-1}-\mu)(y_{t-1}-\mu))}=r_1$， $\frac{E((y_{t-2}-\mu)(y_{t-1}-\mu))}{E((y_{t-1}-\mu)(y_{t-1}-\mu))}=r_2$ 代入（13）式得

$$r_1=\phi_1+\phi_2 r_1 \quad (14)$$

將（9）式二端乘以 $(y_{t-2}-\mu)$ 並取期望值

$$E((y_t-\mu)(y_{t-2}-\mu))=E(\phi_1(y_{t-1}-\mu)(y_{t-2}-\mu)+\phi_2(y_{t-2}-\mu)(y_{t-2}-\mu)+\varepsilon_t(y_{t-2}-\mu)) \quad (15)$$

$$E((y_t-\mu)(y_{t-2}-\mu))=\phi_1 E((y_{t-1}-\mu)(y_{t-2}-\mu))+\phi_2 E((y_{t-2}-\mu)(y_{t-2}-\mu))+E(\varepsilon_t(y_{t-2}-\mu)) \quad (16)$$

將 $E(\varepsilon_t(y_{t-2}-\mu))=0$ 代入上式得

$$E((y_t-\mu)(y_{t-2}-\mu))=\phi_1 E((y_{t-1}-\mu)(y_{t-2}-\mu))+\phi_2 E((y_{t-2}-\mu)(y_{t-2}-\mu)) \quad (17)$$

將上式二端除 $E((y_{t-2}-\mu)(y_{t-2}-\mu))$ 得

$$\frac{E((y_t-\mu)(y_{t-2}-\mu))}{E((y_{t-2}-\mu)(y_{t-2}-\mu))}=\phi_1\frac{E((y_{t-1}-\mu)(y_{t-2}-\mu))}{E((y_{t-2}-\mu)(y_{t-2}-\mu))}+\phi_1\frac{E((y_{t-2}-\mu)(y_{t-2}-\mu))}{E((y_{t-1}-\mu)(y_{t-2}-\mu))} \quad (18)$$

將 $\frac{E((y_t-\mu)(y_{t-2}-\mu))}{E((y_{t-2}-\mu)(y_{t-2}-\mu))}=r_2$， $\frac{E((y_{t-1}-\mu)(y_{t-2}-\mu))}{E((y_{t-2}-\mu)(y_{t-2}-\mu))}=r_1$ 代入（18）式得

$$r_2=\phi_1 r_1+\phi_2 \quad (19)$$

聯立（14）（19）解得

$$\phi_1 = \frac{r_1 - r_1 r_2}{1 - r_1^2}$$
$$\phi_2 = \frac{r_2 - r_1^2}{1 - r_1^2} \quad (20)$$

■ σ_ε^2 之推導過程

因（1）式為線性函數，$\sigma_{y_t}^2$ 可由下式求得

$$\sigma_{y_t}^2 = \phi_1^2 \sigma_{y_{t-1}}^2 + \phi_2^2 \sigma_{y_{t-2}}^2 + \sigma_{\varepsilon_t}^2 + 2\phi_1\phi_2 \rho_{y_{t-1}y_{t-2}} \sigma_{y_{t-1}} \sigma_{y_{t-2}} + 2\phi_1 \rho_{y_{t-1}\varepsilon_t} \sigma_{y_{t-1}} \sigma_{\varepsilon_t} + 2\phi_2 \rho_{y_{t-2}\varepsilon_t} \sigma_{y_{t-2}} \sigma_{\varepsilon_t}$$

將

$\sigma_{y_t}^2 = \sigma_{y_{t-1}}^2 = \sigma_{y_{t-2}}^2 = \sigma_{y_{t-2}} \sigma_{y_{t-2}} = \sigma_y^2$，

$\sigma_{\varepsilon_t}^2 = \sigma_\varepsilon^2$，

$\rho_{y_{t-1}y_{t-2}} = \rho_1$，

$\rho_{y_{t-1}\varepsilon_t} = \rho_{y_{t-2}\varepsilon_t} = 0$

代入上式得

$$\sigma_y^2 = \phi_1^2 \sigma_y^2 + \phi_2^2 \sigma_y^2 + \sigma_\varepsilon^2 + 2\phi_1\phi_2\rho_1\sigma_y^2$$

故

$$\sigma_\varepsilon^2 = (1 - \phi_1^2 - \phi_2^2 - 2\phi_1\phi_2\rho_1)\sigma_y^2$$

MA(1) 模式

■ θ_0 之推導過程

已知 MA（1）模式為

$$y_t = \theta_0 + \varepsilon_t - \theta_1 \varepsilon_{t-1} \quad (1)$$

將（1）式取期望值得

$$E(y_t) = E(\theta_0 + \varepsilon_t - \theta_1 \varepsilon_{t-1}) \quad (2)$$

$$E(y_t) = E(\theta_0) + E(\varepsilon_t) - E(\theta_1 \varepsilon_{t-1}) \quad (3)$$

$$E(y_t) = E(\theta_0) + E(\varepsilon_t) - \theta_1 E(\varepsilon_{t-1}) \quad (4)$$

將 $E(y_t) = \mu$ ，$E(\theta_0) = \theta_0$ ，$E(\varepsilon_t) = 0$ ，$E(\varepsilon_{t-1}) = 0$ 代入（4）式得

$$\mu = \theta_0 \quad (5)$$

故

$$\boxed{\theta_0 = \mu \quad (6)}$$

■ θ_1 之推導過程

將（6）式代入（1）式得

$$y_t = \mu + \varepsilon_t - \theta_1 \varepsilon_{t-1} \quad (7)$$

$$y_t - \mu = \varepsilon_t - \theta_1 \varepsilon_{t-1} \quad (8)$$

將（8）式二端取平方，並取期望值

$$E((y_t - \mu) \cdot (y_t - \mu)) = E((\varepsilon_t - \theta_1 \varepsilon_{t-1}) \cdot (\varepsilon_t - \theta_1 \varepsilon_{t-1})) \quad (9)$$

$$E((y_t - \mu) \cdot (y_t - \mu)) = E(\varepsilon_t \varepsilon_t - \theta_1 \varepsilon_t \varepsilon_{t-1} - \theta_1 \varepsilon_t \varepsilon_{t-1} + \theta_1^2 \varepsilon_{t-1} \varepsilon_{t-1}) \quad (10)$$

$$E((y_t - \mu) \cdot (y_t - \mu)) = E(\varepsilon_t \varepsilon_t) - E(\theta_1 \varepsilon_t \varepsilon_{t-1}) - E(\theta_1 \varepsilon_t \varepsilon_{t-1}) + E(\theta_1^2 \varepsilon_{t-1} \varepsilon_{t-1}) \quad (11)$$

$$E((y_t - \mu) \cdot (y_t - \mu)) = E(\varepsilon_t \varepsilon_t) - \theta_1 E(\varepsilon_t \varepsilon_{t-1}) - \theta_1 E(\varepsilon_t \varepsilon_{t-1}) + \theta_1^2 E(\varepsilon_{t-1} \varepsilon_{t-1}) \quad (12)$$

將 $E(\varepsilon_t \varepsilon_{t-1}) = 0$ ，$E(\varepsilon_{t-1} \varepsilon_{t-1}) = E(\varepsilon_t \varepsilon_t) = E(\varepsilon_t^2)$ 代入（12）式得

$$E((y_t - \mu) \cdot (y_t - \mu)) = (1 + \theta_1^2) E(\varepsilon_t^2) \quad (13)$$

由（8）式可知

$$y_{t-1} - \mu = \varepsilon_{t-1} - \theta_1 \varepsilon_{t-2} \quad (14)$$

將（8）式二端分別乘以（14）式二端，並取期望值

$$E((y_t-\mu)\cdot(y_{t-1}-\mu))=E((\varepsilon_t-\theta_1\varepsilon_{t-1})\cdot(\varepsilon_{t-1}-\theta_1\varepsilon_{t-2})) \qquad (15)$$

$$E((y_t-\mu)\cdot(y_{t-1}-\mu))=E(\varepsilon_t\varepsilon_{t-1}-\theta_1\varepsilon_t\varepsilon_{t-2}-\theta_1\varepsilon_{t-1}\varepsilon_{t-1}+\theta_1^2\varepsilon_{t-1}\varepsilon_{t-2}) \qquad (16)$$

$$E((y_t-\mu)\cdot(y_{t-1}-\mu))=E(\varepsilon_t\varepsilon_{t-1})-E(\theta_1\varepsilon_t\varepsilon_{t-2})-E(\theta_1\varepsilon_{t-1}\varepsilon_{t-1})+E(\theta_1^2\varepsilon_{t-1}\varepsilon_{t-2}) \qquad (17)$$

$$E((y_t-\mu)\cdot(y_{t-1}-\mu))=E(\varepsilon_t\varepsilon_{t-1})-\theta_1E(\varepsilon_t\varepsilon_{t-2})-\theta_1E(\varepsilon_{t-1}\varepsilon_{t-1})+\theta_1^2E(\varepsilon_{t-1}\varepsilon_{t-2}) \qquad (18)$$

將$E(\varepsilon_t\varepsilon_{t-1})=0$，$E(\varepsilon_t\varepsilon_{t-2})=0$，$E(\varepsilon_{t-1}\varepsilon_{t-2})=0$，$E(\varepsilon_{t-1}\varepsilon_{t-1})=E(\varepsilon_t\varepsilon_t)=E(\varepsilon_t^2)$
代入（18）式得

$$E((y_t-\mu)\cdot(y_{t-1}-\mu))=(-\theta_1)E(\varepsilon_t^2) \qquad (19)$$

將（19）式二端除以（13）式二端得

$$\frac{E((y_t-\mu)\cdot(y_{t-1}-\mu))}{E((y_t-\mu)\cdot(y_t-\mu))}=\frac{(-\theta_1)E(\varepsilon_t^2)}{(1+\theta_1^2)E(\varepsilon_t^2)} \qquad (20)$$

將$\dfrac{E((y_t-\mu)\cdot(y_{t-1}-\mu))}{E((y_t-\mu)\cdot(y_t-\mu))}=r_1$，$\dfrac{(-\theta_1)E(\varepsilon_t^2)}{(1+\theta_1^2)E(\varepsilon_t^2)}=\dfrac{-\theta_1}{1+\theta_1^2}$代入（20）式得

$$r_1=\frac{-\theta_1}{1+\theta_1^2}$$

即解

$$\theta_1^2+\frac{1}{r_1}\theta_1+1=0 \qquad (21)$$

■ σ_ε^2之推導過程

因（1）式為線性函數，且ε_t，ε_{t-1}二者為統計獨立變數，故$\sigma_{y_t}^2$可由下式求得

$$\sigma_{y_t}^2 = \sigma_{\varepsilon_t}^2 + \theta_1^2 \sigma_{\varepsilon_{t-1}}^2$$

將

$\sigma_{y_t}^2 = \sigma_y^2$，

$\sigma_{\varepsilon_t}^2 = \sigma_{\varepsilon_{t-1}}^2 = \sigma_\varepsilon^2$，

代入上式得

$$\sigma_y^2 = \sigma_\varepsilon^2 + \theta_1^2 \sigma_\varepsilon^2$$

故

$$\sigma_\varepsilon^2 = \frac{\sigma_y^2}{1+\theta_1^2}$$

MA(2) 模式

- θ_0 之推導過程

已知 MA（2）模式為

$$y_t = \theta_0 + \varepsilon_t - \theta_1 \varepsilon_{t-1} - \theta_2 \varepsilon_{t-2} \quad (1)$$

將（1）式取期望值得

$$E(y_t) = E(\theta_0 + \varepsilon_t - \theta_1 \varepsilon_{t-1} - \theta_2 \varepsilon_{t-2}) \quad (2)$$

$$E(y_t) = E(\theta_0) + E(\varepsilon_t) - E(\theta_1 \varepsilon_{t-1}) - E(\theta_2 \varepsilon_{t-2}) \quad (3)$$

$$E(y_t) = E(\theta_0) + E(\varepsilon_t) - \theta_1 E(\varepsilon_{t-1}) - \theta_2 E(\varepsilon_{t-2}) \quad (4)$$

將 $E(y_t) = \mu$，$E(\theta_0) = \theta_0$，$E(\varepsilon_t) = 0$，$E(\varepsilon_{t-1}) = 0$，$E(\varepsilon_{t-2}) = 0$ 代入（4）式得

$$\mu = \theta_0 \quad (5)$$

故

$$\theta_0 = \mu \tag{6}$$

■ θ_1與θ_2之推導過程

將（6）式代入（1）式得

$$y_t = \mu + \varepsilon_t - \theta_1\varepsilon_{t-1} - \theta_2\varepsilon_{t-2} \tag{7}$$

$$y_t - \mu = \varepsilon_t - \theta_1\varepsilon_{t-1} - \theta_2\varepsilon_{t-2} \tag{8}$$

將（8）式二端取平方，並取期望值

$$E((y_t - \mu)\cdot(y_t - \mu)) = E((\varepsilon_t - \theta_1\varepsilon_{t-1} - \theta_2\varepsilon_{t-2})\cdot(\varepsilon_t - \theta_1\varepsilon_{t-1} - \theta_2\varepsilon_{t-2})) \tag{9}$$

將（9）式右端括號內相乘後展開，並以$E(\varepsilon_t\varepsilon_{t-k}) = 0,$其中$k \neq 0$，

$E(\varepsilon_i\varepsilon_i) = E(\varepsilon_t^2)$代入簡化得

$$E((y_t - \mu)\cdot(y_t - \mu)) = (1 + \theta_1^2 + \theta_2^2)E(\varepsilon_t^2) \tag{10}$$

由（8）式可知

$$y_{t-1} - \mu = \varepsilon_{t-1} - \theta_1\varepsilon_{t-2} - \theta_2\varepsilon_{t-3} \tag{11}$$

將（8）式二端分別乘以（11）式二端，並取期望值

$$E((y_t - \mu)\cdot(y_{t-1} - \mu)) = E((\varepsilon_t - \theta_1\varepsilon_{t-1} - \theta_2\varepsilon_{t-2})\cdot(\varepsilon_{t-1} - \theta_1\varepsilon_{t-2} - \theta_2\varepsilon_{t-3})) \tag{12}$$

將（12）式右端括號內相乘後展開，並以$E(\varepsilon_t\varepsilon_{t-k}) = 0,$其中$k \neq 0$，

$E(\varepsilon_i\varepsilon_i) = E(\varepsilon_t^2)$代入簡化得

$$E((y_t - \mu)\cdot(y_{t-1} - \mu)) = (-\theta_1 + \theta_1\theta_2)E(\varepsilon_t^2) \tag{13}$$

將（13）式二端除以（10）式二端得

$$\frac{E((y_t - \mu)\cdot(y_{t-1} - \mu))}{E((y_t - \mu)\cdot(y_t - \mu))} = \frac{(-\theta_1 + \theta_1\theta_2)E(\varepsilon_t^2)}{(1 + \theta_1^2 + \theta_2^2)E(\varepsilon_t^2)} \tag{14}$$

將 $\dfrac{E((y_t-\mu)\cdot(y_{t-1}-\mu))}{E((y_t-\mu)\cdot(y_t-\mu))}=r_1$， $\dfrac{(-\theta_1+\theta_1\theta_2)E(\varepsilon_t^2)}{(1+\theta_1^2+\theta_2^2)E(\varepsilon_t^2)}=\dfrac{-\theta_1+\theta_1\theta_2}{1+\theta_1^2+\theta_2^2}$

代入（14）式得

$$r_1=\frac{-\theta_1+\theta_1\theta_2}{1+\theta_1^2+\theta_2^2} \tag{15}$$

由（8）式可知

$$y_{t-2}-\mu=\varepsilon_{t-2}-\theta_1\varepsilon_{t-3}-\theta_2\varepsilon_{t-4} \tag{16}$$

將（8）式二端分別乘以（16）式二端，並取期望值

$$E((y_t-\mu)\cdot(y_{t-2}-\mu))=E((\varepsilon_t-\theta_1\varepsilon_{t-1}-\theta_2\varepsilon_{t-2})\cdot(\varepsilon_{t-2}-\theta_1\varepsilon_{t-3}-\theta_2\varepsilon_{t-4})) \tag{17}$$

將（17）式右端括號內相乘後展開，並以 $E(\varepsilon_t\varepsilon_{t-k})=0$, 其中 $k\neq 0$，

$E(\varepsilon_i\varepsilon_i)=E(\varepsilon_t^2)$ 代入簡化得

$$E((y_t-\mu)\cdot(y_{t-2}-\mu))=(-\theta_2)E(\varepsilon_t^2) \tag{18}$$

將（18）式二端除以（10）式二端得

$$\frac{E((y_t-\mu)\cdot(y_{t-2}-\mu))}{E((y_t-\mu)\cdot(y_t-\mu))}=\frac{(-\theta_2)E(\varepsilon_t^2)}{(1+\theta_1^2+\theta_2^2)E(\varepsilon_t^2)} \tag{19}$$

將 $\dfrac{E((y_t-\mu)\cdot(y_{t-2}-\mu))}{E((y_t-\mu)\cdot(y_t-\mu))}=r_2$， $\dfrac{(-\theta_2)E(\varepsilon_t^2)}{(1+\theta_1^2+\theta_2^2)E(\varepsilon_t^2)}=\dfrac{-\theta_2}{1+\theta_1^2+\theta_2^2}$

代入（19）式得

$$r_2=\frac{-\theta_2}{1+\theta_1^2+\theta_2^2} \tag{20}$$

聯立（15）（20）式可解得 θ_1 與 θ_2

■ σ_{ε}^{2} 之推導過程

因（1）式為線性函數，且 ε_t ，ε_{t-1} ，ε_{t-2} 三者為統計獨立變數，故 $\sigma_{y_t}^{2}$ 可由下式求得

$$\sigma_{y_t}^{2} = \sigma_{\varepsilon_t}^{2} + \theta_1^2 \sigma_{\varepsilon_{t-1}}^{2} + \theta_2^2 \sigma_{\varepsilon_{t-2}}^{2}$$

將

$$\sigma_{y_t}^{2} = \sigma_{y}^{2} ,$$

$$\sigma_{\varepsilon_t}^{2} = \sigma_{\varepsilon_{t-1}}^{2} = \sigma_{\varepsilon_{t-2}}^{2} = \sigma_{\varepsilon}^{2} ,$$

代入上式得

$$\sigma_{y}^{2} = \sigma_{\varepsilon}^{2} + \theta_1^2 \sigma_{\varepsilon}^{2} + \theta_2^2 \sigma_{\varepsilon}^{2}$$

故

$$\sigma_{\varepsilon}^{2} = \frac{\sigma_{y}^{2}}{1 + \theta_1^2 + \theta_2^2}$$

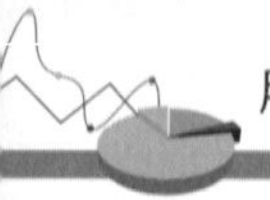

參考文獻

1. 許純君，「預測的原則與應用」，台灣西書出版社，台北，1999。
2. 郭明哲，「預測方法理論與實例」，中興管理顧問公司，台北，1976。
3. 謝明瑞，「預測理論與方法」，華泰書局，台北，1992。
4. 林惠玲、陳正倉，「統計學方法與應用」，雙葉書廊有限公司，台北，2009。
5. Hanke, J. E. and Reitsch, A. G., Business Forecasting, Prentice-Hall, 2001.

memo

memo

memo

博碩文化

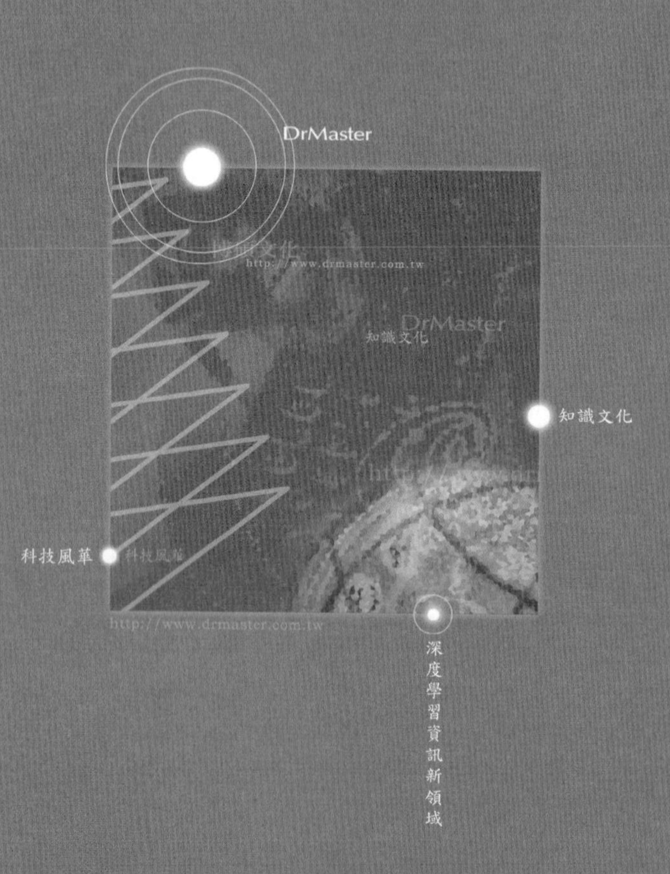
DrMaster
知識文化
科技風華
深度學習資訊新領域
http://www.drmaster.com.tw